"十二五"职业教育规划教材

电工电子技术

DIANGONG DIANZI JISHU

陈艳艳　亢　岚　主编
贾　磊　连　萌　赵信峰　宋　新　张俊萍　副主编
胡修池　主审

化学工业出版社

北京

本书编写内容力求体现我国目前高等院校教学改革的方向,强化实际应用,注重可持续发展。全书共分2篇,9个学习项目,第一篇主要介绍了直流电路及电路分析方法,单相正弦交流电路,三相交流电路,磁路和变压器,异步电动机及其控制;第二篇主要介绍了基本放大电路,集成运算放大器及其应用,门电路和组合逻辑电路,触发器和时序逻辑电路。

为方便教学,本书配套电子课件。

本书适合高职高专机电类及近机电类专业等教学使用,也可供广大自学者及工程技术人员参考。

图书在版编目(CIP)数据

电工电子技术/陈艳艳,亢岚主编. —北京:化学工业出版社,2014.2

"十二五"职业教育规划教材

ISBN 978-7-122-19665-1

Ⅰ.①电… Ⅱ.①陈…②亢… Ⅲ.①电工技术-高等职业教育-教材②电子技术-高等职业教育-教材 Ⅳ.①TM②TN

中国版本图书馆CIP数据核字(2014)第019732号

责任编辑:韩庆利　　　　　　　　　　　文字编辑:云　雷
责任校对:吴　静　　　　　　　　　　　装帧设计:韩　飞

出版发行:化学工业出版社(北京市东城区青年湖南街13号　邮政编码100011)
印　　刷:北京永鑫印刷有限责任公司
装　　订:三河市宇新装订厂
787mm×1092mm　1/16　印张20½　字数521千字　2014年7月北京第1版第1次印刷

购书咨询:010-64518888(传真:010-64519686)　售后服务:010-64518899
网　　址:http://www.cip.com.cn
凡购买本书,如有缺损质量问题,本社销售中心负责调换。

定　价:39.00元　　　　　　　　　　　　　　　　　　　　版权所有　违者必究

前 言

本书贯彻高职示范院校"以就业为目标"的指导思想和"以工作过程为导向"的课程改革思路，扭转"过多强调学科性"及"盲目攀高升格"的倾向，重视知识、技能传授的宏观设计及整体效果。根据全球经济化、文化全球化的大背景带来的学生就业方式多样化的形式需要，力求按专业培养的宽口径，使电工电子技术教材具有良好的通用性；其次是遵照高职教育的应用性特征，使电工电子技术教材具有较强的实用性和针对性；在追求通俗易懂、简明扼要、便于教学和自学的指导思想下编写而成。本书在编写过程中力求体现下面几个特色：

1. 采用任务驱动式教学：本书根据学生的认知规律与职业成长规律，循序渐进，设计了若干个学习项目。每个学习项目又包含了若干个学习任务和技能训练项目，使理论和实践相融合，实现"教、学、练、做"一体化。

2. 注重"知识整合"：根据高职院校课程改革及培养目标的变化，适当调整传统教材内容，以适应教学改革的要求。既注意知识讲解的系统性，又符合学生的思维逻辑性和学习习惯，便于学生学习和掌握。

3. 注重"知识应用"：每个学习项目后都附有小结、习题、技能训练项目，促进学生学必思考，学练结合，方便教师组织课堂教学、实践和学生自学。

本书着重电工电子的基本知识和基本技能的培养，可作为高职高专电工电子技术课程的教材，也可作为广大自学者及工程技术人员的自学用书。

本书由黄河水利职业技术学院陈艳艳、内蒙古科技大学亢岚主编，黄河水利职业技术学院胡修池教授主审，黄河水利职业技术学院贾磊、连萌、赵信峰、宋新和开封黄河河务局开封供水分局张俊萍副主编。参加编写工作的还有黄河水利职业技术学院薛冰、张俊海、万晓丹、李冰、张豫徽、仝蓓蓓等。

本书配套电子课件，可赠送给用本书作为授课教材的院校和老师，如果需要可发邮件到 hqlbook@126.com 索取。

由于编者的水平和经验有限，书中难免有不足之处，恳请读者批评指正。

编　者

目 录

第一篇 电工技术基础

学习项目1 直流电路及电路分析方法

任务1 电路基础知识 ………………………………………… 2
任务2 电阻、电感和电容 …………………………………… 9
任务3 电压源和电流源 ……………………………………… 12
任务4 基尔霍夫定律 ………………………………………… 16
任务5 电路中电位计算 ……………………………………… 19
任务6 叠加原理 ……………………………………………… 21
任务7 戴维南定理 …………………………………………… 22
小结 …………………………………………………………… 25
习题 …………………………………………………………… 26

技能训练项目

项目1 基尔霍夫定律验证 …………………………………… 29
项目2 叠加原理验证 ………………………………………… 30

学习项目2 单相正弦交流电路

任务1 正弦交流电的基本概念 ……………………………… 32
任务2 正弦量的相量表示法 ………………………………… 37
任务3 单一参数正弦交流电路 ……………………………… 41
任务4 多参数组合正弦交流电路 …………………………… 49
任务5 功率因数的提高 ……………………………………… 54
小结 …………………………………………………………… 56
习题 …………………………………………………………… 57

技能训练项目

项目　单相交流电路及改善功率因数的研究 …………………… 60

学习项目3　三相交流电路

任务1　三相电源 …………………………………………………… 63
任务2　负载星形连接的三相电路 ………………………………… 66
任务3　负载三角形连接的三相电路 ……………………………… 70
任务4　三相电路的功率 …………………………………………… 72
任务5　安全用电技术 ……………………………………………… 74
小结 …………………………………………………………………… 77
习题 …………………………………………………………………… 78

技能训练项目

项目　三相交流电路电压、电流的测试 …………………………… 80

学习项目4　磁路和变压器

任务1　铁芯线圈、磁路 …………………………………………… 83
任务2　变压器的基本结构和工作原理 …………………………… 90
任务3　实用中的常见变压器 ……………………………………… 95
小结 …………………………………………………………………… 100
习题 …………………………………………………………………… 100

学习项目5　异步电动机及其控制

任务1　异步电动机的基本知识 …………………………………… 102
任务2　异步电动机的电磁转矩和机械特性 ……………………… 111
任务3　三相异步电动机的控制 …………………………………… 113
任务4　常用低压控制电器 ………………………………………… 119
任务5　基本电气控制线路 ………………………………………… 128
任务6　可编程控制器与传感器简介 ……………………………… 132
小结 …………………………………………………………………… 134
习题 …………………………………………………………………… 136

技能训练项目

项目　三相异步电动机基本控制电路的安装 ·················· 137

第二篇　电子技术基础

学习项目6　基本放大电路

任务1　半导体及PN结 ·················· 142
任务2　半导体二极管 ·················· 146
任务3　特殊二极管 ·················· 151
任务4　半导体三极管 ·················· 153
任务5　放大电路的基本知识 ·················· 161
任务6　共发射极放大电路及其应用 ·················· 164
任务7　共集电极放大电路及其应用 ·················· 174
任务8　多级放大电路及其应用 ·················· 177
任务9　功率放大电路及其应用 ·················· 180
任务10　场效应管及其放大电路 ·················· 183
任务11　放大电路中的反馈 ·················· 186
小结 ·················· 188
习题 ·················· 188

技能训练项目

项目1　常用电子仪器使用及电子器件检测 ·················· 194
项目2　基本放大电路测试 ·················· 197

学习项目7　集成运算放大器及其应用

任务1　集成运算放大器简介 ·················· 200
任务2　集成运算放大器的线性应用 ·················· 205
任务3　集成运算放大器的非线性应用 ·················· 212
小结 ·················· 215
习题 ·················· 216

技能训练项目

项目　集成运算放大器指标测试 ·················· 219

学习项目 8　门电路和组合逻辑电路

任务 1　数字电路概述 …………………………………………………… 222
任务 2　门电路 …………………………………………………………… 227
任务 3　逻辑代数及其化简 ……………………………………………… 237
任务 4　组合逻辑电路 …………………………………………………… 243
任务 5　编码器 …………………………………………………………… 246
任务 6　译码器 …………………………………………………………… 252
小结 ………………………………………………………………………… 257
习题 ………………………………………………………………………… 257

技能训练项目

项目　组合逻辑门电路的功能测试 ……………………………………… 261

学习项目 9　触发器和时序逻辑电路

任务 1　触发器 …………………………………………………………… 266
任务 2　计数器 …………………………………………………………… 274
任务 3　寄存器 …………………………………………………………… 285
任务 4　555 定时器及其应用 …………………………………………… 291
任务 5　模拟量和数字量的转换 ………………………………………… 297
任务 6　数字电路应用实例 ……………………………………………… 307
小结 ………………………………………………………………………… 309
习题 ………………………………………………………………………… 310

技能训练项目

项目 1　触发器逻辑功能测试 …………………………………………… 314
项目 2　计数器及其应用 ………………………………………………… 316

参 考 文 献

第一篇
电工技术基础

学习项目 1
直流电路及电路分析方法

项目描述

直流电路是电路的最基本形式,直流电路的分析方法是研究其他电路的基础。直流电路的很多内容高中都有所涉及,但是电工电子技术和高中研究问题的侧重点不同,电学往往从工程应用的角度出发,侧重分析和解决与生产实际相关的问题,是实用电工电子技术的基础知识。本项目是本课程的重要理论基础,将从工程应用的角度对电路参数、电路元件、电路分析方法等问题进行进一步的深入探讨。

项目任务

了解电路的组成及其基本物理量的意义、单位和符号;掌握电压、电流的概念及其正方向的规定;掌握电能与电功率的计算方法;了解电阻、电感、电容和电源元件的特性;掌握基尔霍夫定律、戴维南定理、叠加原理及其在电路分析计算中的应用。

任务 1 电路基础知识

1.1 电路和电路模型

1.1.1 电路的组成及其功能

(1) 电路的概念 由实际元器件构成的电流的通路称为电路。将一些电气设备或电气器件按一定方式组合起来,以实现某一特定功能的电流的通路统称为电路,电流通过这些网络时,能按照人们的实际需求,达到预期的功能。

(2) 电路的组成　电路一般由电源、负载和中间环节三大部分组成。电源是电路中提供电能的装置，其作用是将其他形式的能量转换成电能，如发电机、电池等；负载是电路中接收电能的装置，其作用是将电能转换成其他形式的能量，如电灯、空调、电动机等；中间环节包括连接导线、开关、保护设备和测量机构，它们是电源和负载之间不可缺少的连接和控制部件，起着传输和分配能量、控制和保护电气设备的作用。

(3) 电路的功能　工程应用中的实际电路，按照功能的不同可概括为两大类。

① 电力系统中的电路：其主要功能是对发电厂发出的电能进行传输、分配和转换。一般由发电机、变压器、开关、电动机等元器件组成。这类电路的特点是大功率、大电流。

② 电子技术中的电路：其主要功能是实现对电信号的传递、变换、储存和处理。例如扩音机的工作过程。话筒将声音的振动信号转换为电信号即相应的电压和电流，经过放大处理后，通过电路传递给扬声器，再由扬声器还原为声音。一般由电阻、电容、二极管、晶体管等元器件组成。这类电路的特点是小功率、小电流。

1.1.2　电路模型

实际电路的电磁过程是相当复杂的，难以进行有效地分析计算。在电路理论中，为了便于实际电路的分析和计算，通常在工程实际允许的条件下对实际电路进行模型化处理，即忽略次要因素，抓住足以反映其功能的主要电磁特性，抽象出实际电路器件的"电路模型"。电路模型是将实际电路中的各种元件按其主要物理性质分别用一些理想电路元件来表示时所构成的电路图。

将实际电路器件理想化而得到的只具有某种单一电磁性质的元件，称为理想电路元件，简称为电路元件。理想电路元件是从实际电路器件中科学抽象出来的假想元件，由严格的定义来精确地加以阐述，理想电路元件是具有单一电磁特性的简单电路模型单元。

电路理论中研究的都是由理想元件构成的与工程应用中的实际电路相对应的电路模型。在实际的电路中，"理想"电路元件是不存在的。白炽灯、电炉等设备，之所以在研究它们时可以把它们作为一个"理想"的电阻元件进行分析和研究，原因就是它们在实际电路中表现的主要电磁特性是耗能，其余电磁特性与耗能的电特性相比可以忽略；工频电路中的电感线圈之所以用一个电阻元件和一个电感元件的串联组合来表征，原因就是：在工频情况下，电感线圈的主要电磁特性就是线圈的耗能和储存磁场能量，其余电磁特性可以忽略。从以上分析可以把"理想"二字在实际电路中的含义解释为："理想"就是一种与实际电路部件特性的"基本相似"或"逼近"。采用"理想"化模型分析实际问题，就是抓住实际电路中的主要矛盾，忽略其中的次要因素，预测出实际电路的性能，从而根据人们的需要设计出更好的各种电路。

电路分析中常用的理想电路元件有表示将电能转换为热能的电阻元件、表示电场性质的电容元件、表示磁场性质的电感元件及电压源元件和电流源元件等，其电路图符号及文字符号如图1-1所示。当它们的参数为常数时，称为线性元件，这些线性元件都有两个外接引出端子，统称为二端元件。理想二端元件分无源二端元件和有源二端元件两大类。无源二端元件从不单独向外电路提供能量，例如电阻、电感和电容；有源二端元件单独向外电路提供能量，例如电压源和电流源。

电路理论是建立在模型概念的基础上的，用理想化的电路模型来描述电路是一种十分重要的研究方法。由理想电路元件构成的、与实际电路相对应的电路图称为电路模型。例如图

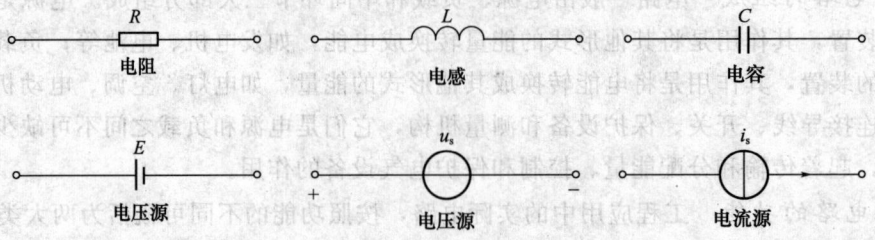

图 1-1 理想电路元件的符号

1-2(b) 所示的电路是图 1-2(a) 电路模型。这个模型是由干电池、小灯泡、开关和导线组合而成的。在图 1-2(a) 中干电池的电磁特性是提供电能,所以可以将其抽象为一个提供电能的电源元件,如图 1-2(b) 所示的电源,一个电压源和与其相串联的内阻组成。灯泡除了具有消耗电能的性质(电阻性)外,通电时还会产生磁场,具有电感性。但电感微弱,可忽略不计,于是可认为灯是一电阻元件。此外是导线和开关这些中间环节。

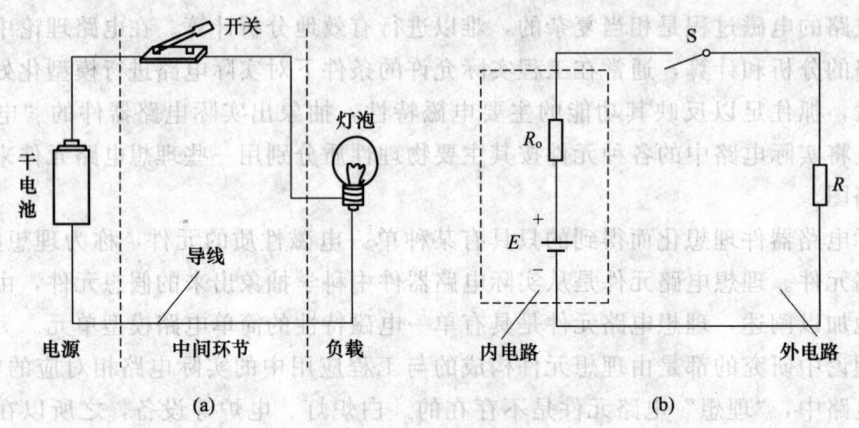

图 1-2 电路实例

1.2 电路变量

电路处于工作状态时,电路内部的电磁性能是由物理量电压 $u(t)$、电流 $i(t)$、电荷 $q(t)$、磁通 $\Phi(t)$ 来表征的。在电路理论中称这四个物理量为电路变量,其中电流和电压是最常用的两个变量。另外,能量和电功率也是两个重要的电路变量。

1.2.1 电流及其参考方向

电荷的定向移动形成电流,其大小用电流强度表示,它在数值上等于单位时间内通过导体横截面的电荷量。用以衡量电流大小的量,称为电流强度。用符号 $i(t)$ 和 $q(t)$ 分别表示电流和电荷量,即

$$i(t) = \frac{dq}{dt} \tag{1-1}$$

大小和方向都不随时间变化的电流称为直流电流。其电流强度用大写字母 I 表示,表达式可改写为:

$$I = \frac{Q}{t} \tag{1-2}$$

在国际单位制中，时间 t 的单位是秒 [s]，电荷量 Q 或 q 的单位是库仑 [C]，电流 I 或 i 的单位是安培 [A]。根据实际需要，电流的单位还可以用千安 [kA]、毫安 [mA]、微安 [μA] 等，它们与安培 [A] 的关系是：

$$1kA=10^3 A, \quad 1mA=10^{-3} A, \quad 1\mu A=10^{-6} A$$

通常，习惯上将正电荷移动的方向定为电流的正方向，也称电流的实际方向。

如果电流的大小和方向都不随时间变化，则这种电流称为恒定电流，简称直流（Direct current，缩写为 DC）可用符号 I 表示。如果电流的大小和方向都随时间变化，则这种电流称为交变电流，简称交流（Alternating current，缩写为 AC）可用符号 $i(t)$ 来表示。注意电学中各量的表示方法及正确书写：按照惯例，不随时间变动的恒定电量用大写字母表示；随时间变动的电量或参量通常用小写字母表示。

以上规定了电流的实际方向。但是在进行电路分析时，电路中某个元件或某段电路的电流是未知的，也可能是随时间变化的，这时就很难用一个固定箭头来表示出电流的实际方向。为了解决这个问题，需要指定电流的参考方向。参考方向可以任意设定，如用一个箭头表示某电流的假定正方向，就称之为该电流的参考方向。当电流的实际方向与参考方向一致时，电流的数值就为正值（即 $i>0$），如图 1-3(a) 所示；当电流的实际方向与参考方向相反时，电流的数值就为负值（即 $i<0$），如图 1-3(b) 所示。需要注意的是，未规定电流的参考方向时，电流的正负没有任何意义，如图 1-3(c) 所示。

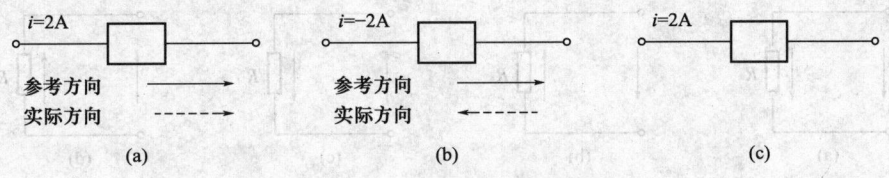

图 1-3 电流及其参考方向

1.2.2 电压其参考方向

电压等于单位正电荷在电场力作用下由 a 点移到 b 点时所做的功，即

$$u(t)=\frac{dw}{dq} \tag{1-3}$$

式(1-3) 中，dq 表示电荷由 a 点转移到 b 点的电量，单位为库仑 [C]，dw 为转移过程中，电荷 dq 所失去的电能，单位为焦耳 [J]，电压单位为伏特 [V]。在工程中还可用千伏 [kV]、毫伏 [mV] 和微伏 [μV] 为计量单位。它们之间的换算关系是

$$1kV=10^3 V \quad 1V=10^3 mV=10^6 \mu V \quad 1mV=10^3 \mu V$$

若电压的大小和极性均不随时间变动，这样的电压称为恒定的电压或直流电压，可用符号 U 表示。若电压的大小和极性均随时间变化，则称为交变电压或交流电压，用符号 $u(t)$ 表示。

电压在电路中是两点间电位的差值，是产生电流的根本原因。电学中规定电压的实际方向由电位高的"+"端指向电位低的"-"端，即电位降低的方向。

对电路两点之间的电压，如同电流一样，也需要指定参考极性或参考方向。在电路中，电压的参考方向可以用一个箭头来表示，也可以用正（+）、负（-）极性来表示，正极指向负极的方向就是电压的参考方向；同样，在指定的电压参考方向下计算出的电压值的正和

负，就可以反映出电压的实际方向。电压的数值为正值就表示电压的实际方向与参考方向一致；电压的数值为负值就表示电压的实际方向与参考方向相反。

一个元件通过的电流或端电压的参考方向可以分别任意指定。如果指定流过元件的电流参考方向是从标有电压"＋"极性的一端指向"－"极性的一端，即电流和电压参考方向一致，则把这种电流和电压参考方向称为关联参考方向，如图 1-4(a) 所示。

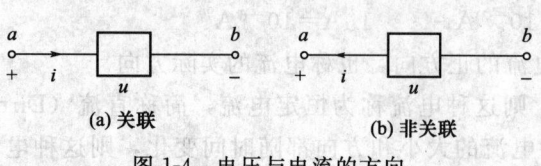

图 1-4　电压与电流的方向

当电压和电流的参考方向相反时，称为非关联参考方向，如图 1-4(b)。

在应用欧姆定律时必须注意电流、电压的方向，如图 1-4(a) 中电流、电压采用了关联参考方向，这时电阻 R 两端电压为：

$$U=RI$$

若采用非关联参考方向，如图 1-4(b) 所示，则电阻 R 两端的电压为：

$$U=-RI$$

【例 1-1】　应用欧姆定律对图 1-5 的电路列出式子，其中图（a）和图（b）的电压为 6V，图（c）和图（d）的电压为 －6V，图（a）的电流为 3A，图（b）、(c)、(d) 的电流为 －3A。并求电阻 R。

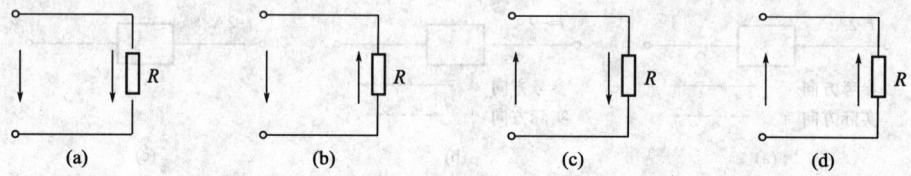

图 1-5　例 1-1 的图

解：图 1-5(a)　　　　　　$R=\dfrac{U}{I}=\dfrac{6}{3}=2\Omega$

图 1-5(b)　　　　　　$R=-\dfrac{U}{I}=-\dfrac{6}{-3}=2\Omega$

图 1-5(c)　　　　　　$R=-\dfrac{U}{I}=-\dfrac{-6}{-3}=2\Omega$

图 1-5(d)　　　　　　$R=\dfrac{U}{I}=\dfrac{-6}{-3}=2\Omega$

这里应注意：一个式子中有两套正负号，列写公式时，根据电流和电压的参考方向得出公式中的正负号。此外电流和电压本身还有正值和负值之分。

1.2.3　电功率和电能

（1）电功率　在电路中，传递电能的速率叫电功率，简称功率。或者说，功率是单位时间内元件吸收或发出的电能，功率用符号 P 表示，即

$$P=\dfrac{W}{t}=UI \tag{1-4}$$

式中，P 为功率，W 为电能，t 为时间。功率的单位是瓦特［W］。常用的单位还有千瓦［kW］等。它们与瓦的换算关系为

$$1\text{kW} = 10^3\text{W}$$

有了参考方向与关联的概念,则电功率计算式(1-4)就可以表示为以下两种形式:

当 u、i 为关联参考方向时

$$p = ui \text{(直流功率 } P = UI\text{)} \tag{1-5a}$$

当 u、i 为非关联参考方向时

$$p = -ui \text{(直流功率 } P = -UI\text{)} \tag{1-5b}$$

无论关联与否,只要计算结果 $p > 0$,则该元件就是在吸收功率,即消耗功率,该元件是负载;若 $p < 0$,则该元件是在发出功率,该元件是电源。

根据能量守恒定律,对一个完整的电路,发出功率的总和应正好等于吸收功率的总和。

【例 1-2】 计算图 1-6 中各元件的功率,指出是吸收还是发出功率,并求整个电路的功率。已知电路为直流电路,$U_1 = 4\text{V}$,$U_2 = -8\text{V}$,$U_3 = 6\text{V}$,$I = 2\text{A}$。

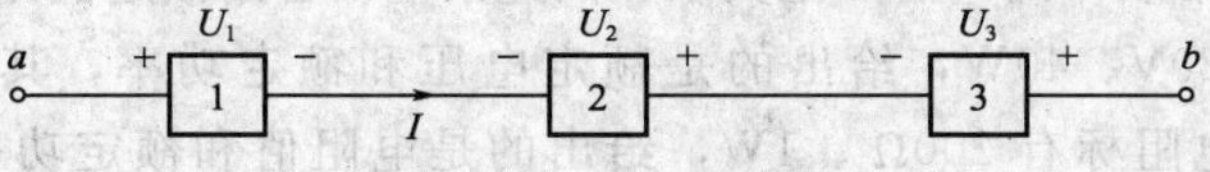

图 1-6 例 1-2 电路图

解: 在图中,元件 1 电压与电流为关联参考方向,由式(1-5a) 得

$$P_1 = U_1 I = 4 \times 2 = 8\text{W}$$

故元件 1 吸收功率。

元件 2 和元件 3 电压与电流为非关联参考方向,由式(1-5b) 得

$$P_2 = -U_2 I = -(-8) \times 2 = 16\text{W}$$
$$P_3 = -U_3 I = -6 \times 2 = -12\text{W}$$

故元件 2 吸收功率,元件 3 发出功率。

整个电路功率为:

$$P = P_1 + P_2 + P_3 = 8 + 16 - 12 = 12\text{W}$$

本例中,元件 1 和元件 2 的电压与电流实际方向相同,二者吸收功率;元件 3 的电压与电流实际方向相反,发出功率。由此可见,当电压与电流实际方向相同时,电路一定是吸收功率,反之则是发出功率。实际电路中,电阻元件的电压与电流的实际方向总是一致的,说明电阻总在消耗能量;而电源则不然,其功率可能为正也可能为负,这说明它可能作为电源提供电能,也可能被充电吸收电能。

(2) **电能** 电流所具有的能量称为电能。电能的单位为焦耳 [J]。实用单位为度 [kW·h],1 度指 1 千瓦的用电器 1 小时所吸收的电能。即 1 度 = 1 千瓦 × 1 小时 = 1 千瓦时。度与焦 [耳] 的换算关系为:

$$1\text{kW} \cdot \text{h} = 10^3\text{W} \times 3600\text{s} = 3.6 \times 10^6 \text{J}$$

电能转换为其他形式能量的过程实际上就是电流做功的过程,因此电能的多少可以用电功来度量。电功的计算公式为:

$$W = Pt = UIt \tag{1-6}$$

上式表明,在用电器两端加上电压,就会有电流通过用电器,通电时间越长,电能转换为其他形式的能量越多,电功也越大;若通电时间短,电能转换就少,电功也小。

1.2.4 电气设备的额定值

电气设备的额定值是指导用户正确使用电气设备的技术数据。通常标在设备的铭牌上或在说明书中给出。为了给电气设备提供正常工作条件和尽量发挥其工作能力,对电压、电流和功率都有一定的限额值,称为电气设备的额定值。额定电压、额定电流和额定功率分别用U_N、I_N和P_N表示。对于电阻性负载$P_N=U_N I_N$。

各种电气设备只有按照额定值使用才最安全可靠、经济合理,超过额定值运行时,设备将遭到毁坏或缩短使用寿命;小于额定值时,设备的能力得不到充分的发挥,有些电气设备(如电动机),电压太低时也可能烧坏。所以使用电气设备之前必须仔细阅读其铭牌和说明书。

有些电气设备应尽量工作在额定状态,这种状态又称为满载状态。电流和功率低于额定值的工作状态叫轻载;高于额定值的工作状态叫过载。在一般情况下,设备不应过载运行。在电路设备中常装设自动开关、热继电器等,用来在过载时自动切断电源,确保设备安全。

由于电压、电流和功率之间有一定关系,因此某些设备的额定值并不一定全部标出。灯泡、日光灯管标有220V、40W,给出的是额定电压和额定功率,其额定电流可由$I_N = P_N/U_N$求出。一只电阻标有200Ω、1W,给出的是电阻值和额定功率,其额定电流可由$I_N = \sqrt{P_N/R}$求出。

1.3 电路的工作状态

电路的工作状态有三种:通路、开路和短路,如图1-7所示。

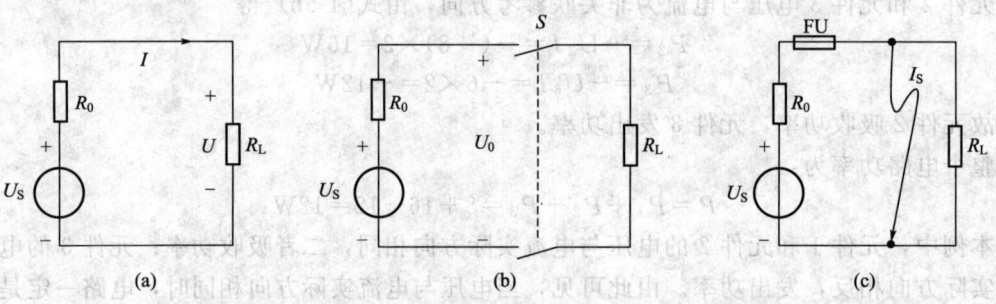

图1-7 电路的三种工作状态

1.3.1 通路

在图1-7(a)所示电路中,电源与一定大小的负载通过中间环节接通,称为负载状态。电路中有电流流过,此时电路有下列特征:

$$I = \frac{U_S}{R_0 + R_L}$$

$$U = U_S - IR_0$$

R_L是负载电阻,R_0为电源内阻。由于电源存在内阻,输出电压U将随负载电流的增加而降低。内阻越小,U降低越少;内阻越大,U下降越大。因此要尽量减小电源的内阻,提高电源设备的利用率。实际电源的内阻都是非常小的。

1.3.2 开路

如图1-7(b)所示,外电路与电源断开,称为电路的空载状态,又称开路状态。此时,电路中的电流$I=0$,电源端电压等于电动势,即$U_0 = U_S$,电源的输出功率$P_0 = 0$。

1.3.3 短路

如图 1-7(c) 所示,由于工作不慎或负载的绝缘破损等原因,致使电源两端被导体连通,称为电路的短路状态,简称短路。此时,电路的端电压 $U=0$,负载 R_L 的电流 $I=0$,负载 R_L 的功率即电源的输出功率 $P_o=0$,通过电源的电流达到最大,称为短路电流 I_S,即 $I_S = U_S/R_0$,电源内阻 R_0 上消耗的功率 $P_{R_0} = I_S^2 R_0$。

电源发生短路时,因为电源内阻很小,I_S 大大超过额定电流,以致电源和短路电流所经过的线路毁坏,甚至导致火灾事故的发生。为了防止短路所造成的危害,通常在电路中接入熔断器(FU),如图 1-7(c) 所示。一旦发生短路,熔断器立即烧断,从而切断电路,保护电源和设备。

特别提示

当 u、i 为关联参考方向时 $p=ui$(直流功率 $P=UI$);当 u、i 为非关联参考方向时 $p=-ui$(直流功率 $P=-UI$)。若 $p>0$,则该元件就是在吸收功率是负载;若 $p<0$,则该元件是在发出功率是电源。

任务 2 电阻、电感和电容

电阻元件、电感元件、电容元件都是理想的电路元件,它们均不发出电能,称为无源元件。它们有线性和非线性之分,线性元件的参数为常数,与所施加的电压和电流无关。本任务主要分析讨论线性电阻、电感、电容元件的伏安特性和能量关系。

2.1 电阻

电阻元件简称电阻,是用来表示负载耗能电特性的。凡是将电能不可逆地转换成其他形式能量的负载,如将电能转换成热能、光能、机械能等,具有这种转换作用的负载用理想电阻元件表示。在日常生活中,像白炽灯、电阻炉、电烙铁等,均可看成是线性电阻元件。

2.1.1 伏安关系

图 1-8(a) 是线性电阻的符号,电阻元件上电压和电流之间的关系为伏安特性。伏安特性曲线是一条通过坐标原点的直线,则称为线性电阻元件,如图 1-8(b) 所示,线性电阻的特点是其电阻值为一常数,与通过它的电流或作用于其两端电压的大小无关。在电压、电流关联参考方向下,其伏安关系为:

$$u = Ri \tag{1-7a}$$

式中,R 为常数,用来表示电阻及其数值。式(1-7a)表明,凡是服从欧姆定律的元件即是线性电阻元件。图 1-8(b) 为它的伏安特性曲线。若电压、电流在非关联参考方向下,伏安关系应写成:

$$u = -Ri \tag{1-7b}$$

由电阻的伏安关系可得,其两端电压与通过它的电流在任一瞬时都存在即时对应的线性正比关系,因此常把电阻元件称为即时元件。

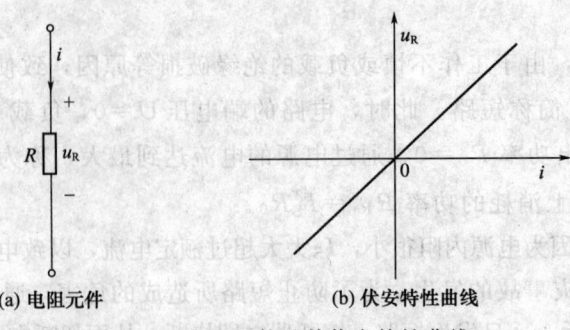

(a) 电阻元件　　　　　　　(b) 伏安特性曲线

图 1-8　电阻元件及其伏安特性曲线

2.1.2　能量关系

电阻是一种耗能元件。当电阻通过电流时会发生电能转换为热能的过程。而热能向周围扩散后,不可能再直接回到电源而转换为电能。电阻所吸收并消耗的电功率为:

$$p = ui = i^2 R = \frac{u^2}{R} \tag{1-8}$$

在直流电路中:

$$P = UI = I^2 R = \frac{U^2}{R} \tag{1-9}$$

上式表明,电阻元件吸收的功率恒为正值,而与电压、电流的参考方向无关。因此,电阻元件又称为耗能元件。

2.2　电感

电感元件简称电感,是用来反映具有存储磁场能量的电路元件。如继电器线圈、变压器绕组及扼流圈等。这些元件工作时线圈内存储一定的磁场能量,而磁场能量是通过电源提供的电能转换来的,具有这种能量转换作用的负载,用电感元件表示。电感元件也是电路的基本元件,它模拟的是实际线圈,如图 1-9(a) 所示。电感元件的符号如图 1-9(b) 所示。

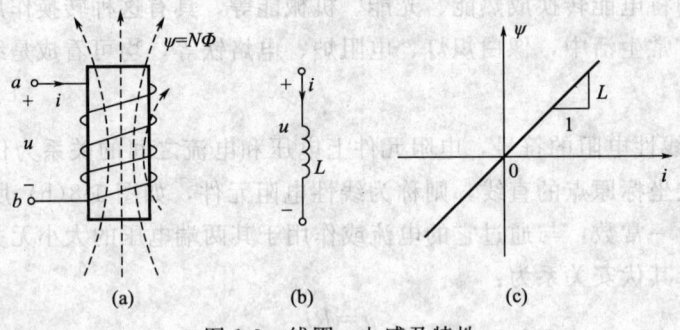

图 1-9　线圈、电感及特性

2.2.1　伏安关系

电感元件通过电流 i 后,线圈中就会建立磁场,产生的磁通 Φ 与 N 匝线圈组成磁通链 $\psi = N\Phi$。磁通链 ψ 与电流 i 的比值称为元件的电感,即

$$L = \frac{\psi}{i} \tag{1-10}$$

式中，L 为元件的电感，又称为自感系数或电感系数。ψ 的单位为韦伯（Wb），电流的单位是安培（A），电感 L 单位为亨利（H）。L 为常数的，称为线性电感，空心线圈是一种实际的线性电感元件。L 不为常数的称为非线性电感，带有铁芯的线圈就是一种常见的非线性电感元件。本书中除特别指明为非线性之外，讨论的均为线性电感的问题，韦安特性如图 1-9(c)。

当通过电感元件的电流 i 随时间变化时，则要产生自感电动势 e_L，元件两端就有感应电压 u。若电感元件 i、u 的参考方向为图 1-9(b) 所示的关联参考方向时。根据法拉第电磁感应定律，电感元件两端电压和通过电感元件的电流瞬时值关系为：

$$u = N\frac{\mathrm{d}\varPhi}{\mathrm{d}t} = \frac{\mathrm{d}\psi}{\mathrm{d}t} = L\frac{\mathrm{d}i}{\mathrm{d}t} \tag{1-11}$$

上式表明，线性电感两端电压在任意瞬间与 $\mathrm{d}i/\mathrm{d}t$ 成正比。显然，只有电感元件上的电流发生变化时，电感两端才有电压。因此，把电感元件称为动态元件。对于直流电流，由于电流变化率为零，因此电感元件的端电压为零，故电感元件对直流电路而言相当于短路。

2.2.2　能量关系

电感是一个储存磁场能量的元件。当通过电感的电流增大时，磁通增大，它所储存的磁场能量也增大。但如果电流减小到零，则所储存的磁场能量将全部释放出来。故电感元件本身并不消耗能量，是一个储能元件。当通过电感元件的电流为 i 时，它所储存的磁场能量为

$$W_L = \frac{1}{2}Li^2 \tag{1-12}$$

上式表明，关联参考方向下，电感元件在某一时刻的储能只取决于该时刻的电流值，而与电流的过去变化进程无关，电感元件吸收的能量大于或等于 0，把吸收的电能转换成磁场能储存于元件周围。

2.3　电容

虽然实际电容器件的品种很多，规格不同，但其结构相似，都是由相同材料的两金属板间隔以不同介质组成。电容元件简称电容，是用来反映存储电场能量的电路元件。如电路中使用的各种类型的电容器均可用电容元件这个模型来描述。电容元件的符号如图 1-10(a) 所示。

2.3.1　伏安关系

我们知道，电容元件极板上的电荷量 q 与极板间电压 u 之比称为电容元件的电容，即

$$C = \frac{q}{u} \tag{1-13}$$

式中，C 为元件的电容，单位为法拉（F），小电容用微法（μF）或皮法（pF）表示。$1\mu\mathrm{F}=10^{-6}\mathrm{F}$，$1\mathrm{pF}=10^{-12}\mathrm{F}$。线性电容元件的电容 C 是常数，非线性电容元件的电容 C 不是常数，与极板上存储电荷量的多少有关，本书只讨论线性电容的问题，线性电容的库伏特性如图 1-10(b) 所示。

当电容元件两端的电压 u 随时间变化时，极板上存储的电荷量就随之变化，和极板相接的导线中就有电流 i。如果 u、i 的参考方向为图 1-10(a) 所示的关联参考方向时，则

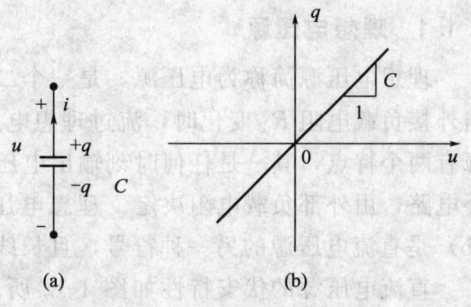

图 1-10　电容的符号和库伏特性

$$i = \frac{dq}{dt} = C\frac{du}{dt} \tag{1-14}$$

上式的瞬时值关系表明，线性电容的电流 i 在任意瞬间与 du/dt 成正比。电容元件的工作方式就是充放电。因此，只有电容元件的极间电压发生变化时，电容支路才有电流通过。因此电容元件也是动态元件，和电感元件具有对偶关系。对于直流电压，电容的电流为零，故电容元件对直流电路而言相当于开路。

2.3.2 能量关系

和电感类似，电容也是一个储能元件。能量储存于电容的电场之中。当通过电容元件的电压为 u 时，它所储存的电场能量为：

$$W_C = \frac{1}{2}Cu^2 \tag{1-15}$$

上式表明，关联参考方向下，电容元件在某一时刻的储能只取决于该时刻的电压值，而与电压的过去变化进程无关。关联参考方向下，电容元件吸收的能量大于等于0，因此，把吸收的电能转换成电场形式的能量储存在元件的极板上。

特别提示

电阻的伏安关系为 $u=Ri$，能量关系为 $p=ui=i^2R=\dfrac{u^2}{R}$；电感的伏安关系为 $u=L\dfrac{di}{dt}$，能量关系为 $W_L=\dfrac{1}{2}Li^2$；电容的伏安关系为 $i=C\dfrac{du}{dt}$，能量关系为 $W_C=\dfrac{1}{2}Cu^2$。

任务3 电压源和电流源

在组成电路的各种电路元件中，电源是提供电能或电信号的元件，常称为有源元件，如发电机、电池和集成运算放大器等。电源中能够独立地向外电路提供电能的电源称为独立电源；不能独立向外电路提供电能的电源称为非独立电源，又称为受控源。本任务介绍独立电源，它包括电压源和电流源。

3.1 电压源

3.1.1 理想电压源

理想电压源简称为电压源，是一个二端元件。理想电压源能提供一个恒定值的电压 U_S。当外接负载电阻 R_L 变化时，流过理想电压源的电流将发生变化，但电压 U_S 不变。因此电压源有两个特点，其一是任何时刻输出电压都和流过的电流大小无关；其二是输出电流取决于外电路，由外部负载电阻决定。理想电压源在电路图中的符号如图1-11(a)所示，图1-11(b)是直流电压源的另一种符号，且长线表示参考正极性，短线表示参考负极性。

直流电压源的伏安特性如图1-12所示，它是一条以 I 为横坐标且平行于 I 轴的直线，表明其电流由外电路决定，不论电流为何值，直流电压源端电压总为 U_S。

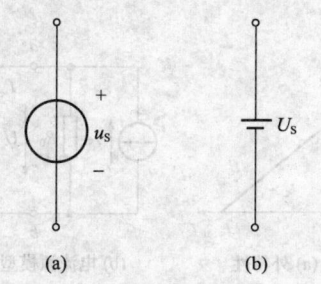

图 1-11 理想电压源图形符号

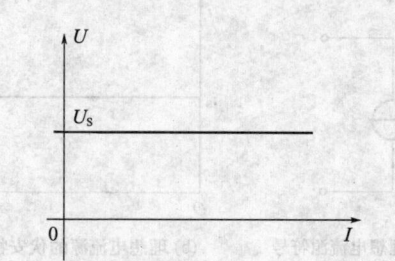

图 1-12 理想电压源伏安特性

3.1.2 实际电压源

电压源这种理想二端元件实际上是不存在的。实际的电压源，其端电压都是随着电流的变化而变化的。例如，当电池接通负载后，其电压就会降低，这是因为电池内部存在电阻的缘故。由此可见，实际的直流电压源可用数值等于 U_S 的理想电压源和一个内阻 R_0 相串联的模型来表示，如图 1-13(a) 所示。

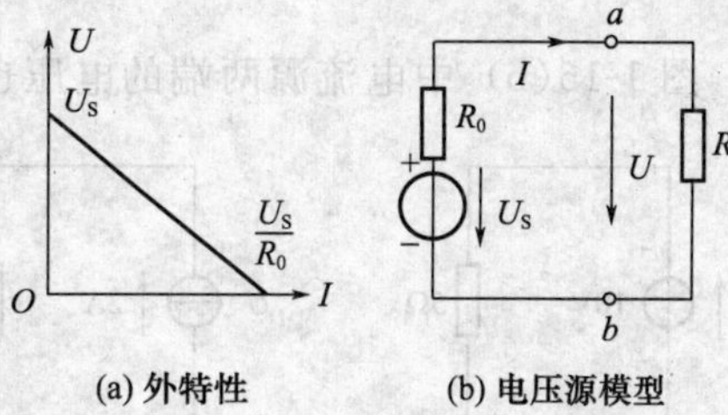

电压源输出电压与电流之间的关系式为

$$U = U_S - IR_0 \tag{1-16}$$

式中，U 为电压源的输出电压；U_S 为电压源的电压；I 为电压源的输出电流；R_0 为电压源的内阻。电压源的内阻愈小，输出电压就愈接近电压源的电压 U_S，当内阻 $R_0=0$ 时电压源就是理想电压源。

图 1-13 电压源外特性和模型

3.2 电流源

3.2.1 理想电流源

理想电流源也是一个二端理想元件。理想电流源能提供一个恒定值的电流 I_S。当外接负载电阻 R_L 变化时，理想电流源两端的电压将发生变化，但电流 I_S 不变。因此理想电流源有两个特点，其一是任何时刻输出电流都和它的端电压大小无关；其二是输出电压取决于外电路，由外部负载电阻决定。理想电流源符号及伏安特性如图 1-14 所示。

3.2.2 实际电流源

理想电流源是从实际电源中抽象出来的理想化元件，在实际中也是不存在的。像光电池这类实际电流源，由于其内部存在损耗，接通负载后输出电流降低。这样的实际电源，可以用一个理想电流源和一个电阻并联来模拟，此模型称为实际电流源模型，如图 1-15(b) 所示。电流源输出电流与电压之间的关系式为：

$$I = I_S - \frac{U}{R_0} \tag{1-17}$$

式中，I 为电流源的输出电流；I_S 为理想电流源的电流；U 为电流源的输出电压；R_0 为电流源的内阻。电流源的内阻愈大，输出电流就愈接近恒流源的电流 I_S，当内阻 $R_0=\infty$ 时电流源就是理想电流源。

【例 1-3】 试求图 1-16(a) 中电压源的电流与图 (b) 中电流源的电压。

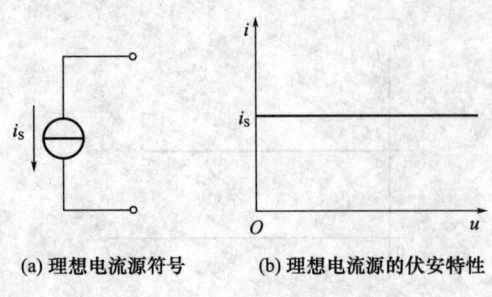
(a) 理想电源符号　　(b) 理想电流源的伏安特性

图 1-14　理想电流源

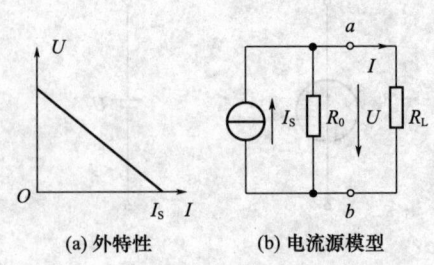
(a) 外特性　　(b) 电流源模型

图 1-15　电流源外特性和模型

解： 图 1-16(a) 中流过电压源的电流也是流过 5Ω 电阻的电流，所以流过电压源的电流为

$$I = \frac{U_S}{R} = \frac{10}{5} = 2(\text{A})$$

图 1-16(b) 中电流源两端的电压也是加在 5Ω 电阻两端的电压，所以电流源的电压为

$$U = I_S R = 2 \times 5 = 10(\text{V})$$

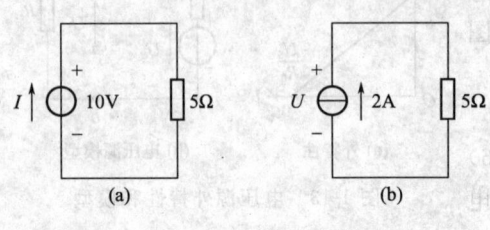

图 1-16　例 1-3 图

电流源中，电流是给定的，但电压的实际极性和大小与外电路有关。如果电压的实际方向与电流实际方向相反，正电荷从电流源的低电位处流至高电位处。这时，电流源发出功率，起电源的作用。如果电压的实际方向与电流的实际方向一致，电流源吸收功率，这时电流源便将作为负载。

3.3　电压源与电流源的等效变换

电压源、电流源都是一个实际电源的电路模型，事实上，一个实际的电源既可以表示为一个电压源，也可以表示为一个电流源。在电压源与电流源之间也存在着等效变换的关系。即两种电源对负载（或外电路）而言，相互间是等效的，可以等效变换，如图 1-17 所示。其中

$$I_S = \frac{U_S}{R} \text{ 或 } U_S = I_S R \tag{1-18}$$

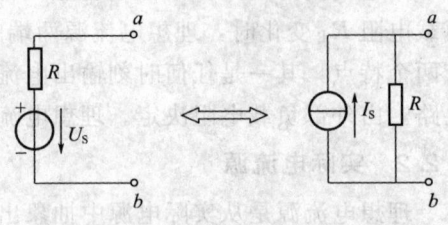

图 1-17　电压源和电流源的等效变换

当电压源等效变化为电流源时，电流源的电流应等于电压源的电压 U_S 除以电压源的内阻 R，内阻由串联改成并联；当电流源等效变化为电压源时，电压源的电压应等于电流源的电流 I_S 乘以电流源的内阻 R，内阻由并联改成串联；变换时应注意极性，I_S 的流出端要对应 U_S 的"+"极。只要一个电压为 U_S 的恒压源和一个电阻 R 串联的电路，都可以化为一个电流为 I_S 的恒流源和这个电阻 R 并联的电路。

必须注意，两种电源的等效关系仅对外电路而言的，至于电源内部，一般是不等效的（两种电源内阻的电压降及功率损耗一般不相等）。理想电压源和理想电流源之间没有等效关系，因为二者内阻不相等。

采用两种电源等效变换的方法，可将较复杂电路简化为简单电路，给电路分析带来方便。

【**例 1-4**】 试用电压源与电流源的等效变换的方法，计算图 1-18(a) 中 1Ω 电阻上的电流 I。

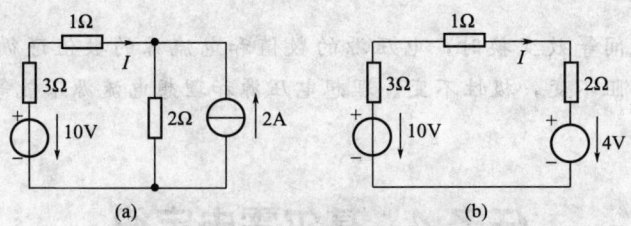

图 1-18　例 1-4 图

解：将图（a）中 2A 和 2Ω 的电流源化为图（b）中 4V 和 2Ω 的电压源后，可得

$$I = \frac{10-4}{3+1+2} = 1 \text{ A}$$

【**例 1-5**】 求图 1-19（a）所示的电路中 R 支路的电流。已知 $U_{S1} = 10\text{V}$，$U_{S2} = 6\text{V}$，$R_1 = 1\Omega$，$R_2 = 3\Omega$，$R = 6\Omega$。

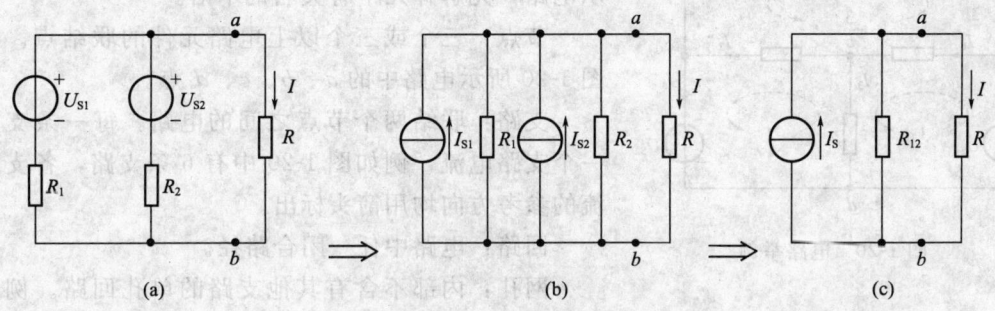

图 1-19　例 1-5 图

解：先把每个电压源电阻串联支路变换为电流源电阻并联支路。电路变换从（a）到（b）所示，其中

$$I_{S1} = \frac{U_{S1}}{R_1} = \frac{10}{1} = 10\text{A}$$

$$I_{S2} = \frac{U_{S2}}{R_2} = \frac{6}{3} = 2\text{A}$$

图 1-19(b) 中两个并联电流源可以用一个电流源代替，其中

$$I_S = I_{S1} + I_{S2} = 10 + 2 = 12\text{A}$$

并联 R_1、R_2 的等效电阻

$$R_{12} = \frac{R_1 R_2}{R_1 + R_2} = \frac{1 \times 3}{1+3} = \frac{3}{4}\Omega$$

电路简化如图 1-19(c) 所示。

对图 1-19(c) 电路，根据分流关系求得 R 的电流 I 为

$$I = \frac{R_{12}}{R_{12}+R} \times I_S = \frac{\frac{3}{4}}{\frac{3}{4}+6} \times 12 = \frac{4}{3} = 1.333\text{A}$$

> **特别提示**
>
> 两种电源模型之间等效变换时，电压源的数值和电流源的数值遵循欧姆定律的数值关系，但变换过程中内阻不变，极性不变。理想电压源和理想电流源不能等效互换。

任务 4 基尔霍夫定律

基尔霍夫电流定律和电压定律是分析电路问题的最基本的定律。基尔霍夫电流定律应用于结点，确定电路中各支路电流之间的关系；基尔霍夫电压定律应用于回路，确定电路中各部分电压之间的关系。基尔霍夫定律是一个普遍适用的定律，既适用于线性电路也适用于非线性电路，它仅与电路的结构有关，而与电路中的元件性质无关。为了更好地掌握该定律，结合图 1-20 所示电路，先解释几个有关名词术语。

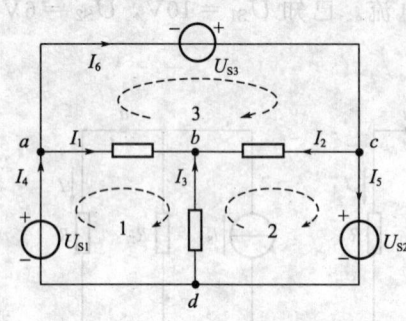

图 1-20 电路举例

节点：三个或三个以上电路元件的联结点。例如图 1-20 所示电路中的 a、b、c、d 点。

支路：联结两个节点之间的电路。每一条支路有一个支路电流，例如图 1-20 中有 6 条支路，各支路电流的参考方向均用箭头标出。

回路：电路中任一闭合路径。

网孔：内部不含有其他支路的单孔回路。例如图 1-20 中有三个网孔回路，并标出了网孔的绕行方向。

4.1 基尔霍夫电流定律(KCL)

4.1.1 定律内容

基尔霍夫电流定律（KCL）是用来反映电路中任意节点上各支路电流之间关系的。其内容为：对于任何电路中的任意节点，在任意时刻，流过该节点的电流之和恒等于零。其数学表达式为：

$$\sum i = 0 \tag{1-19}$$

如果选定电流流出节点为正，流入节点为负，如图 1-20 的 d 节点，有

$$-i_5 + i_4 + i_3 = 0$$

将上式变换得

$$i_3 + i_4 = i_5$$

所以，基尔霍夫电流定律还可以表述为：对于电路中的任意节点，在任意时刻，流入该节点的电流总和等于从该节点流出的电流总和。即

$$\sum i_I = \sum i_o \tag{1-20}$$

4.1.2 定律推广

基尔霍夫电流定律不仅适用于节点，也适用于任一闭合面。这种闭合面有时也称为广义

节点（扩大了的大节点）。

如图 1-21(a) 由广义节点用 KCL 可得
$$I_a + I_b + I_c = 0$$

再比如图 1-21(b) 所示的晶体管，同样有
$$I_E = I_B + I_C$$

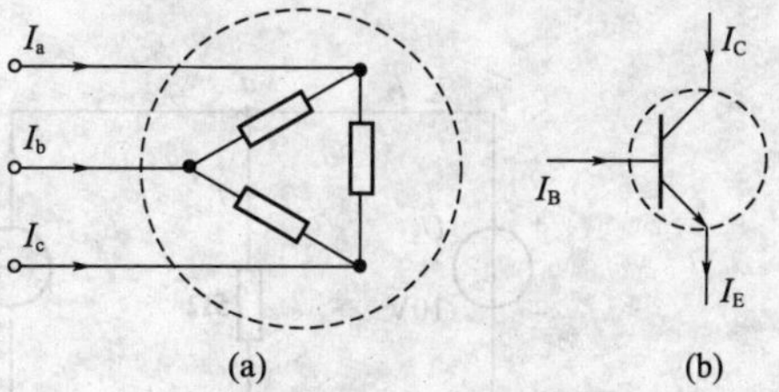

图 1-21 KCL 的推广应用

4.2 基尔霍夫电压定律（KVL）

4.2.1 定律内容

基尔霍夫电压定律（KVL）是反映电路中各支路电压之间关系的定律。可表述为：对于任何电路中任一回路，在任一时刻，沿着一定的循行方向（顺时针方向或逆时针方向）绕行一周，各段电压的代数和恒为零。其数学表达式为

$$\sum u = 0 \qquad (1\text{-}21)$$

如图 1-20 所示闭合回路中，在回路 1（即回路 $abda$）的方向上，结合欧姆定律可看出 a 到 b 电位降了 $I_1 R_1$，b 到 d 电位升了 $I_3 R_3$，d 到 a 电位升了 U_{S1}，则可写出
$$U_{S1} + I_3 R_3 = I_1 R_1$$

移项后可得 $\qquad U_{S1} + I_3 R_3 - I_1 R_1 = 0$

即
$$\sum U = 0 \qquad (1\text{-}22)$$

就是在任一瞬间，沿任一闭合回路的绕行方向，回路中各段电压的代数和恒等于零。习惯上电位升取正号，电位降取负号。KVL 提出的依据是电位的单值性原理，即同一瞬时，各点电位只有一个数值，不可能有两个或三个值。列回路电压平衡方程式时应按以下步骤进行：

① 首先要标出电路各部分电流、电压的参考方向，一般约定电阻的电流方向和电压方向一致；电源的电流方向和电压方向相反；

② 选回路绕行方向；

③ 电压参考方向和绕行方向相同取正，相反取负；

④ 绕一圈所加电压之和为 0。

4.2.2 定律推广

基尔霍夫电压定律不仅适用于闭合电路，也可以推广应用于开口电路。图 1-22 所示不是闭合电路，但在电路的开口端存在电压 U_{AB}，可以假想它是一个闭合电路，如按顺时针方向绕行此开口电路一周，根据 KVL 则有
$$\sum U = -U_1 - U_S + U_{AB} = 0$$

移项后 $\qquad U_{AB} = U_1 + U_S = IR + U_S$

说明 A、B 两端开口电路的电压等于 A、B 两端另一支路各段电压之和。它反映了电压与路径无关的性质。

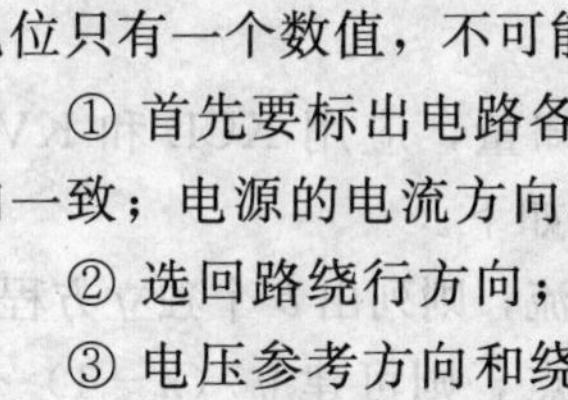

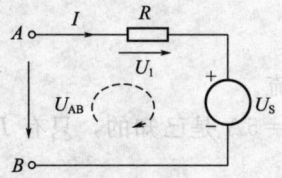

图 1-22 KVL 的推广应用

【例 1-6】 试求图 1-23 所示的两个电路中各元件的功率。

解：(1) 图 1-23(a) 为并联电路，并联的各元件电压相同，均为 $U_S = 10\text{V}$

由欧姆定律 $\qquad I_1 = \dfrac{10}{5} = 2\text{A}$

由 KCL 对节点 a 列方程：$I_2 = I_1 - I_S = 2 - 5 = -3(\text{A})$

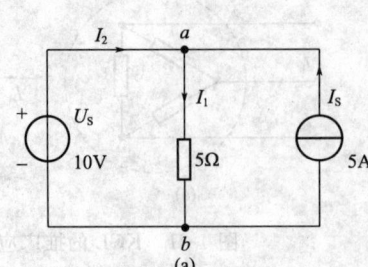 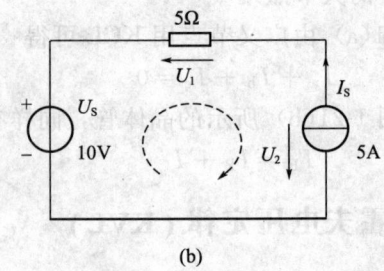

图 1-23 例 1-6 电路

电阻的功率 $P_R = I_1^2 R = 2^2 \times 5 = 20$ (W)

恒压源的功率 $P_{U_S} = -U_S I_2 = -10 \times (-3) = 30$ (W) (吸收)

恒流源的功率 $P_{I_S} = -U_S I_S = -10 \times 5 = -50$ (W) (发出)

(2) 图 1-23(b) 为串联电路，串联的各元件电流相同，均为 $I_S = 5$A

由欧姆定律 $U_1 = 5 \times 5 = 25$ (V)

由 KVL 对回路列 $U_2 = U_1 + U_S = 25 + 10 = 35$ (V)

电阻的功率 $P_R = I_S^2 R = 5^2 \times 5 = 125$ (W)

恒压源的功率 $P_{U_S} = U_S I_S = 10 \times 5 = 50$ (W) (吸收)

恒流源的功率 $P_{I_S} = -U_2 I_S = -35 \times 5 = -175$ (W) (发出)

以上计算满足功率平衡式。

4.3 基尔霍夫定律的应用—支路电流法

支路电流法是分析电路的最基本方法。它是以支路电流为未知量，应用 KCL 和 KVL 列出方程，而后求解出各支路电流的方法。支路电流法的解题步骤如下。

① 标出各支路电流的参考方向。确定支路数目。若 b 个支路电流，则列出 b 个独立方程。

② 根据节点数目用 KCL 列写出结点的电流方程。若有 n 个结点，则可建立 $(n-1)$ 个独立方程。第 n 个结点的电流方程可以从已列出的 $(n-1)$ 个方程求得，不是独立的。

③ 根据网孔数目用 KVL 列写出网孔的电压方程。若有 m 个网孔，则可建立 $m = [b - (n-1)]$ 个独立方程。

④ 解联立方程，求出各个支路电流。

【例 1-7】 试用支路电流法求解图 1-24 所示电路中的各支路电流。

解：图 1-24 所示电路，它有 3 条支路、2 个节点和 2 个网孔。为求 3 个支路电流，应列出 3 个独立的方程，即

节点 a $\qquad I_1 + I_2 - I_3 = 0$

回路 1 $\qquad I_1 R_1 + I_3 R_3 = U_{S1}$

回路 2 $\qquad I_2 R_2 + I_3 R_3 = U_{S2}$

代入数值联立求解，可得 $I_1 = 4$A，$I_2 = -1$A，$I_3 = 3$A。

【例 1-8】 试用支路电流法求解图 1-25 所示电路中的各支路电流。

解：图 1-25 所示电路中，因为含有恒流源的支路电流 $I_1 = I_S = 5$A 是已知的，只有 I_2 和 I_3 是未知的，故可少列 1 个方程，只需列出 2 个方程。即

节点 a $\qquad I_2 - I_3 = I_S$

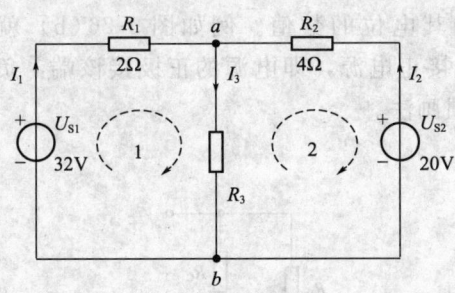

图 1-24 例 1-7 的电路

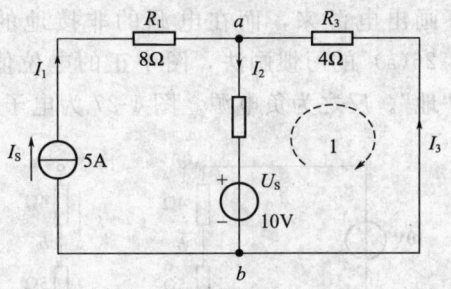

图 1-25 例 1-8 的电路

回路 1 $\qquad -I_2R_2-I_3R_3=U_S$

代入数值联立求解，可得 $I_1=5A$，$I_2=2A$，$I_3=-3A$。

用支路电流法求解电路必须解多元联立方程，求出每条支路的电流，而很多情况下却只求出个别支路的电流就可以了，这时应用支路电流法就显得十分繁琐。

支路电流法是基尔霍夫定律的直接应用。基本步骤是首先标出各支路电流的参考方向，根据节点数目 n 用 KCL 列写出 $(n-1)$ 个节点的电流方程。根据网孔数目 m 用 KVL 列写出 $m=[b-(n-1)]$ 个网孔的电压方程后联立求解。

任务 5 电路中电位计算

电压 U_{ab} 只能表明 a 点和 b 点之间电压的差值，不能表明 a 点和 b 点各自电压数值的大小。电路中某点的电位是指该点相对于参考点之间的电压。参考点又称零电位点，规定该点电位为零。在电力工程中规定大地为零电位的参考点，在电子电路中，通常以与机壳连接的输入、输出的公共导线为参考点，称之为"地"，在电路图中用符号"⊥"表示。

图 1-26(a) 所示电路选择了 e 点为参考点，这时各点的电位是

$$V_e=0V, V_a=U_{ae}=10V, V_d=U_{de}=-5V$$

$$V_b=U_{bd}+U_{de}=(5+6)I+V_d=(5+6)\Omega\frac{(10+5)V}{(4+5+6)\Omega}+(-5)=6V$$

$$V_c=U_{cd}+U_{de}=6I+V_d=6+(-5)=1V$$

原则上，参考点可以任意选择，但是参考点不同，各点的电位值就不一样，只有参考点选定之后，电路中各点的电位值才能确定，例如图 1-26(a) 所示电路，如果将参考点选定为 d 点，则各点的电位将是

$$V_d=0V, V_a=15V, V_b=11V, V_c=6V, V_e=5V$$

因此可见，电路中电位的大小、极性和参考点的选择有关，而电压则和参考点的选择无关。并且两点之间的电压总是等于这两点间的电位之差。$U_{ab}=V_a-V_b$。例如图 1-26(a) 所示电路 $U_{ad}=15V$，$U_{ac}=9V$ 等是不会改变的。

在电子电路中，电源的一端通常都是接"地"的，为了作图简便和图面清晰，习惯上常

常不画出电源来,而在电源的非接地的一端注明其电位的数值。例如图 1-26(b)就是图 1-26(a)的习惯画法,图中正的电位值表示该端接正电源,即电源的正极接该端,负极接"地"。反之为负电源。图 1-27 为电子电路的习惯画法。

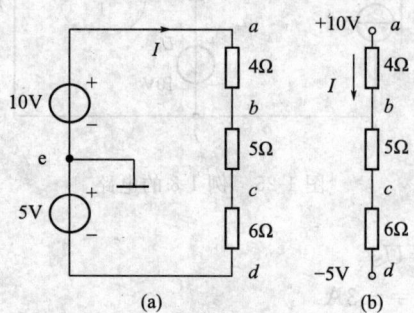

图 1-26 电路的电位

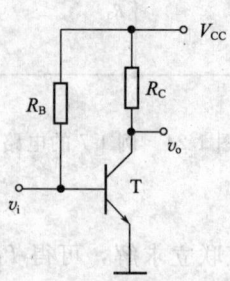

图 1-27 电子电路的习惯画法

在分析计算电路时应注意:参考点一旦选定之后,在电路分析计算过程中不得再更改。

【例 1-9】 电路如图 1-28 所示,试求 B 点的电位及电压 U_{AB}。

解:图中两个电阻串联,其电流相同。因此,可得

$$\frac{V_A - V_B}{R_1} = \frac{V_B - V_C}{R_2}$$

$$\frac{+12 - V_B}{5} = \frac{V_B - (-6)}{4}$$

求得:

$$V_B = 2V, \quad U_{AB} = V_A - V_B = 12 - 2 = 10V$$

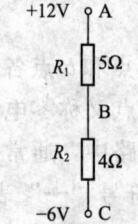

图 1-28 例 1-9 图

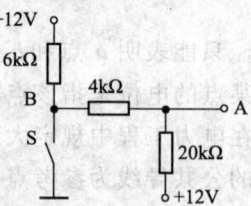

图 1-29 例 1-10 图

【例 1-10】 试求图 1-29 电路中,当开关 S 断开和闭合两种情况下 A 点的电位 V_A。

解:(1) 当开关 S 断开时,三个电阻中为同一电流。因此可得

$$\frac{-12 - V_A}{(6+4)} = \frac{V_A - 12}{20} \quad 求得:V_A = -4V$$

(2) 当开关 S 闭合时,$V_B = 0$,$4k\Omega$ 和 $20k\Omega$ 电阻为同一电流。因此可得

$$\frac{V_A}{4} = \frac{12 - V_A}{20} \quad 求得:V_A = 2V$$

特别提示

电路中各点的电位值与参考点的选择有关,当所选的参考点变动时,各点的电位值将随

之变动，因此，参考点一经选定，在电路分析和计算过程中，不能随意更改；在电路中不指定参考点而谈论各点的电位值是没有意义的。习惯上认为参考点自身的电位为零。

任务6 叠加原理

叠加原理是线性电路的一个重要定理，它反映了线性电路的一个基本性质：叠加性。叠加原理可表述如下：

在由多个独立电源共同作用的线性电路中，任一支路的电流（或电压）等于各个独立电源分别单独作用时在该支路中产生的电流（或电压）的叠加（代数和）。对不作用独立电源的处理办法是：电压源用短路线代替，电流源开路。

叠加（求代数和）时以原电路的电流（或电压）的参考方向为准，若各个独立电源分别单独作用时的电流（或电压）的参考方向与原电路的电流（或电压）的参考方向一致则取正号，相反则取负号。

叠加原理的正确性不容怀疑，其结论可用支路电流法及节点电压法导出，在这不做过多分析。

下面通过例题说明应用叠加原理分析线性电路的步骤、方法和注意之处。

【例1-11】 图1-30(a)所示电路中，有恒压源和恒流源同时作用。已知 $U_S=9V$，$I_S=6A$，$R_1=6\Omega$，$R_2=4\Omega$，$R_3=3\Omega$。试用叠加原理求各支路中的电流。

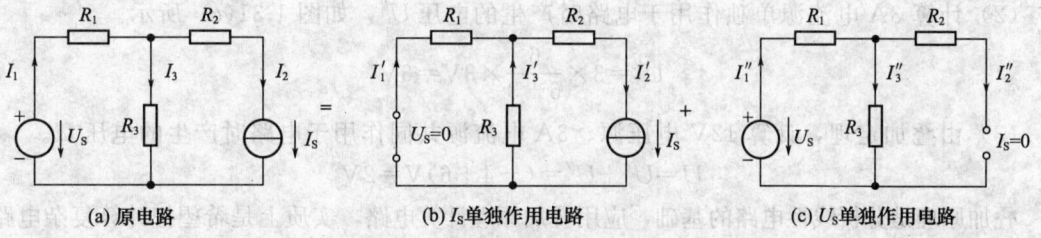

(a) 原电路　　(b) I_S单独作用电路　　(c) U_S单独作用电路

图1-30 例1-11 叠加原理应用举例

解：(1) 首先根据原电路画出各个独立电源单独作用的电路，并标出各电路中各支路电流（或电压）的参考方向。如图1-30(b)和(c)，画电路图时要注意去源的方法，电压源短路（$U_S=0$），电流源开路（$I_S=0$）。

(2) 按各电源单独作用时的电路图分别求出每条支路的电流（或电压）值。

由图(b)电流源 I_S 单独作用时

$$I'_2 = I_S = 6A$$

$$I'_1 = \frac{R_3}{R_1+R_3}I_S = \frac{3}{6+3}\times 6 = 2A$$

$$I'_3 = I_S - I'_1 = 6 - 2 = 4A$$

由图(c)电压源 U_S 单独作用时

$$I''_2 = 0$$

$$I''_1 = I''_3 = \frac{V_S}{R_1+R_2} = \frac{9}{6+3} = 1\text{A}$$

(3) 根据叠加原理叠加求出原电路中各支路电流（或电压）值。就是以原电路的电流（或电压）的参考方向为准，并以一致取正，相反取负的原则，求出各独立电源在支路中单作用时电流（或电压）的代数和。

$$I_1 = I'_1 + I''_1 = 2+1 = 3\text{A}$$
$$I_2 = I'_2 + I''_2 = 6+0 = 6\text{A}$$
$$I_3 = -I'_3 + I''_3 = -4+1 = -3\text{A}$$

【例 1-12】 如图 1-31(a) 所示电路，试用叠加定理计算电压 U。

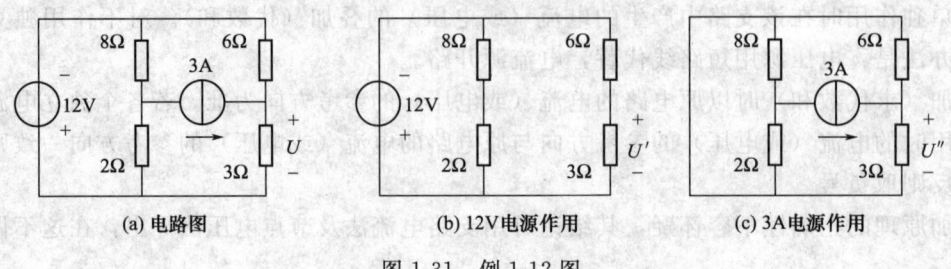

(a) 电路图　　　　　　　(b) 12V电源作用　　　　　　　(c) 3A电源作用

图 1-31　例 1-12 图

解：(1) 计算 12V 电压源单独作用于电路时产生的电压 U'，如图 1-31(b) 所示。

$$U' = -\frac{12}{6+3} \times 3\text{V} = -4\text{V}$$

(2) 计算 3A 电流源单独作用于电路时产生的电压 U''，如图 1-31(c) 所示。

$$U'' = 3 \times \frac{6}{6+3} \times 3\text{V} = 6\text{V}$$

(3) 由叠加定理，计算 12V 电压源、3A 电流源共同作用于电路时产生的电压 U。

$$U = U' + U'' = (-4+6)\text{V} = 2\text{V}$$

叠加原理是分析线性电路的基础，应用叠加原理计算电路，实质上是希望把计算复杂电路的过程转换为计算若干简单电路的过程。一般来说，应用叠加原理计算电路时，工作量不见得少，甚至显得繁琐费时，但作为处理线性电路的一个普遍适用的规律，叠加原理是很值得重视的。

最后提醒注意，叠加原理只适用于线性电路中电流和电压的计算，不能用来计算功率。因为电功率与电流和电压是平方关系而非线性关系。

特别提示

叠加定理仅适用于线性电路，不适用于非线性电路；仅适用于电压、电流的计算，不适用于功率的计算。

任务 7　戴维南定理

戴维南定理是分析计算复杂线性电路的一种有力工具。当只需计算复杂电路中某一支路的电流时,应用戴维南定理来求解最为简便。此法是将待求支路从电路中取出,把其余电路(含有电源和无源元件)用一个等效电源来代替,这样就能把复杂电路化为简单电路而加以求解。

用等效电源替代的那部分电路含有电源,且有两个出线端钮,称为有源二端网络,如图1-32中虚线方框所示。若二端网络中不含电源,则称为无源二端网络。

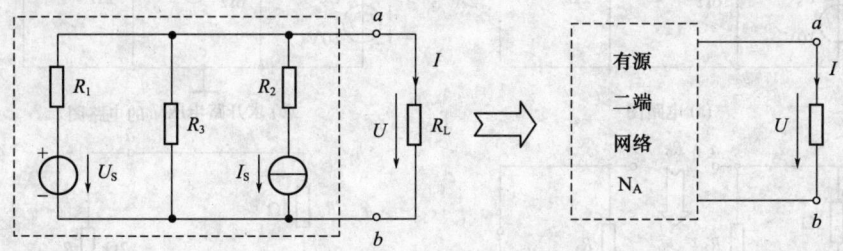

图1-32 有源二端网络

戴维南定理可表述为：任何一个线性有源二端网络[如图1-33(a)]对外电路的作用可以用一个电阻R_0与电压源U_S串联的电压源[如图1-33(b)]代替,其中U_S等于该有源二端网络端口的开路电压U_0[如图1-33(c)],R_0等于该有源二端网络中所有独立电源不作用时所相应的无源二端网络的输出电阻[如图1-33(d)]。独立电源不作用指去除电源,即电压源短路($U_S=0$),电流源开路($I_S=0$)。U_S的极性与开路电压U_0一致。图1-33为戴维南定理的图解表示。

如图1-33(b)由U_S和R_0串联而成的等效电压源即戴维南等效电路。电子电路中常把等效电压源的内阻称为输出电阻。

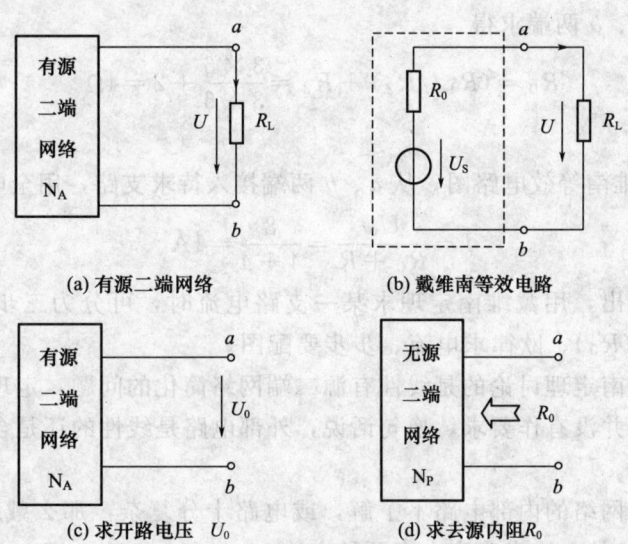

(a) 有源二端网络　　　　　(b) 戴维南等效电路

(c) 求开路电压 U_0　　　　(d) 求去源内阻 R_0

图1-33 戴维南定理的图解表示

戴维南定理可用叠加原理加以证明,本书从略。

下面通过例题说明应用戴维南定理计算某一支路电流的步骤、方法以及注意事项。

【例1-13】 试用戴维南定理求图1-34(a)所示电路中电流I。

解：(1) 求开路电压U_0

将图(a)所示的原电路待求支路从a、b两端取出,画出图(b)求开路电压U_0的电路

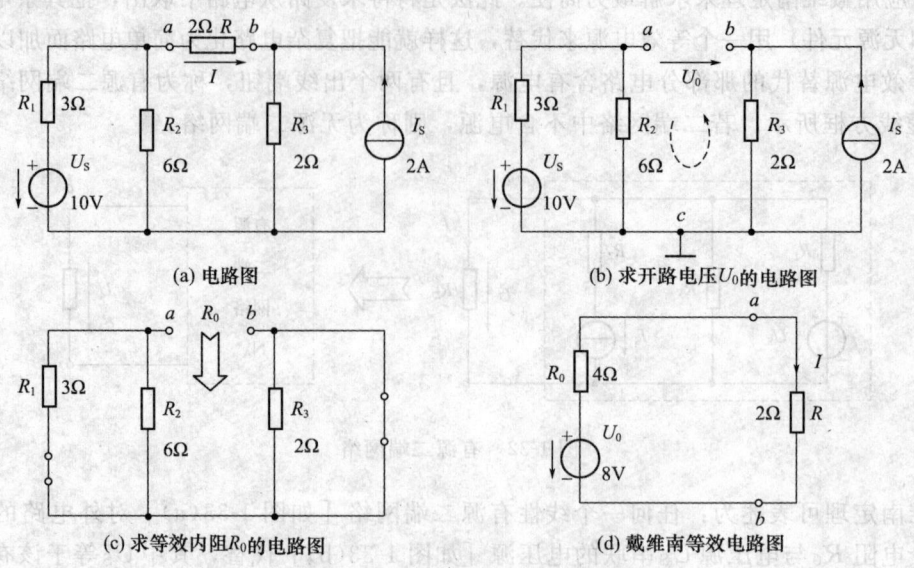

图 1-34 例 1-13 戴维南定理应用举例

图。在图（b）中设 c 点为参考点，则

$$U_0 = U_{ab} = U_a - U_b = \frac{R_2}{R_1+R_2}U_S - I_S R_3 = \frac{6}{3+6} \times 18 - 2 \times 2 = 8\text{V}$$

（2）求等效内阻 R_0

将图（b）中的电压源 U_S、电流源 I_S 去除，画出图（c）求等效内阻 R_0 的电路图，即无源二端网络，从 a、b 两端求得

$$R_0 = (R_1 // R_2) + R_3 = \frac{3 \times 6}{3+6} + 2 = 4\text{Ω}$$

（3）求电流 I

画出图（d）戴维南等效电路图，从 a、b 两端接入待求支路，用全电路欧姆定律可得

$$I = \frac{U_0}{R_0 + R} = \frac{8}{4+4} = 1\text{A}$$

从以上例题可看出，用戴维南定理求某一支路电流时，可分为三步，即：开路求电压（U_0）、去源求内阻（R_0）、欧律求电流、步步要配图。

还应注意，戴维南定理讨论的是线性有源二端网络简化的问题，定理使用时对网络外部的负载是否是线性的并没有作要求，换句话说，外部电路是线性的还是含有非线性元件都可以使用这个定理。

如果对有源二端网络的内部电路不了解，或电路十分复杂，那么戴维南等效电路的 U_0 和 R_0 则可以通过实验的方法来确定。有两种方法：

（1）测量开路电压和短路电流可以计算得出内阻值。实验电路如图 1-35 所示。

图 1-35(a) 用电压表测出开路电压 U_0，图 1-35(b) 用电流表测出短路电流 I_S，就可计算出等效电压源的内阻

$$R_0 = \frac{U_0}{I_S}$$

（2）如果有源二端网络不允许直接短接，则可先测出开路电压 U_0，再在网络输出端接

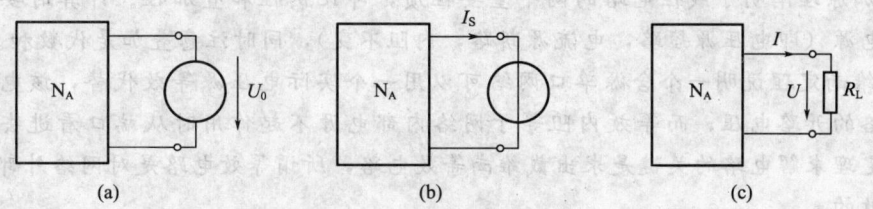

图 1-35 用实验方法求戴维南等效电路的 U_0 及 R_0

入适当的负载电阻 R_L，如图 1-35(c) 所示。测量 R_L 两端的电压 U，则有

$$R_0 = \frac{U_0 - U}{U} R_L = \left(\frac{U_0}{U} - 1\right) R_L$$

【例 1-14】 今测得某一信号源的开路电压 $U_0 = 0.5\text{V}$，当接上负载电阻 $R_L = 6\text{k}\Omega$ 时，输出电压 $U = 0.3\text{V}$，试求该信号源的等效内阻。

解： 用公式可得

$$R_0 = \left(\frac{U_0}{U} - 1\right) R_L = \left(\frac{0.5}{0.3} - 1\right) \times 6 = 4\text{k}\Omega$$

即该信号源的等效内阻为 $4\text{k}\Omega$。

小 结

1. 本项目分析了各种电路元件的伏安关系以及由这些元件组成的一些电路的伏安关系、能量关系。因此，对各种元件、电压、电流的参考方向、电位参考点、电路的基本定律等要有很好的理解并熟练掌握。

2. 当 u、i 为关联参考方向时，$P = UI$，$U = IR$；当 u、i 为非关联参考方向时，$P = -UI$，$U = -IR$。若 $p > 0$，则该元件就是在吸收功率是负载；若 $p < 0$，则该元件是在发出功率是电源。

3. 理想电路元件电阻、电感、电容等是电路的基本模型。它们的变量之间的关系为：

电阻 R $u = Ri$，$p = ui = i^2 R = \dfrac{u^2}{R}$ 耗能元件；

电感 L $u = L\dfrac{di}{dt}$，$W_L = \dfrac{1}{2} L i^2$ 储能元件；

电容 C $i = C\dfrac{du}{dt}$，$W_C = \dfrac{1}{2} C u^2$ 储能元件；

4. **基尔霍夫电流定律（KCL）** $\sum i = 0$

基尔霍夫电压定律（KVL） $\sum u = 0$

基尔霍夫定律是电路分析的基本依据，列 KCL 和 KVL 方程时，首先要选定各支路电流的参考方向，并选定回路的绕行方向。

5. 电路中某点的电位就是该点与参考点之间的电压，只有参考点选定之后，各点电位才能有确定的数值。

6. 支路电流法是基尔霍夫定律的直接应用。基本步骤是首先标出各支路电流的参考方向，根据节点数目 n 用 KCL 列写出 $(n-1)$ 个节点的电流方程。根据网孔数目 m 用 KVL 列写出 $m = [b - (n-1)]$ 个网孔的电压方程后联立求解。

7. 叠加原理阐明了线性电路的两个重要性质，即比例性和叠加性。计算时要正确处理不作用的电源（即电压源短路，电流源断路，内阻不变），同时注意叠加是代数和。

8. 戴维南定理说明一个含源单口网络可以用一个实际电压源等效代替，该电压源的电压等于网络的开路电压，而等效内阻等于网络内部电源不起作用时从端口看进去的等效电阻。用该定理求解电路的关键是求出戴维南等效电路，所谓等效电路是对网络外部而言，内部是不等效的。

9. 在分析电路时，电压源与电流源的等效代换可能带来很大方便。变换条件是电压源的短路电流对应电流源的电流，电流源的开路电压便是电压源的电压，内阻数值相等。等效仍然是对外部而言，对内部电路是不等效的。

10. 各种分析电路计算方法的依据是基尔霍夫定律和欧姆定律。

习题

1-1 填空

1. 任何一个完整的电路都必须有_____、_____和_____3个基本部分组成。
2. 具有单一电磁特性的电路元件称为_____电路元件，由它们组成的电路称为_____。电路的作用是对电能进行_____、_____和_____；对电信号进行_____、_____和_____。
3. 电路有_____、_____和_____三种工作状态。当电路中电流 $I=\dfrac{U_S}{R_0}$、端电压 $U=0$ 时，此种状态称作_____，这种情况下电源产生的功率全部消耗在_____上。
4. 从能量的观点来讲，电阻元件为_____元件；电感和电容元件为_____元件。
5. 电路图上标示的电流、电压方向称为_____。
6. 若按某电流的参考方向计算出电流数值为 $I=-10\mathrm{A}$，说明实际方向与参考方向_____。
7. 某电路中，已知 A 点电压 $U_a=-3\mathrm{V}$，B 点电压 $U_b=12\mathrm{V}$，则电位差 $U_{ab}=$_____。
8. 当电路中某元件上的电压的参考方向与电流的参考方向一致时，称为_____方向，反之称为_____。
9. 已知某元件上电流 $I=-2.5\mathrm{A}$，电压 $U=4.0\mathrm{V}$，且 U、I 取非关联参考方向。则该元件上的功率 $P=$_____，是_____功率。
10. 电力系统中构成的强电电路，其特点是_____、_____；电子技术中构成的弱电电路的特点则是_____、_____。
11. 电路某元件上 $U=10\mathrm{V}$，$I=-2\mathrm{A}$，U、I 取非关联参考方向，则其吸收的功率为_____。
12. 已知某元件 U、I 为关联参考方向，且元件功率为 $P=-12\mathrm{W}$，$I=4\mathrm{A}$，则可计算出电压 $U=$_____，表明该元件电压实际方向与参考方向_____。
13. 若一个电阻器的阻值为 484Ω，额定功率为 $100\mathrm{W}$，则此电阻器两端最大可加的电压值为_____V。
14. 电容 C 上的伏安关系为_____，电感 L 上的伏安关系为_____。在直流电路中，电感相当于_____，电容相当于_____。

15. 基尔霍夫电流定律（KCL）表达式为_____；基尔霍夫电压定律（KVL）表达式为_____。

1-2 选择

1. 在电路中选择不同的参考点（   ）。
   A. 计算出某元件的电压值不同
   B. 计算出某元件的电压值不变
   C. 计算出某元件的电压值不能确定

2. 流过电压源的电流是由（   ）决定的。
   A. 该电压源的具体值   B. 外电路   C. 电压源及外电路所共同

3. 若干电阻 R_1、R_2、R_3…并联连接，其总电阻的表达式 $R=$（   ）。
   A. $R_1+R_2+R_3+\cdots$ B. $R_1 \cdot R_2 \cdot R_3 \cdots$ C. $1/\left(\dfrac{1}{R_1}+\dfrac{1}{R_2}+\dfrac{1}{R_3}+\cdots\right)$

4. 某电阻元件的额定数据为"1kΩ、2.5W"，正常使用时允许流过的最大电流为（   ）。
   A. 50mA   B. 2.5mA   C. 250mA

5. 有"220V、100W"和"220V、25W"白炽灯两盏，串联后接入220V交流电源，其亮度情况是（   ）。
   A. 100W 灯泡最亮   B. 25W 灯泡最亮   C. 两只灯泡一样亮

6. 已知电路中 A 点的对地电位是 65V，B 点的对地电位是 35V，则 $U_{BA}=$（   ）。
   A. 100V   B. −30V   C. 30V

1-3 简析与计算

1. 电路的主要作用是哪两个方面？

2. 在图 1-36 中，已知 $I=-2A$，试指出哪些元件是电源，哪些是负载。

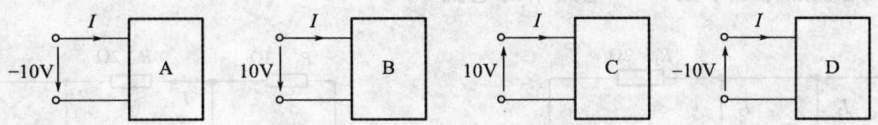

图 1-36 题 2 图

3. 试求图 1-37 所示电路中 A 点和 B 点的电位。如将 A、B 两点直接连接或接一电阻，对电路工作有无影响？

4. 试问图 1-38 所示电路中的电流 I 及电压 U_{AB} 是多少？

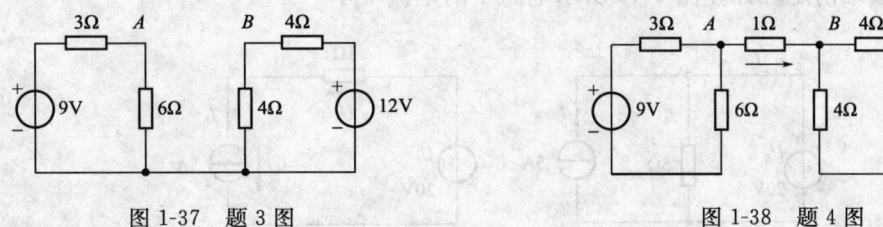

图 1-37 题 3 图　　　　　　　　图 1-38 题 4 图

5. 在图 1-39 中，已知 $U_1=10V$，$U_{S1}=4V$，$U_{S2}=2V$，$R_1=4\Omega$，$R_2=2\Omega$，$R_3=5\Omega$，试问开路电压 U_2 等于多少？

6. 在图 1-40 电路中，求 A 点的电位 V_A。

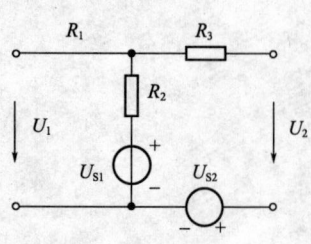

图 1-39 题 5 图

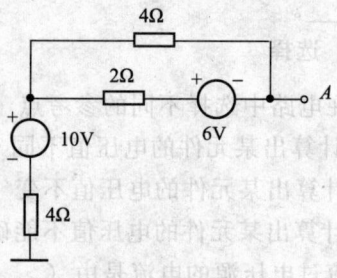

图 1-40 题 6 图

7. 试用电压源与电流源等效变换的方法计算图 1-41 中 2Ω 电阻上的电流 I。

8. 试用电压源与电流源等效变换的方法计算图 1-42 中 6Ω 电阻上的电流 I_3。

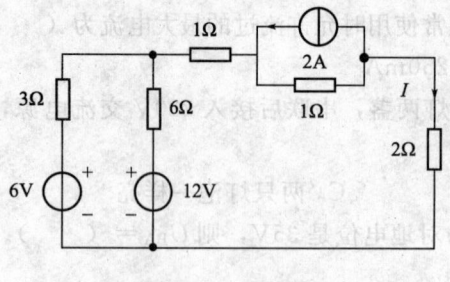

图 1-41 题 7 图

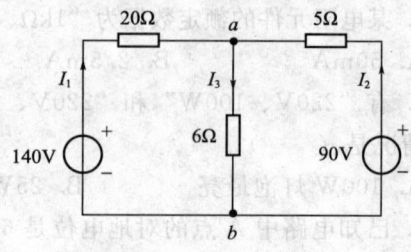

图 1-42 题 8 图

9. 试用支路电流法和结点电压法计算图 1-43 中各支路电流。

10. 试用叠加原理求图 1-43 中各支路电流。

11. 试用叠加原理求图 1-44 电路中的电流 I。

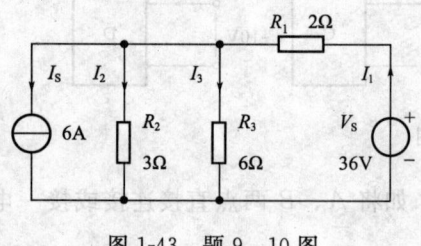

图 1-43 题 9、10 图

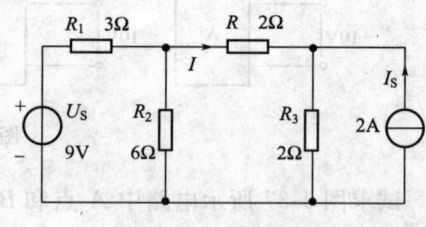

图 1-44 题 11 图

12. 试用戴维南定理计算图 1-45 所示电路中的电流 I_3。

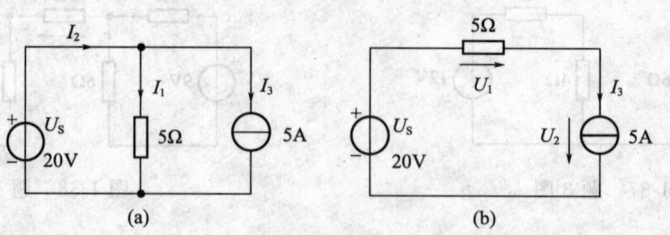

图 1-45 题 12 图

技能训练项目

项目1 基尔霍夫定律验证

一、实训目的

1. 验证基尔霍夫电流、电压定律，巩固有关的理论知识。
2. 加深理解电流和电压参考方向的概念。

二、实训知识要点

基尔霍夫定律是电路的基本定律。测量某电路的各支路电流及每个元件两端的电压，应能分别满足基尔霍夫电流定律（KCL）和电压定律（KVL）。即对电路中的任一个节点而言，应有$\sum I=0$；对任何一个闭合回路而言，应有$\sum U=0$。

运用上述定律原理时必须注意各支路或闭合回路中电流方向，此方向可预先任意设定。

三、实训内容与要求

验证 KCL、KVL 定律：实验原理图如图 1-46 所示。KCL 定律指出：电路中任何时刻对任何结点而言，流出（或流入）该结点的电流的代数和恒等于零。即：$\sum I=0$。KVL 定律指出：电路中任意时刻沿任一闭合回路，其各段的电压代数和恒等于零。即：$\sum U=0$。

（1）按图示的参考方向联接电流插座。测电流时，当毫安表指针反偏时，应立即拨出电流插头，将插座的＋、－端调换后再测，并记为负值。

测出三个支路电流的记入表 1-1 中。

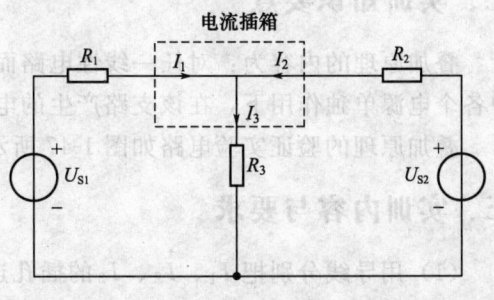

图 1-46 验证 KCL、KVL 定律电路图

表 1-1

	I_1/mA	I_2/mA	I_3/mA	$I_1+I_2+I_3$/mA
计算值				
测量值				
误差/%				

(2) 选择顺时针为绕行方向，沿大回路测各段电压。测量时应注意参考方向，取各段电压的参考方向均沿绕行方向降低。测量时红表棒接高极性一端，黑表棒接低极性一端。读数为正值说明该段电压的参考方向与实际方向一致；当读数为负值时说明该段电压的参考方向与实际方向相反。全部测完后验证其代数和是否为零。把结果记录在表 1-2 中。

表 1-2

	U_{ab}/V	U_{bc}/V	U_{cd}/V	U_{da}/V	$U_{ab}+U_{bc}+U_{cd}+U_{da}$/V
计算值					
测量值					
误差					

四、实训报告要求

1. 总结基尔霍夫定理的验证方法。
2. 总结基尔霍夫定理的验证步骤。

五、分析思考

为什么会存在测量误差？

项目 2　叠加原理验证

一、实训目的

1. 通过实验验证叠加原理正确性，加深理解。
2. 进一步加深对参考方向概念的理解。

二、实训知识要点

叠加原理的内容为：对任一线性电路而言，任一支路的电流或电压，都可以看作是电路中各个电源单独作用下，在该支路产生的电流或电压的代数和。

叠加原理的验证实验电路如图 1-47 所示。

三、实训内容与要求

(1) 用导线分别把 I_1、I_2、I_3 的插孔连接起来，将双向开关打向电源一端，电源 U_{S1}、U_{S2} 分别与直流恒压源 +12V、6V 接通（注意正、负极性不要接错）。最后将电路原理箱面

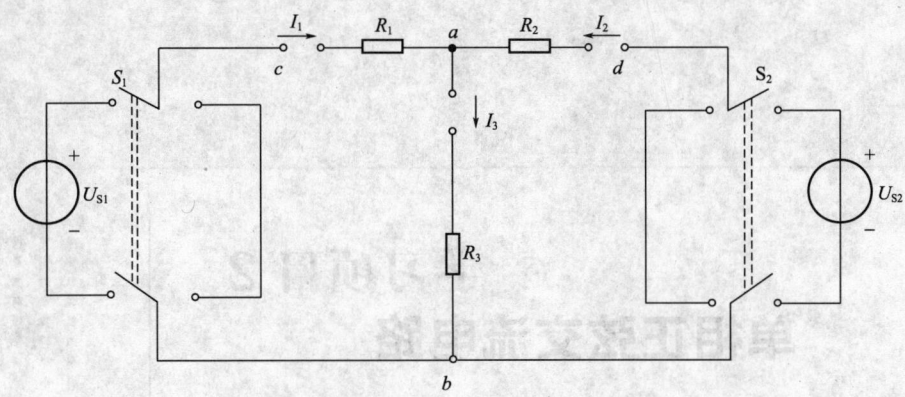

图 1-47 叠加原理的验证实验电路图

板上的电源开关打开,使电路有电源供电。

(2) 按先后顺序将 I_1、I_2、I_3 的一端插孔断开,将电流表串入支路中,分别测出各支路电流,测试时注意电流表为电路原理箱上数字电流表,选择其 20mA 的量程,将下面的正极插孔与电流的流入端相连,负极插孔与电流的流出端相连,若测试电流读数为正,说明电流的实际方向与参考方向相同;若测试电流读数为负值,则说明电流的参考方向与实际方向相反。分别测出两个电源共同作用下的各支路电流及结点间电压 U_{ab}。

(3) 让 U_{S1} 单独作用时,将开关 S_2 打向短接线一端,即 $U_{S2}=0$。分别用实验箱上的数字毫安表(20mA 量程)测出各支路电流 I_1'、I_2'、I_3',用数字万用表直流电压挡 20V 测出 U_{ab}';当 U_{S2} 单独作用时,将 U_{S1} 置 0,即把开关 S_1 打向短接线一端,再分别用数字毫安表测出各支路电流 I_1''、I_2''、I_3'',用万用表直流电压挡测出 U_{ab}''。数据填入表 1-3 中。

表 1-3 叠加原理实验数据

实验内容	U_{ab}	I_1	I_2	I_3
U_1 单独作用				
U_2 单独作用				
U_1、U_2 共同作用				

(4) 用 $I_1=I_1'+I_1''$,$I_2=I_2'+I_2''$,$I_3=I_3'+I_3''$,$U_{ab}=U_{ab}'+U_{ab}''$ 验证叠加原理。

四、实训报告要求

1. 总结叠加原理的验证方法。
2. 总结叠加原理的验证步骤。

五、分析思考

1. 实验中,若用指针式万用表直流毫安挡测各支路电流,在什么情况下可能出现指针反偏,应如何处理?在记录数据时应注意什么?若用直流数字毫安表进行测量时,则会有什么显示呢?

2. 各电阻器所消耗的功率能否用叠加原理计算得出?试用上述实验数据,进行计算并作结论。

3. 如何防止稳压电源两个输出端碰线短路。

学习项目 2
单相正弦交流电路

项目描述

本项目介绍的单相正弦交流电,其电量的大小和方向均随时间按正弦规律周期性变化,是交流电中的一种。这里随不随时间变化是交流电与直流电之间的本质区别。在日常生产和生活中,广泛使用的都是本项目所介绍的正弦交流电,这是因为正弦交流电在传输、变换和控制上有着直流电不可替代的优点,单相正弦交流电路的基本知识则是分析和计算三相正弦交流电路的基础,深刻理解和掌握本项目内容,十分有利于后面三相正弦交流电路的掌握。

项目任务

了解正弦交流电路的基本概念;了解正弦量有效值的概念和定义,有效值与最大值之间的数量关系;了解三大基本电路元件在正弦交流电路中的伏安关系及功率和能量问题。

任务 1　正弦交流电的基本概念

1.1　正弦交流电路

什么是正弦交流电路?

所谓正弦交流电路,是指含有正弦电源(激励),而且电路各部分所产生电压和电流的响应均按正弦规律变化的电路。交流发电机和信号源是常用的正弦电源。交流发电机所产生的电动势,是随时间按正弦规律变化的。在生产和日常生活中所使用的交流电,一般都是指交流发电机所产生的正弦交流电。信号源所输出的正弦信号的电压,也是随时间按正弦规律变化的。交流信号常常是指信号源所输出的正弦信号。

在近代电工技术中正弦量的应用非常广泛。在强电方面,电能的产生和传输几乎都是以正弦的形式进行的。电器所用的直流电也是由正弦交流电变换而来;在弱电方面,正弦信号也是一种最常见的信号源。

1.2 正弦交流电的解析式

随时间按正弦函数规律变化的交变电压(或电流),称为正弦电压(或电流),简称正弦量。由正弦电源供电(激励)的电路称为正弦交流电路或简称正弦电路。正弦量的主要特征表现在变化的快慢、大小及初始值三个方面,而它们分别由频率(或周期)、最大值(或有效值)和初相位来确定,所以角频率、最大值和初相位就称为正弦量的三要素。只要这三个要素确定了,那么这个正弦量就确定了。

以正弦电流为例,解析式

$$i = I_m \sin(\omega t + \varphi) \tag{2-1}$$

就是正弦电流在时间域上的函数表达式,简称时域表达式。

式(2-1)中,i 表示随时间 t 变化的电流变量,I_m 为电流 i 的最大值,也称幅值;($\omega t + \varphi$)称为正弦量的相位角,简称相位,其中 ω 为角频率,φ 称为初相位(简称初相)。

显然,如果 I_m、ω、φ 三个量已知,则 i 的变化规律就确定了。若要求某一时刻 t_1 时的电流,只要将 t_1 代入即可解出该时刻的电流值 I_1。因此,I_m、ω、φ 常称为正弦量的三要素。

正弦量随时间变化的图形称为波形图。横坐标可以是时间 t,如图 2-1(a)所示;也可以用角度 ωt,如图 2-1(b)所示,此时,横坐标的单位为弧度(rad)。

在项目 1 直流电路中,曾经提到了电压和电流的参考方向的概念和意义,在分析交流电路时,也要规定交流电压和电流的参考方向。只是由于正弦交流电路中电压和电流的实际方向随时间而不断地周期性变化,因此,一旦正弦电压(或电流)的参考方向确定,其值也是周期性地正负交替。当值为正时,说明波形在时间轴上方;当值为负时,说明波形在时间轴下方。换句话说,在正弦电路中,只有选定了各处正弦电流和电压的参考方向后,才能正确写出它们的解析式和进行分析计算或画波形图。此时,正弦量数值的正负才有实际意义。

1.3 正弦交流电的三要素

正弦量的特征表现在变化的快慢、取值的范围和初始值三个方面。它们分别由频率(或周期)、幅值(或有效值)和初相来确定。所以频率(或周期)、幅值(或有效值)和初相称为确定正弦量的三要素。这里仍然以式(2-1)反映的正弦量为例加以具体说明。

交流电每时每刻均随时间变化,它对应任意时刻的数值称为瞬时值。瞬时值是随时间变化的量,因此用英文小写斜体字母表示,如 u、i 分别表示正弦交流电电压、电流的瞬时值。

下面以电流为例介绍正弦量的基本特征。

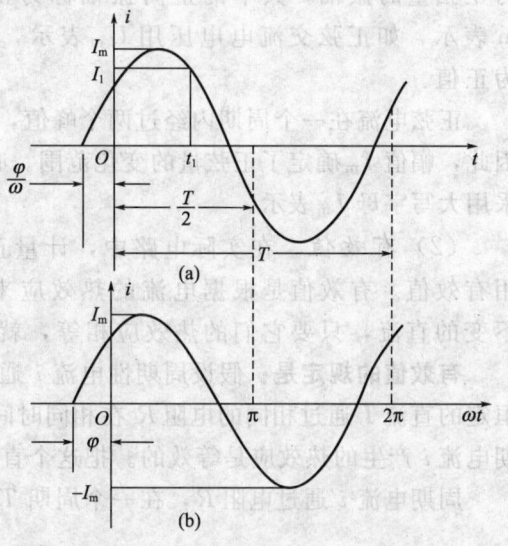

图 2-1 正弦电流的波形

依据正弦量的概念,设某支路中正弦电流 i 在选定参考方向下的瞬时值表达式为

$$i = I_m \sin(\omega t + \varphi)$$

1.3.1 周期、频率和角频率

正弦量变化一周所用的时间称为周期,用符号 T 表示,单位为秒(s)。正弦量每秒内完成的周期数,称为频率,用符号 f 表示,单位为 1/秒(1/s),国际单位制中为赫兹(Hz),频率与周期的关系为

$$f = \frac{1}{T} \quad \text{或} \quad T = \frac{1}{f}$$

我国和世界上许多国家的电力系统都采用 50Hz 作为电力标准频率,由于电力标准频率广泛用于工业生产,习惯上将电力系统的频率称为工频。有些国家(如美国、日本)电力系统的频率为 60Hz。

在工业生产和日常生活中,除大量使用工频交流电作为电源外,在其他许多技术领域还使用各种不同频率的交流电或交流信号。如电加热技术领域使用的频率范围为 $50 \sim 50 \times 10^5$ Hz。

无线电领域一般为 $500 \times 10^3 \sim 500 \times 10^5$ Hz(500kHz~500MHz)。微波频率可高达 3×10^{10} Hz 以上。

正弦量变化的快慢还可用角频率 ω 来表示,单位是弧度/秒(rad/s)。由于正弦量在一个周期 T 的时间内,相位增加了 2π rad,所以

$$\omega = \frac{2\pi}{T} = 2\pi f$$

角频率是正弦量的三要素之一,f、T、ω 中只要已知任意一个,另外两个等于就已知了。

1.3.2 最大值与有效值

(1)最大值 正弦量瞬时值 u、i 在整个变化过程中,出现的正、负两个最高点称为正弦量的振幅,其中的正向振幅称为正弦量的最大值,一般用大写斜体字母加下标 m 表示,如正弦交流电电压用 U_m 表示,正弦交流电电流用 I_m 表示。显然,最大值恒为正值。

正弦电流在一个周期内经过两个峰值,即正峰值 I_m 及负峰值 $-I_m$。由于 $-I_m < i < I_m$因此,幅值 I_m 确定了正弦量的变化范围。必须注意,正弦量的最大值不随时间变化,所以,采用大写字母 I_m 表示。

(2)有效值 在实际电路中,计量正弦量的大小往往不是用的它的最大值,而是用有效值。有效值是根据电流的热效应来定义的。不论是周期性变化的交流还是恒定不变的直流,只要它们的热效应相等,就可认为它们的安培值(或做功能力)相等。

有效值的规定是:假设周期性电流 i 通过电阻 R 在一个周期内产生的热量 Q_n 和另一个恒定的直流 I 通过相同的电阻 R 在相同时间内产生的热量 Q_n 相等,则这个直流电流 I 和周期电流 i 产生的热效应是等效的。把这个直流电流的数值 I,定义为该周期电流 i 的有效值。

周期电流 i 通过电阻 R,在一个周期 T 内所产生的热量为:

$$Q_n = \int_0^T i^2 R \, dt$$

恒定的直流电流 I 通过相同电阻 R，在相同时间内产生的热量为：
$$Q_d = I^2 RT$$

周期电流的有效值

$$I = \sqrt{\frac{1}{T}\int_0^T i^2 \, dt} \tag{2-2}$$

当周期电流为正弦量时，可得

$$I = \frac{I_m}{\sqrt{2}} \tag{2-3}$$

$$U = \frac{U_m}{\sqrt{2}} \tag{2-4}$$

必须注意，只有周期量为正弦函数时，式(2-3)、式(2-4)的关系才成立。

平常所说的交流电源电压是 380V 或 220V，电流是多少安培，都指有效值。交流电压表和电流表的读数，常按正弦量的有效值刻度。

【例 2-1】 已知交流电源电压为 220V，求它的最大值。

解： $U_m = \sqrt{2} U = \sqrt{2} \times 220 = 311V$

1.3.3 相位、初相位和相位差

（1）相位 设正弦量 $i = I_m \sin(\omega t + \varphi)$

式中，$\omega t + \varphi$ 称为相位角，简称相位。相位角随时间连续变化，它反映出正弦量变化的进程。时间 t 不同，相位角 $\omega t + \varphi$ 不同，瞬时值 i 也不同。

（2）初相位 正弦量是随时间连续变化的，要研究它就必须选择一个时间的起点（$t = 0$）。时间起点不同，正弦量的初始值（即 $t = 0$ 时的值）就不同。如图 2-2 所示，若选择的时间起点为图 2-2(a) 所示，则其初始值为零，其数学表达式为

$$i = I_m \sin \omega t \tag{2-5}$$

若选择的时间起点如图 2-2(b) 所示，则其数学表达式为

$$i = I_m \sin(\omega t + \varphi) \tag{2-6}$$

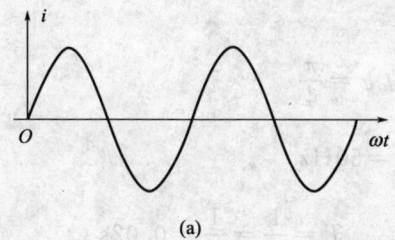 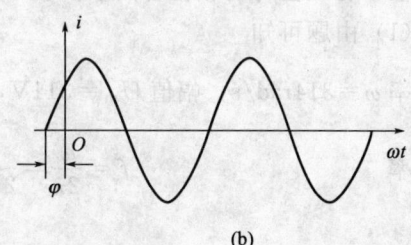

(a)　　　　　　　　　　　　　　(b)

图 2-2 初相位的概念

上两式中的角度 ωt 和 $(\omega t + \varphi)$ 称为正弦量的相位角或相位，它反映出正弦量变化的进程。当相位角随时间连续变化时，正弦量的瞬时值随之作连续变化。

$t = 0$ 时的相位角称为初相位角或初相位。式(2-5)的初相位为零；式(2-6)的初相位为 φ。因此，选择的时间起点不同，正弦量的初相位不同，其初始值也就不同。

在一个正弦交流电路中，电压 u 和电流 i 的频率是相同的，但初相位不一定相同。

如图 2-3 所示。图中 u 和 i 是两个同频率的正弦量，它们的初相位分别为 φ_1 和 φ_2。它

们可用下式表示

$$\begin{cases} u = U_m \sin(\omega t + \varphi_1) \\ i = I_m \sin(\omega t + \varphi_2) \end{cases}$$

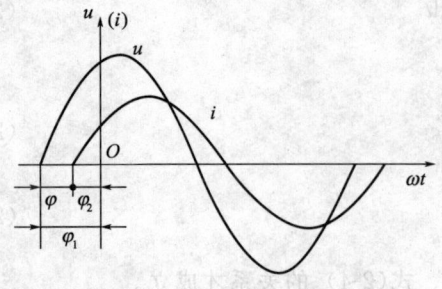

图 2-3　u 和 i 的初相位不同

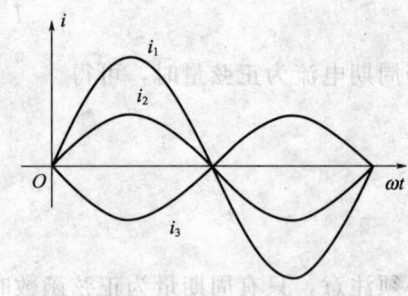

图 2-4　同相与反相

两个同频率正弦量的相位角之差或初相位角之差，称为相位差，用 φ 表示。上述 u 和 i 的相位差为

$$\varphi = (\omega t + \varphi_1) - (\omega t + \varphi_2) = \varphi_1 - \varphi_2$$

当改变这两个同频率正弦量的计时起点时，它们的相位与初相位将随之改变，但这两者之间的相位差是不会改变的。

因为 u 和 i 的初相位不同（不同相），所以它们的变化步调是不一致的，即不是同时到达正的峰值或零值。在图 2-3 中，因为 $\varphi_1 > \varphi_2$，所以 u 较 i 先到达正的峰值。这时，在相位上 u 比 i 超前 φ 角，或 i 比 u 滞后 φ 角。

如果两个同频率的正弦量具有相同的初相位，即相位差 $\varphi = 0$，则二者同相（相位相同）。如图 2-4 中的 i_1 和 i_2 同相；若两者的相位差 $\varphi = 180°$，则二者反相（相位相反）。如图 2-5 中的 i_1 与 i_3 反相。

【例 2-2】　已知正弦电压 $u = 311\sin\left(314t + \dfrac{\pi}{4}\right)$ V：（1）试指出它的频率、周期、角频率、最大值、有效值与初相位各为多少？（2）画出其波形图。

解：（1）由题可知

角频率 $\omega = 314 \text{rad/s}$，幅值 $U_m = 311\text{V}$，初相位 $\varphi = \dfrac{\pi}{4}$

则频率

$$f = \frac{\omega}{2\pi} = \frac{314}{2 \times 3.14} = 50 \text{Hz}$$

周期

$$T = \frac{1}{f} = \frac{1}{50} = 0.02 \text{s}$$

有效值

$$U = \frac{U_m}{\sqrt{2}} = \frac{311}{\sqrt{2}} = 220 \text{V}$$

（2）波形图示于图 2-5 中。

【例 2-3】　已知 $u_1 = 10\sqrt{2}\sin(100\pi t + 30°)$ V，$u_2 = 20\sqrt{2}\sin(100\pi t - 45°)$ V，$u_3 = 15\sqrt{2}\sin(200\pi t - 15°)$ V，试求出 u_1、u_2 和 u_3 的相位差，并指出谁超前、谁滞后？

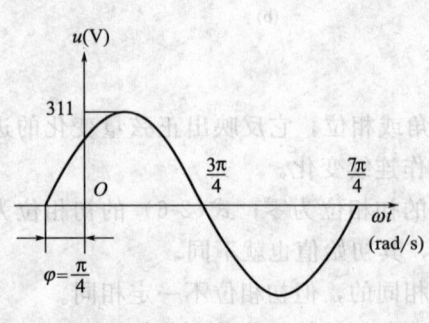

图 2-5　例 2-2 图

解：因 u_1 与 u_2 是同频率的正弦量，所以 u_1 与 u_2 的相位差为 $\varphi = 30° - (-45°) = 75°$，即 u_1 在相位上超前 u_2 75°，或 u_2 在相位上滞后 u_1 75°。

因 u_3 和 u_1、u_2 频率不同，因此不能进行比较。

① 在本项目所研究的交流电路中，各部分电压和电流的频率是相同的，因而交流电的分析将集中于研究各部分电压和电流的大小之间和相位之间的关系以及功率问题。

② 幅值 $I_m(U_m)$ 和有效值 $I(U)$ 是表示正弦量的大小的参数。有效值与幅值之间的关系为：

$$I_m(U_m) = \sqrt{2} I(U)$$

这一关系一般只适用正弦交流电，其他波形的有效值与最大值之间的关系，要具体情况具体分析。

③ 初相位和相位差是用来确定正弦量初始值的。计时起点（$t=0$）选取的不同，初相位也就不同。而相位差是两个同频率正弦量的初相位之差，它不随起始点的改变而改变，是一个固定值。

任务 2　正弦量的相量表示法

分析正弦交流电路，就会遇到正弦量的计算问题。本任务介绍的正弦量的相量（复数）表示法，可以将三角函数的有关运算变为复数的运算，从而使正弦交流电路的计算尤为简化。

所以，正弦量的相量表示法是分析计算正弦交流电路的重要工具，应很好掌握。

由任务 1 可知，一个正弦量具有角频率、最大值和初相位这三个要素。因此，正弦量的任何一种数学表示方法都要以能否表示出这三个要素为标准。

正弦量的表示方法有三种，前面已经介绍了前两种。

（1）三角函数式　如 $i = I_m \sin(\omega t + \varphi)$，它能将正弦量的三个要素表示出来，三角函数式是正弦量的基本表示法。但是三角函数式的加、减、乘、除等运算比较繁琐。

（2）正弦波形图　如图 2-1(a) 所示的波形图，能形象地将正弦量的三要素表示出来。很显然，用波形去进行有关计算是不现实的。

所以引出另外一种表示形式：相量表示法。它的基础是复数。

（3）正弦量的相量表示法　一个正弦量可以用最大值、初相角和角频率三要素来确定某一时刻的瞬时值，而在平面坐标上的一个旋转相量也可以表示出正弦量的三要素，所以旋转相量可以表示正弦交流电。

用旋转相量表示正弦量的方法如下：令旋转相量的长度等于正弦量的最大值（幅值），相量与横坐标之间夹角等于正弦量的初相角，并以 ω 的角速度逆时针方向旋转。则这个旋转相量任一时刻在纵坐标上的投影就是该正弦量的瞬时值。

例如正弦电流用相量 $\dot{I}_m$ 来表示。相量的长度为 I_m，尾端位于直角坐标平面的原点；初始位置与横轴之间夹角为 φ；相量以 ω 角速度逆时针方向旋转。它在纵轴上的投影就是正弦函数 $i = I_m \sin(\omega t + \varphi)$，如图 2-6 所示。

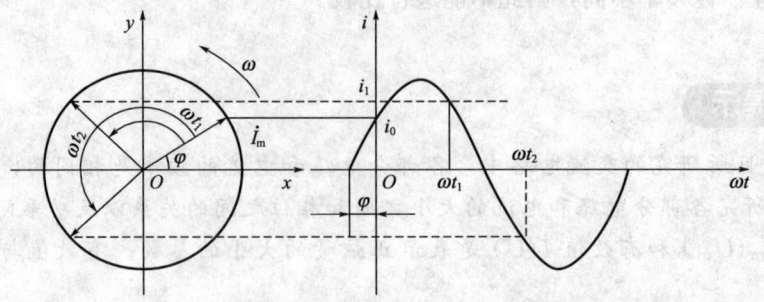

图 2-6　用旋转矢量来表示正弦量正弦量的矢量表示法

当 $t=0$ 时，旋转相量 $\dot{I}_m$ 在纵轴上的投影

$$i = i_0 = I_m \sin\varphi$$

就是该时刻正弦量的瞬时值。当 $t=t_1$ 时，旋转相量与横轴之间夹角为 $(\omega t_1 + \varphi)$，它在纵轴上投影

$$i = i_1 = I_m \sin(\omega t_1 + \varphi)$$

即正弦量在 t_1 时的瞬时值。

可见，任何一个正弦量都可以用一个相应的旋转相量来表示。

由于旋转相量的角速度等于正弦量的角频率，其值不变，使用时只画出它的初始位置标明角速度，并简称为相量。如相量 $\dot{I}_m$ 可表示为图 2-7(a)。

在实际问题中常常使用正弦量的有效值，为了方便起见，常使矢量长度等于有效值，如图 2-7(b) 所示的 $\dot{I}$。显然，这时它在纵轴上的投影就不能代表正弦量的瞬时值了。

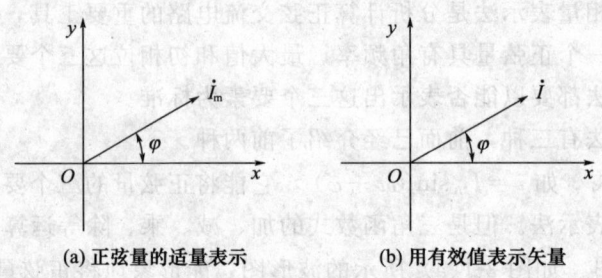

(a) 正弦量的适量表示　　　　(b) 用有效值表示矢量

图 2-7　正弦量的矢量表示法

既然正弦量可以用旋转相量表示，而相量又可以用复数表示，所以正弦量也可以用复数表示。

只要把用来表示正弦量的相量 $\dot{U}_m$ 画在复平面的直角坐标系中，此直角坐标系的横轴为实轴，用以表示复数的实部，以 $+1$ 为单位；纵轴为虚轴，用以表示复数的虚部，以 $+j$ 为单位（这里为与电流 i 相区分，故采用 j 作为虚部单位）。由实轴与虚轴这个直角坐标系构成的平面称为复平面。如图 2-8 所示，有向线段 A 可表示为：

$$A = a + jb \quad \text{（复数的直角坐标式）}$$

$$r = \sqrt{a^2 + b^2} \quad \text{是复数的大小，称为复数的模；}$$

$\varphi = \arctan \dfrac{b}{a}$ 是复数与实轴正方向的夹角,称为复数的幅角。

因为 $a = r\cos\varphi,\ b = r\sin\varphi$

所以 $A = a + \mathrm{j}b = r\cos\varphi + \mathrm{j}r\sin\varphi = r(\cos\varphi + \mathrm{j}\sin\varphi)$

(复数的直角坐标式)

根据欧拉公式

$$\cos\varphi = \dfrac{e^{\mathrm{j}\varphi} + e^{-\mathrm{j}\varphi}}{2}\ 和\ \sin\varphi = \dfrac{e^{\mathrm{j}\varphi} - e^{-\mathrm{j}\varphi}}{2\mathrm{j}}$$

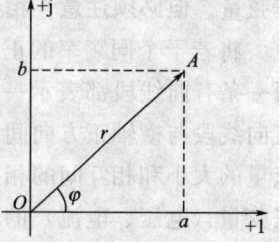

图 2-8 正弦量的复数表示

$$A = r(\cos\varphi + \mathrm{j}\sin\varphi) = r\left(\dfrac{e^{\mathrm{j}\varphi} + e^{-\mathrm{j}\varphi}}{2} + \mathrm{j}\dfrac{e^{\mathrm{j}\varphi} - e^{-\mathrm{j}\varphi}}{2\mathrm{j}}\right) = re^{\mathrm{j}\varphi}\ (复数的指数式)$$

或 $A = r\angle\varphi$ (复数的极坐标式)

复数的直角坐标式、指数式和极坐标式三者之间可以互相转换。在进行复数的加减运算时,可用直角坐标式;进行乘除运算时,可用指数式或极坐标式。

复数的加减运算用复数的直角坐标式比较方便,运算时实部与实部相加减,虚部与虚部相加减。例如有两个复数

$$A_1 = a_1 + \mathrm{j}b_1;\ A_2 = a_2 + \mathrm{j}b_2$$
$$A_1 \pm A_2 = (a_1 \pm a_2) + \mathrm{j}(b_1 \pm b_2)$$

复数的乘除运算用复数的指数式或极坐标式比较方便,相乘时,复模相乘,辐角相加;相除时,复模相除,辐角相减。

【例 2-4】 已知 $A_1 = 2 + \mathrm{j}2$,$A_2 = 6 - \mathrm{j}8$,(1) 试将它们转换为指数式和极坐标式;(2) 求 $A_1 + A_2$,$A_1 A_2$。

解:

(1) $A_1 = 2 + \mathrm{j}2 = 2\sqrt{2}\,e^{\mathrm{j}45°} = 2\sqrt{2}\angle 45°$

$A_2 = 6 - \mathrm{j}8 = 10 e^{-\mathrm{j}53°} = 10\angle -53°$

(2) $A_1 + A_2 = (2 + \mathrm{j}2) + (6 - \mathrm{j}8) = 8 - \mathrm{j}6$

$A_1 A_2 = 2\sqrt{2}\angle 45° \times 10\angle -53° = 20\sqrt{2}\angle -8°$

由上可知,就可以用复数来表示正弦量了。为了与一般的复数相区别,把表示正弦量的复数称为相量,并在大写字母上打"·"(如 $\dot{U}_\mathrm{m}$)。因 $\dot{U}_\mathrm{m}$ 在实轴上的投影为 a,在虚轴上的投影为 b,则 $\dot{U}_\mathrm{m} = a + \mathrm{j}b$。由图 2-9 可知,复数的模 $U_\mathrm{m} = \sqrt{a^2 + b^2}$,因为 U_m 是正弦量的幅值,所以 $\dot{U}_\mathrm{m}$ 称为电压的最大值相量。

相量 $\dot{U}_\mathrm{m}$ 与实轴正方向间的夹角 $\varphi = \arctan \dfrac{b}{a}$

例如,正弦电压 $u = U_\mathrm{m}\sin(\omega t + \varphi)$ 的相量为

$$\dot{U}_\mathrm{m} = U_\mathrm{m}(\cos\varphi + \mathrm{j}\sin\varphi) = U_\mathrm{m} e^{\mathrm{j}\varphi} = U_\mathrm{m}\angle\varphi$$

或 $\dot{U} = U(\cos\varphi + \mathrm{j}\sin\varphi) = U e^{\mathrm{j}\varphi} = U\angle\varphi$

由以上正弦量的复数表达式可以看出,复数只能用它的模和辐角来表示正弦量的幅值(或有效值)和初相位这两个要素。那么正弦量的频率如何表示呢?这一点必须加以说明。因为在同一个正弦交流电路中,电动势、电压和电流均为同频率的正弦量,即频率是已知或特定的,可以不必考虑,只要求出正弦量的幅值(或有效值)和初相位即可。基于此,可以用相量表示

正弦量。但必须注意，相量只是表示正弦量的一种数学工具，相量并不等于正弦量。

将若干个同频率的正弦量用相量表示方法画在同一坐标系中的图称为**相量图**。相量图中的每一条有向线段都表示一个正弦量，有向线段的长度表示正弦量的大小（一般都用有效值），有向线段与横轴正方向间的夹角表示正弦量的初相位。因此，在相量图上能形象地看出各个正弦量的大小和相互间的相位关系。两个同频率的正弦量相量图可以简单明确表示同一电路中各正弦量（电压、电流）的相位和大小。用平行四边形法则，可以方便地进行相量的加减运算。

例如，两个同频率的正弦量

$$u = U_m \sin(\omega t + \varphi_1)$$
$$i = I_m \sin(\omega t + \varphi_2)$$

并已知 $\varphi_1 > \varphi_2$

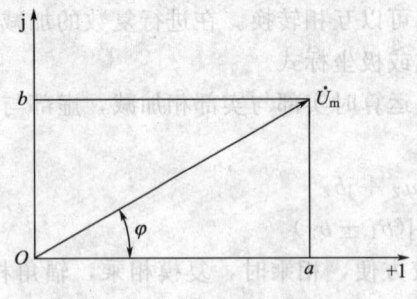

图 2-9 电压的最大值相量

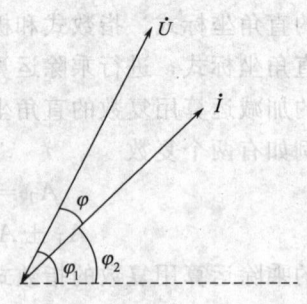

图 2-10 相量图

则它们的相量图如图 2-10 所示。从相量图可清楚地看出，电压相量 $\dot{U}$ 超前电流相量 $\dot{I}$ 一个 φ 角（$\varphi = \varphi_1 - \varphi_2$）。

相量只能用来表示正弦周期量，而不能用来表示非正弦周期量；只有同频率的正弦量才能画在同一个相量图上，不同频率的正弦量不能画在同一个相量图上，否则就无法进行比较和计算。

【例 2-5】 已知两个同频率正弦电流 $i_1 = I_{1m}\sin(\omega t + \varphi_1)$，$i_2 = I_{2m}\sin(\omega t + \varphi_2)$，用相量法求两个电流之和，$i = i_1 + i_2$。

解：两个正弦量的和是一个新的同频率的正弦量，只要求出这个新的正弦量的幅值和初相角即可。

先在直角坐标平面上，画出代表 i_1 和 i_2 的相量 $\dot{I}_{1m}$ 和 $\dot{I}_{2m}$，如图 2-11 所示。再用平行四边形法则，求其合成相量 $\dot{I}_m = \dot{I}_{1m} + \dot{I}_{2m}$，合成相量的长度即为最大值，它与横坐标的夹角即为初相角 φ_0 可得

$$i = i_1 + i_2 = I_m \sin(\omega t + \varphi)$$
$$I_m = \sqrt{(I_{1m}\cos\varphi_1 + I_{2m}\cos\varphi_2)^2 + (I_{1m}\sin\varphi_1 + I_{2m}\sin\varphi_2)^2}$$
$$\varphi = \arctan\frac{I_{1m}\sin\varphi_1 + I_{2m}\sin\varphi_2}{I_{1m}\cos\varphi_1 + I_{2m}\cos\varphi_2}$$

【例 2-6】 已知两电压 u_1 和 u_2 频率相同，$f=50\text{Hz}$，$U_1=U_2=220\text{V}$，且 u_1 超前 u_2 $120°$，求：$u=u_1-u_2$ 的有效值 U 和 u 的瞬时表达式。

解： 以 $\dot{U}_1$ 为参考矢量，画出 $\dot{U}_1$，$\dot{U}_2$，再画出 $\dot{U}=\dot{U}_1-\dot{U}_2=\dot{U}_1+(-\dot{U}_2)$，相量图如图 2-12 所示从相量图看出，利用平行四边形对角组系可简化求解步骤得

$$U=2U_1\cos30°=2\times220\times\frac{\sqrt{3}}{2}=380\text{V}$$

$$\varphi=30°$$

所以
$$u=380\sqrt{2}\sin(314t+30°)\text{V}$$

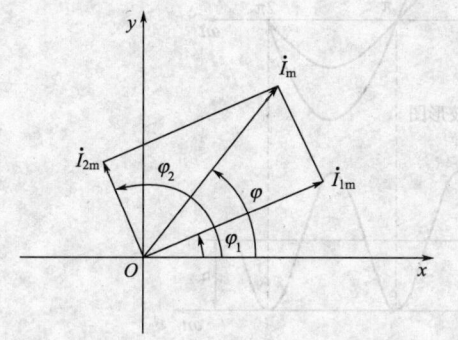

图 2-11 同频率正弦量相量相加

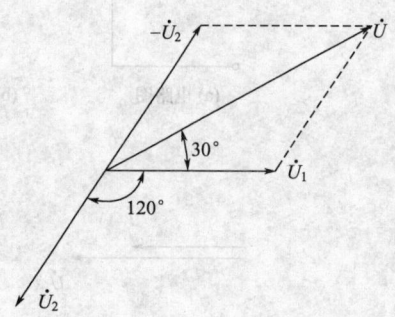

图 2-12 例 2-6 的相量图

注意：正弦量表达为复数或复数表达为正弦量时，正弦量的最大值（或有效值）和初相位与复数的模和幅角的对应关系。

任务 3 单一参数正弦交流电路

如上一项目所述，电阻、电感和电容都是表征电路性质的物理量，称为电路参数。在恒定的直流电路中，磁场和电场都是恒定的，电路在稳定状态下，电感元件可视作短路，电容元件可视作开路，可以不考虑它的影响，故只考虑电路中电阻的作用。但在交流电路中，因电压和电流是不断交变的。磁场和电场总在变化，这就必须考虑电感和电容对电路所起的作用。

实际的电路总是同时存在电阻、电感和电容效应的。但当电路中只有一种参数起主要作用，而其余参数可以忽略不计时，就可以把这个电路看成是只含一种参数的电路，即所谓单一参数电路。

分析正弦交流电路，就是确定电路中电压与电流之间的关系（大小和相位），并讨论电路中能量的转换和功率问题。掌握单一参数（电阻、电感或电容）电路中电压与电流之间的关系，是分析正弦交流电路的基础，因为正弦交流电路是由单一理想元件组合而成的。

3.1 电阻电路

在电阻中通过电流时，它具有阻碍电流流通、消耗电能并将其转换为热能及其他形式能

量的性质。在实际应用中，电阻元件、白炽灯、电阻炉等负载接入交流电路中时，就可以看作纯电阻电路。

图 2-13(a) 是一个理想线性电阻元件的交流电路。电压和电流的参考方向如图所示，两者的关系由欧姆定律确定，即

$$u = iR$$

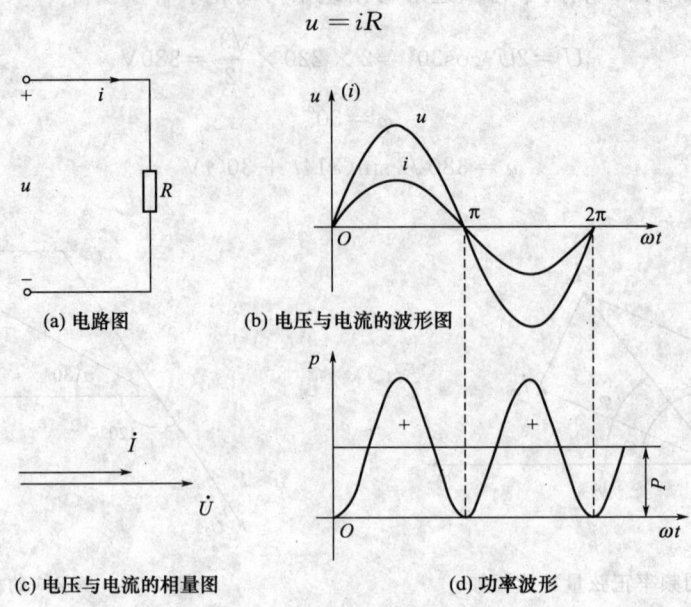

图 2-13　电阻元件的交流电路

为了分析方便起见，选择电流经过零值并将向正值增加的瞬间作为计时起点，即设

$$i = I_\mathrm{m}\sin\omega t$$

为参考正弦量，则

$$u = Ri = RI_\mathrm{m}\sin\omega t = U_\mathrm{m}\sin\omega t \tag{2-7}$$

也是一个同频率的正弦量。

比较上面两式即可看出，在电阻元件的交流电路中，电流和电压是同相的（相位差 φ 为 0）。表示电压和电流的正弦波如图 2-13(b) 所示。

在式(2-7)中

$$U_\mathrm{m} = RI_\mathrm{m}$$

或

$$\frac{U_\mathrm{m}}{I_\mathrm{m}} = \frac{U}{I} = R \tag{2-8}$$

由此可知，在电阻元件电路中，电压的最大值（或有效值）与电流的最大值（或有效值）之比就是电阻 R。

如用相量表示电压与电流的关系，则为

$$\dot{U} = Ue^{j0°}\ ;\ \dot{I} = Ie^{j0°}$$

$$\frac{\dot{U}}{\dot{I}} = \frac{U}{I}e^{j0°} = R$$

或

$$\dot{U} = R\dot{I}$$

这就是欧姆定律的相量表达式。电压和电流的相量图如图 2-13(c) 所示。

知道了电压与电流的变化规律和相互关系后，便可计算出电路中的功率。在任意瞬间电

压瞬时值 u 与电流瞬时值 i 的乘积，称为**瞬时功率**，用小写字母 p 表示，即

$$p = ui = U_m I_m \sin^2\omega t = \frac{U_m I_m}{2}(1-\cos 2\omega t) = UI(1-\cos 2\omega t) \tag{2-9}$$

由式(2-9)可见，p 是由两部分组成的，第一部分是常数 UI，第二部分是最大值为 UI，并以 2ω 的角频率随时间而变化的交变量 $UI\cos 2\omega t$。p 随时间而变化的波形如图 2-13(d)所示。

由于在电阻元件的交流电路中 u 与 i 同相，它们同时为正，同时为负。所以瞬时功率总是正值，即 $p>0$。瞬时功率为正，表示外电路从电源取用能量。在这里就是电阻元件从电源取用电能而转换为热能。一个周期内电路消耗电能的平均速度，即瞬时功率的平均值，称为平均功率，用大写字母 P 表示，在电阻元件电路中，平均功率为

$$P = \frac{1}{T}\int_0^T p\,dt = \frac{1}{T}\int_0^T UI(1-\cos 2\omega t)\,dt = UI = RI^2 = \frac{U^2}{R} \tag{2-10}$$

平均功率的单位是 W 或 kW。

平均功率又称有功功率，反映了电阻负载实际消耗的功率。通常所说的功率，就是指平均功率。如一盏额定电压 220V、功率为 100W 的灯泡，就是指灯泡接 220V 额定电压时，平均功率为 100W。

计算电能的公式为 $A=Pt$。如 100W 电灯每天点 8h，一年耗电为

$$A = Pt = 100 \times 8 \times 365 \times \frac{1}{1000} = 292 \text{kW}\cdot\text{h}$$

【例 2-7】 在电阻负载电路中，设 $\dot{U}=220\angle 30°$ V，$R=11\Omega$，求：瞬时电流 i 和平均功率 P。

解：
$$\dot{I} = \frac{\dot{U}}{R} = \frac{220\angle 30°}{11} = 20\angle 30° \text{ A}$$

$$i = 20\sqrt{2}\sin(\omega t + 30°) \text{ A}$$

$$P = UI = 220 \times 20 = 4400 \text{ W}$$

3.2 电感电路

在物理学中曾经学过，对一非铁芯线圈来说，如果电阻很小，可以忽略不计，那么可以认为它是一个线性电感，用 L 表示，L 的单位为 H（亨）或 mH（毫亨）。将电感 L 与正弦交流电源相接，组成电感电路，如图 2-14(a) 所示。

当电感线圈中通过交流电流 i 时，其中产生自感电动势 e_L。设电流 i，电动势 e_L 和电压 u 的参考方向如图 2-14(a) 所示。根据基尔霍夫电压定律，得

$$u = -e_L = L\frac{di}{dt}$$

设电流为参考正弦量，即 $i = I_m\sin\omega t$，则

$$u = L\frac{d(I_m\sin\omega t)}{dt} = \omega L I_m\cos\omega t = \omega L I_m\sin(\omega t + 90°)$$

$$= U_m\sin(\omega t + 90°) \tag{2-11}$$

也是一个同频率的正弦量。

比较上面两式可知，在电感元件电路中，在相位上电流比电压滞后 90°（即相位差 $\varphi = +90°$）。

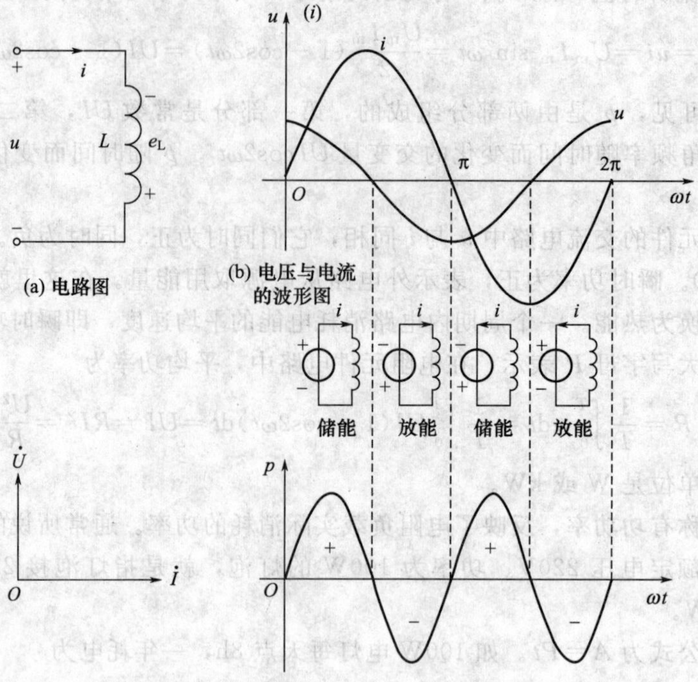

(a) 电路图
(b) 电压与电流的波形图
储能　放能　储能　放能
(c) 电压与电流的相量图
(d) 功率波形

图 2-14　电感元件的交流电路

表示电压 u 和电流 i 的正弦波形如图 2-14(b) 所示。

在式(2-11) 中

$$U_m = \omega L I_m$$

$$\frac{U_m}{I_m} = \frac{U}{I} = \omega L \tag{2-12}$$

由此可知，在电感元件电路中，电压的最大值（或有效值）与电流的最大值（或有效值）之比值为 ωL。显然，它的单位为欧姆。当电压 U 一定时，ωL 愈大，则电流 I 愈小。可见它具有对交流电流起阻碍作用的物理性质，所以称为感抗，用 X_L 表示，即

$$X_L = \omega L = 2\pi f L \tag{2-13}$$

感抗 X_L 与电感 L、频率 f 成正比。因此，电感线圈对高频电流的阻碍作用很大，而对直流则可视作短路，即对直流来讲，$X_L = 0$（注意，不是 $L=0$，而是 $f=0$）。

应该注意，感抗只是电压与电流的最大值或有效值之比，而不是它们的瞬时值之比，即 $\frac{u}{i} \neq X_L$。因为这与上述电阻电路不一样。在这里电压与电流之间成导数的关系，而不是成正比关系。

如用相量表示电压与电流的关系，则为

$$\dot{U} = Ue^{j90°}；\dot{I} = Ie^{j0°}$$

$$\frac{\dot{U}}{\dot{I}} = \frac{U}{I}e^{j90°} = jX_L$$

或

$$\dot{U} = jX_L\dot{I} = j\omega L\dot{I} \tag{2-14}$$

式(2-14) 表示电压的有效值等于电流的有效值与感抗的乘积，在相位上电压比电流超

前90°。因电流相量 $\dot{I}$ 乘上算子+j 后,即向前(逆时针方向)旋转90°。电压和电流的相量图如图2-14(c)所示。

知道电压 u 和电流 i 的变化规律和相互关系后,便可找出瞬时功率的变化规律,即

$$p = ui = U_m I_m \sin\omega t \sin(\omega t + 90°) = U_m I_m \sin\omega t \cos\omega t$$
$$= \frac{U_m I_m}{2}\sin 2\omega t = UI\sin 2\omega t \tag{2-15}$$

由上式可见,p 是一个幅值为 UI,并以 2ω 的角频率随时间而变化的交变量。其变化波形如图2-14(d)所示。

在第一个和第三个1/4周期内,p 是正的(u 和 i 正负相同);第二个和第四个1/4周期内 p 是负的(u 和 i 一正一负)。瞬时功率的正负可以这样来理解:当瞬时功率为正值时,电感元件处于受电状态,它从电源取用电能;当瞬时功率为负值时,电感元件处于供电状态,它把电能归还电源。

在电感元件电路中,平均功率

$$P = \frac{1}{T}\int_0^T p\,dt = \frac{1}{T}\int_0^T UI\sin 2\omega t\,dt = 0$$

从图2-14(d)的功率波形图容易看出 p 的平均值为零。

从上述可知,在电感元件的交流电路中,没有能量消耗,只有电源与电感元件之间的能量互换。这种能量互换的规模,用无功功率 Q 来衡量。这里规定无功功率等于瞬时功率 p 的幅值,即

$$Q = UI = I^2 X_L \tag{2-16}$$

它并不等于单位时间内互换了多少能量。无功功率的单位是乏尔(var)或千乏(kvar)。

应当指出,电感元件和后面将要讲的电容元件都是储能元件,它们与电源间进行能量互换是工作所需。这对电源来说,也是一种负担。但对储能元件本身来说,没有消耗能量,故将往返于电源与储能元件之间的功率命名为无功功率。

【例2-8】 把一个0.1H的电感元件接到频率为50Hz,电压有效值为10V的正弦电源上,问电流是多少?保持电压值不变,而电源频率改变为5000Hz,这时电流将为多少?

解: 当 $f = 50\text{Hz}$ 时

$$X_L = 2\pi fL = 2\times 3.14\times 50\times 0.1 = 3.14\,\Omega$$

$$I = \frac{U}{X_L} = \frac{10}{31.4} = 0.318\,\text{A}$$

当 $f = 5000\text{Hz}$ 时

$$X_L = 2\pi fL = 2\times 3.14\times 5000\times 0.1 = 3.14\,\text{k}\Omega$$

$$I = \frac{U}{X_L} = \frac{10}{3.14} = 3.18\,\text{mA}$$

可见,在电压有效值一定时,频率越高,则通过电感元件的电流有效值越小。

【例2-9】 在电感交流电路中,已知 $u = 100\sin(314t+30°)\text{V}$,$L = 0.1\text{H}$,求:电流有效值 I,电流瞬时值 i 和无功功率 Q_L。

$$X_L = \omega L = 314\times 0.1 = 31.4\,\Omega$$

$$I = \frac{U}{X_L} = \frac{100}{\sqrt{2}\times 31.4} = 2.25\,\text{A}$$

$$i = 2.25\sqrt{2}\sin(314t+30°-90°)$$
$$= 2.25\sqrt{2}\sin(314t-60°)\text{A}$$

无功功率为
$$Q_L = UI = \frac{100}{\sqrt{2}} \times 2.25 = 159\,\text{var}$$

3.3 电容电路

图 2-15(a) 是一个线性电容元件的交流电路,电流 i 和电压 u 的参考方向如图所示,两者相同。由此得出:
$$i = \frac{dq}{dt} = C\frac{du}{dt}$$

如果在电容器的两端加一正弦电压
$$u = U_m\sin\omega t$$

则
$$i = C\frac{d(U_m\sin\omega t)}{dt} = \omega C U_m \cos\omega t = \omega C U_m \sin(\omega t + 90°)$$
$$= I_m \sin(\omega t + 90°) \tag{2-17}$$

也是一个同频率的正弦量。

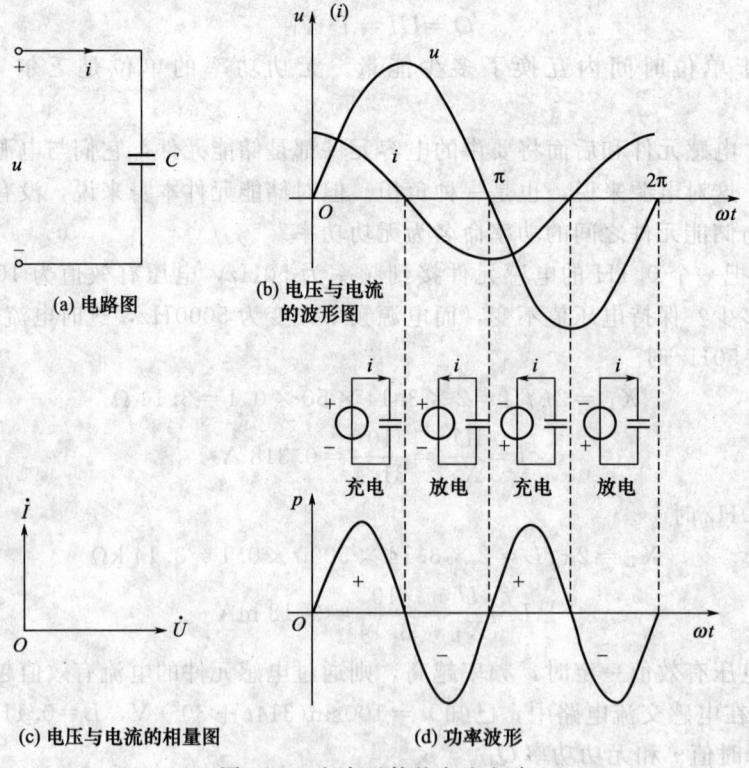

图 2-15 电容元件的交流电路

比较上面两式可知,在电容元件电路中,在相位上电流比电压超前 90°($\varphi = -90°$)。这里规定:当电流比电压滞后时,其相位差 φ 为正;当电流比电压超前时,其相位差 φ 为负。

这样的规定是为了便于说明电路是电感性的还是电容性的。表示电压和电流的正弦波形如图 2-15(b) 所示。

在式(2-17) 中
$$I_m = \omega C U_m$$

或
$$\frac{U_m}{I_m} = \frac{U}{I} = \frac{1}{\omega C} \tag{2-18}$$

由此可知，在电容元件电路中，电压的最大值（或有效值）与电流的最大值（或有效值）的比值为 $\frac{1}{\omega C}$。显然，它的单位是欧姆。当电压 U 一定时，$\frac{1}{\omega C}$ 愈大，则电流 I 愈小。可见它具有对电流起阻碍作用的物理性质，所以称为容抗，用 X_C 代表，即

$$X_C = \frac{1}{\omega C} = \frac{1}{2\pi f C} \tag{2-19}$$

容抗 X_C 与电容 C、频率 f 成反比，所以电容元件对高频电流所呈现的容抗很小，是一条捷径；而对直流（$f = 0$）所呈现的容抗 $X_C \to \infty$，可视作开路。因此，电容元件有隔直流通交流的作用。

如果电压相量 $\dot{U} = U e^{j0°}$，电流相量 $\dot{I} = I e^{j90°}$，则有

$$\frac{\dot{U}}{\dot{I}} = \frac{U}{I} e^{-j90°} = -j X_C$$

或
$$\dot{U} = -j X_C \dot{I} = -j \frac{\dot{I}}{\omega C} = \frac{\dot{I}}{j\omega C} \tag{2-20}$$

式(2-20) 表示电压的有效值恒等于电流的有效值与容抗的乘积，而在相位上电压比电流滞后 90°。因为电流相量 $\dot{I}$ 乘上算子（-j）后，即向后（顺时针方向）旋转 90°。电压和电流的相量图如图 2-15(c) 所示。

知道了电压 u 和电流 i 的变化规律与相互关系后，便可找出瞬时功率的变化规律，即

$$p = ui = U_m I_m \sin\omega t \sin(\omega t + 90°) = U_m I_m \sin\omega t \cos\omega t$$
$$= \frac{U_m I_m}{2} \sin 2\omega t = UI \sin 2\omega t \tag{2-21}$$

由上式可见，p 是一个以 2ω 的角频率随时间而变化的交变量，它的幅值为 UI，p 的波形如图 2-15(d) 所示。在第一个和第三个 1/4 周期内，电压值在增高，就是电容元件在充电。这时，电容元件从电源取用电能而储存在它的电场中，所以 p 是正的。在第二个和第四个 1/4 周期内，电压值在降低，就是电容元件在放电。这时，电容元件放出在充电时所储存的能量，把它归还给电源，所以 p 是负的。

在电容元件电路中，平均功率

$$P = \frac{1}{T}\int_0^T p\,dt = \frac{1}{T}\int_0^T UI \sin 2\omega t\,dt = 0$$

这说明电容元件是不消耗能量的，在电源与电容元件之间只发生能量的互换。能量互换的规模，用无功功率来衡量，它等于瞬时功率 p 的最大值。为了同电感元件电路的无功功率相比较，也设电流 $i = I_m \sin\omega t$ 为参考正弦量，则 $u = U_m \sin(\omega t - 90°)$，于是得出瞬时功率

$$p = ui = -UI \sin 2\omega t$$

由此可见，电容元件电路的无功功率

$$Q = -UI = -X_C I^2 \qquad (2-22)$$

即电容性无功功率取负值,而电感性无功功率取正值,以示区别。

【例 2-10】 把一个 $25\mu F$ 的电容元件接到频率为 $50Hz$,电压有效值为 $10V$ 的正弦电源上,问电流是多少?如保持电压值不变,而电源频率改为 $5000Hz$,这时电流将为多少?

解:当 $f=50Hz$ 时

$$X_C = \frac{1}{2\pi fC} = \frac{1}{2\times 3.14\times 50\times 2.5\times 10^{-6}} = 127.4\Omega$$

则

$$I = \frac{U}{X_C} = \frac{10}{127.4} = 78mA$$

当 $f=5000Hz$ 时

$$X_C = \frac{1}{2\pi fC} = \frac{1}{2\times 3.14\times 5000\times 2.5\times 10^{-6}} = 1.274\Omega$$

则

$$I = \frac{U}{X_C} = \frac{10}{1.274} = 7.8A$$

可见,在电压有效值一定时,频率愈高,则通过电容元件的电流有效值愈大。

特别提示

以上对 R、L、C 单一参数的电路作了分析。为便于掌握和比较,现将它们的基本性质及在电路中的作用列出如表 2-1 所示。

表 2-1 单一参数电路比较

分类	电路名称		电阻电路	电感电路	电容电路
电路符号					
电路参数			R	$X_L = 2\pi fL$	$X_C = \dfrac{1}{2\pi fC}$
电流与电压之间的关系	瞬时值		$u = iR$	$u = L\dfrac{di}{dt}$	$i = C\dfrac{du}{dt}$ 或 $u = \dfrac{1}{C}\int i dt$
	有效值		$U = IR$	$U = IX_L$	$U = IX_C$
	最大值		$U_m = I_m R$	$U_m = I_m X_L$	$U_m = I_m X_C$
	相位关系		同相	i 滞后 u 90°	I 超前 u 90°
	相量式		$\dot{U} = \dot{I}R$	$\dot{U} = jX_L \dot{I}$	$\dot{U} = -jX_C \dot{I}$
	相量图				
功率	有功功率		$P = UI = I^2 R$	$P = 0$	$P = 0$
	无功功率		$Q = 0$	$Q_L = UI = I^2 X_L$	$Q_C = -U_C I = -I^2 X_C$

任务4　多参数组合正弦交流电路

4.1　多参数串联的交流电路

电阻、电感与电容元件串联的交流电路如图2-16所示。电路的各元件通过同一电流。电流与各个电压的参考方向如图2-17所示。分析这种电路可以应用任务3所得的结果。

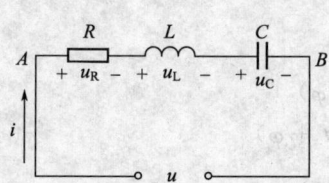

图2-16　电阻、电感与电容元件串联的交流电路

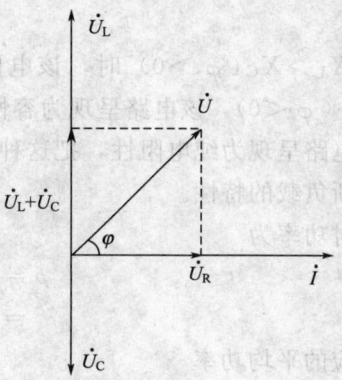

图2-17　电压、电流的相量图

设电路中电流为 $i = I_m \sin(\omega t)$，则根据 R、L、C 的基本特性可得各元件的两端电压：

$$u_R = RI_m \sin(\omega t), \quad u_L = X_L I_m \sin(\omega t + 90°), \quad u_C = X_C I_m \sin(\omega t - 90°)$$

根据基尔霍夫电压定律（KVL），在任一时刻总电压 u 的瞬时值为

$$u = u_R + u_L + u_C \tag{2-23}$$

如用相量表示电压与电流的关系，则为

$$\begin{aligned}\dot{U} &= \dot{U}_R + \dot{U}_L + \dot{U}_C \\ &= R\dot{I} + jX_L\dot{I} - jX_C\dot{I} \\ &= [R + j(X_L - X_C)]\dot{I}\end{aligned} \tag{2-24}$$

此即为基尔霍夫电压定律的相量表达式。

将上式写成

$$\frac{\dot{U}}{\dot{I}} = R + j(X_L - X_C) \tag{2-25}$$

式中的 $R + j(X_L - X_C)$ 称为电路的阻抗，用大写的 Z 代表，即

$$Z = R + j(X_L - X_C) = \sqrt{R^2 + (X_L - X_C)^2}\, e^{j\arctan\frac{X_L - X_C}{R}} = |Z|e^{j\varphi} \tag{2-26}$$

在上式中

$$|Z| = \sqrt{R^2 + (X_L - X_C)^2} = \sqrt{R^2 + \left(\omega L - \frac{1}{\omega C}\right)^2} \tag{2-27}$$

是阻抗的模，称为阻抗模，即 $\dfrac{U}{I} = |Z|$，阻抗的单位也是欧姆，也具有对电流起阻碍

作用的性质。

$$\varphi = \arctan\frac{X_L - X_C}{R} \tag{2-28}$$

是阻抗的辐角，即为电流与电压之间的相位差。

设电流 $i = I_m \sin\omega t$，为参考正弦量，则电压 $u = U_m\sin(\omega t + \varphi)$。图 2-17 是电流与各个电压的相量图。

由式（2-26）可见，阻抗的实部为"阻"，虚部为"抗"，它表示了电路的电压与电流之间的关系，既表示了大小关系（反映在阻抗模 $|Z|$ 上），又表示了相位关系（反映在辐角 φ 上）。

当 $X_L > X_C(\varphi > 0)$ 时，该电路呈现为感性，把这种特性的器件称为感性器件；当 $X_L < X_C(\varphi < 0)$，该电路呈现为容性，把这种特性的器件称为容性器件；当 $X_L = X_C(\varphi = 0)$，该电路呈现为纯电阻性，把这种特性的器件称为纯电阻器件。因此，可以根据 φ 角的正负来判断负载的特性。

瞬时功率为

$$p = ui = U_m I_m \sin(\omega t + \varphi)$$
$$= UI\cos\varphi - UI\cos(2\omega t + \varphi)$$

相应的平均功率

$$P = \frac{1}{T}\int_0^T p\,dt = \frac{1}{T}\int_0^T UI\cos\varphi - UI\cos(2\omega t + \varphi)\,dt$$
$$= UI\cos\varphi \tag{2-29}$$

从图 2-17 的相量图可得出 $U\cos\varphi = U_R = IR$，于是电阻所消耗功率

$$P = U_R I = I^2 R = UI\cos\varphi \tag{2-30}$$

对比式（2-29）和式（2-30）可知只有电阻才消耗能量。其中把 $\cos\varphi$ 称为功率因数。而电感元件与电容元件要储放能量，即它们与电源之间要进行能量互换，相应的无功功率可根据式（2-16）和式（2-22），并由图 2-17 的相量图得出：

$$Q = U_L I - U_C I = I(U_L - U_C) = I^2(X_L - X_C) = UI\sin\varphi \tag{2-31}$$

式（2-30）和式（2-31）是计算正弦交流电路中平均功率（有功功率）和无功功率的一般公式。功率因数的含义：比如一个交流发电机输出的功率不仅与发电机的端电压及其输出电流的有效值的乘积有关，而且还与电路（负载）的参数有关；电路所具有的参数不同，则电压与电流间的相位差 φ 就不同，在同样电压 U 和电流 I 之下，这时电路的有功功率和无功功率也就不同。

在交流电路中，平均功率一般不等于电压与电流有效值的乘积（$P \neq UI$），如将两者的有效值相乘，则得出所谓视在功率 S，即

$$S = UI = |Z|I^2 \tag{2-32}$$

交流电气设备是按照规定了的额定电压 U_N 和额定电流 I_N 来设计使用的，变压器的容量就是以额定电压和额定电流的乘积，即所谓额定视在功率 $S_N = U_N I_N$ 来表示的。视在功率的单位是伏安（V·A）或千伏安（kV·A）。

由于平均功率 P、无功功率 Q 和视在功率 S 三者所代表的意义不同，为了区别起见各采用不同的单位。三者之间的关系是

$$S = \sqrt{P^2 + Q^2} \tag{2-33}$$

显然，它们可以用一个直角三角形——功率三角形来表示。

另外，$|Z|$、R、(X_L-X_C) 三者之间关系以及 $\dot{U}$、$\dot{U}_R$、$(\dot{U}_L+\dot{U}_C)$ 三者之间关系也都可以用直角三角形表示，它们分别称为阻抗三角形和电压三角形。

功率、电压和阻抗三角形是相似的，如图 2-18 所示。应当注意：功率和阻抗都不是正弦量，所以不能用相量表示。在本任务中，分析了电阻、电感与电容元件串联的交流电路，但在实际中常见到的电阻与电感元件串联的电路（电容的作用可忽略不计）和电阻与电容元件串联的电路（电感的作用可忽略不计）。

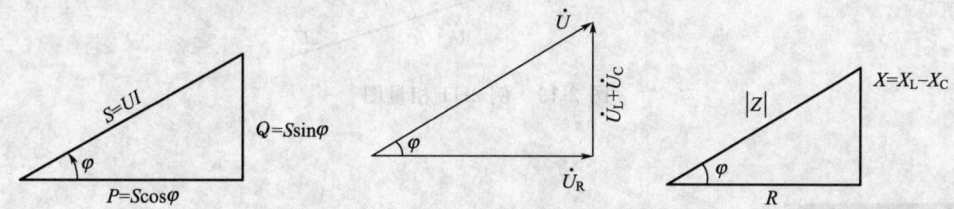

图 2-18 功率、电压、阻抗的三角形

【例 2-11】 在电阻、电感与电容元件串联的交流电路中，已知 $R=30\Omega$，$L=127\text{mH}$，$C=40\mu\text{F}$，电源电压 $u=220\sqrt{2}\sin(314t+20°)\text{V}$；(1) 求电流 $\dot{I}$ 及各部分电压 u_R、u_L、u_C；(2) 作相量图；(3) 求功率 P 和 Q。

解：(1) $X_L=\omega L=314\times 127\times 10^{-3}=40\Omega$

$$X_C=\frac{1}{\omega C}=\frac{1}{314\times 127\times 10^{-6}}=80\ \Omega$$

$$Z=R+\text{j}(X_L-X_C)=[30+\text{j}(40-80)]=50\angle-53°\ \Omega$$

$$\dot{U}=220\angle 20°\text{V}$$

于是得

$$\dot{I}=\frac{\dot{U}}{Z}=\frac{220\angle 20°}{50\angle-53°}=4.4\angle 73°\text{ A}$$

故
$$i=4.4\sqrt{2}\sin(314t+73°)\text{ A}$$

$$\dot{U}_R=R\dot{I}=30\times 4.4\angle 73°=132\angle 73°\text{ V}$$

故
$$u_R=132\sqrt{2}\sin(314t+73°)\text{ V}$$

$$\dot{U}_L=\text{j}X_L\dot{I}=j40\times 4.4\angle 73°=176\angle 163°\text{ V}$$

故
$$u_L=176\sqrt{2}\sin(314t+163°)\text{ V}$$

$$\dot{U}_C=-\text{j}X_C\dot{I}=-\text{j}80\times 4.4\angle 73°=352\angle-17°$$

故
$$u_C=352\sqrt{2}\sin(314t-17°)\text{ V}$$

注意：$\dot{U}=\dot{U}_R+\dot{U}_L+\dot{U}_C$，$U\neq U_R+U_L+U_C$

(2) 电流和各个电压的相量图如图 2-19 所示。

(3)
$$P=UI\cos\varphi=220\times 4.4\times\cos(-53°)$$
$$=580.8\text{W}$$

$$Q = UI\sin\varphi = 220 \times 4.4 \times \sin(-53°)$$
$$= -774.4\text{var}(\text{容性})$$

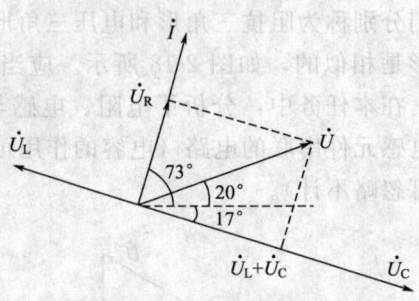

图 2-19 例 2-11 相量图

 特别提示

根据总电压与电流的相位差（即阻抗角 φ）为正、为负、为零三种情况，将电路分为三种性质。

① 感性电路：当 $X>0$ 时，即 $X_L>X_C$，$\varphi>0$，电压 u 比电流 i 超前 φ，称电路呈感性；

② 容性电路：当 $X<0$ 时，即 $X_L<X_C$，$\varphi<0$，电压 u 比电流 i 滞后 φ，称电路呈容性；

③ 谐振电路：当 $X=0$ 时，即 $X_L=X_C$，$\varphi=0$，电压 u 与电流 i 同相，称电路呈电阻性，电路处于这种状态时，叫做谐振状态。

4.2 多参数并联的交流电路

在交流电路中还会出现电阻、电感、电容相并联构成的电路。下面以三条支路并联的电路为例说明阻抗的并联。如图 2-20 所示，显然：

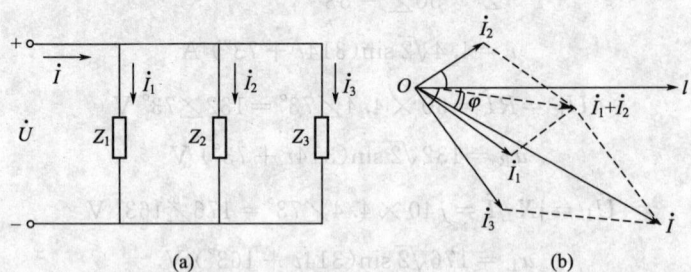

图 2-20 阻抗并联的电路图和相量图

$$\dot{I}_1 = \frac{\dot{U}}{Z_1} ; \dot{I}_2 = \frac{\dot{U}}{Z_2} ; \dot{I}_3 = \frac{\dot{U}}{Z_3}$$

$$\dot{I} = \dot{I}_1 + \dot{I}_2 + \dot{I}_3 = \frac{\dot{U}}{Z_1} + \frac{\dot{U}}{Z_2} + \frac{\dot{U}}{Z_3} \tag{2-34}$$

总复阻抗为 Z

$$\frac{1}{Z} = \frac{1}{Z_1} + \frac{1}{Z_2} + \frac{1}{Z_3} \tag{2-35}$$

$$\dot{I} = \frac{\dot{U}}{Z} \tag{2-36}$$

阻抗并联电路功率的计算和阻抗串联电路功率的计算相同，具体计算参阅式(2-29)～式(2-33)。阻抗并联电路的相量图常常以 $\dot{U}$ 为参考相量，画出各支路电流，再合成总电流。图2-20(b) 是假定各电流初相位不同情况下的相量图。

如图 2-21 所示的 R、L、C 并联电路，设电路中电压为 $u = U_m \sin(\omega t)$，则根据 R、L、C 的基本特性可得各元件中的电流：

$$i_R = \frac{U_m}{R}\sin(\omega t), \quad i_L = \frac{U_m}{X_L}\sin\left(\omega t - \frac{\pi}{2}\right), \quad i_C = \frac{U_m}{X_C}\sin\left(\omega t + \frac{\pi}{2}\right)$$

根据基尔霍夫电流定律（KCL），在任一时刻总电流 i 的瞬时值为

$$i = i_R + i_L + i_C$$

作出相量图，如图 2-22 所示，并得到各电流之间的大小关系。

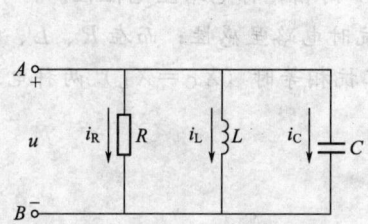

图 2-21 R、L、C 并联电路

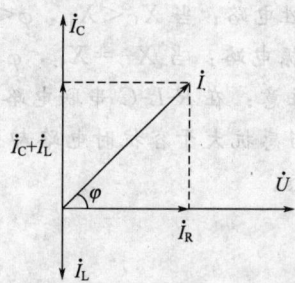

图 2-22 R、L、C 并联电路相量图

从相量图中不难得到

$$I = \sqrt{I_R^2 + (I_C - I_L)^2} = \sqrt{I_R^2 + (I_L - I_C)^2}$$

上式称为电流三角形关系式。

【例 2-12】 在 R、L、C 并联电路中，已知：电源电压 $U = 120\text{V}$，频率 $f = 50\text{Hz}$，$R = 50\Omega$，$L = 0.19\text{H}$，$C = 80\mu\text{F}$。试求：(1) 各支路电流 I_R、I_L、I_C；(2) 总电流 I；(3) 等效阻抗 $|Z|$。

(1) 由已知条件 $f = 50\text{Hz}$ 可得

$$\omega = 2\pi f = 314\,\text{rad/s}$$

$$X_L = \omega L = 60\Omega$$

$$X_C = \frac{1}{\omega C} = 40\Omega$$

$$I_R = \frac{U}{R} = \frac{120}{50} = 2.4\text{A}$$

$$I_L = \frac{U}{X_L} = \frac{120}{60} = 2\text{A}$$

$$I_C = \frac{U}{X_C} = \frac{120}{40} = 3\text{A}$$

(2)
$$I = \sqrt{I_R^2 + (I_C - I_L)^2}$$
$$= \sqrt{2.4^2 + (3-2)^2}$$
$$= 2.6\text{A}$$

(3)
$$|Z| = \frac{U}{I} = \frac{120}{2.6} = 46\Omega$$

R、L、C 并联电路的性质

同样是根据电压与电流的相位差（即阻抗角 φ）为正、为负、为零三种情况，将电路分为三种性质：

① 感性电路：当 $X_C > X_L$，$\varphi > 0$，电压 u 比电流 i 超前 φ，称电路呈感性；

② 容性电路：当 $X_C < X_L$，$\varphi < 0$，电压 u 比电流 i 滞后 $|\varphi|$，称电路呈容性；

③ 谐振电路：当 $X_C = X_L$，$\varphi = 0$，电压 u 与电流 i 同相，称电路呈电阻性。

值得注意：在 R-L-C 串联电路中，当感抗大于容抗时电路呈感性；而在 R、L、C 并联电路中，当感抗大于容抗时电路却呈容性。当感抗与容抗相等时（$X_C = X_L$）两种电路都处于谐振状态。

任务5 功率因数的提高

在交流电路中，有功功率 $P = UI\cos\varphi$ 不仅和电压、电流有效值乘积有关，还要考虑功率因数。而功率因数的大小决定于负载的性质。在供电系统中，大量使用的是感性负载，如交流电动机、感应炉、日光灯等；功率因数都较低，提高功率因数有重要的实际意义。

5.1 提高功率因数的意义

（1）提高功率因数，可以提高电源设备的利用率

我们知道，发电机或变压器的容量是用视在功率表示的：$S_N = U_N I_N$，它说明对外供电的能力。而实际取用的有功功率 $P = U_N I_N \cos\varphi$，功率因数越低，能够取用的有功功率越小。例如有一台变压器的容量 $S_N = 1000\text{kV} \cdot \text{A}$，若负载的 $\cos\varphi = 1$，则有功功率可达 1000kW；若负载为感性的，$\cos\varphi = 0.6$，电源变压器满负荷运行时，只能输出有功功率 600kW，另一部分是无功功率 $Q = U_N I_N \sin\varphi = 800\text{kvar}$。这说明虽然负载工作在额定电压和额定电流下，由于 $\cos\varphi$ 低，变压器不能输出最大功率。若采取措施减小电源输出的无功功率，则同一电源设备可向更多负载供电。在本例中，如果功率因数提高到1时，则 $P_N = S_N = 1000\text{kW}$，可多输出 400kW 有功功率。如每户照明平均用电 100W，就可多供给 4000户照明用电。

(2) 提高功率因数，可以减少发电机绕组和输电线上的功率损耗和电压损失

因为

$$I = \frac{P}{U\cos\varphi}$$

在 P、U 一定时，$\cos\varphi$ 越高，电流 I 越小，电流通过输电线产生的功率损耗和电压损失也减小。假定发电机绕组和线路电阻为 r，则电压损失为

$$\Delta U = rI = r \times \frac{P}{U\cos\varphi}$$

而功率损耗为 $r \times \frac{P^2}{U^2 \cos^2\varphi}$，所以，提高功率因数，对国民经济具有十分重要的意义。作为工业上很重要的技术经济指标的功率因数，一般要求在 0.85~0.9。

5.2 提高功率因数的方法

（1）提高功率因数的方法

首先要改善负载本身的工作状态，设计要合理，安排使用要恰当。例如，工农业生产中，大量使用异步电动机，在空载和轻载下工作，功率因数可能低到 0.2；而在满载下工作，功率因数可达 0.85 左右。所以，在选择电动机时，要避免"大马拉小车"。

对感性负载，通常采用并联适当电容的方法，来补偿无功功率，使功率因数提高。图 2-23 是电路原理图和相量图。图中 R、L 为感性负载的等效电阻和电感。C 为补偿电容，采用电力电容器，容量以无功功率表示。

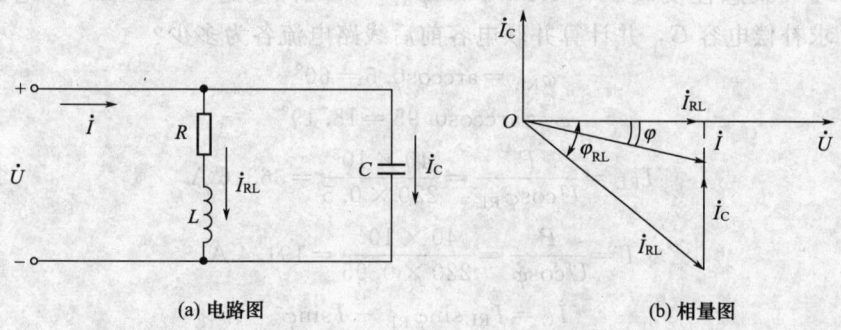

(a) 电路图   (b) 相量图

图 2-23 补偿电容的电路图和相量图

在未并联电容时，$\dot{I} = \dot{I}_{RL}$ 滞后 $\dot{U}$ 一个 φ_{RL} 角，见图 2-23(b) 相量图。

并联电容后，$\dot{U}$ 不变，由于 $\dot{I}_C$ 超前于 $\dot{U}$ 90°，$\dot{I} = \dot{I}_{RL} + \dot{I}_C$，使 I 的值减小，$\dot{I}$ 滞后于 $\dot{U}$ 的 φ 角也减小，故 $\cos\varphi > \cos\varphi_{RL}$，功率因数提高了。

应该注意，并联电容后 $\dot{U}$ 不变，$\dot{I}_{RL}$ 不变，即

$$I_{RL} = \frac{U}{\sqrt{R_2 + X_L^2}}, \cos\varphi_{RL} = \frac{R}{\sqrt{R_2 + X_L^2}}$$

都不变，不影响负载正常工作。但 $\dot{U}$ 和总电流 $\dot{I}$ 之间的 φ 角减小了，$\cos\varphi$ 增加了，所以所谓提高功率因数，是指提高了电源的功率因数，而不是某个电感性负载的功率因数。

从能量角度说，在电感性负载上并联了电容以后，减少了电源与负载之间的无功能量交换，而电感性负载所需无功功率，主要由电容供给。

还应该指出，由于电容是不消耗能量的，所以并联电容前后，电路的有功功率不变。

并联前有功功率为
$$P = I_{RL}U\cos\varphi_{RL}$$

并联后有功功率为
$$P = IU\cos\varphi$$

从相量图上可以看出
$$I_{RL}U\cos\varphi_{RL} = I\cos\varphi$$

（2）补偿电容 C 的计算

已知电路的有功功率 P，电压 U，补偿前功率因数 $\cos\varphi_{RL}$，和欲补偿到的功率因数 $\cos\varphi$，求补偿电容 C 方法如下：

由于
$$I_{RL} = \frac{P}{U\cos\varphi_{RL}}$$

$$I = \frac{P}{U\cos\varphi}$$

由相量图 2-28(b) 可知
$$I_C = I_{RL}\sin\varphi_{RL} - I\sin\varphi$$

则
$$C = \frac{1}{\omega X_C} = \frac{1}{\omega \dfrac{U}{I_C}} = \frac{I_C}{\omega U}$$

【例 2-13】 某感性负载 $P=40\text{kW}$，$\cos\varphi_{RL}=0.5$，接到 50Hz，220V 电源上，若使 $\cos\varphi=0.95$ 求补偿电容 C，并计算并联电容前后线路电流各为多少？

$$\varphi_{RL} = \arccos 0.5 = 60°$$
$$\varphi = \arccos 0.95 = 18.19°$$
$$I_{RL} = \frac{P}{U\cos\varphi_{RL}} = \frac{40 \times 10^3}{220 \times 0.5} = 363.6\text{A}$$
$$I = \frac{P}{U\cos\varphi} = \frac{40 \times 10^3}{220 \times 0.95} = 191.4\text{A}$$
$$I_C = I_{RL}\sin\varphi_{RL} - I\sin\varphi$$
$$= 363.6 \times \sin 60° - 191.4 \times \sin 18.19°$$
$$= 255.14\text{A}$$

所以
$$C = \frac{I_C}{\omega U} = \frac{255.14}{314 \times 220} = 3693\ \mu\text{F}$$

小结

1. 正弦交流电的大小和方向随时间按正弦规律变化。正弦交流电的最大值（U_M、I_M）、角频率（ω）和初相角（φ）是确定正弦量的三要素。
2. 正弦交流电的表示法有曲线、三角函数解析式法、相量（复数）法。
3. 具有相位差的两个以上同频率的正弦量：
（1）在三角函数式里 φ 角为正者超前，φ 角为负者滞后。
（2）在波形图里先出现正的最大值或零值（由负到正的零点）者超前，后出现者滞后。

(3) 在相量图里，相量沿逆时针旋转，转在前面的超前，转在后面的滞后。

超前、滞后表示正弦量之间相对的相位关系。

4. R、L、C是交流电路中的三个基本参数。单一参数电路中的基本规律是分析交流串联、并联电路的基础，必须深刻理解和熟练掌握。

5. 在串联电路中，总电压是各段电压的相量和。在并联电路中，总电流是各支路电流的相量和。

6. 表示交流电路的功率有：

瞬时功率　　　　　　　　　　　　$p=ui$

视在功率　　　　　　　　　　　　$S=UI$，单位为 V·A

无功功率　　　　　　　　　　　　$Q=UI\sin\varphi$，单位为 var

有功功率　　　　　　　　　　　　$P=UI\cos\varphi$，单位为 W

其中功率因数

$$\cos\varphi = \frac{P}{S} = \frac{R}{|Z|}$$

它是由负载参数决定。纯电阻负载 $\cos\varphi=1$，纯电感或纯电容负载 $\cos\varphi=0$。一般负载在0和1之间。

7. 提高功率因数对国民经济有重要意义。对感性负载提高功率因数的方法是并联适当的电容器。

习题

2-1 填空

1. 正弦交流电的三要素是_____、_____和_____。_____值可用来确切反映交流电的作功能力，其值等于与交流电_____相同的直流电的数值。

2. 已知正弦交流电压 $u=380\sqrt{2}\sin(314t-60°)\text{V}$，则它的最大值是_____V，有效值是_____V，频率为_____Hz，周期是_____s，角频率是_____rad/s，相位为_____，初相是_____度，合_____弧度。

3. 实际电气设备大多为_____性设备，功率因数往往_____。若要提高感性电路的功率因数，常采用人工补偿法进行调整，即在_____。

4. 电阻元件正弦电路的复阻抗是_____；电感元件正弦电路的复阻抗是_____；电容元件正弦电路的复阻抗是_____；多参数串联电路的复阻抗是_____。

5. 串联各元件上_____相同，因此画串联电路相量图时，通常选择_____作为参考相量；并联各元件上_____相同，所以画并联电路相量图时，一般选择_____作为参考相量。

6. 电阻元件上的伏安关系瞬时值表达式为_____，因之称其为_____元件；电感元件上伏安关系瞬时值表达式为_____，电容元件上伏安关系瞬时值表达式为_____，因此把它们称之为_____元件。

7. 在 RLC 串联电路中，已知电流为5A，电阻为30Ω，感抗为40Ω，容抗为80Ω，那么电路的阻抗为_____，该电路为_____性电路。电路中吸收的有功功率为_____，吸收的无功功率又为_____。

8. 能量转换过程不可逆的电路功率常称为_____功率；能量转换过程可逆的电路功率

叫做_____功率；这两部分功率的总和称为_____功率。

9. 电网的功率因数越高，电源的利用率就越_____，无功功率就越_____。

10. 只有电阻和电感元件相串联的电路，电路性质呈_____性；只有电阻和电容元件相串联的电路，电路性质呈_____性。

2-2 判断

1. 正弦量的三要素是指其最大值、角频率和相位。　　　　　　　　　　　（　）
2. 正弦量可以用相量表示，因此可以说，相量等于正弦量。　　　　　　　（　）
3. 正弦交流电路的视在功率等于有功功率和无功功率之和。　　　　　　　（　）
4. 电压三角形、阻抗三角形和功率三角形都是相量图。　　　　　　　　　（　）
5. 功率表应串接在正弦交流电路中，用来测量电路的视在功率。　　　　　（　）
6. 正弦交流电路的频率越高，阻抗就越大；频率越低，阻抗越小。　　　　（　）
7. 单一电感元件的正弦交流电路中，消耗的有功功率比较小。　　　　　　（　）
8. 在感性负载两端并电容就可提高电路的功率因数。　　　　　　　　　　（　）
9. 电抗和电阻由于概念相同，所以它们的单位也相同。　　　　　　　　　（　）

2-3 选择

1. 有"220V、100W" "220V、25W"白炽灯两盏，串联后接入220V交流电源，其亮度情况是（　　）
   A. 100W灯泡最亮　　　　B. 25W灯泡最亮　　　　C. 两只灯泡一样亮
2. 已知工频正弦电压有效值和初始值均为380V，则该电压的瞬时值表达为（　　）
   A. $u = 380\sin 314t$ V　　　　B. $u = 537\sin(314t + 45°)$ V
   C. $u = 380\sin(314t + 90°)$ V
3. 一个电热器，接在10V的直流电源上，产生的功率为P。把它改接在正弦交流电源上，使其产生的功率为$P/2$，则正弦交流电源电压的最大值为（　　）
   A. 7.07V　　　B. 5V　　　C. 14V　　　D. 10V
4. 提高供电线路的功率因数，下列说法正确的是（　　）
   A. 减少了用电设备中无用的无功功率　　　　　B. 可以节省电能
   C. 减少了用电设备的有功功率，提高了电源设备的容量
   D. 可提高电源设备的利用率并减小输电线路中的功率损耗
5. 已知$i_1 = 10\sin(314t + 90°)$ A，$i_2 = 10\sin(628t + 30°)$ A，则（　　）
   A. i_1超前i_2 60°　　　B. i_1滞后i_2 60°　　　C. 相位差无法判断
6. 纯电容正弦交流电路中，电压有效值不变，当频率增大时，电路中电流将（　　）
   A. 增大　　　B. 减小　　　C. 不变
7. 在RL串联电路中，$U_R = 16$V，$U_L = 12$V，则总电压为（　　）
   A. 28V　　　B. 20V　　　C. 2V
8. 串联正弦交流电路的视在功率表征了该电路的（　　）
   A. 电路中总电压有效值与电流有效值的乘积
   B. 平均功率　　　C. 瞬时功率最大值
9. 实验室中的功率表，是用来测量电路中的（　　）。
   A. 有功功率　　　B. 无功功率　　　C. 视在功率　　　D. 瞬时功率

2-4 计算

1. 某线圈的电感量为 0.1H，电阻可忽略不计。接在 $u=220\sqrt{2}\sin314t\text{V}$ 的交流电源上。试求电路中的电流及无功功率；若电源频率为 100Hz，电压有效值不变又如何？写出电流的瞬时值表达式。

2. 如图 2-24 所示电路中，已知电阻 $R=6\Omega$，感抗 $X_L=8\Omega$，电源端电压的有效值 $U_S=220\text{V}$。求电路中电流的有效值 I。

3. 已知一电感 $L=80\text{mH}$，外加电压 $u_L=50\sqrt{2}\sin(314t+65°)\text{V}$。试求：（1）感抗 X_L；（2）电感中的电流 I_L；（3）电流瞬时值 i_L。

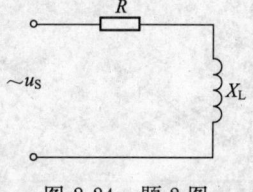

图 2-24 题 2 图

4. 某电阻元件的参数为 8Ω，接在 $u=220\sqrt{2}\sin314t\text{V}$ 的交流电源上。试求通过电阻元件上的电流 i，如用电流表测量该电路中的电流，其读数为多少？电路消耗的功率是多少瓦？若电源的频率增大一倍，电压有效值不变又如何？

5. 在 R-L 串联电路中，已知电阻 $R=40\Omega$，电感 $L=95.5\text{mH}$，外加频率为 $f=50\text{Hz}$、$U=200\text{V}$ 的交流电压源，试求：（1）电路中的电流 I；（2）各元件电压 U_R、U_L；（3）总电压与电流的相位差 φ。

6. 在 R-C 串联电路中，已知：电阻 $R=60\Omega$，电容 $C=20\mu\text{F}$，外加电压为 $u=141.2\sin628t\text{V}$。试求：（1）电路中的电流 I；（2）各元件电压 U_R、U_C；（3）总电压与电流的相位差 φ。

7. 在 R-L-C 串联电路中，交流电源电压 $U=220\text{V}$，频率 $f=50\text{Hz}$，$R=30\Omega$，$L=445\text{mH}$，$C=32\mu\text{F}$。试求：（1）电路中的电流大小 I；（2）总电压与电流的相位差 φ；（3）各元件上的电压 U_R、U_L、U_C。

技能训练项目

项目 单相交流电路及改善功率因数的研究

一、实训目的

1. 研究正弦稳态交流电路中电压、电流相量之间的关系。
2. 掌握日光灯线路的接线。
3. 理解改善电路功率因数的意义并掌握其方法。

二、实训知识要点

1. 日光灯的原理

（1）日光灯电路的组成

日光灯电路由灯管、镇流器、启辉器三部分组成。灯管是一根细长的玻璃管，内壁均匀涂有荧光粉。管内充有水银蒸汽和稀薄的惰性气体。在管子的两端装有灯丝，在灯丝上涂有受热后易发射电子的氧化物。镇流器是一个带有铁芯的电感线圈。启辉器的内部结构如图 2-25 所示。

其中 1 为小容量的电容器，2 是固定触头，3 是圆柱形外壳，4 是辉光管，5 是辉光管内部的倒 U 形双金属片，6 是插头。

（2）日光灯的启辉过程

当接通电源以后，由于日光灯没有点燃，电源电压全部加在启辉器的两端，使辉光管内两个电极放电，放电产生的热使双金属片受热趋向伸直，与固定触头接通。这时日光灯的灯丝与辉光管内的电极、镇流器构成一个回路。灯丝因通过电流而发热，从而使氧化物发射电子。同时，

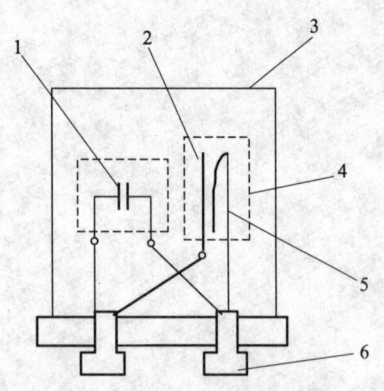

图 2-25 启辉器组成示意图

辉光管内两个电极接通时电极之间的电压为零,辉光放电停止。双金属片因温度下降而复原,两电极脱离。在电极脱开的瞬间,回路中的电流因突然切断,立即使管内惰性气体分子电离而产生弧光放电,管内温度逐渐升高,水银蒸汽游离,并猛烈地撞击惰性气体分子而放电。同时辐射出不可见的紫外线,而紫外线激发灯管壁的荧光物质发出可见光。

日光灯点亮后两端电压较低,灯管两端的电压不足以使启辉器辉光放电。因此,启辉器只在日光灯启辉时有作用。一旦日光灯点亮,启辉器处在断开状态。此时镇流器、灯管构成一个电流通路,由于镇流器与灯管串联并且感抗很大,因此可以限制和稳定电路的工作电流,即起限流作用。

2. 改善电路功率因数的方法

由于用电设备多是感性负载,其等效电路可用 R、L 串联电路来表示。电路消耗的有功功率 $P = UI\cos\varphi$,当电源电压 U 一定时,输送的有功功率 P 就一定。若功率因数低,则电源供给负载的电流就大,从而使输电线路上的线损增大,影响供电质量,同时还要多占电源容量,因此,提高功率因数有着非常重要的意义。

提高感性负载功率因数常用的方法是在电路的输入端并联电容器。这是利用电容中超前电压的无功电流去补偿 RL 支路中滞后电压的无功电流,从而减小总电流的无功分量,提高功率因数,实现减小电路总的无功功率。而对于 RL 支路的电流、功率因数、有功功率并不发生变化。

三、实训内容与要求

1. 日光灯线路接线与测量

日光灯线路如图 2-26 所示,图中 A 是日光灯管,L 是镇流器,S 是启辉器。按图 2-26 接线。经指导教师检查后接通实验台电源,调节自耦调压器的输出,使其输出电压缓慢增大,直到日光灯刚启辉点亮为止,记下三表的指示值。然后将电压调至 220V,测量功率 P,电流 I,电压 U、U_L、U_A 等值,验证电压、电流相量关系。日光灯电路的测量结果计入表 2-2。

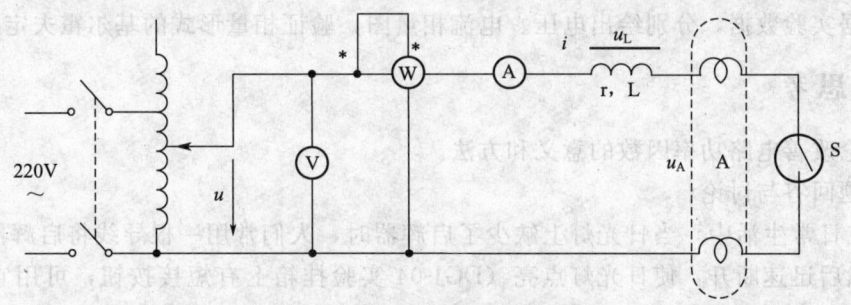

图 2-26 日光灯线路接线电路图

表 2-2 日光灯电路的测量结果

	测 量 数 值						计算值	
	P/W	$\cos\varphi$	I/A	U/V	U_L/V	U_A/V	r/Ω	$\cos\varphi$
启辉值								
正常工作值								

2. 并联电容器电路——电路功率因数的改善。按图 2-27 组成实验线路。

经指导老师检查后,接通实验台电源,将自耦调压器的输出调至 220V,记录功率表、电压表读数。通过一只电流表和三个电流插座分别测得三条支路的电流，改变电容值，进行三次重复测量。数据记入表 2-3 中。

表 2-3　日光灯电路及改善功率因数电路的测量结果

电容值 /μF	测量数值						计算值	
	P/W	$\cos\varphi$	U/V	I/A	I_L/A	I_C/A	I'/A	$\cos\varphi$
0								
1								
2.2								
4.7								

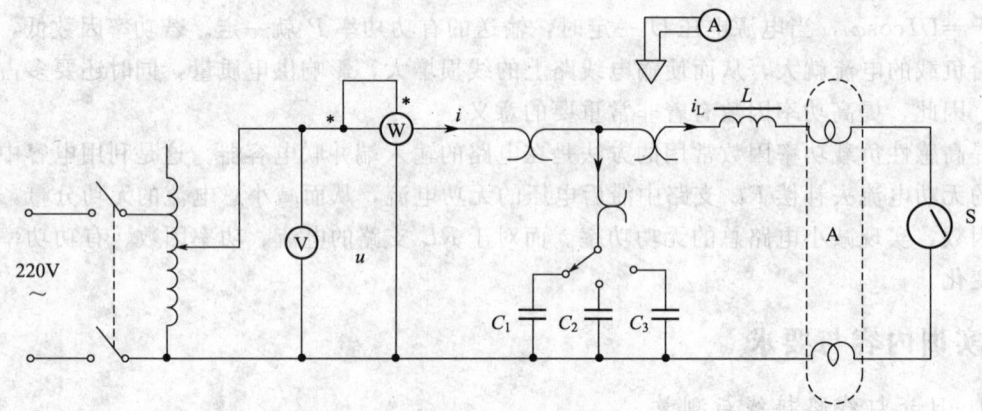

图 2-27　日光灯电路及改善功率因数的研究实验电路

四、实训报告要求

1. 完成数据表格中的计算，进行必要的误差分析。
2. 根据实验数据，分别绘出电压、电流相量图，验证相量形式的基尔霍夫定律。

五、分析思考

1. 讨论改善电路功率因数的意义和方法。
2. 问题回答与讨论：

（1）在日常生活中，当日光灯上缺少了启辉器时，人们常用一根导线将启辉器的两端短接一下，然后迅速断开，使日光灯点亮（DGJ-04 实验挂箱上有短接按钮，可用它代替启辉器做试验。）；或用一只启辉器去点亮多只同类型的日光灯，这是为什么？

（2）为了改善电路的功率因数，常在感性负载上并联电容器，此时增加了一条电流支路，试问电路的总电流是增大还是减小，此时感性元件上的电流和功率是否改变？

（3）提高线路功率因数为什么只采用并联电容器法，而不用串联法？所并的电容器是否越大越好？

（4）当日光灯电路并联电容后，总电流立即减小，根据测量数据说明为什么当电容增大到某一数值时，总电流却又上升了？

3. 装接日光灯线路的心得体会及其他。

学习项目 3
三相交流电路

 **项目描述**

现今世界上绝大多数供电系统采用的都是三相制系统。这是因为三相制系统在发电及电能转换为机械能方面都具有明显的优越性。发电厂发出三相交流电,经过三相三线或三相四线传送到电网上去,然后经过配电装置送至各电力用户。配电变压器及工农业生产中使用的电动机也几乎都是三相的,因此了解发电、输电、用电部分构成的三相电路就具有重要的实际意义。本项目主要介绍三相电路、三相电源的概念,讨论三相电路中电源和负载的连接方式,以及对称三相电路中电压、电流和功率的计算方法。

 项目任务

掌握三相电源的概念;了解和掌握相电压、线电压、相电流、线电流等概念和计算方法;牢固掌握对称三相电路性质;掌握对称三相四线制电路的分析方法。

任务 1 三相电源

三相电路的基本结构可以简化为三相电源和三相负载通过导线相连的电路。三相电源由发电机产生,经变压器升高电压后传送到各地,然后按不同用户的需要,由各地变电所(站)用变压器把高压降到适当数值,例如 380V 或 220V 等。三相电路具有如下优点:①发电方面:比单相电源可提高功率 50%;②输电方面:比单相输电节省钢材 25%;③配电方面:三相变压器比单相变压器经济且便于接入负载;④运电设备:具有结构简单、成本低、运行可靠、维护方便等优点。以上优点使三相电路在动力方面获得了广泛应用,是目前电力系统采用的主要供电方式。

1.1 三相对称电动势的产生

三相电动势由三相交流发电机产生。图 3-1 为三相交流发电机的示意图，它主要由定子和转子两部分组成。

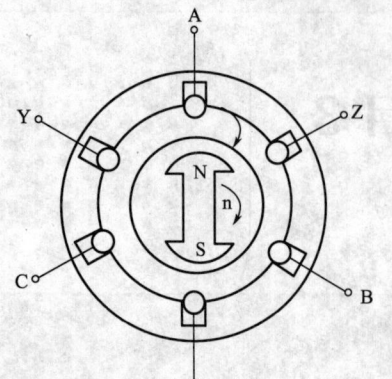

图 3-1 三相交流发电机

发电机的固定部分称为定子，定子铁芯的内圆周表面冲有沟槽，放置结构完全相同的三相绕组 AX、BY、CZ，分别称为 A 相、B 相、C 相绕组。工程上把 A、B、C 称为三相绕组的始端，X、Y、Z 称为三相绕组的末端。三相绕组的首端（末端也是）彼此相隔 120°电角度。

转动的磁极称为转子。转子铁芯上绕有直流励磁绕组。当转子被原动机拖动做匀速转动时，三相定子绕组切割转子磁场而产生三相交流电动势。三相交流电动势相当于三个独立的交流电源。三相电动势可表示为：

$$\left.\begin{aligned} e_A &= E_m \sin\omega t \\ e_B &= E_m \sin(\omega t - 120°) \\ e_C &= E_m \sin(\omega t - 240°) = E_m \sin(\omega t + 120°) \end{aligned}\right\} \quad (3\text{-}1)$$

若以相量形式来表示，则

$$\left.\begin{aligned} \dot{E}_A &= E \angle 0° \\ \dot{E}_B &= E \angle -120° \\ \dot{E}_C &= E \angle -240° = E \angle 120° \end{aligned}\right\} \quad (3\text{-}2)$$

它们的波形和相量图如图 3-2 所示。

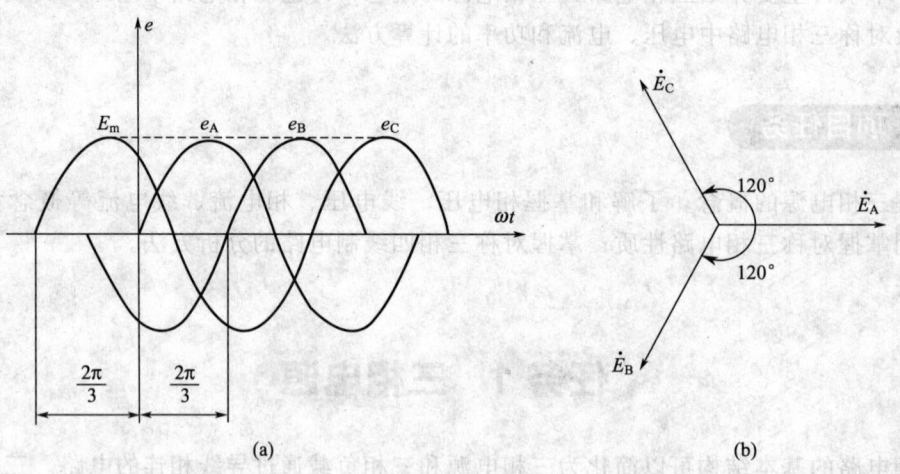

图 3-2 三相对称电动势的波形图和相量图

这三相电动势具有"幅值相等、频率相同、相位互差 120°电角度"的特点。这样的三相电动势称为对称三相电动势。

由其波形图和相量图知：对称三相电动势瞬时值或相量之和为零。即

$$e_A + e_B + e_C = 0 \qquad \dot{E}_A + \dot{E}_B + \dot{E}_C = 0$$

三相交流电出现正幅值的先后次序称为相序，三相电源的正序为 A→B→C→A；负序为 A→C→B→A。实际工程中，常用不同颜色区别这三相电压，如黄色代表 A 相，绿色代表 B 相，红色代表 C 相。本项目无特殊说明，三相电源的相序均是正序。

特别提示

三相对称电动势特点：(1) 幅值相等、频率相同、相位互差 120°电角度；(2) 瞬时值或相量之和为零。

1.2 三相电源绕组的连接

三相电源绕组的连接方式有两种：星形（Y 形）连接和三角形（△形）连接。下面仅分析星形连接方法。

如果把发电机三相绕组的末端 X、Y、Z 连成一点 N，而把始端 A、B、C 作为与外电路相连接的端点，这种连接方式称为电源的星形连接，如图 3-3 所示。N 点称为中性点或零点，从中性点引出的导线称为中线或零线，有时中线接地，又称为地线，其裸导线可涂淡蓝色标志。从始端 A、B、C 引出的三根导线称为端线或相线，俗称火线，常用 A、B、C 表示，其裸线可分别涂黄、绿、红三种颜色标志。

由三根相线和一根中线构成的供电系统称为三相四线制供电系统。通常低压供电网都采用三相四线制。日常生活中见到的只有两根导线的单相供电线路，则是其中的一相，一般由一根相线和一根中线组成。

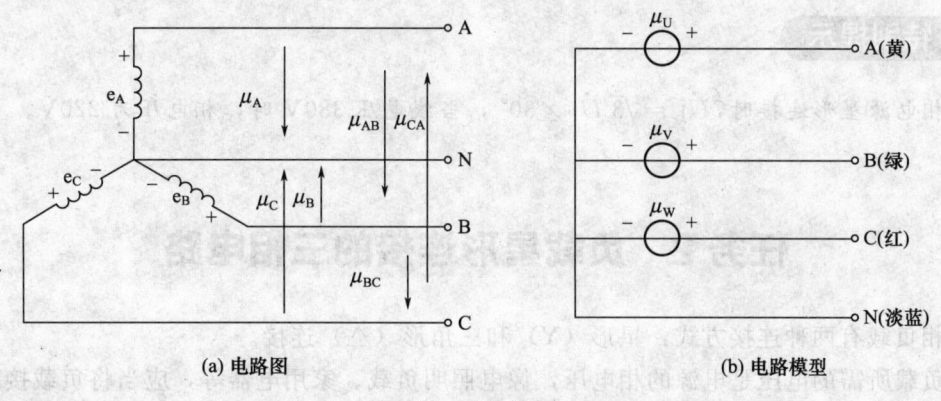

(a) 电路图　　　　　　　　　　　　　　　(b) 电路模型

图 3-3　三相四线制电源

三相四线制供电系统可输送两种电压：一种是相线和中线之间的电压 u_A、u_B、u_C，称为相电压，其有效值一般用 U_P 表示；另一种是相线与相线之间的电压 u_{AB}、u_{BC}、u_{CA}，称为线电压，其有效值一般用 U_L 表示。

由图 3-3 可知，各线电压与相电压之间的相量关系为

$$\left.\begin{aligned}\dot{U}_{AB} &= \dot{U}_A - \dot{U}_B \\ \dot{U}_{BC} &= \dot{U}_B - \dot{U}_C \\ \dot{U}_{CA} &= \dot{U}_C - \dot{U}_A\end{aligned}\right\} \quad (3-3)$$

它们的相量图如图 3-4 所示。由于三相电动势是对称的，故相电压也是对称的。作相量

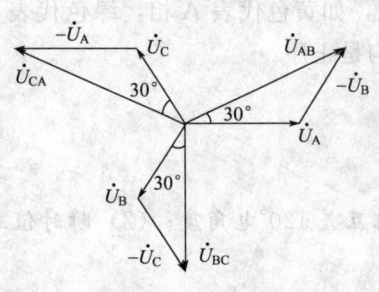

图 3-4　电压相量图

图时，可先作出 $\dot{U}_A$、$\dot{U}_B$、$\dot{U}_C$，然后根据式(3-3) 分别作出 $\dot{U}_{AB}$、$\dot{U}_{BC}$、$\dot{U}_{CA}$。由相量图可知，线电压也是对称的，在相位上比相应的相电压超前30°。即 $\dot{U}_{AB}$ 超前 $\dot{U}_A$ 是30°，$\dot{U}_{BC}$ 超前 $\dot{U}_B$ 是30°，$\dot{U}_{CA}$ 超前 $\dot{U}_C$ 是30°。线电压有效值是相电压的 $\sqrt{3}$ 倍。

线电压的有效值用 U_L 表示，相电压的有效值用 U_P 表示。由相量图可知它们的关系为

$$U_L = \sqrt{3} U_P \tag{3-4}$$

设线电压 $U_L = U_{AB} = U_{BC} = U_{CA}$，相电压 $U_P = U_A = U_B = U_C$，则有

$$\dot{U}_L = \sqrt{3} \dot{U}_P \angle 30°$$

可见电源三相绕组星形连接时，线电压是相电压的 $\sqrt{3}$ 倍，相位上较对应的相电压超前30°。三相四线制电源可为负载提供两种电压，即线电压和相电压。例如：相电压 U_P 等于220V 时，线电压 U_L 等于 $\sqrt{3} \times 220 = 380$V。能同时得到两种三相对称电压是三相四线制电源供电的优点之一。一般负载可根据其额定电压决定其接法。目前电力网的低压供电系统（又称民用电）为三相四线制，此系统供电的线电压为380V，相电压为220V，通常写作电源电压 380/220V。

> **特别提示**
>
> 三相电源星形连接时，$\dot{U}_L = \sqrt{3} \dot{U}_P \angle 30°$，当线电压380V时，相电压为220V。

任务 2　负载星形连接的三相电路

三相负载有两种连接方式：星形（Y）和三角形（△）连接。

若负载所需的电压是电源的相电压，像电照明负载、家用电器等，应当将负载接到火线与零线之间。当负载数量较多时，应当尽量平均分配到三相电源上，使三相电源得到均衡的利用，这就构成了负载的星形连接。如图 3-5(a) 所示。

若负载所需的电压是电源的线电压，像电焊机、功率较大的电炉等，应当将负载接到火线与火线之间。当负载数量较多时，应当尽量平均分配到三相电源上，这就构成了负载的三角形连接。如图 3-5(b) 所示。

负载星形连接的三相交流电路连接方式如图 3-6 所示。三相负载 Z_a、Z_b、Z_c 的末端联成一点 N'' 称为负载中点，接在电源中线上。三相负载的首端分别与三相火线相连。流过各相负载的电流称相电流，用"I_P"表示，如 $\dot{I}_a$、$\dot{I}_b$、$\dot{I}_c$，正方向与对应相电压正方向相同。流过火线的电流称为线电流，用"I_L"表示，如图中 $\dot{I}_A$、$\dot{I}_B$、$\dot{I}_C$，正方向从电源指向负载。

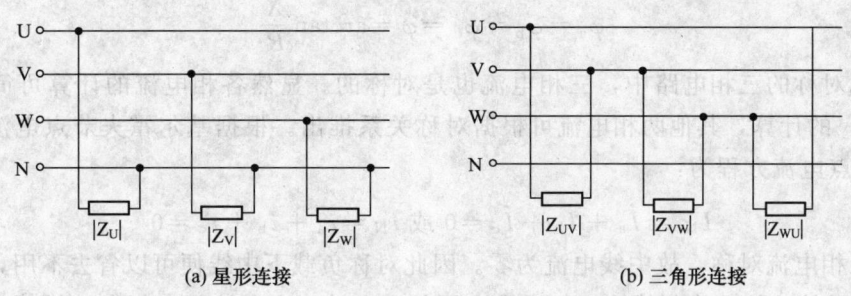

(a) 星形连接　　　　　　　　　　(b) 三角形连接

图 3-5　负载的星形、三角形连接

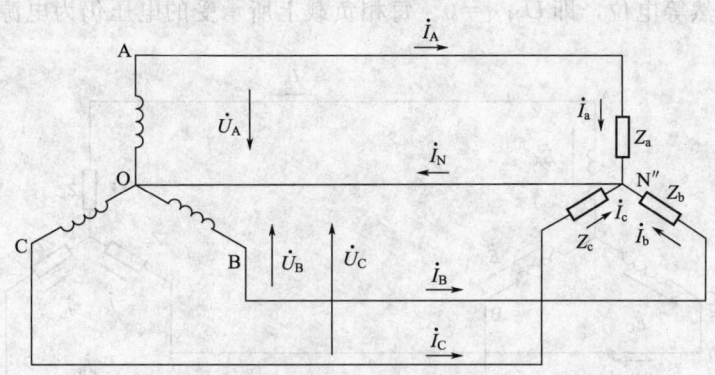

图 3-6　负载星形连接的三相四线制电路

由图 3-6 可得各相负载的电流为

$$\dot{I}_a = \frac{\dot{U}_A}{|Z_a|} \qquad \dot{I}_b = \frac{\dot{U}_B}{|Z_b|} \qquad \dot{I}_c = \frac{\dot{U}_C}{|Z_c|} \tag{3-5}$$

各端线电流等于对应的各相电流，即 $I_A = I_a$；$I_B = I_b$；$I_C = I_c$

一般写成　　　　　　　　　　　$I_L = I_P \tag{3-6}$

根据基尔霍夫定律得中线电流

$$\dot{I}_N = \dot{I}_A + \dot{I}_B + \dot{I}_C \tag{3-7}$$

下面分两种情况讨论。

2.1　对称三相负载星形连接的三相电路

阻抗完全相同的三相负载即为对称三相负载，像三相电动机、三相变压器等都属于对称三相负载，它们均有三个完全相同的绕组。即

$$Z_a = Z_b = Z_c = R + jX \tag{3-8}$$

图 3-6 所示的电路特点是：各相负载所承受电压是电源相电压 $\dot{U}_P = \frac{\dot{U}_L}{\sqrt{3}} \angle -30°$，而线电流 $\dot{I}_l$ 等于相电流 $\dot{I}_P$（$\dot{I}_L = \dot{I}_P$）。由于相电压是三相对称的，负载也是三相对称的，所以每相电流的大小及每相电流与电压的相位差角是相等的，即

$$I_a = I_b = I_c = I_P = \frac{U_P}{\sqrt{R^2 + X^2}}$$

$$\varphi_a = \varphi_b = \varphi_c = \varphi = \arctan\frac{X}{R}$$

在负载对称的三相电路中，三相电流也是对称的。显然各相电流的计算可简化为一相（单相电路）的计算，其他两相电流可根据对称关系推出。根据基尔霍夫节点电流定律，对点 N'' 列节点电流方程为：

$$\dot{I}_{N'} = \dot{I}_a + \dot{I}_b + \dot{I}_c = 0 \text{ 或 } i_N = i_a + i_b + i_c = 0$$

因为三相电流对称，故中线电流为零。因此对称负载下中线便可以省去不用，电路变成如图 3-7 所示的三相三线制传输。如在发电厂与变电站、变电站与三相电动机等之间，由于负载对称，便采用三相三线制传输。去掉中线后，电路的工作状态没有改变，负载中点 N' 与电源中点 N 仍然等电位，即 $U_{N'N} = 0$。每相负载上所承受的电压仍为电源相电压。

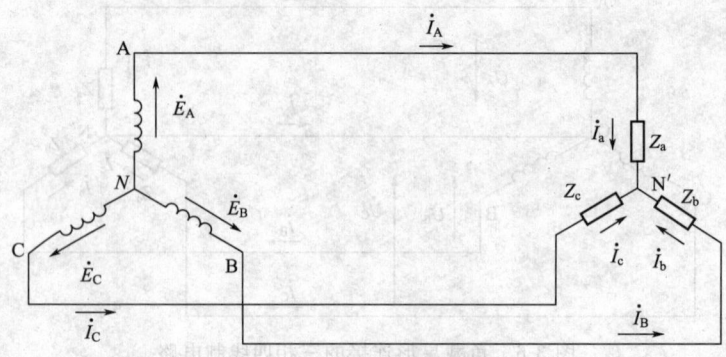

图 3-7 三相三线制电路

【例 3-1】 图 3-7 所示为星形连接三相对称负载，负载的复阻抗 $Z = 20\angle 30° \Omega$，电源线电压 $u_{AB} = 380\sqrt{2}\sin(\omega t + 30°)$V，试求：负载各相电流 i_A、i_B、i_C 及 $\dot{I}_A$、$\dot{I}_B$、$\dot{I}_C$。

解：因为三相对称负载星形连接，相电流等于线电流，负载每相电压等于电源相电压，在对称三相电路中，只需计算一相。

因为：$\dot{U}_{AB} = \sqrt{3}\dot{U}_A \angle 30° = 380\angle 30°$V 所以：$\dot{U}_A = 220\angle 0°$V

$$\dot{I}_A = \frac{\dot{U}_A}{Z} = \frac{220\angle 0°}{20\angle 30°} = 11\angle -30° \text{A}$$

$$\dot{I}_B = \dot{I}_A \angle -120° = 11\angle -150° \text{A}$$

$$\dot{I}_C = \dot{I}_A \angle 120° = 11\angle 90° \text{A}$$

$$i_A = 11\sqrt{2}\sin(\omega t - 30°) \text{A}$$

$$i_B = 11\sqrt{2}\sin(\omega t - 150°) \text{A}$$

$$i_C = 11\sqrt{2}\sin(\omega t + 90°) \text{A}$$

2.2 不对称三相负载星形连接的三相电路

不完全相同的三相负载称为不对称负载。三相负载在很多情况下是不对称的，最常见的照明电路就是不对称负载星形连接的三相电路。不对称负载星形连接时，应采用三相四线制，如图 3-6 所示。这样可以把不对称的三相负载看成三个单相负载，每相负载所承受电压仍为电源相电压，线电流等于负载的相电流。由于负载不对称，各相电流的大小及相电流与

相应相电压的相位差也不同,应按单相电路的计算方法分别对每相进行计算,即

$$I_A = \frac{U_A}{|Z_a|} = \frac{U_A}{\sqrt{R_a^2 + X_a^2}}, \varphi_A = \arctan\frac{X_a}{R_a}$$

$$I_B = \frac{U_B}{|Z_b|} = \frac{U_B}{\sqrt{R_b^2 + X_b^2}}, \varphi_B = \arctan\frac{X_b}{R_b}$$

$$I_C = \frac{U_C}{|Z_c|} = \frac{U_C}{\sqrt{R_c^2 + X_c^2}}, \varphi_C = \arctan\frac{X_c}{R_c}$$

由于三相电流 $\dot{I}_A$、$\dot{I}_B$、$\dot{I}_C$ 不对称,此时中线电流 $\dot{I}_N$ 不等于零。然后计算中线电流为

$$\dot{I}_N = \dot{I}_A + \dot{I}_B + \dot{I}_C = I_N \angle \varphi_N$$

由此可知,当负载不对称时,各相电流不对称,中线电流不为零,中线不能省去。中线的存在,保证了每相负载两端的电压是电源的相电压,保证了三相负载能独立正常工作。各相负载有变化时都不会影响到其他相。如果中性线断开,中性线电流被切断,各相负载两端的电压会根据各相负载阻抗值的大小重新分配。有的相可能低于额定电压使负载不能正常工作;有的相可能高于额定电压以至将用电设备损坏,这是决不允许的。下面的例题可使我们进一步了解中线的重要作用。

【例 3-2】 如图 3-8 所示照明电路,已知电源线电压为 380V。三相 Y 连接照明负载均为"220V、40W"白炽灯 50 盏,U 相开路,V 相开 25 盏,W 相灯全开。试计算有中线时各相电流及中线电流。

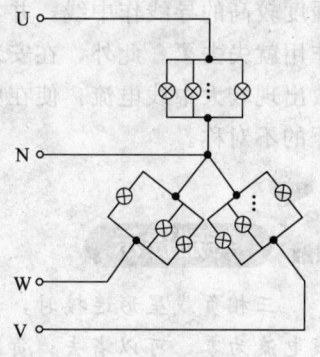

图 3-8 例 3-2 图

解:U 相开路相当于断路,有中线,V 相和 W 相正常工作,电流分别为:

$$\dot{I}_U = 0$$

$$I_V = \frac{40 \times 25}{220} \approx 4.54\text{A}, I_W = \frac{40 \times 50}{220} \approx 9.09\text{A}$$

$$\dot{I}_N = \dot{I}_U + \dot{I}_V + \dot{I}_W = 4.54\angle-120° + 9.09\angle 120°$$
$$= (-2.27 - j3.93) + (-4.55 + j7.87)$$
$$= -(2.27 + 4.55) + j(7.87 - 3.93)$$
$$= -6.82 + j3.94 = 7.88\angle 150°\text{A}$$

显然,中线保证了 Y 接不对称三相负载的相电压平衡。有了中线,各相情况互不影响。上述照明电路若中线因故断开,且发生:(1) U 相断路;(2) U 相短路;情况又如何?

分析:(1) 无中线 U 相断路时,其余两相相当于串联接于 380V 线电压上:

$$R_V = \frac{220^2}{40 \times 25} = 48.4\Omega$$

$$R_W = \frac{220^2}{40 \times 50} = 24.2\Omega$$

$$U_V = 380\frac{48.4}{48.4 + 24.2} \approx 253\text{V} > 220\text{V}, U_W = 127\text{V} < 220\text{V}$$

无论负载电压高于还是低于其额定值都不能正常工作，因此，V相、W相均不能正常工作。

（2）U相短路，此时，V相和W相均通过短路相分别形成回路，各相端电压为380V，高于额定电压220V，显然都会被烧损。

负载不对称而又没有中线时，负载上可能得到大小不等的电压，当有的超过用电设备的额定电压时，可能烧损或减少使用寿命；而有的达不到额定电压不能正常工作。如前面所讲到的照明电路，由于中线断开且一相发生故障，由此造成各相负载的不对称。换句话讲，如果有中线，当一相发生故障时，其他无故障负载相仍能正常工作。因此，对通常工作在不对称情况下的三相电路而言，中线绝对不允许断开！而且必须保证中线可靠。

对于低压配电系统来讲，负载对称是特殊情况，而负载不对称则是一般情况，所以中线的作用是使三相不对称负载成为互不影响的独立回路。无论负载有无变动，中线都可以保证每相负载所承受的都是电源相电压，从而保证负载正常工作。为避免中线断开，需采用机械强度较高的导线作中线，并且中线上不允许安装熔断器及开关。因为一旦熔断器熔断，中线作用就失去了。此外，在安装和设计中应尽量考虑三相负载平衡。因为三相负载不平衡会导致出现较大中线电流，使在中线上产生较大的阻抗压降而不能忽略，就会导致三相负载上电压的不对称。

三相负载星形连接时，负载电压等于电源相电压，线电流等于相电流。负载对称时，中线电流为零，可以省去；负载不对称时，中线电流不为零，不能去掉。

任务3　负载三角形连接的三相电路

负载三角形（△形）连接的三相电路一般可用图3-9表示，三个负载首尾依次相连构成△形连接的三相负载。线电流、相电流其正方向如图3-9所示。由于每相负载都直接接在电源相应的两根火线之间，所以负载的相电压等于电源的线电压。因此不论负载是否对称，负载相电压总是对称的，负载与电源组成三相三线制电路，且

$$U_P = U_L$$

各负载中流过的电流为负载的相电流。其值为：

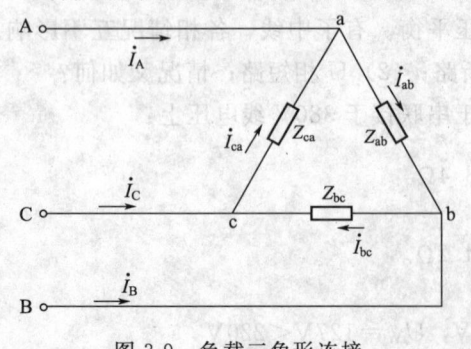

图3-9　负载三角形连接

$$I_{ab} = \frac{\dot{U}_{AB}}{Z_{ab}} \quad I_{bc} = \frac{\dot{U}_{BC}}{Z_{bc}} \quad I_{ca} = \frac{\dot{U}_{CA}}{Z_{ca}} \quad (3-9)$$

由基尔霍夫定律可确定各端线电流与各相电流的关系为：

$$\dot{I}_A = \dot{I}_{ab} - \dot{I}_{ca} \quad \dot{I}_B = \dot{I}_{bc} - \dot{I}_{ab} \quad \dot{I}_C = \dot{I}_{ca} - \dot{I}_{bc} \quad (3-10)$$

以上两式是负载三角形连接电路的通用公式，但当负载对称时，以上计算可以简化。

3.1 对称负载△连接的三相电路

三相负载对称，即 $Z_{ab}=Z_{bc}=Z_{ca}=Z$，每相负载均承受电源线电压也对称，因此，相电流、线电流也都是三相对称的。每相电流为

$$I_{ab}=I_{bc}=I_{ca}=I_P=\frac{U_L}{|Z|} \quad (3-11)$$

相电流与线电流关系，由 KCL 求得

$$\left.\begin{array}{l}\dot{I}_A=\dot{I}_{ab}-\dot{I}_{ca}\\ \dot{I}_B=\dot{I}_{bc}-\dot{I}_{ab}\\ \dot{I}_C=\dot{I}_{ca}-\dot{I}_{bc}\end{array}\right\} \quad (3-12)$$

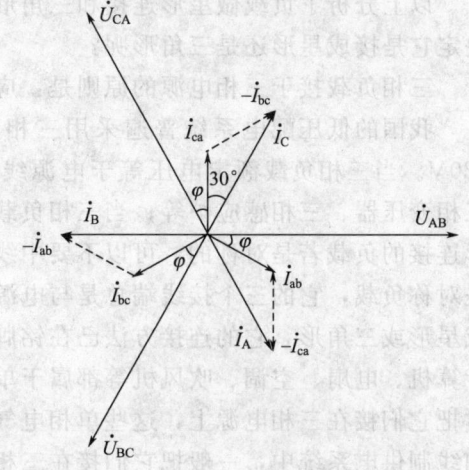

相量图如图 3-10 所示。由图可见，线电流

$$\dot{I}_L=\sqrt{3}\,\dot{I}_P\angle-30° \quad (3-13)$$

当负载对称作三角形连接时的特点是：每相负载承受电压 U_P 等于电源线电压 U_L，线电流为相应相电流的 $\sqrt{3}$ 倍，相位上各线电流滞后于相应的相电流 30°。

图 3-10 三角形对称负载相量图

特别提示

当对称三相负载作三角形连接时：
① 相电压等于线电压，即 $U_P=U_L$；
② 当对称三相负载作三角形联结时，线电流的大小为相电流的 $\sqrt{3}$ 倍，一般写成 $I_L=\sqrt{3}\,I_P$。

【例 3-3】 三相对称负载，每相 $R=6\Omega$，$X_L=8\Omega$，接到 $U_L=380V$ 的三相四线制电源上，试分别计算负载做星形、三角形连接时的相电流、线电流。

解：负载作星形连接时，每相负载两端承受的是电源的相电压，即

$$U_P=220V$$

每相负载的阻抗值 $\quad |Z|=\sqrt{R^2+X_L^2}=\sqrt{6^2+8^2}=10\Omega$

相电流 $\quad I_P=\dfrac{U_P}{|Z|}=\dfrac{220}{10}=22A$

线电流等于相电流 $\quad I_L=I_P=22A$

负载作三角形连接时，每相负载两端承受的是电源的线电压，即

$$U_P=U_L=380V$$

相电流 $\quad I_P=\dfrac{U_P}{|Z|}=\dfrac{380}{10}=38A$

线电流等于 $\sqrt{3}$ 倍的相电流，线电流 $I_L=\sqrt{3}\,I_P=\sqrt{3}\times38=66A$

3.2 不对称负载△连接的三相电路

由于负载不对称，相电流 $\dot{I}_{ab}$、$\dot{I}_{bc}$、$\dot{I}_{ca}$ 及线电流 $\dot{I}_A$、$\dot{I}_B$、$\dot{I}_C$ 也是不对称的，因此需要

先对每相电路分别进行计算,即根据式(3-9) 和式(3-10) 分别计算。

3.3 三相负载接于三相电源的原则

以上分析了负载做星形连接和三角形连接的三相电路,那么三相负载应根据什么原则来决定它是接成星形还是三角形呢?

三相负载接于三相电源的原则是:应使每相负载承受的电压等于其额定电压。

我国的低压配电系统普遍采用三相四线制供电,它提供的线电压是 380V,相电压是 220V。当三相负载额定电压等于电源线电压时,应做三角形连接,例如三相异步电动机、三相变压器、三相感应炉等;当三相负载额定电压等于电源相电压时,应做星形连接。做星形连接的负载若是对称的,可以不要中线,例如额定电压 220V 的三相用电器,三相电动机是对称负载,它的三个接线端总是与电源的三根火线相连,但电动机定子绕组本身却可以接成星形或三角形,它的连接方法已在铭牌上标出;若不对称,必须接中线,例如照明电路、计算机、电扇、空调、吹风机等都属于单相用电设备,为了照顾供、用电和安装的方便,常常把它们接在三相电源上,这些单相电气设备的额定电压一般采用 220V 电压标准。在三相四线制供电系统中,一般把它们接在三相电压的火线与零线之间。在连接这些设备时,一般应尽量使之对称地分布在三线四线制电源上,减少中线电流。

任务 4 三相电路的功率

三相电路的功率与单相电路一样,分为有功功率、无功功率和视在功率。三相电路中无论负载如何接法,三相有功功率、无功功率和视在功率分别等于各相负载有功功率、无功功率和视在功率之和。有功功率为:

$$P = P_A + P_B + P_C = U_A I_a \cos\varphi_a + U_B I_b \cos\varphi_b + U_C I_c \cos\varphi_c \tag{3-14}$$

但是当负载对称时,各相的有功功率是相等的,所以总的有功功率可表示为:

$$P = 3 U_P I_P \cos\varphi \tag{3-15}$$

式中,φ 是负载相电压 U_P 与相电流 I_P 之间的相位差,也就是负载的阻抗角,$\cos\varphi$ 是负载的功率因数。

实际上,三相电路的相电压和相电流有时难以获得,在工程上测量线电压、线电流比较方便。在三相对称电路中,负载星形连接时

$$U_P = \frac{1}{\sqrt{3}} U_L \quad I_P = I_l$$

因此

$$U_P I_P = \frac{1}{\sqrt{3}} U_l I_l \tag{3-16}$$

对于对称三角形连接

$$U_P = U_l \quad I_P = \frac{1}{\sqrt{3}} I_l$$

式(3-16) 所示关系同样成立。故无论是对称星形连接或是对称三角形连接,三相总的有功功率均可表示为

$$P = \sqrt{3}U_lI_l\cos\varphi \tag{3-17}$$

式中 U_l 和 I_l 分别是线电压和线电流，应当注意，上式中的 φ 仍是某相电压超前于同一相电流的相角，而不是线电压与线电流间的相位角差。该公式只适用对称三相电路。

同理，对于三相对称负载，总的无功功率和视在功率分别是：

$$Q = 3U_pI_p\sin\varphi = \sqrt{3}U_lI_l\sin\varphi \tag{3-18}$$

$$S = 3U_pI_p = \sqrt{3}U_lI_l \tag{3-19}$$

$$S = \sqrt{P^2 + Q^2} \tag{3-20}$$

数学推导和实验已经证明，对称三相电路在功率方面还有一个很可贵的性质：对称三相电路的瞬时功率是一个不随时间变化的恒定值，它就是电路的有功功率。例如三相交流电动机，因为它任意瞬间消耗的功率不变，电动机产生的机械转矩也恒定不变，从而避免了由于机械转矩变化引起的机械振动。因此电动机运转非常平稳。

特别提示

对称三相负载有功功率：$P = 3U_pI_p\cos\varphi = \sqrt{3}U_LI_L\cos\varphi$；无功功率：$Q = 3U_pI_p\sin\varphi = \sqrt{3}U_LI_L\sin\varphi$；视在功率：$S = 3U_pI_p = \sqrt{3}U_LI_L$。

【例 3-4】 计算例 3-3 中负载做星形、三角形连接时的有功功率、无功功率、视在功率。

解 负载星形连接时

$$I_L = I_P = 22A \qquad U_L = \sqrt{3}U_P = 380V$$

$$\cos\varphi = \frac{R}{|Z|} = \frac{6}{10} = 0.6 \quad \sin\varphi = \frac{X_L}{|Z|} = \frac{8}{10} = 0.8$$

$$P = \sqrt{3}U_LI_L\cos\varphi = \sqrt{3} \times 380 \times 22 \times 0.6 = 8677W \approx 8.7kW$$

$$Q = \sqrt{3}U_LI_L\sin\varphi = \sqrt{3} \times 380 \times 22 \times 0.8 = 11570V \cdot A \approx 11.6kV \cdot A$$

$$S = \sqrt{P^2 + Q^2} = \sqrt{3}U_LI_L = \sqrt{3} \times 380 \times 22 = 14463var \approx 14.5kvar$$

负载三角形连接时

$$I_L = 66A \qquad U_L = 380V$$

$$P = \sqrt{3}U_LI_L\cos\varphi = \sqrt{3} \times 380 \times 66 \times 0.6 = 26033W \approx 26kW$$

$$Q = \sqrt{3}U_LI_L\sin\varphi = \sqrt{3} \times 380 \times 66 \times 0.8 = 34710V \cdot A \approx 34.7kV \cdot A$$

$$S = \sqrt{P^2 + Q^2} = \sqrt{3}U_LI_L = \sqrt{3} \times 380 \times 66 = 43388var \approx 43kvar$$

三相功率的测量是一个实际工程问题，可以证明，在三相三线制电路中，不论对称与否，可以使用两个功率表测量三相功率，即所谓的二瓦计法。二瓦计法测量三相功率的连接方式之一如图 3-11 所示。两个功率表的电流线圈分别串入两端线中（图示为 A、B 两端线），它们的电压线圈的非电源端（即无*端）共同接到第三条端线上（图示 C 端线上）。二瓦计法中功率表的接线只触及端线，而与负载和电源的连接方式无关。两个功率表读数的代数和为三相三线制中三相负载吸收的平均功率。

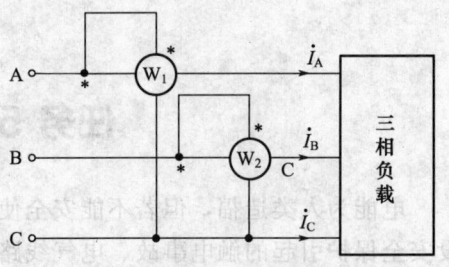

图 3-11 二瓦计法

【例 3-5】 一台三相电动机的额定相电压为 380V，作三角形连接时，额定线电流为 19A，额定功率为 10kW。(1) 求这台电动机的功率因数及每相阻抗的模，并求其在额定工作状态下所吸收的有功功率；(2) 如果把这台电动机改接成星形（假定每相阻抗不变），仍然连接到线电压为 380V 的对称三相电源上，则线电流及电动机吸收的功率将如何改变？

解：(1) 当电动机作三角形连接时，若在额定电压下工作，则

$$U_l = U_p = 380\text{V}$$

$$I_l = 19\text{A}, \quad P_\triangle = 10\text{kW}$$

功率因数

$$\lambda = \cos\varphi_p = \frac{P_\triangle}{\sqrt{3}U_l I_l} = \frac{10\times 10^3}{\sqrt{3}\times 380\times 19} = 0.8$$

每相阻抗的辐角

$$\varphi_p = \arccos 0.8 = 36.9°$$

相电流

$$I_p = \frac{I_l}{\sqrt{3}} = \frac{19}{\sqrt{3}}\text{A} = 11\text{A}$$

故每相阻抗的模为

$$|Z_p| = \frac{U_p}{I_p} = \frac{380}{11}\Omega = 34.6\Omega$$

电动机吸收的无功功率

$$P_Y = \sqrt{3}U_l I_l \cos\varphi_p = (\sqrt{3}\times 380\times 19\times \cos 36.9°)\text{var} = 10\text{kvar}$$

(2) 当电动机改接成星形时，相电压为

$$U'_p = \frac{U'_l}{\sqrt{3}} = \frac{380}{\sqrt{3}}\text{V} = 220\text{V}$$

线电流与相电流相等，其值为

$$I'_l = I'_p = \frac{U'_p}{|Z_p|} = \frac{220}{34.6}\text{A} = 6.36\text{A}$$

电动机吸收的功率

$$P_Y = \sqrt{3}U'_l I'_l \cos\varphi_p = (\sqrt{3}\times 380\times 6.36\times 0.8)\text{W} = 3340\text{W} = 3.34\text{kW}$$

对比电动机作两种连接时的线电流和功率，可以看出，作星形连接时的线电流为作三角形连接时线电流的三分之一；作星形连接时的功率也等于作三角形连接时功率的三分之一。

任务 5　安全用电技术

电能为人类造福，但若不能安全使用，也能给人类带来灾难。如违反电气操作规程，不设安全保护引起的触电事故、电气线路过载、过热引起的火灾事故等时有发生。为了更好利用电能，减少事故，我们必须了解一些安全用电的常识和技术。

5.1 安全用电常识

5.1.1 安全电流与安全电压

通过人体的电流达 5mA 时，人就会有所感觉，达几十毫安时往往会使人麻痹而不能自觉脱离电流，因此通过人体的电流一般不能超过 7~10mA，当通过人体的电流在 30mA 以上时就有生命危险。36V 以下的电压，一般情况下不会在人体中产生危险电流，故把 36V 以下的电压称为安全电压。当然，触电的后果还与触电持续时间以及电流流过人体的部位有关，触电时间越长越危险。

5.1.2 几种触电的方式

按照人体触及带电体的方式和电流流过人体的途径，电击可以分为单相触电、两相触电和跨步电压触电。

（1）单相触电　当人体直接碰触带电设备其中的一相时，电流通过人体流入大地，这种触电现象称为单相触电，如图 3-12(a) 所示。对于高压带电体，人体虽未直接接触，但由于超过了安全距离，高电压对人体放电，造成单相接地而引起的触电，也属于单相触电。

低压电网通常采用变压器低压侧中性点直接接地和中性点不直接接地（通过保护间隙接地）的接线方式。若人体电阻按 1000Ω 计算，则在 220V 中性点接地的电网中发生单相触电时，流过人体的电流将过 220mA，已大大超过人体的承受能力；即使在 110V 系统中触电，通过人体的电流也达 110mA，仍可能危及生命。

（2）两相触电　人体同时接触带电设备或线路中的两相导体，或在高压系统中，人体同时接近不同相的两相带电导体而发生电弧放电，电流从一相导体通过人体流入另一相导体，构成一个闭合回路，这种触电方式称为两相触电，如图 3-12(b) 所示。发生两相触电时，作用于人体上的电压等于线电压，这种触电是最危险的。

（3）跨步电压触电　当电气设备发生接地故障，接地电流通过接地体向大地流散，在地面上形成电位分布时，若人在接地适中点周围行走，其两脚之间的电位差，就是跨步电压。由跨步电压引起的人体触电，称为跨步电压触电，如图 3-12(c) 所示。跨步电压的大小受接地电流大小、鞋和地面、两脚之间的跨距、两脚的方位以及离接地点的远近等很多因素的影响。由于跨步电压受很多因素的影响以及由于地面电位分布的复杂性，几个人在同一地带遭到跨步电压电击完全可能出现截然不同的后果。

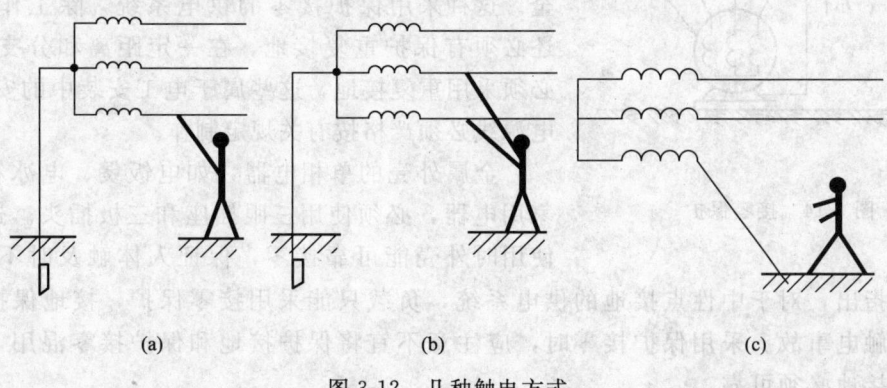

图 3-12　几种触电方式

5.2 防止触电的安全技术

为了防止触电事故的发生，可采取以下接地保护和接零保护措施。

5.2.1 接地保护

将电气设备的外壳用足够粗的金属线或钢筋与接地体可靠连接起来，称为接地保护。接地保护适用于中性点不接地的供电系统，如图 3-13 所示。

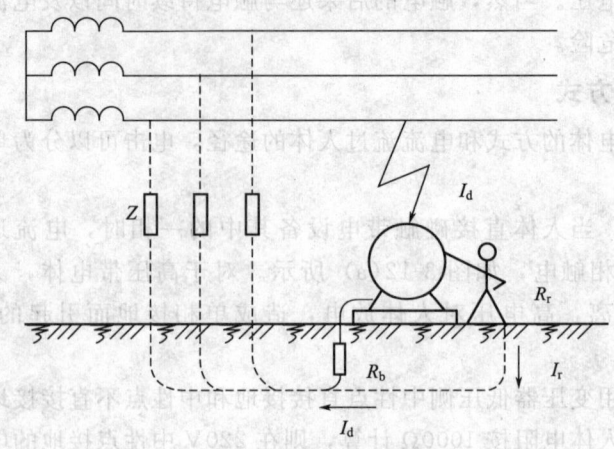

图 3-13 接地保护

当电动机某相绕组因绝缘损坏发生碰壳时，由于电机外壳通过接地体与大地有良好接触，所以人体触及带电外壳时，人体相当于接地体的一条并联支路。由于人体电阻比接地体电阻大得多，几乎没有电流流过人体，从而避免了触电事故。

5.2.2 接零保护

把电气设备的外壳和电源的零线接起来，称为接零保护，如图 3-14 所示。接零保护适用于电源中性点接地的三相四线制供电系统。

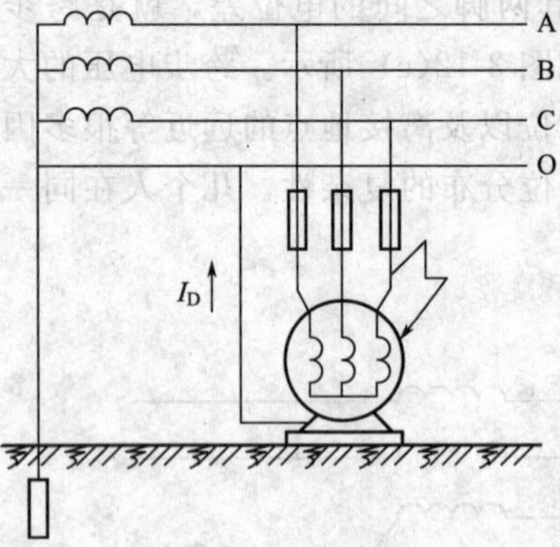

当设备正常工作时，外壳部分不带电，人体触及外壳相当于触及零线，无危险。当设备发生碰壳事故时，相电压经过机壳到零线形成单相短路，该短路电流迅速将故障相熔丝熔断，切断电源，保障了人身安全。这种采用保护接零的供电系统，除工作接地外，还必须有保护重复接地。在一定距离和分支系统中，必须采用重复接地，这些属于电工安装中的安全规则，电源线必须严格按有关规定制作。

金属外壳的单相电器，如电饭煲、电冰箱之类的家用电器，必须使用三眼插座和三极插头。这些电器使用时外壳能可靠接零，保证人体触及时不会触电。

图 3-14 接零保护

必须强调指出，对于中性点接地的供电系统，负载只能采用接零保护，接地保护不能有效地防止触电事故。采用保护接零时，应注意不宜将保护接地和保护接零混用，而且中性点工作接地必须可靠。

5.3 触电急救与电气消防

5.3.1 触电急救

发生触电事故,千万不要惊慌失措,必须用最快的速度使触电者脱离电源。要记住当触电者未脱离电源前本身就是带电体,同样会使抢救者触电。

脱离电源最有效的措施是拉闸或拔出电源插头。如果一时找不到或来不及找的情况下可用绝缘物(如带绝缘柄的工具、木棒、塑料管等)移开或切断电源线。关键是:一要快,二要不使自己触电。一两秒的迟缓都可能造成无可挽救的后果。

脱离电源后如果病人呼吸、心跳尚存,应尽快送医院抢救。若心跳停止应采用人工心脏挤压法维持血液循环;若呼吸停止应立即做口对口的人工呼吸。若心跳、呼吸全停,则应同时采用上述两个方法,并向医院告急求救。

5.3.2 电气消防

① 发现电子装置、电气设备、电缆等冒烟起火,要尽快切断电源(拉开总开关或失火电路开关)。

② 使用砂土、二氧化碳或四氯化碳等不导电灭火介质,忌用泡沫或水进行灭火。

③ 灭火时不可将身体或灭火工具触及导线和电气设备。

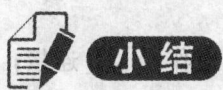

1. 三相发电机产生的三相电动势,"振幅相等、频率相同,在相位上彼此相差120°"被称为对称三相电动势。三相电源采用三相四线制向外供电时,可提供两种电压:线电压和相电压,它们是对称的。

2. 三相负载的连接方式有星形和三角形两种,当三相载电压等于电源线电压时采用三角形联接,当负载电压等于电源相电压时,应做星形连接。

3. 对称三相负载接于对称三相电源组成对称三相电路,该电路电压、电流均完全对称,因此计算时只需计算其中一相即可,其余两相由对称关系直接得出。

负载星形连接时,$U_L=\sqrt{3}U_P$,$I_L=I_P$,线电压超前对应相电压30°相位角;

负载三角形连接时,$U_L=U_P$,$I_L=\sqrt{3}I_P$,线电流滞后对应相电流30°相位角;

对称三相电路功率,无论负载是星形还是三角形接法,均有:$P=3U_PI_P\cos\varphi=\sqrt{3}U_LI_L\cos\varphi$;$Q=3U_PI_P\sin\varphi=\sqrt{3}U_LI_L\sin\varphi$;$S=3U_PI_P=\sqrt{3}U_LI_L$。

其中 φ 为对称负载的阻抗角,三相电路的功率因数,也是负载相电压与相电流之间的相位差。

4. 不对称负载星形连接时,应采用三相四线制,以使负载获得对称三相电压,中线的作用是:保证每相负载电压基本等于对称电源的相电压。此时中线上有电流,要保证中线牢固、可靠,否则负载不能正常工作。

5. 为了安全用电,应了解安全用电的常识和技术。通过人体的电流超过7~10mA 时,加在人体上的电压超过36V 时就有危险。

6. 为防止触电事故的发生,可采取接地保护和接零保护措施,接地保护适用于中性点不接地的供电系统;接零保护适用于电源中性点接地的三相四线制供电系统。

 习题

3-1 填空

1. 三相电源作 Y 接时，由各相首端向外引出的输电线俗称_____线，由各相尾端公共点向外引出的输电线俗称_____线，这种供电方式称为_____制。

2. 火线与火线之间的电压称为_____电压，火线与零线之间的电压称为_____电压。

3. 火线上通过的电流称为_____电流，负载上通过的电流称为_____电流。当对称三相负载作 Y 接时，数量上 $I_l=$_____ I_p；当对称三相负载△接，$I_l=$_____ I_p。

4. 对称三相电路中，三相总有功功率 $P=$_____；三相总无功功率 $Q=$_____；三相总视在功率 $S=$_____。

5. 我们把三个_____相等、_____相同，在相位上互差_____度的三相电动势称为_____三相电动势。

6. 测量对称三相电路的有功功率，可采用_____法。

7. 对称三相电源，设 A 相的相电压 $\dot{U}_A=220\angle 90°$ V，则 B 相电压 $\dot{U}_B=$_____，C 相电压 $\dot{U}_C=$_____。

8. 三相四线制供电系统中可以获得两种电压，即_____和_____。

9. 三相电动机接在三相电源中，若其额定电压等于电源的线电压，应作_____连接；若其额定电压等于电源线电压的 $1/\sqrt{3}$，应作_____连接。

10. 一对称三相负载成星形连接，每相阻抗均为 22Ω，功率因数为 0.8，又测出负载中的电流为 10A，那么三相电路的有功功率为_____；无功功率为_____；视在功率为_____。假如负载为感性设备，则等效电阻 R 是_____；等效电感量 X_L 为_____。

11. 一般情况下，安全电流为_____毫安，安全电压上限值为_____伏。

12. 按人体触电方式分，主要有_____触电、_____触电和_____触电三种。

3-2 选择

1. 某三相四线制供电电路中，相电压为 220V，则火线与火线之间的电压为（   ）。
   A. 220V　　　　　　B. 311V　　　　　　C. 380V

2. 某对称三相电源绕组为 Y 接，已知 $\dot{U}_{AB}=380\angle 15°$ V，当 $t=10s$ 时，三个线电压之和为（   ）。
   A. 380V　　　　　　B. 0V　　　　　　C. $380/\sqrt{3}$ V

3. 三相四线制电路，已知 $\dot{I}_A=10\angle 20°$ A，$\dot{I}_B=10\angle -100°$ A，$\dot{I}_C=10\angle 140°$ A，则中线电流 I_N 有效值为（   ）。
   A. 10A　　　　　　B. 0A　　　　　　C. 30A

4. 三相对称电路是指（   ）。
   A. 电源对称的电路　　　　B. 负载对称的电路　　　　C. 电源和负载均对称的电路

5. 下列三相对称电路功率的计算公式中，不正确的是（   ）。
   A. $S=\sqrt{3}U_L I_L$　　　　　　B. $P=3U_P I_P\cos\varphi$

C. $S=\sqrt{P^2+Q^2}$ D. $Q=\sqrt{3}U_P I_P \sin\varphi$

6. 三角形接法的对称三相负载接至相序为 A、B、C 的对称三相电源上，已知相电流 $\dot{I}_{AB}=10\angle 0°A$，则对应线电流 $\dot{I}_A=($) A。

   A. $10\sqrt{3}\angle 30°$ B. $10\sqrt{3}\angle -30°$ C. $10/\sqrt{3}\angle 30°$ D. $10/\sqrt{3}\angle -30°$

7. △连接电路中三个相电流对称，线电流有效值是相电流有效值(   )。

   A. 3 倍   B. $\sqrt{3}$ C. 1/3 倍

8. 三相照明负载如中线断开，电路便(   )。

   A. 能正常工作   B. 不能正常工作   C. 全部停止工作

9. 一般不会对人体造成电击的安全电流是(   )。

   A. 50mA 以下   B. 30mA 以下   C. 20mA 以下   D. 10mA 以下

10. 洗衣机、电冰箱等家用电器的金属外壳应连接(   )。

    A. 地线   B. 零线   C. 相线

3-3 简析与计算

1. 已知对称三相电源 A、B 火线间的电压解析式为 $u_{AB}=380\sqrt{2}\sin(314t+30°)$ V，试写出其余各线电压和相电压的解析式。

2. 负载星形连接的三相对称电路，其线电压 $U_l=380$V，每相负载 $R=6\Omega$，$X=8\Omega$。试求相电压、相电流、线电流。

3. 已知对称三相负载各相复阻抗均为 $8+j6\Omega$，Y 接于工频 380V 的三相电源上，若 u_{AB} 的初相为 60°，求各相电流。

4. 三相对称负载三角形连接，每相负载 $Z=15+j20\Omega$，接于线电压 $U_L=380$V 的三相电源上，试求相电压、相电流、线电流。

5. 三相对称负载作三角形连接，线电压为 380V，线电流为 17.3A，三相总功率为 4.5kW。求每相负载的电阻和电抗。

6. 一台三相交流电动机，定子绕组星形连接于 $U_L=380$V 的对称三相电源上，其线电流 $I_L=2.2$A，$\cos\varphi=0.8$，试求每相绕组的阻抗 Z。

7. 对称三相负载星形连接，已知每相阻抗为 $Z=31+j22\Omega$，电源线电压为 380V，求三相交流电路的有功功率、无功功率、视在功率和功率因数。

8. 三相对称负载，每相阻抗为 $6+j8\Omega$，接于线电压为 380V 的三相电源上，试分别计算出三相负载 Y 接和△接时电路的相电流、线电流、有功功率、无功功率、视在功率各为多少？

9. 三相对称感性负载接于三相对称电路中，测得线电流为 30.5A。负载的三相有功功率为 15KW，功率因数为 0.75，求电源的视在功率、线电压以及负载的电阻和电抗。

技能训练项目

项目 三相交流电路电压、电流的测试

一、实训项目

1. 研究三相负载作星形连接时,在对称和不对称情况下线电压与相电压的关系,比较三相供电方式中三线制和四线制的特点。
2. 研究三相负载作三角形连接时,在对称和不对称情况下线电流与相电流的关系。掌握三相负载功率测量的方法。
3. 进一步了解三相四线制供电系统中中线的作用。

二、实训知识要点

1. 三相电路的星形连接

图 3-15 是星形连接的三相三线制电路。当线路阻抗忽略不计时,负载的线电压等于电源的线电压。若负载对称,则负载中性点 N′ 和电源中性点 N 之间的电压为零。此时负载相电压对称,线电压与相电压满足 $U_{线} = \sqrt{3}\, U_{相}$ 的关系。若负载不对称,N′ 与 N 两中性点间的电压不再等于零,负载端的各相电压就不再对称。其数值可通过计算得到,也可通过实训测出。

在图 3-15 电路中,若把电源中性点和负载中性点之间用中性线连接起来,就成为三相四线制电路。在负载对称情况下,中性线电流等于零,其工作情况与三相三线制相同。负载不对称时,忽略线路阻抗,则负载端相电压仍然对称,但这时中性线电流不再为零,它可用计算方法或实训方法确定。

2. 三相电路的三角形连接

图 3-16 是三角形连接的三相负载,显然电源只能是三线制供电。忽略线路阻抗时,负载的线电压(也是它的相电压)等于电源的线电压。线电流与相电流的关系为:

$$\dot{I}_U = \dot{I}_{UV} - \dot{I}_{WU}, \quad \dot{I}_V = \dot{I}_{VW} - \dot{I}_{UV}, \quad \dot{I}_W = \dot{I}_{WU} - \dot{I}_{VW}$$

当电源对称、负载也对称时，线电流、相电流都对称，且满足 $I_{线} = \sqrt{3}\, I_{相}$ 的关系。若负载不对称，由于电源的线电压是对称加在三相负载上，所以三相负载电压也是对称的，各相负载都能正常工作，但此时线电流与相电流之间不再具有 $\sqrt{3}$ 倍的数量关系。

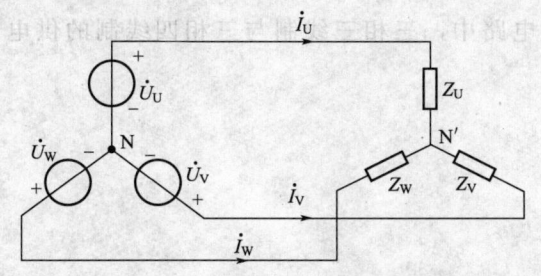

图 3-15　星形连接的三相三线制电路

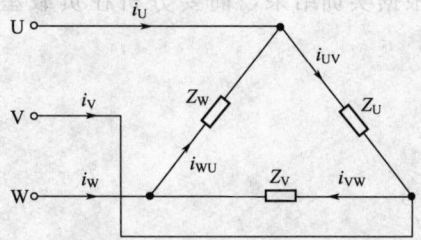

图 3-16　三相负载的三角形连接

三、实训内容与要求

1. 测量负载星形连接时三相三线制、三相四线制的电压、电流

负载采用 60W/220V 白炽灯泡组成的三相灯箱，电源选用工频三相交流电源。根据表 3-1 所列参数，画出实训电路图，完成各项测量任务。

表 3-1　对三相星形连接负载电路进行测量

测量数据		U_{NN}	U_{UV}	U_{VW}	U_{WU}	U_{UN}	U_{VN}	U_{WN}	I_U	I_V	I_W	I_N
单位		V	V	V	V	V	V	V	A	A	A	A
无中性线	对称											
	负载不对称											
有中性线	对称											
	负载不对称											

2. 测量负载三角形连接时的电压、电流

对三相三角形连接的三相负载电路进行测量，根据表 3-2 所列参数，画出实训电路图，完成各项测量任务。

表 3-2　对三相三角形连接负载电路进行测量

测量数据	U_{UV}	U_{VW}	U_{WU}	I_{UV}	I_{VW}	I_{WU}	I_U	I_V	I_W
单位	V	V	V	A	A	A	A	A	A
负载对称									
负载不对称									

四、实训报告要求

实训中记录好每相负载灯泡数及其瓦数,根据已知的电源电压和负载灯泡数,计算各种情况下的相电压、相电流、中性线电流等的大小,并与实训所得数据相比较。

五、分析思考

根据实训结果,简要分析在负载星形连接电路中,三相三线制与三相四线制的供电特点。

学习项目 4
磁路和变压器

 项目描述

变压器是一种既能变换电压、又能变换电流、还能变换阻抗的重要电气设备,在电力系统和电子电路中得到了广泛的应用。由于变压器是依据电磁感应原理工作的,因此讨论变压器时,既会遇到电路问题,又会遇到磁路问题,其中磁路问题是掌握变压器原理的基础知识,也是后面学习电机、电器的理论基础。本章将在介绍磁路的基础上,对变压器的基本结构组成及工作原理进行分析。

 项目任务

了解变压器的基本结构组成,熟悉变压器的用途;理解变压器变换电压、变换电流及变换阻抗的工作原理。

任务 1 铁芯线圈、磁路

电流不仅具有热效应,同时还具有磁效应。空心的载流线圈产生的磁场较弱,不能满足电工设备的需要,若在空心线圈中套入铁芯,则铁芯线圈就会获得较强的磁场,从而满足电工设备小电流、强磁场的要求。

为了得到较强的磁场,并有效地加以运用,工程上常采用导磁性能良好的铁磁物质做成一定形状的铁芯,以便将磁场集中分布在由铁芯构成的闭合路径内,称为磁路。如在生产生活中常见的三相异步电动机和变压器。这些设备的结构中都有用铁磁材料制成的铁芯,有激励磁场的导体线圈,线圈中的电流所产生的磁通大部分集中在铁芯中,散布到铁芯周围的磁通比铁芯中磁通少得多,在这样的情形下,可以把激励电流和磁通的关系用磁路来研究。

1.1 磁路的基本物理量

磁路中的基本定律来源于磁场的基本定律,磁场中的基本物理量,如 B、Φ、H,也是磁路分析中所应用的基本概念。为此,先介绍磁场的相关知识和特性。

1.1.1 磁感应强度

在磁极或载流导体的周围空间以及被磁化物体内外,对磁体及载流导体都具有磁力作用,这种存在磁力作用的空间称为磁场。磁感应强度 B 是描述某点磁场强弱和方向的物理量,其大小可用位于该点的通电导体所受磁场作用力来衡量。磁感应强度 B 的大小主要决定于磁场介质的性质,磁感应强度的单位是特斯拉 [T] 和高斯 [Gs],二者的换算关系为:

$$1T = 10^4 Gs \tag{4-1}$$

1.1.2 磁通

穿过磁场中并垂直于某一面积的磁力线系数,称为该面积的磁通量,简称磁通,用符号"Φ"表示。在电磁学中,常把磁通所经过的路径称作磁路。磁通定义为磁感应强度 B 与垂直于磁场方向的面积 S 的乘积,即

$$\Phi = BS \text{ 或 } B = \frac{\Phi}{S}$$

磁感应强度在数值上可以看成为与磁场方向垂直的单位面积所通过的磁通,故又称为磁通密度。

当磁感应强度 B 的单位取 [T]、面积 S 的单位取 [m^2] 时,磁通 Φ 的单位是韦伯 [Wb];若磁感应强度 B 的单位取 [Gs]、面积 S 的单位取 [cm^2] 时,磁通 Φ 的单位是麦克斯韦 [Mx]。两种单位之间的换算关系是:

$$1Wb = 10^8 Mx$$

1.1.3 磁导率

磁导率 μ 是用来衡量物质导磁性能的物理量,单位是亨利/米 [H/m]。

根据物理磁性的不同,可把物质分为非铁磁物质和铁磁物质两大类。空气、铜、木材、塑料、橡胶等不能磁化的物质,都属于非铁磁物质,它们的磁导率 μ 与真空磁导率 μ_0 相差很小,可近似相等。铁、钴、镍均是能磁化的物质,有很高的导磁能力,它们的磁导率 μ 比真空的磁导率 μ_0 大得多。

为了便于比较各类物质的导磁能力,通常以真空的磁导率作为衡量的标准。在真空中磁导率 $\mu_0 = 4\pi \times 10^{-7}$(H/m),且为一常量。

通常把实际磁导率 μ 与 μ_0 的比值称为相对磁导率,用 μ_r 表示,即

$$\mu_r = \frac{\mu}{\mu_0} \tag{4-2}$$

显然,相对磁导率 μ_r 是一个无量纲的数。非铁磁物质的相对磁导率均约等于1。而铁磁物质的 $\mu_r \gg 1$,且各种铁磁物质之间的相对磁导率差别也很大。例如,铸铁的相对磁导率 μ_r 约为200~400;铸钢的相对磁导率 μ_r 一般在 500~2200;硅钢片的相对磁导率 μ_r 通常达 7000~10000;坡莫合金的相对磁导率 μ_r 则可高达 20000~200000。可见,在电流和其他条件不变的情况下,铁芯线圈的磁场要比空心线圈的磁场强得多。

铁磁物质的磁导率不是常数,通常随 H 的变化而改变。

1.1.4 磁场强度

为研究磁场中磁介质的作用,引入磁场强度一量,并把它定义为磁感应强度 B 与该处物质的磁导率 μ 之比,即

$$H = \frac{B}{\mu} \tag{4-3}$$

式(4-3)表明,磁场强度 H 仅描述了电流的磁场强弱和方向,与磁场所处介质无关。磁场强度 H 的单位是安/米 [A/m] 或安/厘米 [A/cm] 换算关系为:

$$1\text{A/m} = 10^{-2}\text{A/cm}$$

1.2 磁路欧姆定律

图 4-1 为交流铁芯线圈示意图,图中线圈绕在铁磁材料的铁芯上,构成了一个简单的磁路,设线圈的匝数为 N,铁芯平均长度为 l,截面积为 S,磁导率为 μ,整个铁芯中的磁通 Φ 是相同的,在中心线 l 上的磁场强度 H 的数值相等,而且 H 的方向平行于 l。

电源和绕组构成铁芯线圈的电路部分,铁芯构成线圈的磁路部分。当铁芯线圈两端加上正弦交流电压 u 时,则线圈电路中就会有按正弦规律变化的电流 i 通过。电流 i 通过 N 匝线圈时形成的磁动势 $F_m = iN$,磁动势在铁芯中激发按正弦规律变化、沿铁芯闭合的工作磁通 Φ。

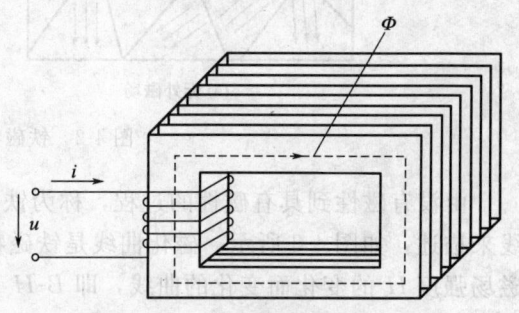

图 4-1 交流铁芯线圈示意图

把电路与磁路进行比较:电路中流通的是电流 I,磁路中通过的是磁通 Φ;电动势是激发电流的因素,磁动势是激发磁通的因素;电阻阻碍电流,磁阻阻碍磁通。因此,磁路中的磁动势、磁通和磁阻三者之间的关系可比照电路欧姆定律写成:

$$\Phi = \frac{F_m}{R_m} = \mu S \frac{NI}{l} \tag{4-4}$$

式(4-4)称为磁路欧姆定律。式中磁阻 $R_m = \frac{l}{\mu S}$。

由于铁磁材料的磁导率 μ 是一个变量,因此磁阻 R_m 也不是常数,所以磁路欧姆定律远没有电路欧姆定律应用得那么广泛。磁路欧姆定律通常只对磁路进行定性分析。

由磁路欧姆定律可知,若铁芯磁路中存在气隙,由于铁磁材料的磁导率 μ 要比空气的磁导率 μ_0 大几百倍甚至几千倍,因此很小一段气隙的磁阻就会远大于整个铁芯的磁阻。当铁芯磁路的气隙增大时,必然造成磁路磁阻 R_m 的大大增加。

1.3 铁磁物质的磁性能

铁磁物质具有高导磁性、磁饱和性、磁滞性和剩磁性。

1.3.1 高导磁性

非铁磁物质的相对磁导率从 $\mu_r \approx 1$,而铁磁物质的相对磁导率 $\mu_r \gg 1$,可达几百甚至几

千。这表明铁磁物质有良好的导磁性能。将铁磁物质置入通电的线圈中，会使磁场大为增强，这种现象称为铁磁物质的磁化。磁化是铁磁物质特有的现象。

铁磁物质之所以具有良好的导磁性能，是由物质内部结构决定的。在铁磁物质内部，铁磁物质是由许多微小的天然磁化区域组成的，这些天然磁化区域叫做磁畴。磁畴内部所有的分子电流取向一致，因而，每个磁畴都相当于一块体积极小但磁性很强的微型磁铁。磁畴的体积约为 $10^{-9}\mathrm{cm}^3$。铁磁物质内部的这种磁畴结构，就好比它们内部存在一个个小磁体，这些小磁体在无外磁场作用时，排列顺序杂乱无章，因此它们的磁场相互抵消，对外不能显示磁性，如图 4-2(a) 所示。铁磁材料在外磁场的作用下，其磁畴将顺着外磁场方向转向而形成附加磁场，使总的磁场大为增强，如图 4-2(b) 所示。所以铁磁材料具有高导磁性（即对磁通通过的阻碍作用小）。

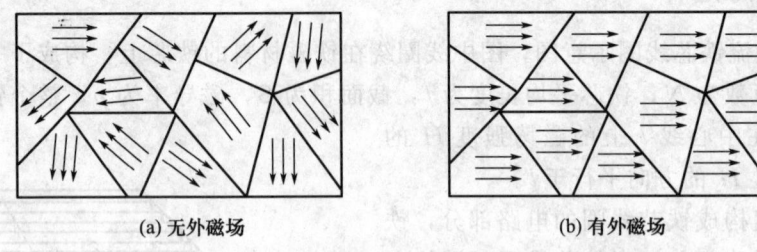

(a) 无外磁场　　　　　　　　　(b) 有外磁场

图 4-2　铁磁物质的磁畴与磁化

由没有磁性到具有磁性的过程，称为铁磁物质的磁化。铁磁物质磁化的过程可用磁化曲线来描述，如图 4-3 所示。磁化曲线是铁磁物质在外磁场中被磁化时，其磁感应强度 B 随外磁场强度 H 的变化而变化的曲线，即 B-H 曲线。磁化曲线可由实验测定。

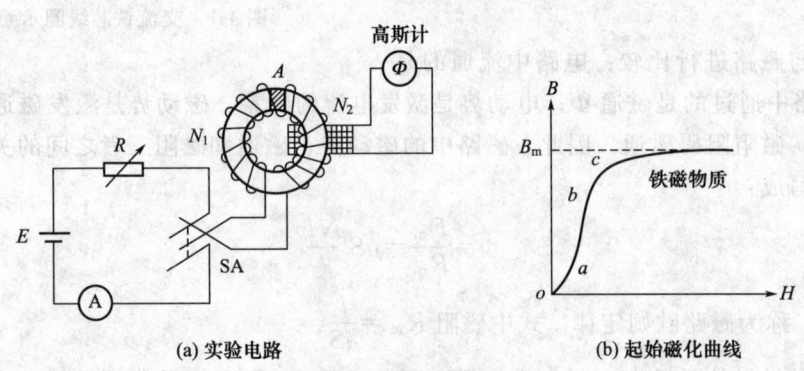

(a) 实验电路　　　　　　　　　(b) 起始磁化曲线

图 4-3　物质的磁化曲线

把一个原来不具有磁性的环形铁芯线圈接在如图 4-3(a) 所示的实验电路中，先在线圈中加以正向电压，调节可变电阻 R 使正向电流从零开始增大，原来不具有磁性的铁芯就会在电流的磁场 H 作用下被磁化，磁化过程如图 4-3(b) 所示。

当外磁场逐渐增大时，铁磁物质中的小磁畴将随之逐渐转向，起初磁感应强度 B 随外磁场的增加成正比增大（磁化曲线的 oa 段）；接着磁感应强度几乎直线上升（ab 段），直线上升的 ab 段，表明了铁磁物质具有高导磁性。铁磁物质这一高导磁性被广泛应用于电工设备中。如电机、变压器及各种电磁铁中都加有铁芯，正是利用了铁磁物质的这种高导磁性，为小电流下的强磁场提供了可能。

特别提示

非铁磁物质内部没有磁畴结构,在外磁场作用下,它们的附加磁场很不显著。故一般认为,非铁磁材物质不受外磁场的影响,即不能被磁化。

1.3.2 磁饱和性

起始磁化曲线上升到一定程度后,即 c 点以后,由于铁磁物质内部的磁畴几乎全部转向完毕,再增加外磁场,磁感应强度 B 几乎不能再增加,表明铁磁物质具有磁饱和性。铁磁物质的磁饱和性说明磁路中的磁通和线圈中的电流并不总是成正比,磁导率在接近饱和时会下降,致使磁阻 R_m 上升,而 R_m 又不像电阻 R 数值恒定,而是一个变量,因此,线圈铁芯工作在饱和段时,激励电流会大大增加。通常,把铁芯的最佳工作点选择在 bc 之间的某一点。这样,在加有铁芯的线圈中通入不大的励磁电流,就可产生足够大的磁通和磁感应强度,从而解决了既要磁通大、又要励磁电流小的矛盾。同时,选用高导磁性的材料可使容量相同的电器体积大大减小。

1.3.3 磁滞性和剩磁性

铁芯磁化至饱和段后,调节可变电阻 R 使电流慢慢减小到零,然后再改变双向开关的位置,让线圈中通入反向的磁化电流,也是从零开始增大,直到铁芯磁化至反向饱和时,再减小反向电流……如此让铁芯反复磁化一周,即可得到一个如图 4-4 所示的闭合回线。闭合回线中,当 H 减到零时,B 并不等于零,说明铁磁物质内部已经排列整齐的磁畴不会完全恢复到磁化前杂乱无章的状态,仍保留一定的磁性,这部分剩余磁性就是图中的 oc 段和 of 段,称为剩磁,各种人造的永久磁体就是根据剩磁原理制作的。若要消除剩磁,必须施加反向矫顽磁力,如图中的 od 段和 og 段,强行把磁畴扭转到原来的状态。由于铁芯在反复磁化的过程中,磁感应强度 B 的变化总是落后于磁场强度 H 的变化,这种现象称之为铁磁物质的磁滞性,相应 B 与 H 变化关系的闭合回线称为磁滞回线。

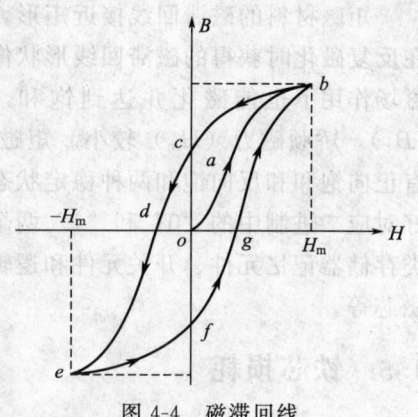

图 4-4 磁滞回线

1.4 铁磁材料的分类和用途

铁磁材料按其磁滞回线形状及其在工程上的用途一般分为软磁材料、硬磁材料、矩磁材料三类。

1.4.1 软磁材料

软磁材料的剩磁(B_r)和矫顽磁力(H_c)较小,但磁导率却较高,易于磁化,磁滞回线狭窄,如图 4-5(a)所示。常用的软磁材料有纯铁、铸铁、铸钢、硅钢、坡莫合金、铁氧体等。变压器、电机和电工设备中的铁芯都采用硅钢片制作;收音机接收线圈的磁棒、中频变压器的磁芯等用的材料是铁氧体。软磁材料适用于需要反复磁化的场合,其中低碳钢和硅钢片多用作电机和变压器的铁芯；含镍的铁合金片多用于变频器和继电器；铁氧体和非晶态材料多用于振荡器、滤波器、磁头等高频磁路中。

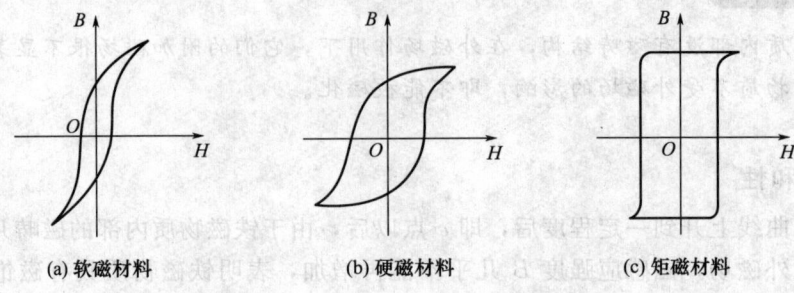

(a) 软磁材料　　(b) 硬磁材料　　(c) 矩磁材料

图 4-5　不同材料的磁滞回线

1.4.2　硬磁材料

硬磁材料的剩磁（B_r）和矫顽磁力（H_c）都较大，磁滞回线较宽，如图 4-5(b)，磁化后能保留很大的剩磁，并且不易去磁，这类物质构成的工程应用材料称为硬磁材料。常用的硬磁材料有碳钢、钨钢、钴钢及镍钴合金等。硬磁材料适宜作永久磁铁，许多电工设备如磁电式仪表、扬声器、受话器等都是用硬磁材料制作的。

1.4.3　矩磁材料

矩磁材料的磁滞回线接近矩形，如图 4-5(c) 所示。由于这类铁磁物质构成的工程材料在反复磁化时获得的磁滞回线形状像一个矩形，因而被称为矩磁材料。它的特点是在较弱的磁场作用下也能磁化并达到饱和，当外磁场去掉后，磁性仍保持饱和状态，剩磁很大（B_r），矫顽磁力（H_c）较小。矩磁材料稳定性良好且易于迅速翻转，矩磁材料磁化时只具有正向饱和和反向饱和两种稳定状态，因此工作可靠、稳定性良好，同时这两种稳定状态恰好对应二进制中的"0"和"1"两个数码，因此在计算机和控制系统中被广泛应用于制作各类存储器记忆元件、开关元件和逻辑元件的磁芯。主要用来作记忆元件，如计算机存储器的磁芯等。

1.5　铁芯损耗

恒定磁通的磁路中没有功率损耗。如果磁路中的磁通是交变的，磁路的铁芯中就有功率损耗，铁芯工作在交变磁场中会发热，这就是由磁滞现象引起的磁滞损失和由交变磁通穿过铁磁体引起的涡流损失。

1.5.1　磁滞损耗

磁滞损耗是铁磁物质在交变磁化时出现的功率损失，这一功率损失使相应的电能转换成热能。铁磁材料在反复交变的磁化过程中，内部磁畴的极性取向随着外磁场的交变来回翻转，在翻转的过程中，磁畴间相互碰撞和内摩擦使铁芯发热，这种热量损失称为磁滞损耗。磁滞回线包围的面积越大，磁滞损耗越大。在正常运行电器中，磁滞损耗比涡流损耗大 2~3 倍。

1.5.2　涡流损耗

铁磁材料不仅是导磁材料，同时还是导电材料。交变磁通穿过大块导体时，因电磁感应作用而产生感应电动势，从而在导体内部引起电流，这样的电流称为涡电流，简称涡流。图

4-6(a) 所示是在磁通减少时形成的涡流。由涡流在铁芯电阻上引起的热量损失称为涡流损耗。涡流损耗的功率是由外部（如由激磁电路）提供的。

涡流会消耗电能，使铁芯发热，对电气设备造成有害影响。为了减小涡流，在电气制造上，采用涂绝缘漆膜的硅钢片叠成铁芯，并将硅钢片与磁通平行方向放置，如图 4-6(b) 所示。采用互相绝缘的硅钢片可将涡流限制在每一片内流动，由于路径增长，电阻增大，使涡流减小。在频率愈高的场合下，涡流损耗愈严重。在高频下采用非金属软磁铁氧体，它们的电导率很小，可以显著地减少涡流损耗。

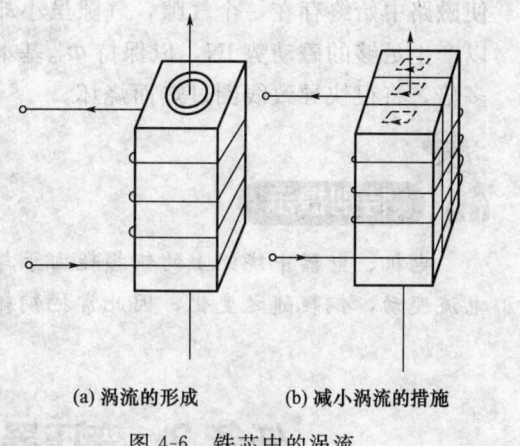

(a) 涡流的形成　　(b) 减小涡流的措施

图 4-6　铁芯中的涡流

无论是磁滞损耗还是涡流损耗，最终的形式都是转化为热量，致使铁芯的温度升高而增加功耗，当铁芯发热严重时甚至破坏设备的绝缘，对设备造成损害。

虽然涡流对电机、电器的铁芯可造成损害，必须采取措施加以限制，但它在金加工工艺和电度表中却得到了广泛应用：用于半导体材料的区熔炉、合金和贵金属冶炼用的熔炼炉、工件的热处理及化工工艺加热设备等，都是利用涡流加热的专门装置；电度表的铝盘转动，也是利用了涡流现象。

1.6　主磁通原理

在图 4-1 中，当线圈两端所加电压为正弦量时，电路中的电流和磁路中的磁通也都是同频率的正弦量，根据法拉第电磁感应定律，线圈上的感应电压：

$$u_L = N\frac{d\Phi}{dt} = N\frac{d(\Phi_m \sin\omega t)}{dt} = N\omega\Phi_m\cos\omega t = 2\pi f N\Phi_m \sin(\omega t + 90°) = U_{Lm}\sin(\omega t + 90°)$$

一般情况下，电源电压有效值与自感电压有效值近似相等。因此：

$$U \approx \frac{U_{Lm}}{\sqrt{2}} = \frac{2\pi f N\Phi_m}{1.414} \tag{4-5}$$

上式表达了外施电压有效值 U 与所产生的磁通最大值 Φ_m 之间的定量关系，这是一个很重要的公式。该式表明，当 f、N 一定时，主磁通只决定于外加电压，而与线圈电流无关，或者说从电压的大小直接控制了主磁通的大小，在这一点上甚至与铁芯的材料及几何尺寸无关。这是交流铁芯线圈不同于直流铁芯线圈的一个特点。

主磁通原理：对交流铁芯线圈而言，当外加电压有效值 U 与频率 f 一定时，铁芯中工作主磁通的最大值 Φ_m 将始终维持不变。

主磁通原理和欧姆定律一样，也是分析交流铁芯线圈磁路的重要依据。由主磁通原理可知，电机、电器在正常工作时，由于 Φ 基本保持不变，因此铁耗基本不变，所以通常把铁损耗称为不变损耗。

【例 4-1】　一个交流电磁铁，因出现机械故障，造成通电后衔铁不能吸合，结果把线圈烧坏，试分析其原因。

解：由主磁通原理可知，当线圈两端电压有效值 U 及电源频率 f 不变时，铁芯磁路中工作主磁通的最大值 Φ_m 基本保持不变。因此，根据磁路欧姆定律进行分析：衔铁不能吸合使磁路中始终存在一个气隙，气隙虽小却造成磁路的磁阻 R_m 大大增加，电源必须增大电流以产生足够的磁动势 IN，以保持 Φ_m 基本不变。这种情况下，线圈中的电流要超出正常值很多倍，将很快导致线圈过热而烧坏。

特别提示

电机、电器中绕组上的铜损耗由于与通过绕组中的电流的平方成正比，所以负载变动时电流变动，铜耗随之变化，因此常把铜耗称为可变损耗。

任务 2　变压器的基本结构和工作原理

变压器是利用电磁感应原理将某一电压的交流电变换成频率相同的另一电压的交流电的能量变换装置。它的种类有很多，按用途可以分为电力变压器、特殊变压器以及电子技术中应用的电源变压器等；按相数又可以分为双绕组变压器、三绕组变压器和自耦变压器等；按冷却方式又可分为空气自冷式（或称干式）变压器、油浸自冷式变压器、油浸风冷式变压器等。变压器种类虽多，但基本原理和结构是一样的。

2.1　变压器的基本结构

变压器由套在一个闭合铁芯上的两个或多个线圈（绕组）构成，如图 4-7 所示。铁芯和绕组是变压器的基本组成部分。

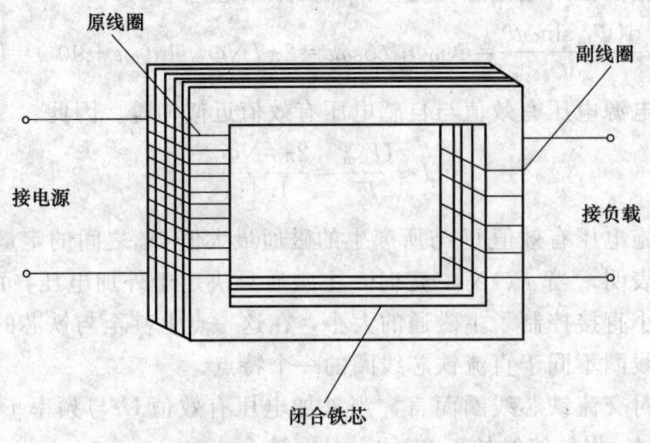

图 4-7　变压器的结构示意图

变压器的绕组构成其电路部分。电力变压器的绕组通常用绝缘的扁铜线或扁铝线绕制而成；小型变压器的绕组一般用漆包线绕制而成。变压器电路部分的作用是接收和输出电能，通过电磁感应实现电量的变换。与电源相接的绕组称为原边（或原绕组），原边的首、尾端通常用"A"、"X"表示；与负载相接的绕组称为副边（或副绕组）一般常用"a"、"x"表示。原边各量一般采用下标"1"，副边各量采用下标"2"。

铁芯构成变压器的磁路部分。各类变压器用的铁芯材料都是软磁材料；电力系统中为减小铁芯中的磁滞损耗和涡流损耗，常用 0.35～0.5mm 厚的硅钢片叠压制成变压器铁芯；电子工程中音频电路的变压器铁芯一般采用坡莫合金制作，高频电路中的变压器则广泛使用铁氧体。变压器磁路的作用是利用磁耦合关系实现能量的传递。

变压器主要由铁芯和绕组两大部分构成。铁芯是它的磁路部分，绕组是它的电路部分。

2.2 变压器的工作原理

2.2.1 变压器的空载运行与变换电压的作用

变压器原绕组接交流电源，副绕组开路的运行状态称空载。变压器的空载运行如图 4-8(a) 所示。

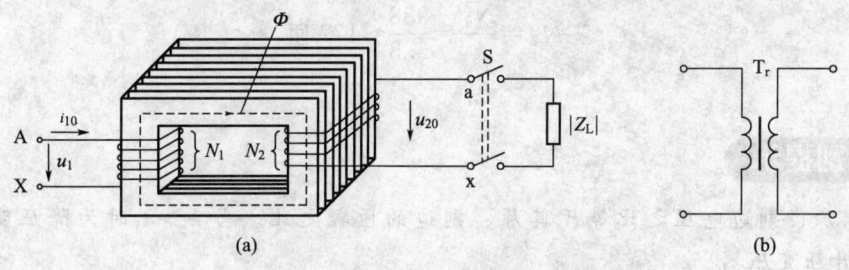

图 4-8 变压器结构原理及图形符号

在外加正弦电压 u_1 的作用下，线圈内有交变电流流过。这时原线圈内的电流称作变压器的空载电流，又称激磁电流，一般用 i_0 表示。它与原线圈匝数 N_1 的乘积 $i_0 N_1$ 称为激磁磁势。当变压器原边所接电源电压和频率不变时，根据主磁通原理可知，变压器铁芯中通过的工作主磁通 Φ 应基本保持为一个常量。空载电流（激磁电流）的有效值 I_0 一般都很小，约为额定电流的 3%～8%。

变压器铁芯中交变的工作主磁通 Φ，穿过其原边时产生自感电压 u_{L1}，其有效值为：

$$U_{L1} \approx 4.44 f N_2 \Phi_m$$

由于变压器中的损耗很小，通常可认为电源电压 $U_1 \approx U_{L1}$。铁芯中的主磁通穿过副边时产生互感电压 u_{m2}，互感电压的有效值为：

$$U_{m2} \approx 4.44 f N_2 \Phi_m$$

副边由于开路而电流等于零，因此空载时副边不存在损耗，有 $U_{20} = U_{M2}$。

这样，就可得到变压器空载情况下原、副边电压的比值为：

$$\frac{U_1}{U_{20}} \approx \frac{U_{L1}}{U_{M2}} = \frac{4.44 f N_1 \Phi_m}{4.44 f N_2 \Phi_m} = \frac{N_1}{N_2} = k \tag{4-6}$$

式中 k 称为变压比，简称变比。

【例 4-2】 一台 $S_N = 600 \text{kV} \cdot \text{A}$ 的单相变压器，接在 $U_1 = 10 \text{kV}$ 的交流电源上，空载运行时它的副边电压 $U_{20} = 400 \text{V}$。试求变比 $k = ?$ 若已知 $N_2 = 32$ 匝，求 $N_1 = ?$

解：根据式(4-6)可得：

$$k \approx \frac{U_1}{U_{20}} = \frac{10000}{400} = 25$$

$$N_1 = kN_2 = 25 \times 32 = 800 \text{ 匝}$$

【例 4-3】 一台 35kV 的单相变压器接于工频交流电源上，已知副边空载电压 $U_{20} =$ 6.6kV，铁芯截面积为 1120cm^2，若选取铁芯中的磁感应强度 $B_m = 1.5$T 时，求变压器的变比及其原、副边匝数 N_1 和 N_2。

解： 根据式(4-6)可得：

$$k \approx \frac{U_1}{U_{20}} = \frac{35}{6.6} \approx 5.3$$

铁芯中的工作主磁通最大值为：

$$\Phi_m = B_m S = 1.5 \times 1120 \times 10^{-4} = 0.168 \text{ (Wb)}$$

原、副边匝数分别为：

$$N_1 = \frac{U_1}{4.44 f \Phi_m} = \frac{35000}{4.44 \times 50 \times 0.168} \approx 938 \text{ 匝}$$

$$N_2 = \frac{N_1}{k} = \frac{938}{5.3} \approx 177 \text{ 匝}$$

变压器原、副边电压之比等于其原、副边的匝数之比。当 $k > 1$ 时为降压变压器；当 $k < 1$ 时为升压变压器。

2.2.2 变压器的负载运行与变换电流的作用

变压器副边接上负载阻抗 Z 后，副线圈中通过电流 i_2，如图 4-9 所示，由于 i_2 的大小和相位主要取决于负载的大小和性质，因此常把 i_2 称为负载电流。

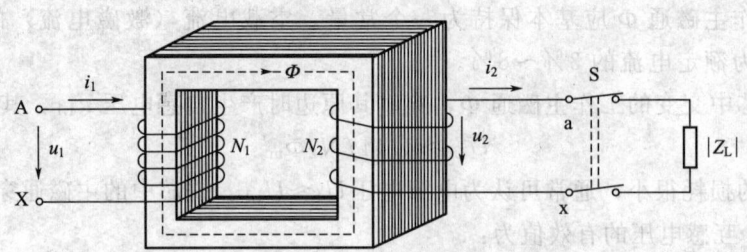

图 4-9 变压器的负载运行

前已指出，当电源电压 U 不变时，铁芯中主磁通 Φ 也基本不变。因此，当变压器带上负载后，原边磁动势 $i_1 N_1$ 和副边磁动势 $i_2 N_2$ 共同产生的磁通，与变压器空载时的激磁磁势 $i_{10} N_1$ 所产生的磁通也应基本相等，用数学表达式表示为

$$i_1 N_1 + i_2 N_2 = i_{10} N_1$$

相量式为：

$$\dot{I}_1 N_1 + \dot{I}_2 N_2 = \dot{I}_{10} N_1 \tag{4-7}$$

其中 $\dot{I}_{10}$ 由于很小可忽略不计，故上式可改写为：

$$\dot{I}_1 N_1 + \dot{I}_2 N_2 \approx 0$$
或
$$\dot{I}_1 N_1 \approx -\dot{I}_2 N_2 \qquad (4-8)$$

由式(4-8)可推出变压器负载运行时的原、副边电流有效值的关系为：

$$\frac{I_1}{I_2} \approx \frac{N_2}{N_1} = \frac{1}{k} \qquad (4-9)$$

副边电流的大小由负载阻抗的大小决定。原边电流的大小又取决于副边电流，因此，变压器原边电流的大小取决于负载的需要。当负载需要的功率增大（或减小）时，即 $I_2 U_2$ 增大（或减小），$I_1 U_1$ 随之增大（或减小）换句话说，就是变压器原边通过磁耦合将功率传送给负载，并能自动适应负载对功率的需求。

变压器在能量传递过程中损耗很小，可认为其输入、输出容量基本相等，即

$$U_1 I_1 \approx U_2 I_2 \qquad (4-10)$$

由式(4-10)也可看出：

$$\frac{I_1}{I_2} \approx \frac{U_2}{U_1} = \frac{N_2}{N_1} = \frac{1}{k}$$

可见，变压器改变电压的同时也改变了电流，这就是变压器变换电流的原理。

2.2.3 变压器的变换阻抗作用

若在变压器副边接一阻抗 $|Z_L|$，如图 4-9，那么从原边两端来看，等效阻抗为：

$$|Z_1| = \frac{U_1}{I_1} = \frac{U_2 k}{\frac{I_2}{k}} = k^2 \frac{U_2}{I_2} = k^2 |Z_L| \qquad (4-11)$$

式中 $|Z_1|$ 称为变压器副边阻抗，$|Z_L|$ 为归结到变压器原边电路后的折算值，也称为副边对原边的反应阻抗。显然，通过改变变压器的变比，可以达到阻抗变换的目的。

电子技术中常采用变压器的阻抗变换功能，来满足电路中对负载上获得最大功率的要求。例如，收音机、扩音机的扬声器阻抗值通常为几欧或十几欧，而功率输出级常常要求负载阻抗为几十或几百欧。这时，为使负载获得最大输出功率，就需在电子设备功率输出级和负载之间接入一个输出变压器，并适当选择输出变压器的变比，以满足阻抗匹配的条件，使负载上获得最大功率。

特别提示

变压器的原边接电源，副边开路，这种运行状态称为空载。
变压器的原边接电源，副边侧与负载接通，这种运行状态称为负载运行。

【例 4-4】 已知某收音机输出变压器的原边匝数 $N_1 = 600$ 匝，副边匝数 $N_2 = 30$ 匝，原来接有阻抗为 16Ω 的扬声器，现要改装成 4Ω 的扬声器，求副边匝数应改为多少？

解：分析：接 $|Z_L| = 16\Omega$ 扬声器时，已达阻抗匹配，原来的变比为：

$$k = \frac{N_1}{N_2} = \frac{600}{30} = 20$$

则
$$|Z_1| = k^2 |Z_L| = 20^2 \times 16 = 6400\Omega$$

改装成 $|Z_L|' = 4\Omega$ 的扬声器后。根据式(4-11)可得：

$$k'^2 = \frac{6400}{4} = 1600 \quad k' = 40$$

因此
$$N_2' = \frac{N_1}{k'} = \frac{600}{40} = 15 \text{ 匝}$$

2.3 变压器的外特性

当变压器接入负载后,随着负载电流 i_2 的增加,副绕组的阻抗压降也增加,使副边输出电压也随着负载电流的变化而变化。另一方面,当原边电流 i_1 随 i_2 的增加而增加时,原绕组的阻抗压降也增加。由于电源电压 u_1 不变,则原、副边感应电压 u_1 和 u_{20} 都将有所下降,当然也会影响副边的输出电压 u_2 下降。变压器的外特性就是描述输出电压 u_2 随负载电流 i_2 变化的关系,即 $u_2 = f(i_2)$。若把两者之间的对应关系用曲线表示出来,就可得到如图 4-10 所示的变压器外特性。

当负载性质为纯电阻时,功率因数 $\cos\varphi_2 = 1$,u_2 随 i_2 的增加略有下降;若功率因数 $\cos\varphi_2 = 0.8$ 为感性负载时,u_2 随 i_2 的增加下降的程度加大;当 $\cos(-\varphi_2) = 0.8$ 为容性负载时,u_2 随 i_2 的增加反而有所增加。由此可见,负载的功率因数对变压器外特性的影响是很大的。

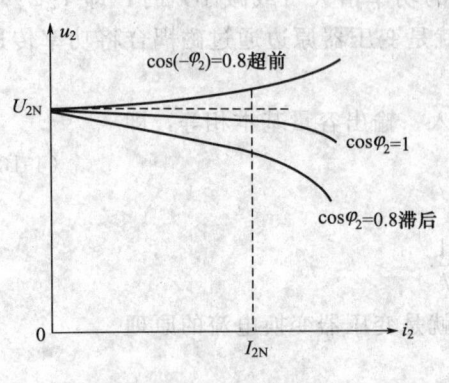

图 4-10 变压器的外特性

2.4 电压调整率

变压器外特性变化的程度,可以用电压调整率 $\Delta U\%$ 来表示。电压调整率定义为:变压器由空载到满载(额定 I_{2N})时,副边输出电压 u_2 的变化程度,即

$$\Delta U\% = \frac{U_{20} - U_{2N}}{U_{20}} \times 100\% \tag{4-12}$$

电压调整率反映了变压器运行时输出电压的稳定性,是变压器的主要性能指标之一。一般变压器的阻抗很小,故电压调整率不大,约为 2%~3%。若负载的功率因数过低时,会使电压调整率大为增加,负载电流此时的波动必将引起供电电压较大的波动,给负载运行带来不良的影响。为此,当电压波动超过用电的允许范围时,必须进行调整。提高线路的功率因数,也能起到减小电压调整率的作用。

2.5 变压器的损耗和效率

变压器的输入功率除了大部分输出给负载外,还有很小一部分损耗在变压器内部。变压器内部的损耗包括铜损耗和铁损耗两部分,即 $\Delta P = \Delta P_{Cu} + \Delta P_{Fe}$。铁损耗是由交变磁通在铁芯中产生的,包括磁滞损耗和涡流损耗。在电源电压有效值 U_1 和频率 f 不变的情况下,由于工作磁通 Φ 始终维持不变,因此无论空载还是满载,变压器的铁损耗 ΔP_{Fe} 几乎是一个固定值,故称 ΔP_{Fe} 为不变损耗;铜损耗是由电流 I_1、I_2 分别流过一次、二次绕组的电阻所产生的损耗,即 $\Delta P_{Cu} = I_1^2 R_1 + I_2^2 R_2$。铜损耗与原、副边电流的平方成正比,即 ΔP_{Cu} 随负载的大小变化而变化,故称可变损耗。

变压器的输出功率 P_2 和输入功率 P_1 之比称为变压器的效率，通常用百分数表示，即

$$\eta = \frac{P_2}{P_1} \times 100\% = \frac{P_2}{P_2 + \Delta P_{Cu} + \Delta P_{Fe}} \tag{4-13}$$

变压器没有旋转部分，内部损耗也较小，故效率较高。控制装置中的小型电源变压器效率通常在 80% 以上，而电力变压器的效率一般可达 95% 以上。

运行中需要注意的是，变压器并非运行在额定负载时效率最高。经分析，变压器的负载为满载的 70% 左右时，其效率可达最高值。因此，要根据负载情况采用最好的运行方式。譬如控制变压器运行台数，投入适当容量的变压器等，以使变压器能够处在高效率情况下运行。

变压器损耗由可变损耗和不变损耗组成。

【例 4-5】 有一台 50kV·A，6600/230V 单相变压器，测得铁损 $\Delta P_{Fe} = 500$W，铜损 $\Delta P_{Cu} = 1486$W，供照明负载用电，满载时副边电压 220V。求：(1) 额定电流 I_{1N}、I_{2N}；(2) 电压调整率 $\Delta U\%$；(3) 额定负载时的效率 η。

解：(1) 根据 $S_N = I_{1N}U_{1N}$ 得

$$I_{1N} = \frac{S_N}{U_{1N}} = \frac{50000}{6600} = 7.58 \text{ (A)}$$

$$I_{2N} = I_{1N}k = I_{1N}\frac{U_{1N}}{U_{2N}} = 7.58 \times \frac{6600}{230} = 217.5 \text{ (A)}$$

(2) 电压调整率

$$\Delta U\% = \frac{U_{20} - U_{2N}}{U_{20}} \times 100\% = \frac{230 - 220}{230} \times 100\% \approx 4.3\%$$

(3) 负载为电阻，$\cos\phi_2 = 1$

额定负载时的有功功率为

$$P_2 = I_{2N}U_{2N}\cos\varphi_2 = 217.5 \times 220 = 47852.9 \text{ (W)}$$

额定负载时的效率为

$$\eta = \frac{P_2}{P_2 + \Delta P_{Cu} + \Delta P_{Fe}} \times 100\% = \frac{47852.9}{47852.9 + 500 + 1486} \times 100\% = 96\%$$

任务 3 实用中的常见变压器

3.1 电力变压器及其用途

在电力系统中，传输电能的变压器称为电力变压器。它是电力系统中的重要设备，在远距离输电中，当输送一定功率时，输电电压越高，则电流越小，输电导线截面、线路的能量损耗及电压损失也越小，为此大功率远距离输电，都将输电电压升高。而

用电设备的电压又较低，为了安全可靠用电，又需把电压降下来。因此，变压器对电力系统的经济输送、灵活分配及安全用电有着极其重要的意义。由于各种用电设备使用的场合不同，其额定电压也不尽相同。如日常生活和照明用电一般需用 220V 工频电压，工农业生产中的交流电动机一般用 380V 工频电压，大型设备的高压电动机一般采用 3kV 或 6kV 工频电压等。如果用很多不同电压的发电机向各类负载供电，则既不经济又不方便，实际上也是不可能的。电力系统中为了输电、供电、用电的需要，采用电力变压器把同一频率的交流电压变换成各种不同等级的电压，以满足不同用户的需求。

目前所使用的电能，主要是发电厂和水电站的交流发电机产生的。受绝缘水平的限制，发电机的出口电压不可能太高，一般以 6.3kV、10.5kV、12.5kV 为最多。这样的电压要将电能输送到很远是不可能的，因为当输送一定功率的电能时，电压越低，则电流越大，因而电能有可能大部或全部消耗在输电线的电阻上；如果要减小输电线电阻以输送大电流，就要用大截面的输电线，这样就使耗铜量大大增加。为了减少输电线路上的能量损耗和减小输电线截面积，就要用升压变压器将电能升高到几十千伏或几百千伏，以降低输送电流。例如，将输电电压升高到 110kV 时，可以把 5 万千瓦的功率送到 50～150km 以外的地方去；若将输电电压升高到 220kV，则可把 10 万～20 万千瓦的功率送到 200～300km 以外的地方去。目前，我国远距离交流输电电压有 35kV、110kV、220kV、550kV 等几个等级，国际上正在实验的最高输电电压是 1000kV。如此高的电压是无法直接用于电气设备的。一方面用电设备的绝缘材料不可能具备如此高的耐压等级，另一方面使用也不安全。所以需要通过降压变压器将高电压降到用户需要的低电压后方能使用。通常，电能从发电厂（站）到用户的整个输送过程中，需要经过 3～5 次变换电压。由此可见，在电力系统中，电力变压器的应用是非常广泛的，而且它对电能的经济传输、合理分配和安全使用也具有十分重要的意义。

特别提示

变压器是一种能变换电压、变换电流、变换阻抗的"静止"电气设备。变压器在传递电能的过程中频率不变。

3.2 自耦变压器

在前面讨论的单相双绕组变压器中，每一相的原绕组和副绕组独立分开，原绕组具有匝数 N_1，副绕组具有匝数 N_2，原、副绕组之间只有磁的耦合而无电的联系。假如在变压器中只有一个绕组，原绕组的一部分兼作副绕组（如图 4-11）。两者之间不仅有磁的耦合，而且还有电的直接联系，这就是自耦变压器。

自耦变压器的工作原理和普通双绕组变压器一样，由于同一主磁通穿过两绕组，所以原、副边电压的变比仍等于原、副绕组的匝数比。

实验室使用的自耦变压器通常做成可调式的。它有一个环形的铁芯，线圈绕在环形的铁芯上。转动手柄时，带动滑动触头来改变副绕组的匝数，从而均匀地改变输出电压，这种可以平滑调节输出电压的自耦变压器称为调压器。图 4-12 所示为自耦变压器原理图。

图 4-11　自耦变压器

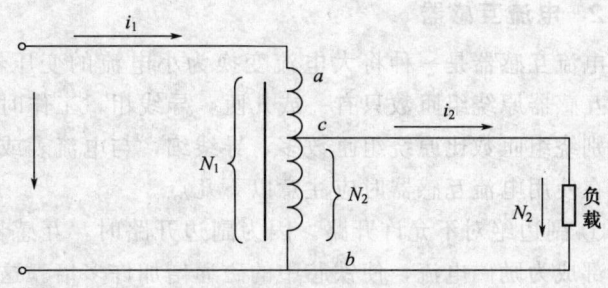

图 4-12　自耦变压器原理图

自耦变压器的优点是省材料、效率高、体积小、成本低，但自耦变压器低压电路和高压电路直接有电的联系使用不够安全，因此一般变压比很大的电力变压器和输出电压为 12V、36V 的安全灯变压器都不采用自耦变压器。此外，自耦调压器接电源之前，一定要把手柄转到零位。

副绕组是原绕组的一部分，原、副压绕组不但有磁的联系，也有电的联系。

3.3　仪用互感器

仪用互感器是一种供测量、控制及保护电路用的一种特殊用途的变压器。按用途分为电压互感器和电流互感器两种，它们的工作原理和变压器相同。仪用互感器有两个主要用途：一是将测量或控制回路与高电压和大电流电网隔离，以保证工作人员的安全；二是用来扩大交流电表的量程。通常，电压互感器的副电压为 100V，电流互感器的副电流为 5A 或 1A。

3.3.1　电压互感器

电压互感器是用于测量交流高电压的一个降压变压器，图 4-13 是电压互感器的原理图。电压互感器的原边匝数较多，与被测电路并联，副边的匝数较少，副边接入的是电压表（或功率表的电压线圈），由于它们的阻抗很高，因此电压互感器正常工作时相当于副边绕组开路时的变压器。

使用电压互感器时应注意以下几点。

① 二次侧不允许短路。

② 互感器的铁芯和二次绕组的一端必须可靠接地。

③ 使用时，在二次侧并接的电压线圈或电压表不宜过多，以免二次侧负载阻抗过小，导致一、二次侧电流增大，使电压互感器内阻抗压降增大，影响测量的精度。通常电压互感器低压侧的额定值均设计为 100V。

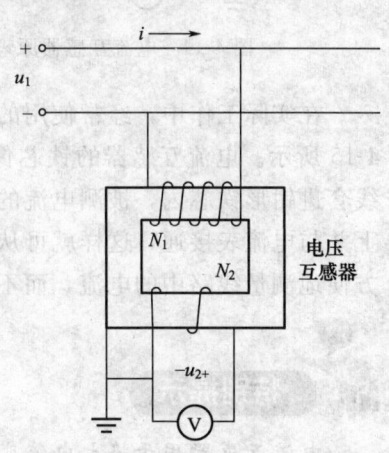

图 4-13　电压互感器原理图

电压互感器用于将高电压变换成低电压，使用时副绕组不允许短路。

3.3.2 电流互感器

电流互感器是一种将大电流变换为小电流的变压器，图 4-14 是电流互感器的原理图。电流互感器原绕组匝数只有一或几匝，导线粗，工作时串接在待测量电流的电路中；电流互感器副绕组匝数比原绕组匝数多，导线细，与电流表或其他仪表相连。

在使用电流互感器时应注意以下几点。

① 副边绝对不允许开路。因为副边开路时，互感器为空载运行，原边中待测线路电流 I_1 全部成为励磁电流，使铁芯中的磁通增加许多倍。这一方面使铁损大大增加，铁芯严重发热，烧坏互感器；另一方面使副边中感应电动势增高到危险的程度，可能击穿绝缘或发生事故。

② 为了使用安全，电流互感器的副边必须可靠接地，因为绝缘击穿后，电力系统的高压危及副边侧回路中的设备及操作人员的安全。

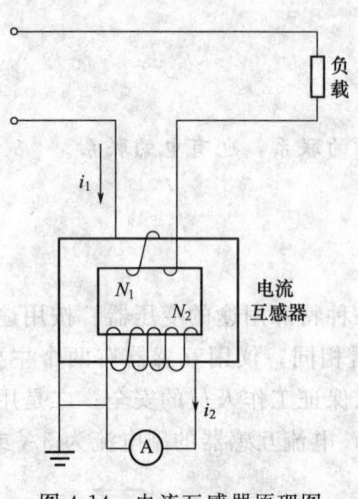

图 4-14 电流互感器原理图

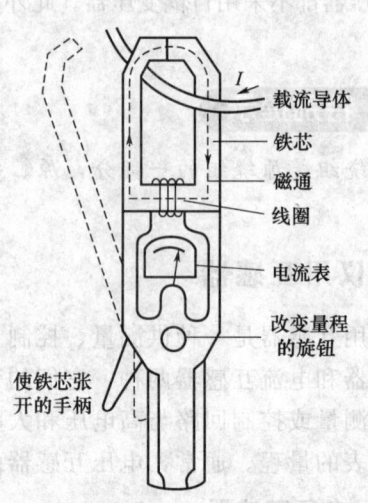

图 4-15 钳形电流表

在实际工作中，经常使用的钳形电流表，就是把电流互感器和电流表组装在一起，如图 4-15 所示。电流互感器的铁芯像把钳子，在测量时可用手柄将铁芯张开，把被测电流的导线套进钳形铁芯内，被测电流的导线就是电流互感器的原绕组，只有一匝，副绕组绕在铁芯上并与电流表接通，这样就可从电流表中直接读出被测电流的大小。利用钳形电流表可以很方便地测量线路中的电流，而不用断开被测电路。

电流互感器用于将大电流变换为小电流。使用时副绕组电路不允许开路。

3.4 电焊变压器

交流弧焊机在工程技术上应用很广，其构造实际上是一台特殊的降压变压器，称之为电焊变压器，图 4-16 为电焊变压器的原理图。电焊变压器一般由 220V/380V 降低到约为 60～80V 的空载电压，以保证容易点火形成电弧。

焊接时，焊条与焊件之间的电弧相当于一个电阻，要求副边电压能急剧下降，这样当焊条与焊件接触时短路电流不会过大，而焊条提起后焊条与焊件之间所产生的电弧压降约为30V。

为了保证焊接质量和电弧燃烧的稳定性，对电焊变压器有以下几点要求。

① 具有较高的起弧电压。起弧电压应达到60～70V，额定负载时约为30V。

② 起弧以后，要求电压能够迅速下降，同时在短路时（如焊条碰到工件上，副边输出电压为零）次级电流也不要过大，一般不超过额定值的两倍。也就是说，电焊变压器要具有陡降的外特性，如图4-17所示。

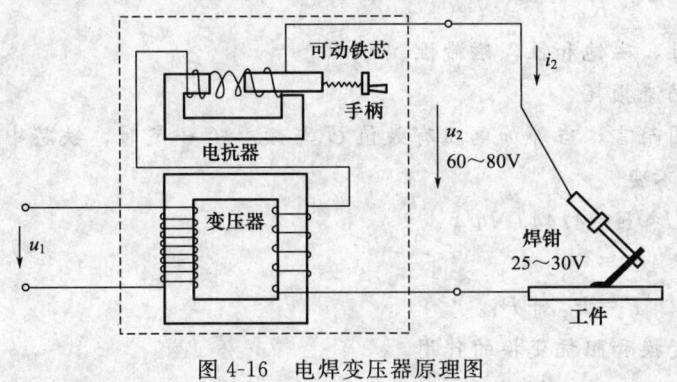

图 4-16 电焊变压器原理图　　　　　图 4-17 电焊变压器外特性

③ 为了适应不同的焊接要求，要求电焊变压器的焊接电流能够在较大的范围内进行调节，而且工作电流要比较稳定。

为了适应不同焊件和不同规格的焊条，焊接电流的大小要能调节，因此在焊接变压器的副绕组中串联一个可调铁芯电抗器，改变电抗器空气隙的长度就可调节焊接电流的大小。电焊变压器的空载电压为60～80V，当电弧起燃后，焊接电流通过电抗器产生电压降，使焊接电压降至25～30V维持电弧工作。通常手工电弧焊使用的电流范围大约是50～500A。

3.5　脉冲变压器

脉冲数字技术已广泛应用于计算机、雷达、电视、数字显示仪器和自动控制等许多领域。在脉冲电路中，常用变压器进行电路之间的耦合、放大及阻抗变换等，这种变压器称之为脉冲变压器。图4-18所示为一个脉冲变压器的简图。

脉冲变压器的工作原理和单相变压器是相同，由于脉冲变压器主要用来传递脉冲电压信

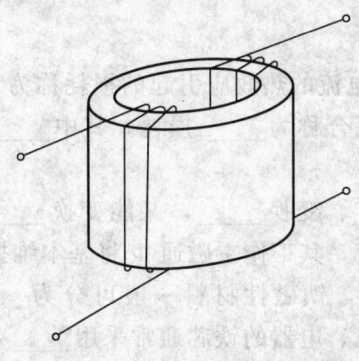

图 4-18　脉冲变压器简图

号,因此其铁芯截面应做得大一些,要选用导磁性能好的铁氧体材料。

1. 磁路的基本物理量(磁感应强度,磁通,磁场强度,磁导率)。
2. 磁路的欧姆定律

磁路中的磁动势、磁通和磁阻三者之间的关系可比照电路欧姆定律写作:

$$\Phi = \frac{F_m}{R_m} = \mu S \frac{NI}{l}$$

3. 磁性材料的磁性能:高导磁性,磁饱和性,磁滞性。
4. 铁芯中的损耗:磁滞损耗、涡流损耗
5. 主磁通原理:对交流铁芯线圈而言,当外加电压有效值 U 与频率 f 一定时,铁芯中工作主磁通的最大值 Φ_m 将始终维持不变。

$$U \approx E = 4.44 f N \Phi_m。$$

交流铁芯线圈电路的功率损耗 P

$$P = P_{cu} + P_{Fe}$$

6. 变压器具有电压变换、电流变换和阻抗变换的作用。
(1) 电压变换

$$\frac{U_1}{U_{20}} \approx \frac{U_{L1}}{U_{M2}} = \frac{4.44 f N_1 \Phi_m}{4.44 f N_2 \Phi_m} = \frac{N_1}{N_2} = k$$

(2) 电流变换

$$\frac{I_1}{I_2} \approx \frac{N_2}{N_1} = \frac{1}{k}$$

(3) 阻抗变换

$$|Z_1| = \frac{U_1}{I_1} = \frac{U_2 k}{\frac{I_2}{k}} = k^2 \frac{U_2}{I_2} = k^2 |Z_L|$$

4-1 填空

1. 变压器运行中,绕组中电流的热效应引起的损耗称为____损耗;交变磁场在铁芯中所引起的____损耗和____损耗合称为____损耗。其中____损耗又称为不变损耗;____损耗称为可变损耗。

2. 变压器是既能变换____、变换____,又能变换____的电气设备。变压器在运行中,只要____和____不变,其工作主磁通 Φ 将基本维持不变。

3. 根据工程上用途的不同,铁磁性材料一般可分为____材料、____材料和____材料三大类,其中电机、电器的铁芯通常采用____材料制作。

4. 自然界的物质根据导磁性能的不同一般可分为____物质和____两大类。其中_____物质内部无磁畴结构,而_____物质的相对磁导率远远大于1。

5. 变压器空载电流的_____分量很小,_____分量很大,因此空载的变压器,其功率因数_____,而且是_____性的。

4-2 选择

1. 变压器从空载到满载,铁芯中的工作主磁通将(　　)
   A. 增大　　　　　　　B. 减小　　　　　　　C. 基本不变

2. 电压互感器实际上是降压变压器,其原、副边匝数及导线截面情况是(　　)
   A. 原边匝数多,导线截面小　　B. 副边匝数多,导线截面小

3. 自耦变压器不能作为安全电源变压器的原因是(　　)
   A. 公共部分电流太小　　B. 原副边有电的联系　　C. 原副边有磁的联系

4. 决定电流互感器原边电流大小的因素是(　　)
   A. 副边电流　　　B. 副边所接负载　　　C. 变流比　　　D. 被测电路

5. 若电源电压高于额定电压,则变压器空载电流和铁耗比原来的数值将(　　)
   A. 减少　　　　　　　B. 增大　　　　　　　C. 不变

4-3 简析与计算

1. 变压器能否改变直流电压?为什么?

2. 铁磁性材料具有哪些磁性能?

3. 为什么铁芯不用普通的薄钢片而用硅钢片?制作电机电器的芯子能否用整块铁芯或不用铁芯?

4. 一台容量为20kV·A的照明变压器,它的电压为6600V/220V,问它能够正常供应220V、40W的白炽灯多少盏?能供给$\cos\varphi=0.6$、电压为220V、功率40W的日光灯多少盏?

学习项目 5
异步电动机及其控制

项目描述

电动机是把电能转换为机械能的一种动力机械。异步电动机是应用最广泛的动力机械。由于工农业生产和日常生活中通常使用的是交流电，因此交流电动机得到了极其广泛的应用。在工农业生产中，各种机床、水泵、通风机、锻压和铸造机械、传送带、起重机等都靠三相异步电动机带动，而医疗器械、家用电器及实验设备常使用单相异步电动机。异步电动机具有结构简单、价格低廉、坚固耐用、使用维护方便等特点。本项目主要讨论三相异步电动机的结构、工作原理、特性、使用方法及主要技术数据。对单相异步电动机亦作简要介绍。

项目任务

了解三相异步电动机和单相异步电动机的基本结构，工作原理和铭牌数据；熟悉常用低压电气元件及三相异步电动机的基本控制线路；理解三相异步电动机的启动、制动、调速等概念；熟悉和理解异步电动机的各种常见控制过程原理。

 任务 1　异步电动机的基本知识

1.1　三相异步电动机的结构

三相异步电动机主要由定子（固定部分）和转子（旋转部分）两部分组成。在定子和转子之间有气隙，定子两端有端盖支撑转子的转轴。按照转子的结构形式不同，又分为绕线式异步电动机和笼型异步电动机。

图 5-1 所示是三相笼型异步电动机的结构示意图。和其他电动机相比，笼型异步电动机

具有结构简单、制造成本低廉、使用和维修方便、运行可靠且效率高等优点,因此被广泛应用于工农业生产的各种机床、水泵、通风机、锻压和铸造机械、传送带、起重机及家用电器、实验设备中。但笼型异步电动机调速性能差、功率因数低,尤其是单相笼型异步电动机,由于其容量小、性能较差,一般常用于日常生活及办公设备中或小功率电动工具。随着科学技术的发展,异步电动机的性能正在不断完善与提高。

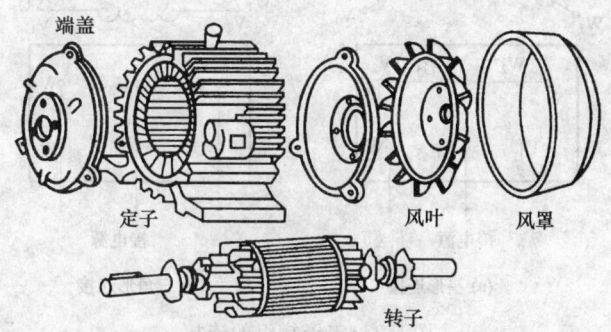

图 5-1　三相鼠笼式异步电动机结构示意图

1.1.1　定子

定子是由定子铁芯、三相定子绕组、机座等三部分组成,现分别介绍如下:

定子铁芯是电动机磁路的一部分,紧贴机座内壁。它由厚 0.5mm 互相绝缘的硅钢片压叠而成。定子铁芯的内圆周有均匀分布的许多线槽,用来嵌放定子绕组,如图 5-2。

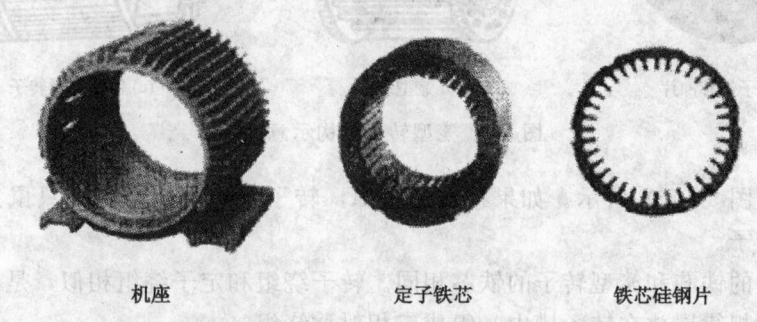

图 5-2　机座、定子铁芯及铁芯硅钢片示意图

定子绕组是由许多绝缘线圈连接而成。中、小型电动机一般用高强度漆包线绕制成对称三相绕组,每相之间互成 120°电角,对称均匀地嵌放在定子铁芯槽内。三个绕组的首端用 U_1、V_1、W_1 表示,末端用 U_2、V_2、W_2 表示,三相共六个出线端固定在接线盒内。通常根据铭牌规定,定子绕组可以接成星形或三角形,如图 5-3 所示。

机座大多数是用铸铁浇铸成型,重量较大,用于固定和支撑定子铁芯。

1.1.2　转子

转子由转子铁芯、转子绕组、转轴和风扇等部分组成。转子的铁芯也是电动机磁路的一部分,由外圆周上冲有均匀线槽的硅钢片叠压而成,如图 5-4(a),并固定在转轴上。转子铁芯的线槽中放置转子绕组。

笼型转子的绕组是在转子的线槽中放置一根根铜条,铜条的两端用短路环焊接起来,如图 5-4(b) 所示;而中、小型电动机常用铸铝的方法,将槽中的铝条及两端短路环和风扇铸

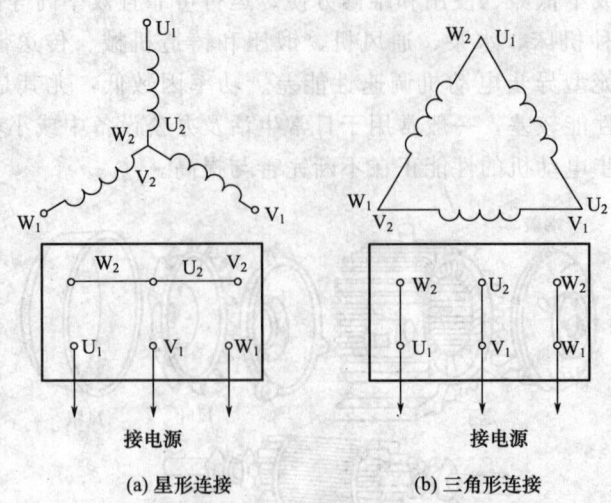

(a) 星形连接　　　　　(b) 三角形连接

图 5-3　定子绕组的连接

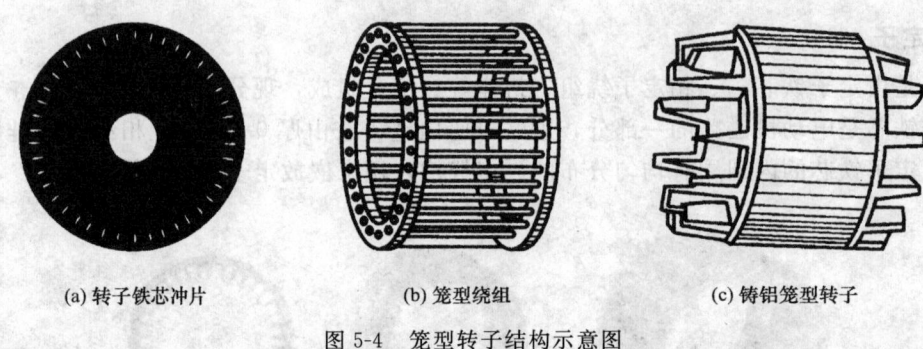

(a) 转子铁芯冲片　　　(b) 笼型绕组　　　(c) 铸铝笼型转子

图 5-4　笼型转子结构示意图

成一个整体，如图 5-4(c) 所示。如果将铁芯去掉，转子绕组就好像是一只鼠笼，故称为鼠笼式（笼型）转子。

绕线式转子的铁芯和笼型转子的铁芯相同。转子绕组和定子绕组相似，是由绝缘导线绕制而成，按一定规律嵌放在转子槽中，组成三相对称绕组。

绕线式异步电动机的转子绕组与定子绕组相似，在转子铁芯槽内嵌放转子绕组，三相转子绕组一般为星形连接，绕组的三根端线分别装在转轴上的三个彼此绝缘的铜质滑环上，再通过一套电刷装置引出，以便与外电路相连，用来启动和调速，如图 5-5 所示。

转轴由中碳钢制成，其两端由轴承支撑，通过转轴电动机输出机械转矩。异步电动机的附件还有端盖，装在机座两侧，中心装有轴承，用以支撑转子旋转。

特别提示

电动机按其使用电源的种类不同，可分为交流电动机和直流电动机。交流电动机按其工作特点又分为同步电动机和异步电动机。异步电动机按电源的相数不同又分为单相异步电动机和三相异步电动机。三相异步电动机主要有定子和转子两部分组成，两部分之间由空气隙隔开。按照其转子结构的不同，将三相异步电动机分成笼型和绕线型两种。

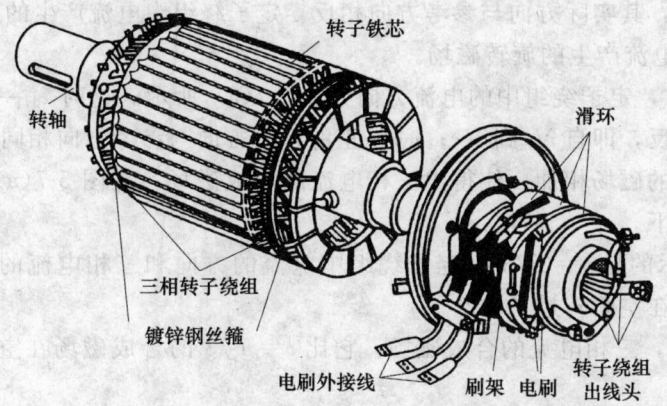

图 5-5 绕线式转子结构示意图

1.2 三相异步电动机的工作原理

三相异步电动机之所以能旋转起来，是因为其磁路中存在旋转磁场。三相交流异步电动机的工作原理是：定子绕组通入三相交流电产生旋转磁场，转子导体切割旋转磁场产生感应电动势和电流，转子载流导体在磁场中受到电磁力的作用，从而产生电磁转矩使电动机旋转。旋转磁场是三相交流异步电动机实现电能量转换的前提，因此首先要研究旋转磁场的产生。

1.2.1 旋转磁场的产生

在空间位置上互差120°的三相对称定子绕组中通入如图5-6所示的对称三相交流电，就会在定、转子之间的气隙中产生一个旋转的磁场。

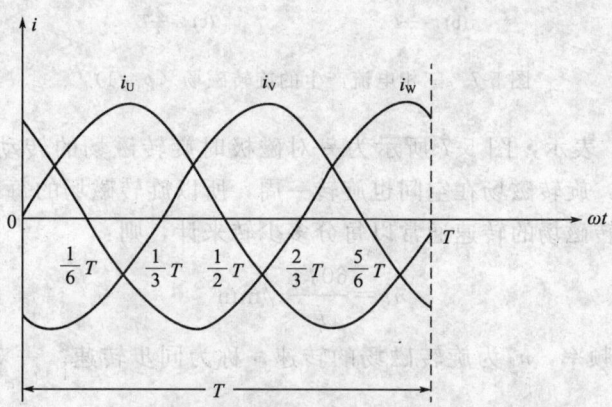

图 5-6 对称三相交流电的波形

为便于分析，设在三相异步电动机的定子铁芯中相隔120°角对称地放置匝数相同的3个绕组，它们的首端分别为 U_1、V_1、W_1，末端分别为 U_2、V_2、W_2，并且把三相绕组接成星形，如图5-3(a)所示。当把三相异步电动机的三相定子绕组接到对称三相电源时，定子绕组中便有对称三相电流流过。

从电流的波形图来观察 $t=0$、$t=T/3$、$t=2T/3$、$t=T$ 等几个时刻，取绕组始端的方向作为电流的参考方向。在电流的正半周时，其值为正，其实际方向与参考方向一致；在负半周时，其值为负，其实际方向与参考方向相反。定子绕组中电流产生的磁场方向可得到如图 5-7 所示的三相电流产生的旋转磁场。

在 $t=0$ 的瞬时，定子绕组中的电流方向如图 5-7(a) 所示。这时 $i_U=0$；i_V 是负的，其方向与参考方向相反，即自 V_2 到 V_1；i_W 是正的，其方向与参考方向相同，即自 W_1 到 W_2。将每相电流所产生的磁场相加，便得出三相电流的合成磁场。在图 5-7(a) 中，合成磁场轴线的方向是自上而下。

图 5-7(b) 所示的是 $t=T/3$ 时定子绕组中电流的方向和三相电流的合成磁场的方向。这时的合成磁场已在空间转过了 120°。

当 $t=2T/3$ 时，三相电流的合成磁场，它比 $t=T/3$ 的合成磁场在空间又转过了 120°，如图 5-7(c) 所示。

当 $t=T$ 时，三相电流的合成磁场，它比 $t=2T/3$ 的合成磁场在空间又转过了 120°，如图 5-7(d) 所示。此时，磁场已转动了一周。

由图 5-7 可看出，三相绕组中合成磁场的旋转方向是由三相绕组中电流变化的顺序决定的。若在三相绕组 U、V、W 中通入三相正序电流（$i_U \rightarrow i_V \rightarrow i_W$）时，旋转磁场按顺时针方向旋转，则通入逆序电流时旋转磁场将沿逆时针方向旋转。实际应用中，把电动机与电源相连的三相电源线调换任意两根后，即可改变电动机的旋转方向。

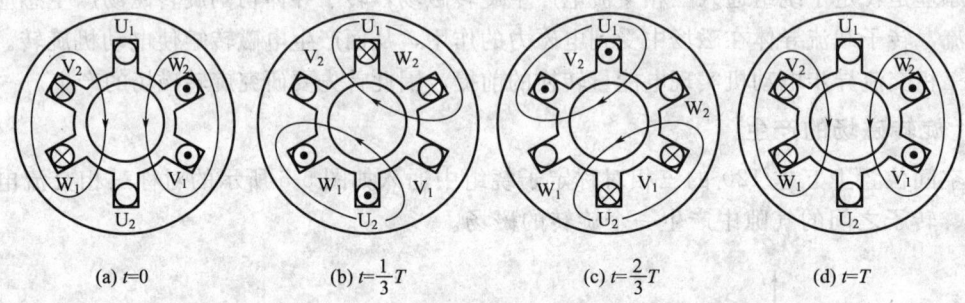

图 5-7 三相电流产生的旋转磁场（$p=1$）

磁极对数用"p"表示，图 5-7 所示为一对磁极时旋转磁场的转动情况。在 $p=1$ 时，显然电流每变化一周，旋转磁场在空间也旋转一周，所以旋转磁场的每秒转数等于电流的频率。工频情况下，旋转磁场的转速通常以每分多少转来计，则：

$$n_0 = \frac{60 f_1}{p} \text{r/min} \tag{5-1}$$

式中，f_1 为电源频率，n_0 为旋转磁场的转速，称为同步转速。一对磁极的电动机同步转速为 3000r/min。

对于一台具体的电动机来讲，磁极对数在制造时就已确定好了，因此在工频情况下不同磁极对数的电动机同步转速也是确定的：$p=2$ 时，$n_0=1500$r/min；$p=3$ 时，$n_0=1000$r/min；$p=4$ 时，$n_0=750$r/min……

1.2.2 电动机的转动原理

转动原理：由以上分析可知，三相异步电动机的定子绕组通入三相电流后，即在定子铁芯、转子铁芯及其之间的空气隙中产生一个同步转速为 n_0 的旋转磁场，在空间按顺时针方向旋转。如图 5-8 所示。因转子尚未转动，所以静止的转子与旋转磁场产生相对运动，在转子导体中产生感应电动势，并在形成闭合回路的转子导体中产生感应电流，其方向用右手定则判定。在图5-8中，转子上方导体电流流出纸面，下方导体电流流进纸面。转子电流在旋转磁场中受到磁场力 F 的作用，F 的方向用左手定则判定。磁场力 F 在转轴上形成电磁转矩。由图可见，电磁转矩的方向与旋转磁场的方向一致。

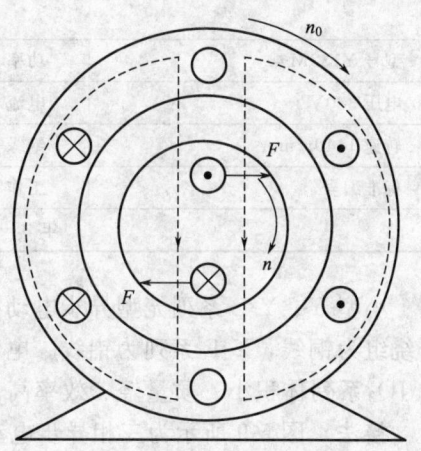

图 5-8 异步电动机转动原理

异步电动机的转子沿着定子旋转磁场的方向转动，但转速 n 总是小于同步转速 n_0，假如 $n=n_0$ 转子绕组与定子旋转磁场之间的转差速度 $n_0-n=0$，两者之间的相对切割运动终止，转子绕组不再切割旋转磁场，因此也不会产生感应电动势和感应电流，所以也不能形成电磁转矩，转子也就不能维持正常的转动了，即 $n_0>n$ 是异步电动机旋转的必要条件。异步电动机的"异步"因此得名。

注意，三相异步电动机的空气隙大小，是决定电动机运行性能的一个重要因素。气隙过大，将使励磁电流过大，功率因数降低，效率降低；气隙过小，机械加工安装困难，同时在轴承磨损后易使转子和定子相碰。所以异步电动机的空气隙一般为 0.2～1.0mm，大型电动机的空气隙为 1.0～1.5mm，不得过大或过小。

电动机的转差速度与同步转速之比称为转差率，用 s 表示：

$$s=\frac{n_0-n}{n_0} \tag{5-2}$$

异步电动机的转差率是分析其运行情况的一个极其重要的概念和变量。转差率 s 与电动机的转速、电流等有着密切的关系：电动机停转时（$n=0$），转差率 $s=1$ 达到最大，转子导体中的感应电流也达到最大；电动机空载运行时，n 接近 n_0，转差率 s 最小，转子导体中感应电流也随之变小。显然，电动机的转差率随电动机转速 n 的升高而减小。

【例 5-1】 有一台三相异步电动机，其额定转速为 975r/min。试求工频情况下电动机的额定转差率及电动机的磁极对数。

解：由于电动机的额定转速接近于同步转速，所以可得此电动机的同步转速为 1000r/min，磁极对数 $p=3$。额定转差率为：

$$s_N=\frac{n_0-n}{n_0}=\frac{1000-975}{1000}=0.025$$

1.3 三相异步电动机的铭牌数据

每一台异步电动机的机座上都安装一块铭牌，上面标有这台电动机的主要技术数据。为了正确选择、使用和维护电动机，必须熟悉这些铭牌数据的含义。现以 Y132M4 型电动机为例，介绍铭牌上各个数据的意义。

型号 为了适应不同用途和不同工作环境的需要，电动机制成不同的系列，每种系列用各种型号表示。其中 Y 表示三相异步电动机（YR 表示绕线式异步电动机，YB 表示防爆型异步电动机，YQ 表示高启动转矩的异步电动机）；132（mm）表示机座中心高度；M 代表中机座（L—长机座，S—短机座）；4 表示电动机的磁极数。

三相异步电动机		
型号 Y132M-4	功率 7.5kW	频率 50Hz
电压 380V	电流 15.4A	接法 △
转速 1440r/min	绝缘等级 B	工作方式连续
标准编号	工作制 S1	B 级绝缘
	年 月 编号	××电机厂

小型 Y、Y-L 系列笼型异步电动机是取代 JO 系列的新产品，封闭自扇冷式。Y 系列定子绕组为铜线，Y-L 系列为铝线。电动机功率为 0.55～90kW。同样功率的电动机，Y 系列比 JO_2 系列体积小、质量轻、效率高。

接法 图 5-9 所示为三相异步电动机定子绕组的两种接法。根据需要电动机三相绕组可接成星形或三角形。图中 U_1、V_1、W_1（旧标号是 D_1、D_2、D_3）是电动机绕组的首端，U_2、V_2、W_2（旧标号是 D_4、D_5、D_6）表示电动机绕组的尾端。

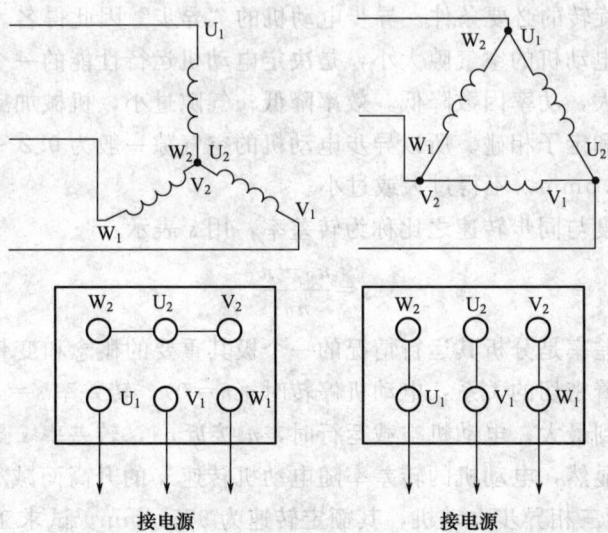

图 5-9 三相异步电动机定子绕组的两种接法

额定电压 铭牌上标示的电压值是指电动机在额定状态下运行时定子绕组上应加的线电压值。一般规定电动机的电压不应高于或低于额定值的 5%。

额定电流 铭牌上标示的电流值是指电动机在额定状态下运行时的定子绕组的线电流值，是由定子绕组的导线截面和绝缘材料的耐热能力决定的，与电动机轴上输出的额定功率相关联。轴上的机械负载增大到使电动机的定子绕组电流等于额定值时称为满载，超过额定值时称为过载。短时少量过载，电动机尚可承受，长期大量过载将影响电动机寿命，甚至烧坏电机。

额定功率和额定效率 铭牌上标示的功率值是电动机额定运行状态下轴上输出的机械功率值。电动机输出的机械功率 P_2 与它输入的电功率 P_1 是不相等的。输入的电功率减掉电动机本身的铁损耗 ΔP_{Fe}、铜损耗 ΔP_{Cu} 及机械损耗 ΔP_a 后才等于 P_2。额定情况下的 $P_2 = P_N$。

输出的机械功率与输入的电功率之比，称为电动机的效率，即

$$\eta = \frac{P_2}{P_1} \times 100\% = \frac{P_2}{P_2 + \Delta P_{Fe} + \Delta P_{Cu} + \Delta P_a} \times 100\% \tag{5-3}$$

功率因数　电动机是感性负载，因此功率因数较低，在额定负载时约为 0.7～0.9，在空载和轻载时更低，只有 0.2～0.3。因此异步电动机不宜运行在空载和轻载状态下，使用时必须正确选择电动机的容量，防止"大马拉小车"的浪费现象，并力求缩短空载的时间。

转速　由于生产机械对转速的要求各有差异，因此需要生产不同转速的电动机。电动机的转速与磁极对数有关，极对数越多的电动机转速越低。

温升与绝缘等级　电动机的绝缘等级是按其绕组所用的绝缘材料在使用时允许的极限温度来分等级的。所谓极限温度，是指电动机绝缘结构中最热点的最高容许温度。其技术数据见下表：

绝缘等级	A	E	B	F	H
极限温度/℃	105	120	130	155	180

工作方式　异步电动机的运行可分为三种基本方式：连续运行、短时运行和断续运行。其中连续工作方式用 S_1 表示；短时工作方式用 S_2 表示，分为 10min、30min、60min、90min 四种；断续周期性工作方式用 S_3 表示等。

1.4　单相异步电动机简介

单相异步电动机由单相电源供电，它广泛应用于家用电器和医疗器械上，如电风扇、电冰箱、洗衣机、空调设备和医疗机械中都使用单相异步电动机作为原动机。

从结构上看，单相异步电动机与三相笼型异步电动机相似，其转子也为笼型，所不同的是单相异步电动机的定子绕组有两个，一个为工作绕组，它在全部运行中均接入电网；另一个为启动绕组，它仅在启动瞬间接入，当电动机转速达到 70%～85% 的同步转速时，由离心开关将其从电源自动切除（电容或电阻分相电动机）。下面分别介绍单相异步电动机的基本工作原理和主要类型。

单相异步电动机的定子绕组，当通入正弦交流电时，会产生一个按正弦规律变化的交变磁场，这个交变磁场只沿正、反两个方向反复交替变化，因此称为脉振磁场，如图 5-10 所示。显然，脉振磁场作用下的单相异步电动机转子是不能产生启动转矩而转动的。

若要单相异步电动机转动起来，就必须给它增加一套产生启动转矩的启动装置。因此，单相异步电动机的结构主要由定子、转子和启动装置三部分组成。定子和转子的组成与三相鼠笼式异步电动机类似，只是其绕组都是单相的；而启动装置是其特有的，启动装置多种多样，形成多种不同启动形式的单相异步电动机。常用的有电容移相式和罩极式两种单相异步电动机。

1.4.1　电容移相式异步电动机

电容移相式异步电动机的结构和三相异步电动机相似，所不同的是它的定子铁心内只有两个线圈绕组，这两个绕组在空间上呈现 90° 分布，转子等同三相异步电动机。图 5-10 所示为电容移相异步电动机的电路图。

图 5-11 所示为单相电容式异步电动机的接线原理图。在其定子内，除原来的工作绕组外，再加一个启动绕组，两者在空间的安装位置相差 90°。接线时，启动绕组串联一个电容器，然后与工作绕组并联接于单相交流电源上。启动绕组串联的电容器若电容量选择适当，就可使其通入的电流相位与工作绕组中通入的电流相位之差为 90°，如图 5-12 所示。

在定子的两个线圈绕组内分别接入如图 5-12 所示的两个相位差为 90° 的正弦交流电，这时定子线圈绕组也能产生一个旋转磁场,旋转磁场的方向是从电流相位超前的线圈位置转向电流落后的线圈位置,图 5-13 就是两相交流电形成旋转磁场的示意图。

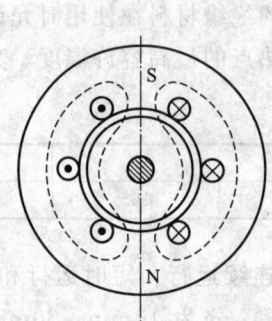

图 5-10　单相异步电动机的脉振磁场

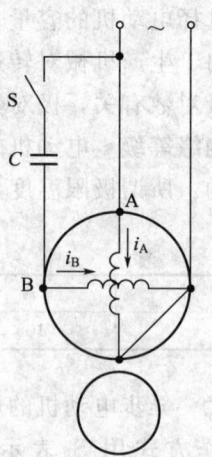

图 5-11　电容移相异步电动机电路图

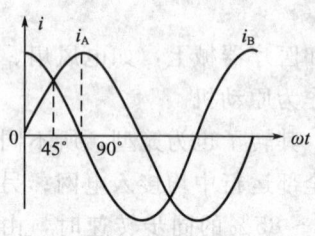

图 5-12　两相交流电

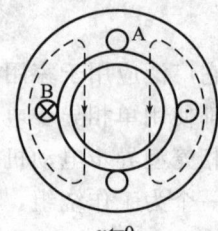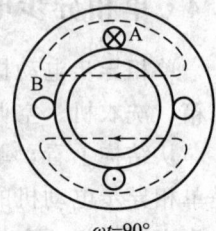

图 5-13　两相交流电形成的旋转磁场

和三相异步电动机一样,转子在旋转磁场中产生感应电流而形成了转矩。如移相电路断开(如电容器开路),原电动机中的旋转磁场就变成了一个仅幅度变化的脉振磁场,该脉振磁场又可分成两个幅度大小和频率相等,运转方向相反的旋转磁场。在这样的旋转磁场作用下,电动机的转子上无法形成启动转矩,但电动机已经处于运动状态,那么电动机将沿着原转动方向继续旋转,只是转矩比原来小些。

由于移相电路的阻抗大,所以提供的电流不会太大,功率大的移相式异步电动机转矩主要来源于主电路的线圈,此时移相电路线圈又可称为启动电路线圈,在电动机启动完毕后可以将其拆除,但保留该绕组可以增大转矩和提高功率因数。

三相异步电动机运行时若断了一根电源线,则称为"缺相"运行。"缺相"运行的三相异步电动机由于剩余两相构成串联,因此相当于单相异步电动机。此时三相异步电动机虽然仍能继续运转下去,但由于"缺相"运行情况下电流大大超过其额定值,时间稍长必然导致电动机烧损。若三相异步电动机启动时电源线就断了一根,就构成了三相异步电动机的单相启动。由于此时气隙中产生的是脉动磁场,因此三相异步电动机转动不起来,但转子电流和定子电流都很大。

1.4.2　罩极式电动机

罩极式单相异步电动机的结构如图 5-14 所示,其定子铁芯有突出的磁极称为极靴,极靴的一侧开有一个小槽,小槽内嵌有短路的铜环,转子结构和三相异步电动机相同为笼式转子。

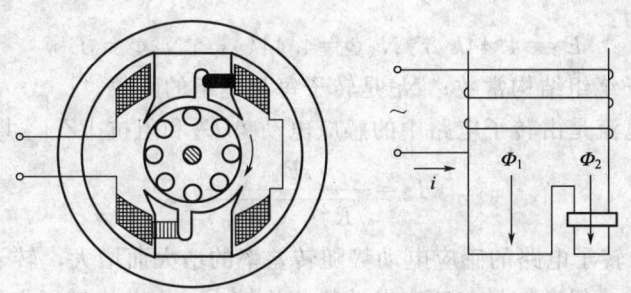

图 5-14 罩极式电动机结构示意图

所有定子线圈中只通一个电流,该电流只能产生幅度大小变化的一个脉振磁场 Φ,根据楞次定律磁场经过极靴短路环时将在短路环中产生感应电流,该感应电流的方向阻碍着磁场的变化。这样在极靴上的磁路 Φ_2 就发生滞后,其磁场加大时先在无短路环的 Φ_1 部分上加大,而后在有短路环的 Φ_2 部分极靴上加大,削弱时无短路环的 Φ_1 先减小,有短路环的 Φ_2 后减小,这样原来平稳的磁路就发生了扭曲,磁场的大小变化从无短路环磁极 Φ_1 向有短路环磁极 Φ_2 依序变换,就形成了旋转磁场。在旋转磁场的作用下,转子获得转动力矩。

罩极式电动机结构简单、工作可靠,但启动转矩小、不能改变旋转方向,常用于小功率的电风扇、吹风机等。

任务 2 异步电动机的电磁转矩和机械特性

2.1 异步电动机的电磁转

电动机拖动生产机械工作时,负载改变,电动机输出的电磁转矩随之改变,因此电磁转矩是异步电动机的一个重要参数。因为三相异步电动机是由转子绕组中电流与旋转磁场相互作用而产生的,所以转矩 T 的大小与旋转磁场的主磁通 Φ 及转子电流 I_2 有关。

三相异步电动机的电磁关系与变压器类似,定子绕组相当于变压器的一次绕组;通常是短接的转子绕组相当于变压器的二次绕组;旋转磁场主磁通相当于变压器中的主磁通,其数学表达式与变压器也相似,旋转磁场每极下工作主磁通为:

$$\Phi \approx \frac{U_1}{4.44 k_1 f_1 N_1} \tag{5-4}$$

式中,U_1 是定子绕组相电压;k_1 是定子绕组结构常数;f_1 是电源频率;N_1 是定子每相绕组的匝数。由于 k_1、f_1 和 N_1 都是常数,因此旋转磁场每极下主磁通 Φ 与外加电压 U_1 成正比,当 U_1 恒定不变时,Φ 基本上保持不变。

与变压器不同的是,异步电动机的转子是旋转的,并且以一定的相对速度与旋转磁场相切割,转子电路的频率为:

$$f_2 = \frac{n_1-n}{60}p = \frac{n_1-n}{n_1} \times \frac{n_1}{60}p = sf_1 \tag{5-5}$$

可见,转子电路的频率与转差率 s 有关,$s=1$ 时,$f_2=f_1$;s 越小,转子电路频率越低。

旋转磁场的工作主磁通不仅与定子绕组相交链,同时也交链着转子绕组,在转子绕组中产生的感应电动势为：
$$E_2 = 4.44k_2f_2N_2\Phi = 4.44k_2sf_1N_2\Phi = sE_{20} \tag{5-6}$$

式中，k_2 是转子绕组结构常数；N_2 是转子每相绕组的匝数。

电动机的转子电流是由转子电路中的感应电动势 E_2 和阻抗 $|Z|_2$ 共同决定的，即

$$I_2 = \frac{sE_{20}}{\sqrt{R_2^2 + (sX_{20}^2)}} \tag{5-7}$$

式(5-7)表明，转子电路的感应电动势随转差率的增大而增大，转子电路阻抗虽然也随转差率的增大而增大，但增加量与感应电动势相比较小，因此，转子电路中的电流随转差率的增大而上升。若 $s=0$，则 $I_2=0$；当 $s=1$ 时，I_2 最大，其值约为额定转速下转子电路电流 I_{2N} 的 4～7 倍。

由于转子电路中存在电抗 X_2，因而使转子电流 I_2 滞后转子感应电动势 E_2 一个相位差 φ_2，转子电路的功率因数为：

$$\cos\varphi_2 = \frac{R_2}{\sqrt{R_2^2 + (sX_{20}^2)}} \tag{5-8}$$

显然，转子电路的功率因数随转差率 s 的增大而下降。当 $s=0$ 时，$\cos\varphi_2=1$；当 $S=1$ 时，$\cos\varphi_2$ 的值很小，约为 0.2～0.3。

经实验和数学推导证明，异步电动机的电磁转矩与气隙磁通及转子电流的有功分量成正比，其关系式应为：

$$T = K_T\Phi I_2\cos\varphi_2 \tag{5-9}$$

式中，K_T 是电动机结构常数。将式(5-4)、式(5-7) 和式(5-8) 代入式(5-9) 可得：

$$T = K_T'U_1^2 \frac{sR_2}{R_2^2 + (sX_{20})^2} \left(K_T' = \frac{K_T N_2 K_2}{4.44f_1 N_1^2 k_1^2} \right) \tag{5-10}$$

式中，U_1 为电源电压的有效值；R_2 为转子绕组电阻；X_{20} 为转子静止时转子绕组感抗；R_2、X_{20} 通常为常数。式(5-10) 表明，当电源电压有效值 U_1 一定时，电磁转矩 T 是转差率 s 的函数，其 $T=f(s)$ 关系曲线如图 5-15 所示，称为异步电动机的转矩特性。

转矩特性曲线中的 s_m 称为临界转差率，对应电动机的最大电磁转矩。由式(5-10) 可知，电磁转矩与电源电压的平方成正比，即 $T\propto U_1^2$。因此，异步电动机运行时，电源电压的波动对电动机的运行会造成很大的影响。

必须指出，$T\propto U_1^2$ 的关系并不意味着电动机的工作电压越高，电动机实际输出的转矩就越大。电动机稳定运行情况下，不论电源电压是高是低，其输出机械转矩的大小，只决定于负载转矩的大小。换言之，当电动机产生的电磁转矩 T 等于来自于转轴上的负载转矩 T_L 时，电动机在某一速度下稳定运行；当 $T>T_L$ 时，电动机加速运行；当 $T<T_L$ 时，电动机将作减速运行或者停转。

2.2　异步电动机的机械特性

当异步电动机电磁转矩改变时，异步电动机的转速也会随之发生变化，这种反映转子转速和电磁转矩之间对应关系 $n=f(T)$ 的曲线 [见图 5-15(b)] 称为异步电动机的机械特性曲线。机械特性由电动机本身的结构、参数所决定，与负载无关。

机械特性曲线上的 AB 段称为异步电动机的稳定运行段。一般情况下，异步电动机只能运行在稳定段。在 AB 段运行，显然电动机的转速 n 随输出转矩的增大略有下降，这说明电动机具有硬机械特性。当负载转矩增大或减小时，电动机的转速随之减小或增大。

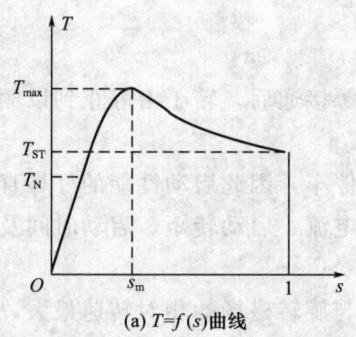 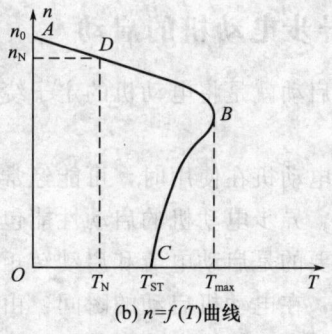

(a) $T=f(s)$曲线 (b) $n=f(T)$曲线

图 5-15 三相异步电动机的转矩特性和机械特性曲线

CB 段称为启动运行段。对于转矩不随转速变化的负载，是不能在此段稳定运行的，因此 CB 段也叫做不稳定运行区。电动机开始启动最初一瞬间，必有 $T_{ST} > T_{反}$ 才能使电动机由 C 点从 $n=0$ 加速，沿曲线经 B 点仍加速，直到电动机的电磁转矩 $T=T_N$ 时，电动机才能稳定在 D 点运行，对应的转速 $n=n_N$。CB 段内，电动机始终处于不稳定的过渡状态。

对应曲线上 D 点的转矩称为额定转矩，用 T_N 表示。T_N 反映了电动机带额定负载时的运行情况，也是电动机在额定转速、额定输出功率时所具有的电磁转矩。异步电动机轴上输出的机械功率为 $P_2 = T\omega$，机械转矩遵循下述公式：

$$T_N = \frac{P_{2N}}{\omega_N} = \frac{P_{2N} \times 10^3}{\frac{2\pi n_N}{60}} = 9550 \frac{P_{2N}}{n_N} \tag{5-11}$$

式中，P_{2N} 是电动机额定状态下输出的机械功率，单位是 kW；额定转速 n_N 的单位是 r/min；T_N 的单位是 N·m。

T_N 是电动机在额定负载时产生的电磁转矩，可由电动机铭牌上的额定数据求得。

对应 C 点的电磁转矩称为启动转矩，用 T_{ST} 表示，它反映了异步电动机的启动能力。一般情况下，异步电动机的 T_{ST} 均大于 1，高启动转矩的笼型异步电动机的 T_{ST} 可达 2.0 左右。绕线式异步电动机的启动能力较大，T_{ST} 可达 3.0 左右。

对应 B 点的转矩称为最大电磁转矩，用 T_M 表示，T_M 反映了异步电动机的过载能力。一般情况下，异步电动机的 $T_M = \lambda_m T_N \approx (1.6 \sim 2.0) T_N$；特殊用途的异步电动机，如起重用电动机、冶金机械用电动机的过载系数 λ_m 可超过 2.0。电动机具有一定的过载能力，目的是给电动机工作留有余地，使电动机工作时突然受到冲击性负荷情况下，不至于因电动机转矩低于负载转矩而发生停机事故，从而保证电动机运行时的稳定性。一般不允许电动机在超过额定转矩的情况下长期运行。

以上讨论的额定转矩、启动转矩和最大电磁转矩是分析异步电动机运行性能的三个重要转矩，学习中应注意充分理解，在理解的情况下牢固掌握。

任务 3　三相异步电动机的控制

了解三相异步电动机的启动、制动、调速的基本原理。熟悉三相异步电动机降压启动的常用方法；学会正确选用三相异步电动机。

3.1 三相异步电动机的启动

电动机的启动就是将电动机的定子绕组与电源接通后，转子由静止到以额定转速稳定运行的过程。

三相异步电动机在使用时，可能经常启动和停车，因此启动性能的好坏直接影响生产过程和相邻负载，异步电动机的启动性能包括启动电流、启动转矩、启动时间及启动的可靠性等，其中最主要的是启动电流和启动转矩。

由此看出，在电动机启动的瞬间，由于转子与旋转磁场的相对转速最大，故转子切割旋转磁场的速度最高，转子中感应的电动势和电流也最大，相应的定子电流必定最大。

一般中小型笼型三相异步电动机的启动电流约为额定电流的4～7倍。若电动机频繁启动，则由于热量的积累使电动机的温度升高，严重时会使之损坏。另外，大的启动电流会在输电线上产生很大的压降，使负载端的电压降低，影响其他负载的正常工作，如其他电动机带负载启动时会启动不了；正在运行的电动机由于电源电压的降低，其电磁转矩减小、使得转速下降，甚至会发生"闷车"，日光灯发暗或熄灭等。

在异步电动机启动时。虽然启动电流很大、但启动时转子电路的功率因数很低，故转矩并不高，小的启动转矩会延长启动时间，启动时转轴上不能带大负载，以防电动机无法启动。

对此人们对电动机的启动提出了要求：启动电流小、启动转矩大、启动时间短和所用启动装置及操作方法尽量简单易行。

同时满足上述几点显然困难，实用中常根据具体情况适当地选择启动方法。

3.1.1 直接启动

直接启动又称全压启动，就是在启动时将电动机直接接到电源上，使电动机在额定电压下启动。直接启动的优点是不需要专门的启动设备，操作简便，缺点是启动电流大。

直接启动所需设备简单、操作方便、启动迅速。通常规定，电源容量在180kV·A以上、电动机容量在7kW以下的三相异步电动机才可采用直接启动的方法。也可遵照下面的经验公式来确定一台电动机能否直接启动：

$$\frac{I_{ST}}{I_N} \leqslant \frac{3}{4} + \frac{电源变压器容量（kV·A）}{4 \times 电动机功率（kW）} \tag{5-12}$$

凡不满足上述直接启动条件的，就要考虑限制启动电流，但考虑限制启动电流的同时应当保证电动机有足够的启动转矩，并且尽可能采用操作方便、简单经济的启动设备进行降压启动。

3.1.2 降压启动

降压启动即分两步启动，先给电动机接通较低电压以限制启动电流，待电动机转动达到一定转速时，再加上额定电压使其进入正常运行。

降压启动的目的主要是为了限制启动电流，但问题是，在限制启动电流的同时，启动转矩也被限制了。因此，降压启动的方法只适用于在轻载或空载情况下启动的电动机，待电动机启动完毕后再加上机械负载。常用的降压启动方法有Y-△降压启动和自耦补偿降压启动。

（1）Y-△降压启动　图5-16所示的启动方法显然只适用于正常运行时定子绕组为△接法的异步电动机。降压启动过程：启动时把双向开关QS_2投向下方，三相异步机的定子绕组即成Y接，待转速上升到接近额定值时，QS_2迅速投向上方，则电动机定子绕组切换成△接正常运行。

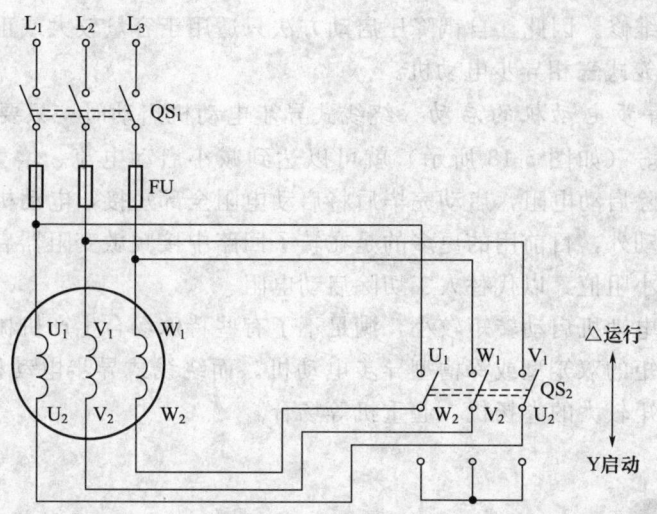

图 5-16 三相异步电动机 Y-△降压启动原理图

由三相交流电的知识可知，Y 接启动时线电流是△接时线电流的 1/3，启动转矩也是△接时的 1/3。Y-△启动方法设备简单、成本低、操作方便、动作可靠、使用寿命长。目前，4~100kW 的异步电动机均设计成 380V 的△接，因此这种启动方法得到了广泛的应用。

(2) 自耦补偿降压启动　自耦补偿降压启动是利用三相自耦变压器来降低加在定子绕组上的电压，如图 5-17 所示。启动时，先将开关 QS_2 扳到"启动"位置，使自耦变压器的高压侧与电网相连，低压侧与电动机定子绕组相接，电源电压经自耦变压器降压后加到电动机的三相定子绕组上，当转速接近额定值时，再将 QS_2 扳向"运行"位置，将自耦变压器切除，电动机的定子绕组直接与电网相接，进入正常的全压运行状态。

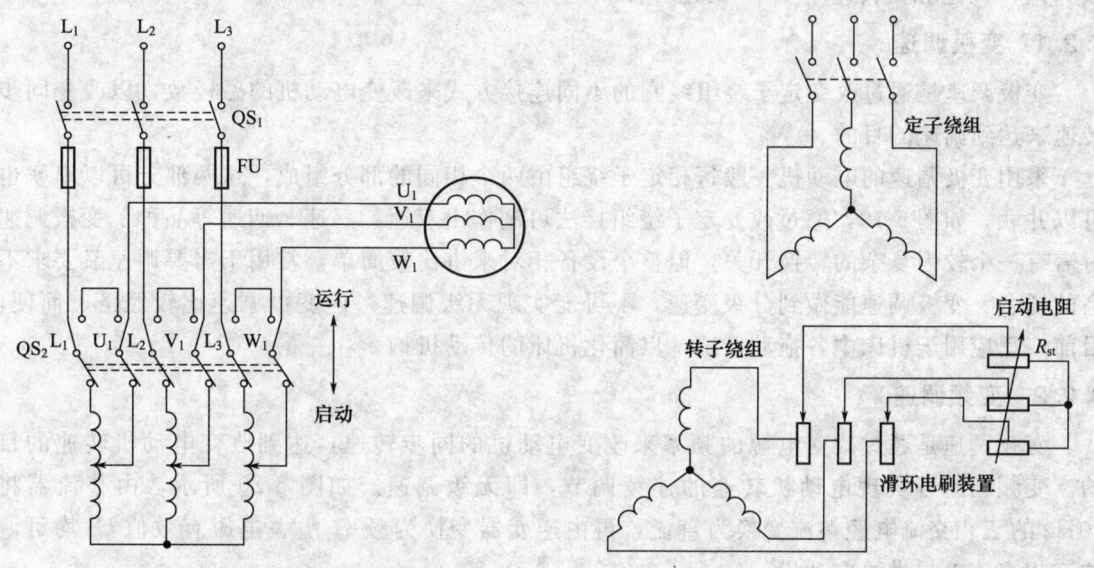

图 5-17　自耦补偿降压启动原理图　　　图 5-18　绕线式异步电动机启动接线图

自耦变压器备有不同的抽头，以便得到不同的电压（例如 73%、64%、55%）用户可依据对启动电流和启动转矩的要求加以选用。

自耦降压启动的优点是启动电压可根据需要来选择，但是自耦变压器的体积大、成本高,而且需要经常维修。因此,自耦降压启动方法只适用于容量较大或正常运行时不能采用Y-△降压启动的鼠笼式三相异步电动机。

（3）**绕线式异步电动机的启动**　绕线式异步电动机启动时,只要在转子电路中串入适当的启动电阻 R_{ST}（如图 5-18 所示）就可以达到减小启动电流、增大启动转矩的目的。启动过程中逐步切除启动电阻,启动完毕后将启动电阻全部短接,电动机正常运行。除在转子回路中串电阻启动外,目前用的更多的是在转子回路中接频敏变阻器启动,此变阻器在启动过程中能自动减小阻值,以代替人工切除启动电阻。

普通笼型异步电动机启动转矩较小,满足不了有些特殊场合生产机械的需求,这时可选用具有较大启动转矩的双笼型或深槽型异步电动机。而绕线式异步电动机的启动转矩更大,常用于要求启动转矩较大的卷扬机、起重机等场合。

特别提示

对电动机启动要求是:启动电流小,启动转矩大,启动时间短。
笼型异步电动机的启动方法有直接启动和降压启动两种。

3.2　三相异步电动机的调速

为了满足生产的需要,在同一负载下改变电动机的转速,被称为调速。

由 $n=(1-s)n_0=(1-s)\dfrac{60f_1}{p}$ 可知,三相异步电动机的调速方法有变极（p）调速、变频（f_1）调速和变转差率（s）调速三种。

3.2.1　变极调速

变极调速是通过改变定子绕组线圈的不同连接方式来改变电动机的磁极数,以改变同步转速来达到调速的目的。

采用变极调速的电动机一般每相定子绕组由两个相同的部分组成,这两部分可以串联也可以并联,如图 5-19,通过改变定子绕组接法可制作出双速、三速、四速等品种。变极调速时需有一个较为复杂的转换开关,但整个设备相对来讲比较简单,常用于需要调速又要求不高的场合。变极调速能做到分级变速,不可能实现无级调速。但变极调速比较经济、简便,目前广泛应用于机床中各拖动系统,以简化机床的传动机构。

3.2.2　变频调速

变频调速是通过改变电源的频率来改变电动机的同步转速,达到改变电动机转速的目的。变频调速可实现电动机转速的连续调节,即无级调速。如图 5-20 所示,由整流器将 50Hz 的三相交流电经整流变换为直流,再由逆变器变换为频率 f_1、电压有效值 U_1 均可调的三相交流电提供给电动机。

工农业生产中常用的风机、泵类是用电量很大的负载,其中多数在工作中要求调速。若拖动它们的电动机转速一定,用阀门调节流量,相当一部分的功率将消耗在阀门的节流阻力上,使能量严重浪费,且运行效率很低。如果电动机改为变频调速,靠改变转速来调节流量,一般可节电 20%～30%,其长期效益远高于增加变频电源的设备费用,因此变频调速

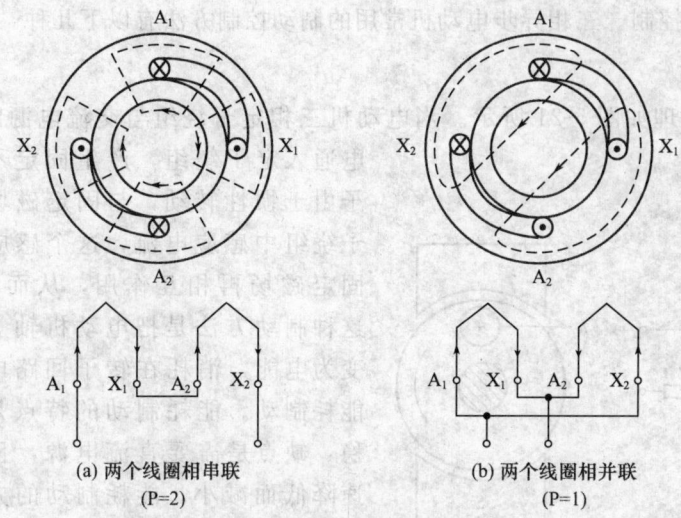

(a) 两个线圈相串联 (b) 两个线圈相并联
(P=2)   (P=1)

图 5-19 变极的调速方法

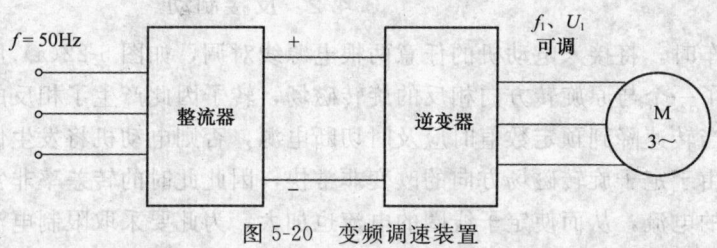

图 5-20 变频调速装置

是交流调速发展的方向。近年来由于逆变技术的发展，变频调速得到了广泛的应用，这种调速方法将成为异步电动机主要的和理想的调速方法而得到更广泛的应用。

3.2.3 变转差率调速

这种方法只适用于绕线式异步电动机。在绕线式异步电动机的转子回路中串可调电阻，恒负载转矩下通过调节电阻的阻值大小，从而使转差率得到调整和改变，这种变转差率调速的方法，其优点是有一定的调速范围，且可做到无级调速，设备简单、操作方便。缺点是能耗较大，效率较低，并且随着调速电阻的增大，机械特性将变软，运行稳定性将变差。一般应用于短时工作制、且对效率要求不高的起重设备中。

3.3 三相异步电动机的反转

三相异步电动机的转动方向总是同旋转磁场的旋转方向相一致，而旋转磁场的方向取决于通入异步电动机定子绕组中的三相电流的相序。因此，若要电动机反转，只需把接到电动机定子绕组上的三根电源线中的任意两根对调一下位置，三相异步电动机即可改变旋转方向。

3.4 三相异步电动机的制动

采用一定的方法让高速运转的电动机迅速停转的措施称为制动。

正在运行的电动机断电后，由于转子旋转和生产机械的惯性，电动机总要经历一段时间后才能慢慢停转。为了提高生产机械的效率及安全性，往往要求电动机能够快速停转，或有的机械从安全角度考虑，要求限制电动机不致过速（如起吊重物下降的过程），这时就必须对电动机进行制动控制。三相异步电动机常用的制动控制方法有以下几种。

3.4.1 能耗制动

能耗制动的原理如图 5-21 所示。当电动机三相定子绕组与交流电源断开后，将直流电通入定子绕组，产生固定不动的磁场。转子由于惯性转动，与固定磁场相切割而在转子绕组中感应电流，这个感应的转子电流与固定磁场再相互作用，从而产生制动转矩。这种制动方法是把电动机轴上的旋转动能转变为电能，消耗在转子回路电阻上，故称为能耗制动。能耗制动的特点是制动准确、平稳，缺点是需要直流电源，且制动转矩随转速降低而减小。能耗制动的方法常用于生产机械中的各种机床制动。

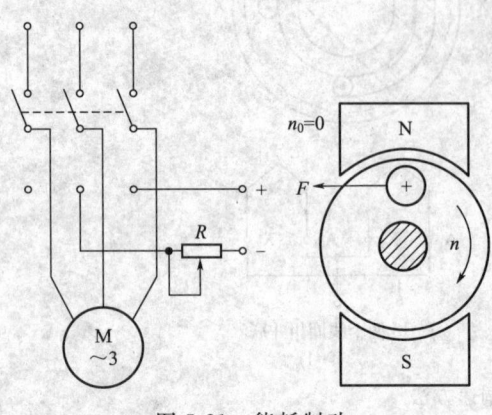

图 5-21 能耗制动

3.4.2 反接制动

在电动机停车时，将接入电动机的任意两根电源线对调，如图 5-22(a) 所示。这样就在定子线路中产生了一个与原旋转方向相反的旋转磁场，转子因此产生了相反的转矩，起到了制动的作用，但当转速降到预定数值时应及时切断电源，否则电动机将发生倒转。

反接制动时由于定子旋转磁场方向的改变非常快，因此此时的转差率非常高，在转子线圈中会形成很大的电流，从而使定子线圈的电流也加大，为此要采取限制电流的措施，常见的有在定子电路（鼠笼式）或转子电路（绕线式）中串接电阻。

反接制动方法制动动力强，停转迅速，无需直流电源，但制动过程中冲击力大，电路能量消耗也大。反接制动通常适用于某些中型车床和铣床的主轴制动。

3.4.3 再生发电制动

再生发电制动的原理如图 5-22(b) 所示。在多速电动机从高速调到低速的过程中，极对数增加时旋转磁场立即随之减小，但由于惯性，电动机的转速只能逐渐下降，这时出现了 $n > n_0$ 的情况；起重机快速下放重物时，重物拖动转子也会出现 $n > n_0$ 的情况。只要电动机转速 n 超过旋转磁场转速 n_0 的情况发生，电动机就将从电动状态转入发电机运行状态，这时转子电流和电磁转矩的方向均发生改变，其中电动机的转矩成为阻止电动机加速、限制转速的制动转矩。在制动过程中，电动机将重物的势能转变为电能再反馈回送给电网，所以再生发电制动也常被称为反馈制动。反馈制动实际上不是让电动机迅速停转，而是用于限制电动机的转速。

3.5 三相异步电动机的选择

异步电动机应用很广，它所拖动的生产机械多种多样，要求也各不相同。选用异步电动机应从技术和经济两个方面进行考虑，以实用、合理、经济和安全为原则，正确选用其种类、功率、结构、转速等，以确保其安全、可靠地运行。

（1）种类选择　三相异步电动机中鼠笼式电动机结构简单、坚固耐用、工作可靠、维护方便、价格低廉，但调速性能差，启动电流大、启动转矩较小，功率因数较低。一般用于无特殊调速要求的生产机械，如泵类、通风机、压缩机及金属切削机床等。

绕线式异步电动机与鼠笼式电动机相比较，启动性能和调速性能都较好，但结构复杂，

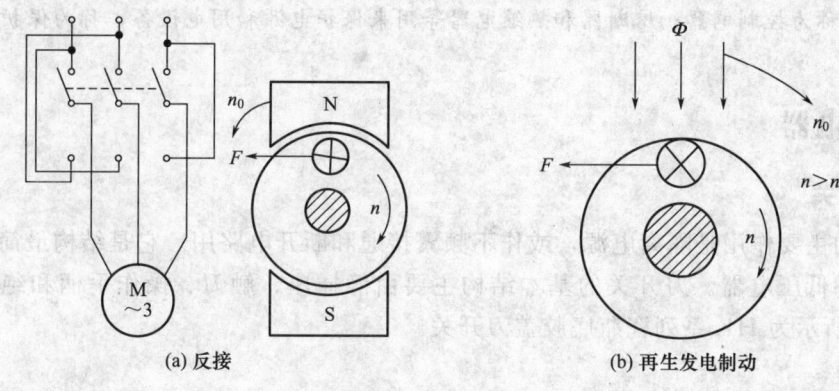

(a) 反接 (b) 再生发电制动

图 5-22 反接制动

启动、维护较麻烦，价格比较贵。适用于需要有较大的启动转矩，且要求在一定范围内进行调速的起重机、卷扬机及电梯等。

（2）**功率选择** 电动机功率的选择，是由生产机械决定的。如果电动机的功率选得过大，虽然能保证正常运行，但不经济。若电动机的功率选得过小，就不能保证电动机和生产机械的正常运行，长期过载运行还将导致电动机烧坏。电动机功率选择的原则是，电动机的额定功率等于或稍大于生产机械的功率。

（3）**结构选择** 电动机的外形结构，根据使用场合可分为开启式、防护式、封闭式及防爆式等。应根据电动机的工作环境来进行选择，以确保其安全、可靠地运行。

开启式在结构上无特殊防护装置，但通风散热好、价格便宜，适用于干燥、无灰尘的场所；防护式电动机的机壳或端盖处有通风孔，可防雨、防溅及防止铁屑等杂物掉入电动机内部，但不能防尘、防潮，适用于灰尘不多且较干燥的场所；封闭式电动机外壳严密封闭，能防止潮气和灰尘进入，但体积较大，散热差，价格较高，常用于多尘、潮湿的场所；防爆式电动机外壳和接线端全部密闭，不会让电火花溅到壳外，能防止外部易燃、易爆气体侵入机内，适用于石油、化工企业，煤矿及其他有爆炸性气体的场所。

（4）**转速的选择** 电动机额定转速是根据生产机械的要求来选择的。当电动机的功率一定时，转速越高，体积就越小，价格也越低，但需要变速比较大的减速机构。因此，必须综合考虑电动机和机械传动等方面的因素。

任务 4　常用低压控制电器

对电动机和生产机械实现控制和保护的电工设备，叫控制电器。它分为手动和自动两种，前者是由操作人员用手直接操作进行切换的，如刀开关、转换开关、按钮等；后者是指在完成接通、断开、启动、反向和停止等动作是自动进行的，如接触器、继电器等。

这里对几种常用控制电器作简要介绍。

电器按用途又可分为控制电器和保护电器。各种开关、接触器、继电器等，用来控制电路的

接通、断开，称为控制电器；熔断器和热继电器等用来保护电源和用电设备，称为保护电器。

4.1 开关电器

4.1.1 刀开关

刀开关的主要作用是隔离电源，或作不频繁接通和断开电路用。它是结构最简单、应用最广泛的一种低压电器。刀开关的基本结构主要由静插座、触刀、操作手柄和绝缘底板组成。图 5-23 所示为 HK 系列瓷瓶底胶盖刀开关。

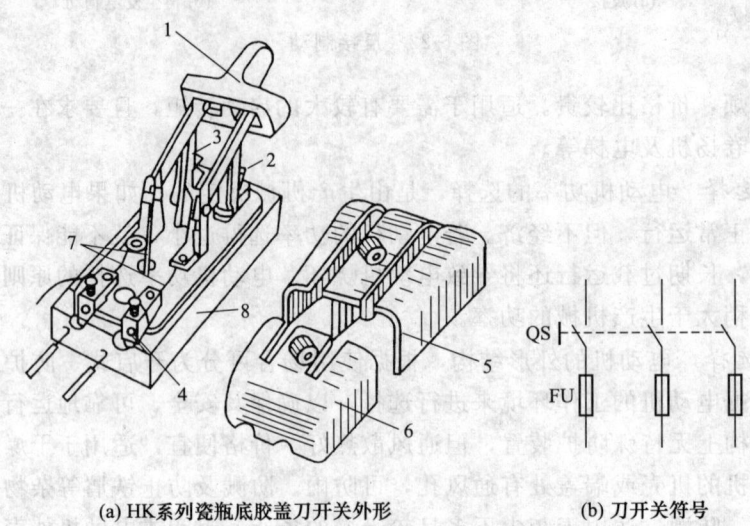

(a) HK系列瓷瓶底胶盖刀开关外形　　　　(b) 刀开关符号

图 5-23　HK 系列瓷瓶底胶盖刀开关

1—瓷质手柄；2—进线座；3—静夹座；4—出线座；5—上胶盖；6—下胶盖；7—熔丝；8—瓷底座

刀开关的种类很多。按刀的极数可分为单极、双极和三极；按灭弧装置可分为带灭弧装置和不带灭弧装置；按刀的转换方向又可分为单掷和双掷等。

有熔丝的刀开关，负荷线应接在刀片下侧熔丝的另一端，以保证刀开关切断电源后，刀片和熔丝不带电。

4.1.2 组合开关

组合开关又称为转换开关。组合开关的外形及通断情况如图 5-24 所示。它由若干个动触片和静触片组成，分别装于数层绝缘件内，静触片固定在绝缘垫板上，动触片固定在附有手柄的转轴上，随转轴旋转而变换其通断位置，如图 5-25。在转轴上装有加速动作的操纵机构，使触片接通和分断的速度与手柄旋转速度无关，从而提高其电气性能。

组合开关的结构紧凑，安装面积小，操作方便，广泛应用于机床设备的电源引入开关，也可用来接通或分断小电流电路，控制 5kW 以下电动机。其额定电流一般选择为电动机额定值的 1.5~2.5 倍。由于组合开关通断能力较低，因此不适用分断故障电流。

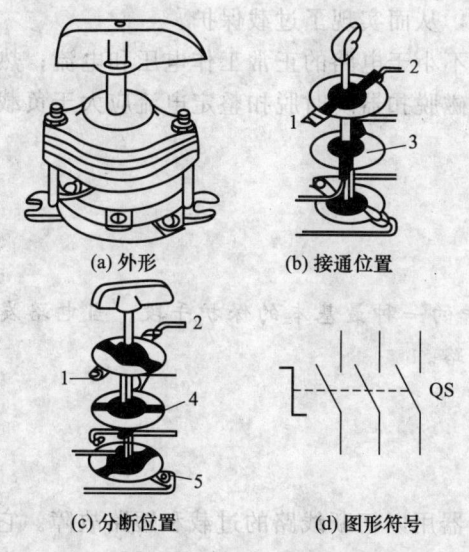
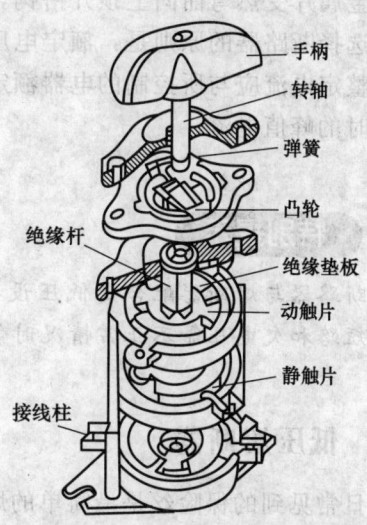

图 5-24　组合开关外形、通断位置及符号　　　　　图 5-25　组合开关结构示意图
1—电源；2—负载；3—绝缘垫板；4—动触片；5—静触片

4.1.3　断路器

自动空气开关又称自动空气断路器，简称自动开关，是常用的一种低压保护电器，当电路发生短路、严重过载及电压过低等故障时能自动切断电路。它与熔断器配合是低压设备和线路保护的一种最基本的保护手段。

自动空气开关的特点是动作后不需要更换元件，电流值可随时整定，工作可靠，运行安全，切流能力大，安装使用方便。图 5-26 所示为 DZ 型低压断路器结构示意图。

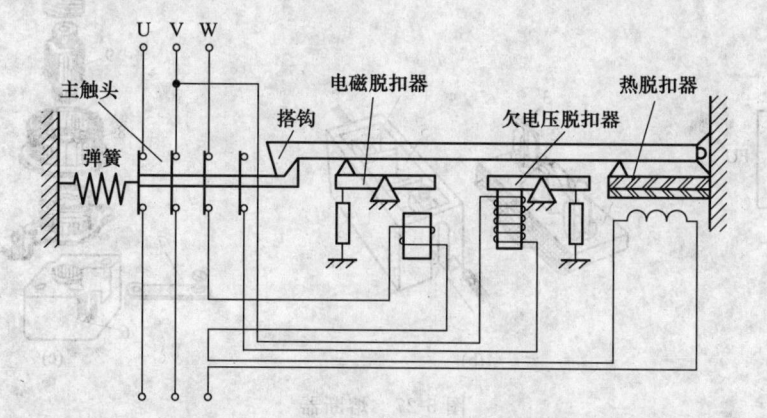

图 5-26　DZ 型低压断路器结构示意图

其工作原理为：低压断路器的三副主触头串联在被保护的三相主电路中，由于搭钩钩住弹簧，使主触头保持闭合状态。当线路正常工作时，电磁脱扣器中线圈所产生的吸力不能将它的衔铁吸合。如果线路发生短路和产生较大过电流时，电磁脱扣器中线圈所产生的吸力增大，将衔铁吸合，并撞击杠杆，把搭钩顶上去，在弹簧的作用下切断主触头，实现了短路保护和过流保护。当线路上电压下降或突然失去电压时，欠电压脱扣器的吸力减小或失去吸力，衔铁在支点处受右边弹簧拉力而向上撞击杠杆，把搭钩顶开，切断主触头，实现了欠压及失压保护。当电路中出现过载现象时，绕在热脱扣器的双金属片上的线圈中电流增大，致

使双金属片受热弯曲向上顶开搭钩,切断主触头,从而实现了过载保护。

选择断路器的原则是:额定电压和额定电流不小于电路的正常工作电压和电流;热脱扣器的整定电流应与所控制的电器额定值一致;电磁脱扣器瞬时脱扣整定电流应大于负载正常工作时的峰值电流。

特别提示

断路器与熔断器配合是低压设备和线路保护的一种最基本的保护手段。当电路发生过载、短路和欠电压等不正常情况时能自动断开电路。

4.2 低压熔断器

日常见到的保险丝是最简单的熔断器,熔断器用以切断线路的过载和短路故障。它串联在被保护的线路中,正常运行时如同一根导线,起通路作用,当线路过载或短路时,由于大电流很快将熔断器熔断,起到保护电路上其他电器设备的作用。

熔断器中的熔丝或熔片用电阻率较高的易熔合金制成,如铅锡合金。线路正常工作时,流过熔体的电流小于或等于它的额定电流,熔断器的熔体不应熔断。若电路中一旦发生短路或严重过载时,熔体应立即熔断,切断电源。熔断器有管式、插入式、螺旋式等几种结构形式。图 5-27(a) 是熔断器的图形符号,图 5-27(b) 是 RC1 系列瓷插式熔断器,图 5-27(c) 是 RL1 系列螺旋式熔断器。

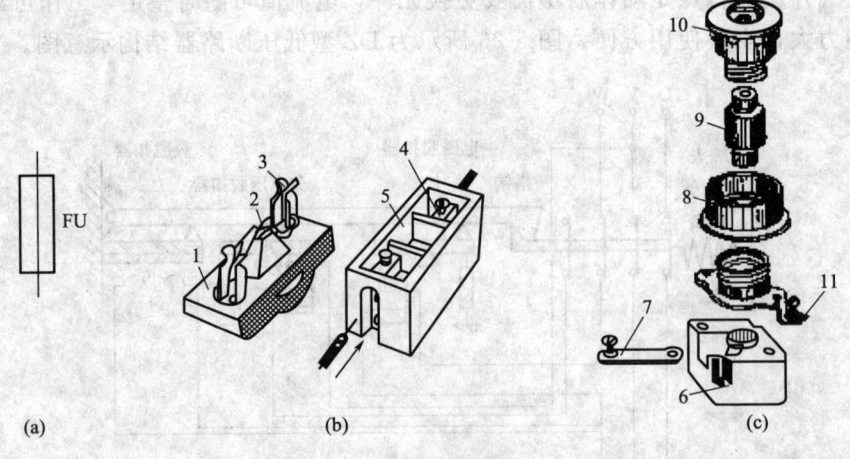

图 5-27 熔断器

1—瓷盖;2—熔丝;3—动触头;4—静触头;5—瓷座;6—座子;7—下接线端;
8—瓷套;9—熔断管;10—瓷帽;11—上接线端

选择熔断器主要是选择熔体的额定电流。选用的原则如下。

① 一般照明线路:熔体额定电流 ≥ 负载工作电流。

② 单台电动机:熔体额定电流 ≥ (1.5～2.5) 倍电动机额定电流,但对不经常启动而且启动时间不长的电动机系数可选得小一些,主要以启动时熔体不熔断为准。

③ 多台电动机:熔体额定电流 ≥ (1.5～2.5) 倍最大电动机 I_N + 其余电动机 I_N。其中 I_N 为电动机额定电流。

使用熔断器过程中应注意，安装更换熔丝时，一定要切断电源，将闸刀拉开，不要带电作业，以免触电。熔丝烧坏后，应换上和原来同样材料、同样规格的熔丝，千万不要随便加粗熔丝，或用不易熔断的其他金属去替换。

熔断器是电路中最常用的保护电器，串接在被保护的电路中，它主要由熔体和外壳构成。

4.3 接触器

交流接触器是用来频繁地远距离接通和切断主电路或大容量控制电路的控制电器。但它本身不能切断短路电流和过负荷电流。其主要控制对象是电动机，也可用于其他电力负载，如电热器、电焊机等。接触器还具有欠电压保护、零电压保护、控制容量大、工作可靠及寿命长等优点，是自动控制系统中应用最多的一种电器。按其触头控制方式，可分为交流接触器和直流接触器，两者之间的差异主要是灭弧方法不同。我国常用的 CJ10-20 型交流接触器的结构示意图和符号如图 5-28 和图 5-29 所示。

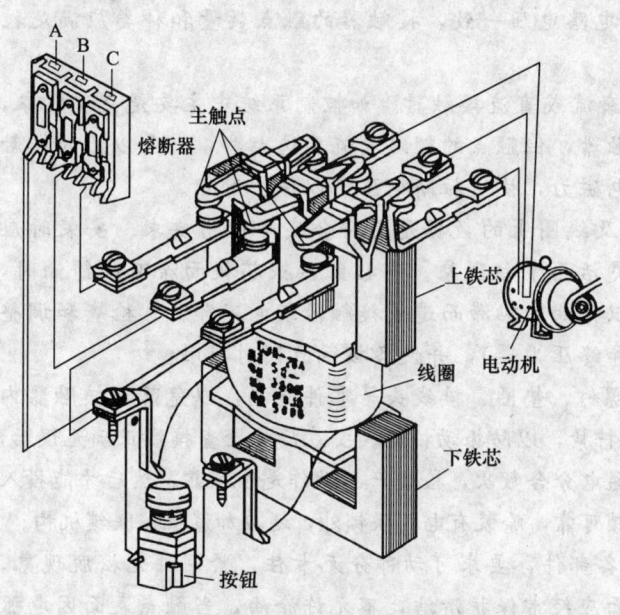

图 5-28 交流接触器的结构示意图

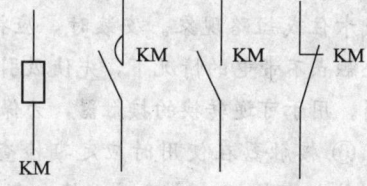

图 5-29 交流接触器的符号

交流接触器主要由触点、电磁操作机构和灭弧装置三部分组成。触点用来接通、切断电路，它由动触点、静触点和弹簧组成。电磁操作机构实际上就是一个电磁铁，它包括吸引线圈、山字形的静铁芯和动铁芯，当线圈通电，动铁芯被吸下，使动合触点闭合。主触点断开瞬间会产生电弧，一来灼伤触头，二来延长切断时间，故触头位置置有灭弧装置。

交流接触器触点分主触点和辅助触点两种，主触点接触面积大，允许通过较大电流，用于接通和断开电流较大的主电路，由三对动合触点组成。辅助触点接触面积小，只能通过较小电流（小于 5A），用来接通和断开控制电路，它一般有两对常开触点和两对常闭触点。

交流接触器的工作原理：当线圈通电时，铁芯被磁化，吸引衔铁向下运动，使得常闭触头打开，主触头和常开触头闭合。当线圈断电时，磁力消失，在反力弹簧的作用下，衔铁回到原来的位置，所有触头恢复原态。

选用接触器时，应注意它的额定电压、额定电流及触头数量等。

接触器可以实现远距离接通和断开主电路，允许频繁操作。还具有零压保护、欠压释放保护等作用。接触器是电力拖动自动控制系统中应用最广泛的自动控制电器。

接触器的使用要点

① 接触器的额定电压应大于或等于负载回路的额定电压。主触点的额定电流应大于或等于负载的额定电流。在频繁启动、制动和正反转的场合，主触点的额定电流要选大一些。

② 线圈电压从人身及设备安全角度考虑，可选择低一些。为简化控制线路，节省变压器，也可选用380V。线圈电压应与控制电路电压一致，接触器的触点数量和种类应满足控制电路要求。

③ 根据所控制对象电流类型来选用交流或直流接触器。如控制系统中主要是交流对象，而直流对象容量较小，也可全用交流接触器，但触点的额定电流要选大些，20A以上的接触器加有灭弧罩，利用断开电路时产生的电磁力，快速拉断电弧，以保护触点。

④ 接触器安装前应检查产品的铭牌及线圈上的数据是否符合实际使用要求。安装时应检查分合接触器的活动部分，要求动作灵活无卡住现象。当接触器铁芯极面涂有防锈油时，使用前应将铁芯极面上的防锈油擦净，以免油垢黏滞而造成接触器断电不释放。检查和调整触点的工作参数（开距、超程、初压力和终压力等），并使各极触点同时接触。

⑤ 接触器安装接线时，应注意勿使螺钉、垫圈、接线头等零件遗漏，以免落入接触器内造成卡住或短路现象。安装时，应将螺钉拧紧，以防振动松脱。安装后应检查接线正确无误后，在主触点不带电的情况下，先使吸引线圈通电分合数次，检查产品动作是否可靠，然后才能投入使用。用于可逆转换的接触器，为保证联锁可靠，除装有电气联锁外，还应加装机械联锁机构。

⑥ 接触器在使用时应定期检查产品各部件，要求可动部分无卡住，紧固件无松脱现象，各部件如有损坏，应及时更换。触点表面应经常保护清洁，不允许涂油，当触点表面因电弧作用而形成金属小珠时，应及时清除。当触点严重磨损后，应及时调换触点。但应注意，银及银基合金触点表面在分断电弧时生成的黑色氧化膜接触电阻很低，不会造成接触不良现象，因此不必锉修，否则将会大大缩短触点寿命。原来带有灭弧室的接触器，决不能不带灭弧室使用，以免发生短路事故，陶土灭弧罩易碎，应避免碰撞，如有碎裂，应及时调换。

4.4 热继电器

热继电器是利用感温元件受热而动作的一种继电器，它主要用来保护电动机或其他负载免于过载以及三相电动机的缺相运行，其结构原理图如图5-30所示。

学习项目5　异步电动机及其控制

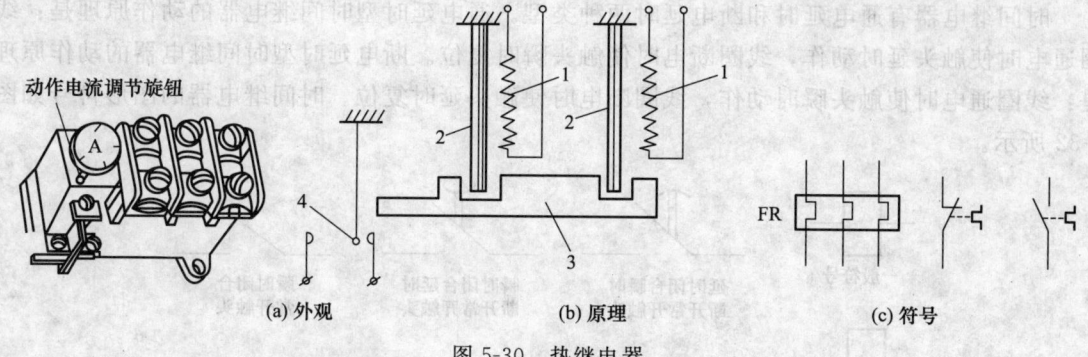

(a) 外观　　　　　　　　(b) 原理　　　　　　　(c) 符号

图 5-30　热继电器

1—电热丝；2—双金属片；3—传动导板；4—触点

热继电器由热元件、双金属片和触点及动作机构等部分组成。双金属片是热继电器的感测元件，由两种不同膨胀系数的金属片压焊而成。三个双金属片上绕有阻值不大的电阻丝作为热元件，串接于电动机的主电路中。热继电器的常闭触点串接于电动机的控制电路中。当电动机正常运行时，热元件产生的热量虽然能使双金属片弯曲，但不足以使热继电器动作。当电动机过载时，热元件上流过的电流大于正常工作电流，于是温度增高，使双金属片更加弯曲，经过一段时间后，双金属片弯曲的程度使它推动导板，引起连动机构动作而使热继电器的常闭触点断开，从而切断电动机的控制电路，使电动机停转，达到过载保护的目的。待双金属片冷却后，才能使触点复位。复位有手动复位和自动复位两种方式。

热继电器的选择原则：长期流过而不引起热继电器动作的最大电流称为热继电器的整定电流，通常选择与电动机的额定电流相等或是在 $(1.05～1.10)I_N$。如果电动机拖动的是冲击性负载或电动机启动时间较长，则选择的热继电器整定电流应比 I_N 稍大一些；对于过载能力较差的电动机，所选择的热继电器的整定电流值应适当小些。

4.5　时间继电器

时间继电器是电路中控制动作时间的设备，它利用电磁原理或机械动作原理来实现触头的延时接通和断开。按其动作原理与构造的不同，可分为电磁式、电动式、空气阻尼式和晶体管式等类型。图 5-31 所示为 JS7-A 系列时间继电器结构原理图。

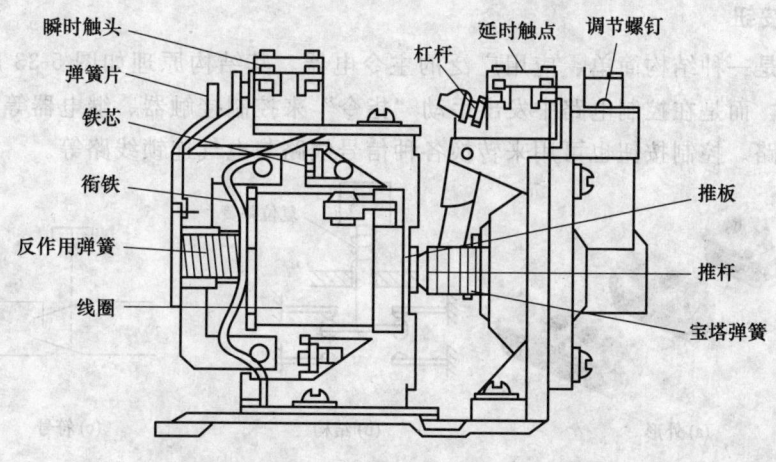

图 5-31　JS7-A 系列时间继电器结构原理图

时间继电器有通电延时和断电延时两种类型。通电延时型时间继电器的动作原理是：线圈通电时使触头延时动作，线圈断电时使触头瞬时复位。断电延时型时间继电器的动作原理是：线圈通电时使触头瞬时动作，线圈断电时使触头延时复位。时间继电器的图形符号如图5-32所示。

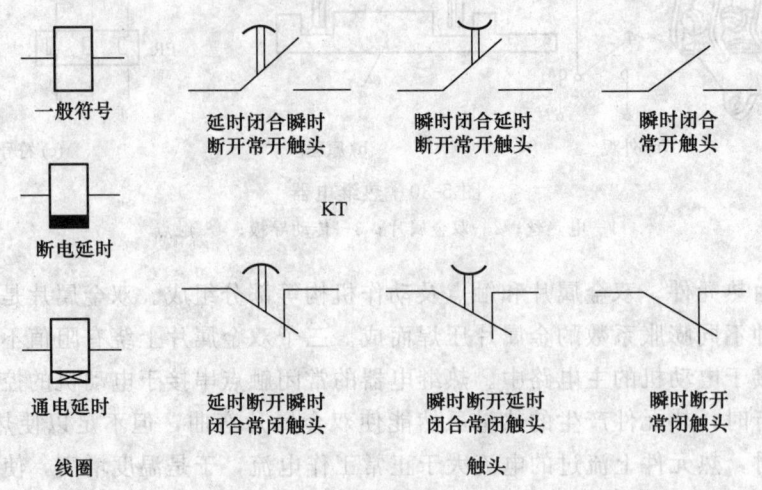

图 5-32 时间继电器的图形符号

空气阻尼式时间继电器是利用空气的阻尼作用获得延时的。此类时间继电器结构简单、价格低廉，但准确度低，延时误差大（±10%～±20%），一般只用于要求延时精度不高的场合。目前在交流电路中应用较多的是晶体管式时间继电器。利用 RC 电路中电容器充电时电容器上的电压逐渐上升的原理作为延时基础，其特点是延时范围广、体积小、精度高、调节方便及寿命长。

4.6 主令电器

主令电器主要用来切换控制电路，即用它来控制接触器、继电器等设备的线圈得电与失电，从而控制电力拖动系统的启动与停止，以此改变系统的工作状态。主令电器应用广泛，种类繁多，本节只介绍常用的控制按钮和位置开关。

4.6.1 控制按钮

控制按钮是一种结构简单、应用广泛的主令电器。其结构原理如图 5-33 所示。它不直接控制主电路，而是在控制电路中发出手动"指令"来控制接触器、继电器等，再用这些电器去控制主电路。控制按钮也可用来转换各种信号线路与电气连锁线路等。

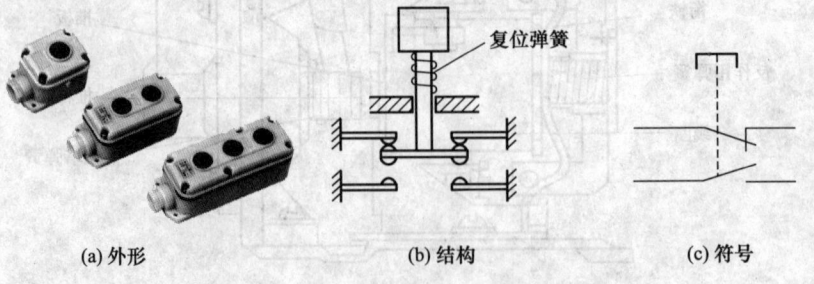

(a) 外形　　　　　　　(b) 结构　　　　　　　(c) 符号

图 5-33 控制按钮的外形、结构与符号

控制按钮由按钮帽、复位弹簧、桥式触点和外壳构成。动触点和上面的静触点组成常闭，和下面的静触点组成常开。按下按钮时，常闭触点断开，常开触点闭合；松开按钮时，在弹簧的作用下各触点恢复原态，即常闭触点闭合，常开触点断开。

4.6.2 位置开关

位置开关又称行程开关或限位开关，其作用是将机械位移转换成电信号，使电动机运行状态发生改变，即按一定行程自动停车、反转、变速或循环，用来控制机械运动或实现安全保护。位置开关包括行程开关、限位开关、微动开关及由机械部件或机械操作的其他控制开关。

位置开关有两种类型：直动式（按钮式）和旋转式；其结构基本相同，都由操作头、传动系统、触头系统和外壳组成，位置开关结构如图 5-34，主要区别在传动系统。直动式位置开关的外形如图 5-35(a) 所示。单轮旋转式位置开关的外形如图 5-35(b) 所示。图 5-35(c) 所示为位置开关的结构原理图。当运动机构的挡铁压到位置开关的滚轮上时，转动杠杆连同转轴一起转动，凸轮推动撞块使得常闭触点断开，常开触点闭合。挡铁移开后，复位弹簧使其复位。位置开关的图形符号如图 5-35(d) 所示。

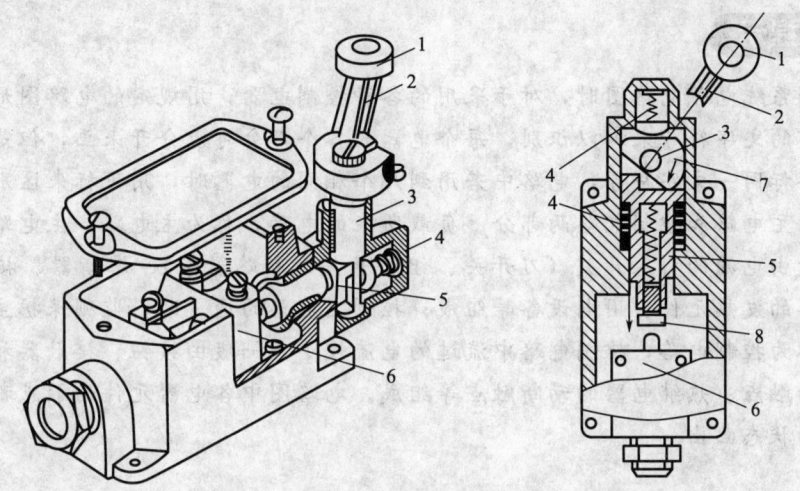

图 5-34　位置开关结构

1—滚轮；2—杠杆；3—转轴；4—复位弹簧；5—撞块；6—微动开关；7—凸轮；8—调节螺钉

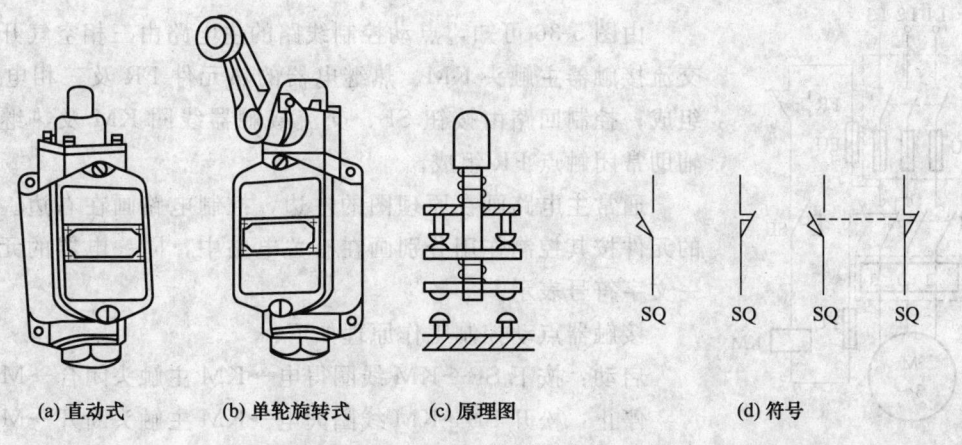

(a) 直动式　　　(b) 单轮旋转式　　　(c) 原理图　　　(d) 符号

图 5-35　位置开关外形和原理图

其工作原理是：当运动机械的挡铁压到滚轮上时，杠杆连同转轴一起转动，并推动撞块，当撞块被压到一定位置时，推动微动开关的动触头，使常开触头分断，常闭触头闭合。当运动机械的挡铁移开后，复位弹簧使行程开关各部件恢复常态。

按钮式和单轮旋转式行程开关为自动复位式。双轮旋转式行程开关没有复位弹簧，在挡铁离开后不能自动复位，必须由挡铁从反方向碰撞后，开关才能复位。这种非自动复位的开关，具有"记忆"曾被撞击的动作顺序的作用。

任务 5　基本电气控制线路

了解电气控制系统图的基本知识，熟悉各种基本控制线路的工作原理，能画出简单的基本控制线路。

特别提示

在画控制系统电气电路图时，对于采用的各种控制电器，用规定的电路图形符号来代替实物，用规定的文字符号来加以识别，每个电器的各个部分可以分开来画，但是同一个电器的各个部分要标同一文字符号，电路中若用到几个相同的电器时，用下标来区别。另外，将整个电路分为主电路和控制电路两部分。负载所在的电路，称为主电路，主电路中流过的电流较大，一般由电源的引入开关（刀开关、组合开关、断路器等）、熔断器、接触器的主触点、热继电器的发热元件、用电设备等组成；控制主电路的通、断，监测保护主电路正常工作的电路，称为控制电路，控制电路中流过的电流较小，一般由按钮、接触器和继电器的吸引线圈及辅助触点、热继电器的动断触点等组成。电路图中各电器元件的触点都是按电器元件未通电时的状态画出。

5.1　点动控制

点动控制是电动机最简单的控制方式，其控制线路如图 5-36 所示。

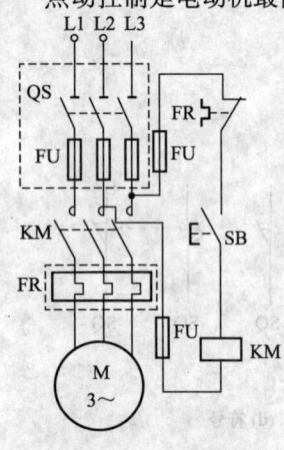

图 5-36　点动控制原理图

由图 5-36 可知，点动控制线路的主电路由三相空气开关 QS、交流接触器主触头 KM、热继电器的热元件 FR 及三相电动机 M 组成；控制回路由按钮 SB、交流接触器线圈 KM 及热继电器的辅助常闭触点 FR 组成。

通常主电路画在原理图的左边，控制电路画在右边。各电器的元件按其控制作用分别画在有关电路中，同一电器的元件用同一文字符号表示。

接触器点动控制工作原理如下：

启动：按下 SB→KM 线圈得电→KM 主触头闭合→M 运转。

停止：松开 SB→KM 线圈失电→KM 主触头断开→M 停转。

点动控制线路虽然简单，但在实用中应用得很普遍。

5.2 电动机单向连续运转控制

图 5-37 所示为电动机单向连续运转控制线路图。

启动：按下 SB2 → KM 线圈得电 → KM 主触头闭合 → M 运转
　　　　　　　　　　　　　　　→ KM 辅助常开触头闭合

松开 SB2：由于 KM 辅助常开触头闭合，KM 线圈仍得电，电动机 M 继续运转。

停止：按下 SB1 → KM 线圈失电 → KM 主触头分断 → M 停转
　　　　　　　　　　　　　　　→ KM 辅助常开触头断开

利用接触器本身的辅助常开触头使接触器线圈保持通电的作用称为自锁，为此常把接触器辅助常开触头称为自锁触头。

若要电动机停止转动，按下停止按钮 SB2→线圈 KM 失电→KM 主触头和自锁触头均断开，电动机停转。

另如图 5-38 为点动加连续的控制电路，即同时可实现点动控制和连续控制，请读者自己分析其动作过程。

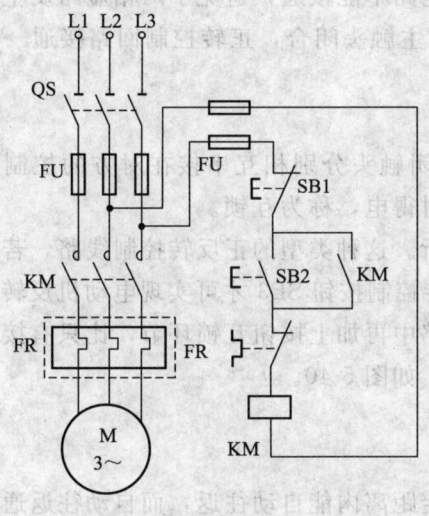

图 5-37　连续运转的控制电路

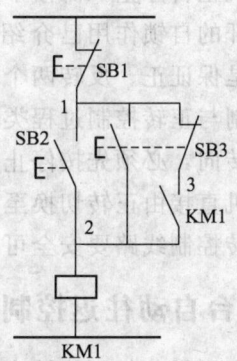

图 5-38　点动加连续的控制电路

5.3 电动机的正反转控制

电梯的上下升降、机床工作台的移动、横梁的升降，其本质都是电动机的正反转。实现电动机的正反转，只需把电动机与三相电源连接的三根火线中任意两根对调位置即可。图 5-39 所示为电动机接触器连锁的正反转控制线路。

两只接触器 KM1 和 KM2 的主触头串接在主电路中，它们的出线端接电动机，KM1 的进线端接电源的正相序 L1→L2→L3，KM2 的进线端接电源的反相序 L3→L2→L1，只要 KM1 或 KM2 有一个动作，电动机便可得到不同的电源相序，而有不同的转向。要注意的是，这两只接触器决不能同时动作，否则将使电源短路。因此，在控制电路中要采取保护措施——联锁（或互锁）保护，保证两只接触器中只能有一个动作。

闭合空气开关 QF，为电动机启动做好准备。

129

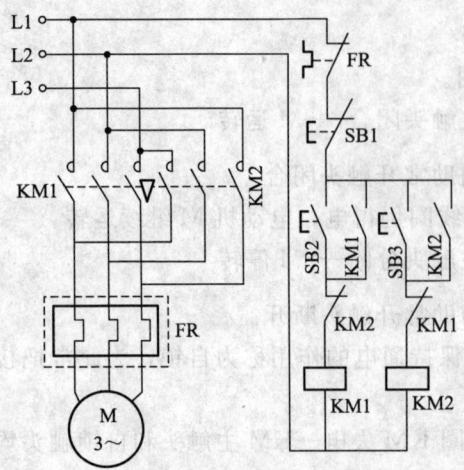
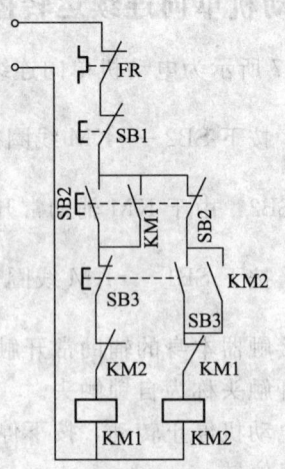

图 5-39　接触器互锁的正反转电路　　　　图 5-40　双重联锁的控制电路

正转控制过程：按下正转启动按钮 SB2→正转控制回路线圈 KM1 得电→串接在反转控制电路的辅助常闭触头打开，使电动机正转时反转电路不能接通，避免了两相短路发生→辅助常开触头 KM1 闭合自锁，同时正转主电路中三对主触头闭合，正转控制回路接通→电动机正转启动运行。

让电动机正转停止，需按下停止按钮 SB1 即可。

辅助常开的自锁作用已介绍过，在这里辅助常闭触头分别相互串接在对方的控制回路中，其作用是保证正、反转两个接触器线圈不会同时得电，称为互锁。

反转控制与正转控制过程类似，请读者自行分析。这种类型的正反转控制线路，若要改变电动机的转向，必须先按停止按钮 SB1，再按反转控制按钮 SB3 才可实现电动机反转。如果要使电动机直接由正转切换至反转，就需要在电路中再加上按钮互锁环节，比只有接触器互锁的正反转控制线路要安全可靠，并且操作方便。如图 5-40。

5.4　工作台自动往返控制

有些生产机械，如万能铣床，要求工作台在一定距离内能自动往返，而自动往返通常是利用行程开关来控制电动机的正反转以实现工作台的自动往返运动。图 5-41 所示为工作台自动往返控制线路。

图 5-41 中 SQ1 是左移转右移的行程开关，SQ2 是右移转左移的行程开关，SQ3 和 SQ4 分别为左右极限保护行程开关。

控制过程如下：按下启动按钮 SB1，KM1 得电并自锁，电动机正转工作台向左移动，当到达左移预定位置后，挡铁 1 压下 SQ1，SQ1 常闭触头打开使 KM1 断电，SQ1 常开触头闭合使 KM2 得电，电动机由正转变为反转，工作台向右移动。当到达右移预定位置后，挡铁 2 压下 SQ2，使 KM2 断电，同时 SQ2 并在左移控制回路按钮两端的辅助常开触头闭合使 KM1 得电，电动机由反转变为正转，工作台又向左移动。如此周而复始地自动往返工作。按下停止按钮 SB3 时，电动机停转，工作台停止移动。若因行程开关 SQ1、SQ2 失灵，则由极限保护行程开关 SQ3 和 SQ4 实现保护，从而避免运动部件因超出极限位置而发生事故。

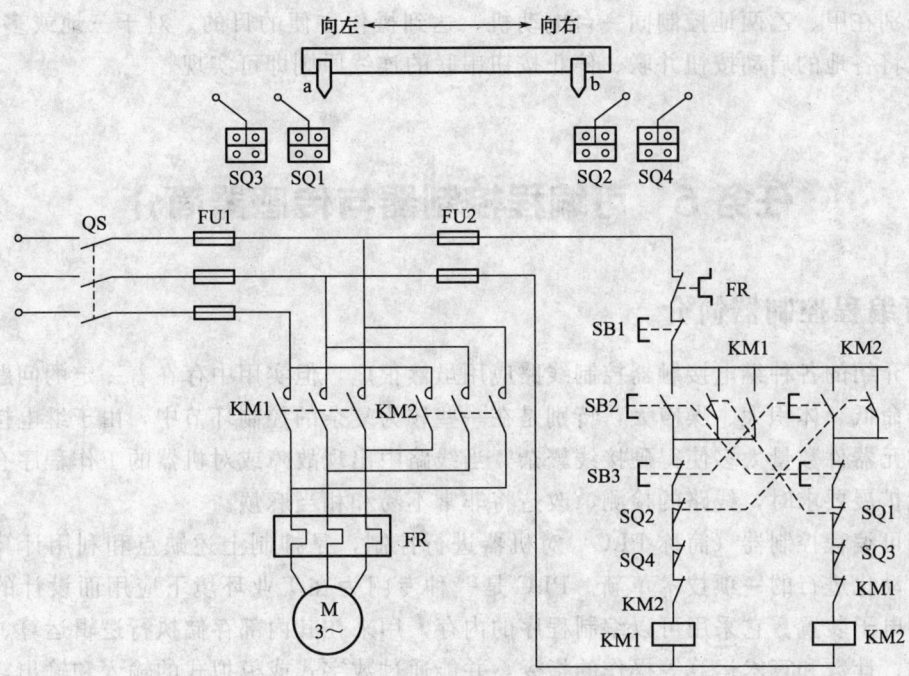

图 5-41 工作台自动往返控制线路

5.5 多地控制

能在两地或多地控制同一台电动机的控制方式叫电动机的多地控制。图 5-42 所示为电动机两地控制线路。

图中 SB1 和 SB3 为安装在甲地的启动按钮和停止按钮,SB2 和 SB4 是安装在乙地的启动按钮和停止按钮。线路的特点是,启动按钮应并联在一起,停止按钮应串联在一起。这样

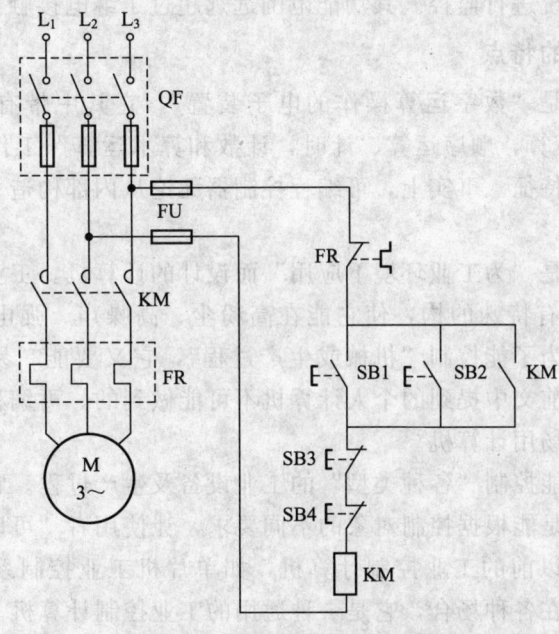

图 5-42 电动机两地控制线路

就可以分别在甲、乙两地控制同一台电动机,达到操作方便的目的。对于三地或多地控制,只要按照将各地的启动按钮并联、停止按钮串联的连线原则即可实现。

任务 6　可编程控制器与传感器简介

6.1　可编程控制器简介

本节介绍的各种继电接触器控制线路应用虽然很广,但实用中存在着一定的问题,主要是触点寿命低、体积大、噪声大,特别是在一些较为复杂的控制环节中,由于继电接触器控制线路的元器件数量太多使得硬接线繁杂,当线路中出现故障或对机器的工作程序有新的调整和功能扩展要求时,线路的检测、改造将非常不易和相当麻烦。

采用可编程控制器(简称 PLC)对机器进行控制,是抑制上述缺点和利用计算机技术对生产自动化进行的一项技术革新。PLC 是一种专门为在工业环境下应用而设计的数字运算操作的电子装置。它采用可以编制程序的内存,用来在其内部存储执行逻辑运算、顺序运算、计时、计数和算术运算等操作的指令,并能通过数字式或模拟式的输入和输出,控制各种类型的机械或生产过程。PLC 及其有关的外围设备都应按照易于与工业控制系统工程形成一个整体,易于扩展其功能的原则而设计。

自动控制系统一般分为三部分:输入部分、逻辑控制部分和输出部分。输入部分包括各种主令电器,其作用是输入各种指令和生产过程控制要求;逻辑控制部分包括各类继电器、接触器等用以实现各种控制功能;输出部分则是生产过程中的被驱动对象,如电磁阀、指示灯等。可编程控制器可取代继电接触器控制系统中的逻辑控制部分,主要功能有条件控制、限时控制、步进控制、计数控制及数据处理。PLC 还可以采用通信技术进行远距离控制及互相连网,也可以对系统进行监控。其功能范围远远超过了继电接触器控制系统。

6.1.1　可编程控制器的特点

(1)可编程控制器是"数字运算操作的电子装置",它其中带有"可以编制程序的内存",可以进行"逻辑运算,顺序运算、计时,计数和算术运算"工作,可以设想可编程控制器具有计算机的基本特征。事实上,可编程控制器无论从内部构造、功能及工作原理上看都是不折不扣的计算机。

(2)可编程控制器是"为工业环境下应用"而设计的计算机。工业环境和一般办公环境有较大的区别,PLC 具有特殊的构,使它能在高粉尘、高噪声、强电磁干扰和温度变化剧烈的环境下正常工作。为了能控制"机械或生产过程",它又要能"易于与工业控制系统形成一个整体"这些都是前文中提到的个人计算机不可能做到的。可编程控制器不是普通的计算机,它是一种工业现场用计算机。

(3)可编程控制器能控制"各种类型"的工业设备及生产过程。它"易于扩展其功能",程序并不是不变的,而是能根据控制对象的不同要求,让使用者"可以编制程序"的,也就是说,可编程控制器较以前的工业控制计算机,如单片机工业控制系统,具有更大的灵活性,它可以方便地应用在各种场合,它是一种通用的工业控制计算机。

和继电接触器控制系统相比较,可编程控制器靠的是软接线(即编程)进行的逻辑控制,即由可编程控制器根据生产机械的控制要求,通过编程器键盘输入相应的程序。当生产过程有新的需求和调整时,可对已经编好的程序进行重新调整编写即可,从而避免了复杂的硬接线改造。与普通计算机相比,可编程控制器可以适应工业现场的高温、振动以及有较强电磁场干扰的外部环境,如果把办公机制中的计算机称为白领计算机,则可编程控制器称得上是工业控制中的蓝领计算机。可编程控制器用电子元件取代了机械触点,无磨损、无噪声、可靠性高、体积小、速度快。使用计算机和多台可编程控制器还可组成"分散控制、集中管理"的控制网络。

继电接触器控制系统由于价格便宜,操作简单,目前仍广泛应用于简单的生产机械控制中,比较复杂或规模较大的控制系统,现在大都采用可编程控制器进行控制。可编程控制器技术具有广阔的发展前景。

6.1.2 可编程控制器的基本结构

可编程控制器的主要由 CPU 模块、输入模块、输出模块和编程器(存储器)组成。

(1) CPU 模块 CPU 模块主要由微处理器(CPU 芯片)和存储器组成,在可编程控制器系统中,CPU 模块相当于人的大脑和心脏,它不断地采集输入信号,执行用户程序,刷新系统的存储器用来储存程序和数据。

(2) I/O 模块 输入(Input)模块和输出(Output)模块简称为 I/O 模块,它们是系统的眼、耳、手、脚,是联系外部现场和 CPU 模块的桥梁。输入模块用接收和采集输入信号,输入信号有两类:一类是从按钮、选择开关、数字拨码开关、限位开关、接近开关、光电开关、压力继电器等开关量输入信号;另一类是由电位器、热电偶、测速发电机、各种变送器提供的连续变化的模拟量输入/输出信号电压一般较高,如直流 24V 和交流 220V。从外部引入的尖锐电压和干扰噪声可能损坏 CPU 模块中的元器件,或使用权可编程控制器不能正常工作。在 I/O 模块中,用光电耦合器,光电可控硅、小型继电器等器件来隔离外部输入电路和负载,I/O 模块除了传递信号外,还有电平转换与隔离的作用。

(3) 存储器 可编程控制器的存储器分为系统程序存储器和用户程序存储器,系统程序相当于个人计算机的操作系统,它使可编程控制器生产厂家设计固化在 ROM 内,用户不能直接读取,可编程控制器的用户程序由用户设计,它决定了可编程控制器的输入信号与输出信号之间的具体关系。用户程序存储器的容量一般以字(每个字由 16 位二进制数组成)为单位,三菱的 FX 系列可编程控制器的用户程序存储器以步为单位。小型可编程控制器的用户程序存储器容量在 1K 字(1K=1024B),大型可编程控制器的用户程序存储器容量可达数百 K 字,甚至数 M (兆) 字。

(4) 电源 可编程控制器使用 220V 交流电源或 24V 直流电源。可编程控制器内部的直流稳压电源为各模块内的电路供电,某些可编程控制器可以输入电路和外部电子检测装置(如接近开关)提供 24V 直流电源,驱动现场执行机构的直流电源一般由用户提供。

6.2 传感器简介

传感器是将非电量转换为电量的一种功能装置,也是优良控制系统中的必备元件。传感器一般由敏感元件和转换元件两个基本环节构成。

传感器按用途可分为位移传感器、温度传感器、压力传感器、速度传感器及超声波传感器等。按工作原理又可分为电阻式、电感式、光电式、磁电式及射线式等。

例如,磁电式传感器是由小块永久磁铁和干簧开关管组成的。当磁电式传感器应用于房间报警装置中时,一般干簧管和电路镶嵌在门、窗框里,磁铁固定在对应的门窗扇上,构成门窗防盗报警器或门开报知器。当门打开时,磁铁由于离开干簧管而使干簧管常开触点断开,这时开关管导通并向电路中的两个振荡器同时供电,振荡器得电后工作,驱动喇叭发声报警。当门关上后,干簧管常开触点又接通,电路断开,报警停止。

又如,光电传感器由于其抗干扰能力强,便于电隔离,在计算机技术迅猛发展、数字系统不断涌现的今天备受青睐。光电传感器的光电器件有光敏电阻、光电池及电荷耦合摄像器件(CCD)等。其中光敏电阻也称为光导管,它利用半导体材料具有的内光电效应制成。其阻值与光通量成反比。当物质受光照后,载流子密度增加,电阻值减少。

为了真实地了解被检测环境(温度、压力、水位、内应力、湿度等)对系统的影响,常常利用光敏元件进行预变换。当光敏元件受光照时,电路就会导通,从而把光能转换为电能,传感器进行工作。光敏元件的任务就是将被测的非电量转换成易于变换成电量的另一种非电量,再将这种非电量转换为电参量的变化加以电测量,最后经过系统的检测和分析得出结论。

小 结

1. 三相异步电动机主要由定子和转子两大部分组成。
2. 三相异步电动机的转动原理

定子绕组通入三相交流电产生旋转磁场,转子导体切割旋转磁场产生感应电动势和电流,转子载流导体在磁场中受到电磁力的作用,从而产生电磁转矩使电动机旋转。

3. 同步转速:三相交流电产生旋转磁场的转速。
4. 额定转矩:是指额定功率和额定转速时的转矩。

$$T_N = 9550 \frac{P_N}{n_N} \text{ (kW)}$$

5. 电机的启动:电动机的启动就是把电动机的定子绕组与电源接通,使电动机的转子转速由零开始运转,直至以一定转速稳定运行的过程。

电动机启动要求是:启动电流小,启动转矩大,启动时间短。

笼型异步电动机的启动方法有直接启动和降压启动两种。

(1) 直接启动 直接启动是中小型笼型异步电动机常用的启动方法,启动时把电动机的定子绕组直接加上额定电压。此方法最简单、方便、经济,而且启动时间短,启动可靠。主要缺点是启动电流大,对电网电压的影响较大。但是这一影响将随着电源容量的增大而减小,所以当电源容量相对于电动机的功率足够大时,可采取此方法启动。

(2) 降压启动 降压启动的主要目的是为了限制启动电流,在启动时借助启动设备将电源电压适当降低后加到定子绕组上进行启动,待电动机转速升高到接近稳定时,再使电压恢复到额定值,转入正常运行。但问题是在限制启动电流的同时,启动转矩也受限制。最常用的降压启动方法有 Y-△换接启动和自耦降压启动。

Y-△换接启动只适用于定子绕组为△形联结,且每相绕组都有两个引出端子的三相笼型异步电动机。用 Y-△换接启动时的启动电流是△形联结直接启动时的 1/3。

6. 电机的制动:能耗制动;反接制动;再生发电制动。
7. 异步电动机的主要额定数据:

额定输入功率: $P_{1N} = \sqrt{3} U_N I_N \cos\varphi_N$

额定功率： $$P_N = P_{1N} \cdot \eta_N$$

额定转矩： $$T_N = 9550 \frac{P_N}{n_N}$$

额定转差率： $$s_N = \frac{n_1 - n_N}{n_1}$$

过载能力： $$\lambda = \frac{T_{max}}{T_N}$$

启动能力： $$\frac{T_{st}}{T_N}$$

8. 常用低压电器

电器按用途又可分为控制电器和保护电器。各种开关、接触器、继电器等，用来控制电路的接通、断开，称为控制电器；熔断器和热继电器等用来保护电源和用电设备，称为保护电器。

（1）刀开关　刀开关是一种结构最简单的手动电器。它的动作特点是动合型。刀开关主要由刀片（动触点）和刀座（静触点）组成，按极数（刀片数）不同刀开关分单极、双极和三极三种，安装刀开关时，电源线应接在静触点上，负荷线接在和刀片相连的端子上。若有熔丝的刀开关，负荷线应接在刀片下侧熔丝的另一端，以保证刀开关切断电源后，刀片和熔丝不带电。

（2）熔断器　熔断器是电路中最常用的保护电器，串接在被保护的电路中，它主要由熔体和外壳构成。

（3）自动空气开关　自动空气开关又称自动空气断路器，简称自动开关，是常用的一种低压保护电器，当电路发生过载、短路和欠电压等不正常情况时能自动断开电路。它与熔断器配合是低压设备和线路保护的一种最基本的保护手段。

（4）接触器　由触点系统、电磁系统和灭弧系统组成。主要起到频繁的接通和断开电路的作用，还可以起到欠压、失压保护的作用。

（5）热继电器　由热元件、传动机构和触点组成，通常起到过载保护作用。

9. 三相异步电动机控制电路

用接触器和按钮来控制电动机的起停，用热继电器作电动机的过载保护，这就是继电-接触器控制的最基本电路。常见的一些基本环节有：点动控制、单向运行控制、电动机正反转互锁控制、联锁控制、行程控制等。

（1）点动控制电路　点动控制就是按下按钮时电动机就转动，松开按钮电动机就停转。生产机械在进行试车和调整时常要求点动控制。

（2）单向运行控制电路　如果需要保持电动机连续运转，则要在"点动控制电路"的基础上进行改进。接触器用自己的动合辅助触点"锁住"自己的线圈电路，这种作用称为"自锁"，该触点称为"自锁触点"。

（3）正、反转互锁控制电路　为了实现三相异步电动机的正、反转，只要改变引入到电动机的三相电源的相序即可。

（4）联锁控制电路　联锁控制是指在多台电动机工作的系统中，根据生产工艺的要求，其中的某些电动机可能要按照一定的顺序启动，或者按照一定的顺序停止等，这种按照一定顺序方式工作的多台电动机的控制就是联锁控制。

（5）三相异步电动机的行程控制　所谓行程控制就是对生产机械中运动部件的行程位置进行控制，这种控制可利用行程开关来实现。

5-1 填空

1. 三相异步电动机主要由____和____两大部分组成。电机的铁芯是由相互绝缘的____片叠压制成。电动机的定子绕组可以连接成_____或_____两种方式。

2. 旋转磁场的旋转方向与通入定子绕组中三相电流的_____有关。异步电动机的转动方向与_____的方向相同。旋转磁场的转速决定于电动机的_____。

3. 转差率是分析异步电动机运行情况的一个重要参数。转子转速越接近磁场转速，则转差率越____。对应于最大转矩处的转差率称为_____转差率。

4. 异步电动机的调速可以用改变_____、_____和_____三种方法来实现。

5. 熔断器在电路中起_____保护作用；热继电器在电路中起_____保护作用。接触器具有_____保护作用。

5-2 选择

1. 热继电器作电动机的保护时，适用于（　　）
   A. 重载启动间断工作时的过载保护　　B. 轻载启动连续工作时的过载保护
   C. 频繁启动时的过载保护　　　　　　D. 任何负载和工作制的过载保护

2. 三相异步电动机的旋转方向与通入三相绕组的三相电流（　　）有关。
   A. 大小　　　　B. 方向　　　　C. 相序　　　　D. 频率

3. 三相异步电动机旋转磁场的转速与（　　）有关。
   A. 负载大小　　　　　　　　B. 定子绕组上电压大小
   C. 电源频率　　　　　　　　D. 三相转子绕组所串电阻的大小

4. 能耗制动的方法就是在切断三相电源的同时（　　）
   A. 给转子绕组中通入交流电　　B. 给转子绕组中通入直流电
   C. 给定子绕组中通入交流电　　D. 给定子绕组中通入直流电

5. Y-△降压启动，由于启动时每相定子绕组的电压为额定电压的 $1/\sqrt{3}$ 倍，所以启动转矩也只有直接启动时的（　　）倍。
   A. 1/3　　　　B. 0.866　　　　C. 3　　　　D. 1/9

5-3 简析与计算

1. 三相异步电动机电磁转矩与哪些因素有关？三相异步电动机带动额定负载工作时，若电源电压下降过多，往往会使电动机发热，甚至烧毁，试说明原因。

2. 在电源电压不变的情况下，如果将三角形接法的电动机误接成星形，或者将星形接法的电动机误接成三角形，将分别出现什么情况？

3. 已知某三相异步电动机在额定状态下运行，其转速为 1430 r/min，电源频率为 50 Hz。求：电动机的磁极对数 p、额定运行时的转差率 S_N、转子电路频率 f_2 和转差速度 Δn。

4. 设计两台电动机顺序控制电路：M_1 启动后 M_2 才能启动；M_2 停转后 M_1 才能停转。

技能训练项目

项目 三相异步电动机基本控制电路的安装

一、实训目的

（1）掌握电气控制线路图的读图技巧，学会正确识别各种控制和保护电器图符号和文字符号。

（2）掌握基本电工工具的作用方法，并具有根据电气控制线路图正确连接电动机控制电路的能力。

（3）熟悉单相和三相异步电动机的结构组成及各部分的作用；理解异步电动机的工作原理，了解其机电转换过程及其铭牌数据、额定值。

（4）理解和掌握三相异步电动机的电磁特性和机械特性，并能运用这两个特性对工程实际问题进行分析的方法。

（5）了解常用的控制和保护用高、低压电器工作原理，熟悉它们的保护和控制作用及其应用场合。

（6）理解三相异步电动机的启动、调速和制动的控制原理，熟悉控制过程及其方法。

（7）掌握三相异步电动机点动、单相连续运转和正反转控制电路的控制原理及其操作方法。

二、实训知识要点

1. 连续运转控制电路的连接

在点动控制的电路中，要使电动机转动，就必须按住按钮不放，而在实际生产中，有些电动机需要长时间连续地运行，使用点动控制是不现实的，这就需要具有接触器自锁的控制电路了。

相对于点动控制的自锁触头必须是常开触头且与启动按钮并联。因电动机是连续工作，必须加装热继电器以实现过载保护。具有过载保护的自锁控制电路的电气原理如图 5-43 所示，它与点动控制电路的不同之处在于控制电路中增加了一个停止按钮 SB1，在启动按钮的

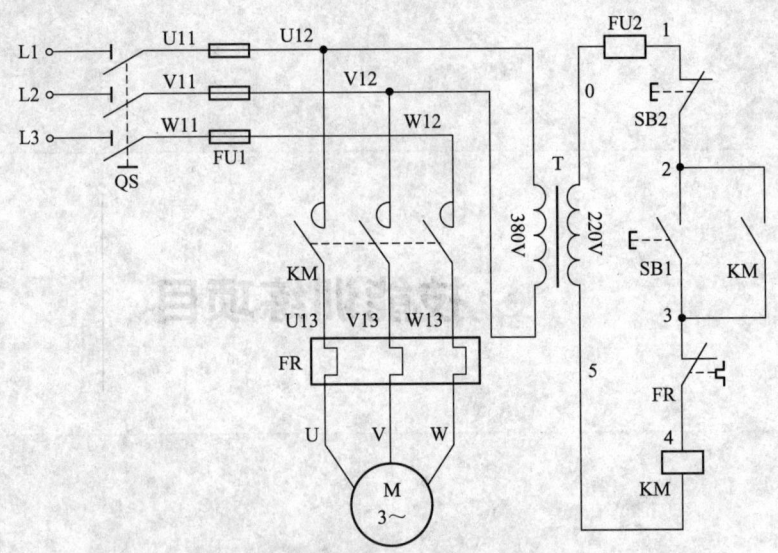

图 5-43 自锁控制电路的电气原理图

两端并联了一对接触器的常开触头，增加了过载保护装置（热继电器 FR）。

电路的工作过程：当按下启动按钮 SB1 时，接触器 KM 线圈通电，主触头闭合，电动机 M 启动旋转，当松开按钮时，电动机不会停转，因为这时，接触器 KM 线圈可以通过辅助触点继续维持通电，保证主触点 KM 仍处在接通状态，电动机 M 就不会失电停转。这种松开按钮仍然自行保持线圈通电的控制电路叫做具有自锁（或自保）的接触器控制电路，简称自锁控制电路。与 SB1 并联的接触器常开触头称自锁触头。

(1) 欠电压保护　"欠电压"是指电路电压低于电动机应加的额定电压。这样的后果是电动机转矩要降低，转速随之下降，会影响电动机的正常运行，欠电压严重时会损坏电动机，发生事故。在具有接触器自锁的控制电路中，当电动机运转时，电源电压降低到一定值时（一般低到85％额定电压以下），由于接触器线圈磁通减弱，电磁吸力克服不了反作用弹簧的压力，动铁芯因而释放，从而使接触器主触头分开，自动切断主电路，电动机停转，达到欠电压保护的作用。

(2) 失电压保护　当生产设备运行时，由于其他设备发生故障，引起瞬时断电，而使生产机械停转。当故障排除后，恢复供电时，由于电动机的重新启动，很可能引起设备与人身事故的发生。采用具有接触器自锁的控制电路时，即使电源恢复供电，由于自锁触头仍然保持断开，接触器线圈不会通电，所以电动机不会自行启动，从而避免了可能出现的事故。这种保护称为失电压保护或零电压保护。

(3) 过载保护　具有自锁的控制电路虽然有短路保护、欠电压保护和失电压保护的作用，但实际使用中还不够完善。因为电动机在运行过程中，若长期负载过大或操作频繁，或三相电路断掉一相运行等原因，都可能使电动机的电流超过它的额定值，有时熔断器在这种情况下尚不会熔断，这将会引起电动机绕组过热，损坏电动机绝缘，因此，应对电动机设置过载保护，通常由三相热继电器来完成过载保护。

2. 接触器控制的正反转电路的连接

控制线路的动作过程（图 5-44）是：

(1) 正转控制　合上电源开关 QS，按正转启动按钮 SB2，正转控制回路接通，KM1 的线圈通电动作，其常开触头闭合自锁、常闭触头断开对 KM2 的联锁，同时主触头闭合，主电路按 U1、V1、W1 相序接通，电动机正转。

(2) 反转控制　要使电动机改变转向（即由正转变为反转）时应先按下停止按钮 SB1，使正转控制电路断开电动机停转，然后才能使电动机反转，为什么要这样操作呢？因为反转控制回路中串联了正转接触器 KM1 的常闭触头，当 KM1 通电工作时，它是断开的，若这时直接按反转按钮 SB3，反转接触器 KM2 是无法通电的，电动机也就得不到电源，故电动机仍然正转状态，不会反转。电机停转后按下 SB3，反转接触器 KM2 通电动作，主触头闭合，主电路按 W1、V1、U1 相序接通，电动机的电源相序改变了，故电动机作反向旋转。

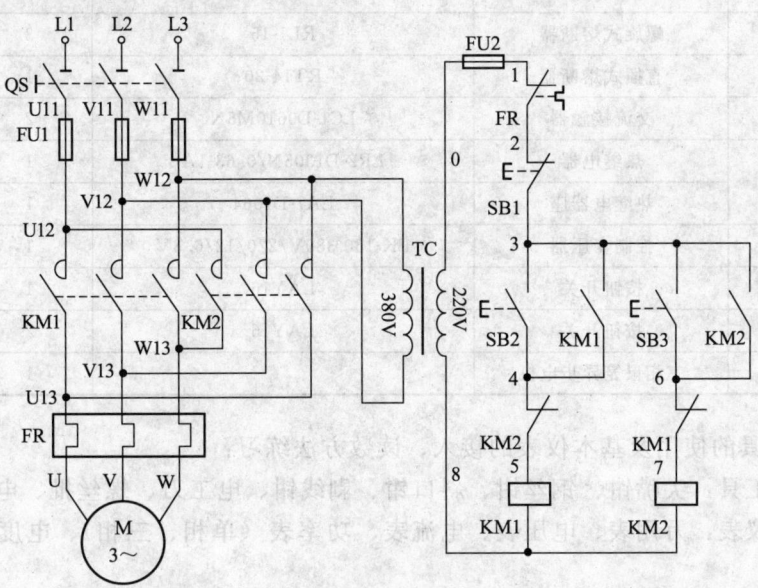

图 5-44

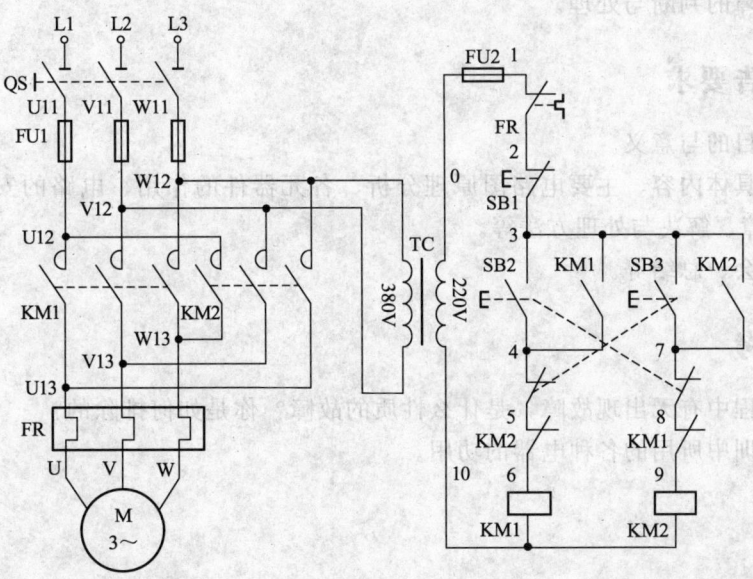

图 5-45

3. 双重联锁的正反转电路的连接

该控制线路（图 5-45）集中了按钮联锁和接触器联锁的优点，故具有操作方便和安全可靠等优点，为电力拖动设备中所常用。

三、实训内容与要求

电气元件明细见表 5-1。

表 5-1　所需电气元件明细表

代号	名　称	型　号	数量	备　注
QS	空气开关	DZ47-63-3P-3A	1	
FU1	螺旋式熔断器	RL1-15	3	装熔芯 3A
FU2	直插式熔断器	RT14-20	1	装熔芯 2A
KM1、KM2	交流接触器	LC1-D0610M5N	2	线圈 AC220V
FR	热继电器	LR2-D1305N/0.63-1A	1	
FR	热继电器座	LA7-D1064	1	
TC	控制变压器	BK-150 380V/220/12/6.3V	1	
SB1	按钮开关	LAY16	1	红色
SB2、SB3	按钮开关	LAY16	2	绿色
M	三相鼠笼异步电机		1	380V/△

1. 常用工具的使用及基本仪表的接入、读数方法练习：
（1）常用工具：尖嘴钳、钢丝钳、斜口钳、剥线钳、电工刀、螺丝批、电钻等；
（2）基本仪表：万用表、电压表、电流表、功率表（单相、三相）、电度表（单相、三相）、钳表等。

2. 各种电动机控制电路的连接。

3. 电路故障的判断与处理。

四、实训报告要求

1. 实习的目的与意义。

2. 实习的具体内容、主要电路图原理分析、各元器件的作用、电路的安装与效果、产生的问题与故障、解决与处理方法等。

3. 心得体会、总结等。

五、分析思考

1. 实训过程中有无出现故障，是什么性质的故障？你是如何排除的？

2. 简述实训中所用的各种电器的功用。

第二篇
电子技术基础

学习项目 6
基本放大电路

项目描述

能够对电信号进行放大的电路称为放大电路,习惯上称为放大器,在各种电子装置中,采用的放大电路多种多样,然而单管放大电路是构成各种复杂放大电路的基本单元。本项目首先介绍与放大电路相关的电子元器件,然后以晶体三极管组成的几种放大电路为例,介绍放大电路的组成原则、工作原理、性能指标及分析计算方法。

项目任务

掌握半导体器件基础知识,会正确识别、检测及使用半导体器件。掌握基本放大电路的基础知识,会测试放大电路主要技术指标,能根据需要合理地选择基本放大电路。

任务 1 半导体及 PN 结

半导体器件是 20 世纪中期开始发展起来的,具有体积小、重量轻、使用寿命长、输入功率小和功率转换效率高等优点,是电子电路的重要组成部分。在现代电子技术中得到了广泛应用。近到身边的手机、计算机、汽车、电视机,远到火箭的飞天、卫星的遨游等,它们的正常工作,都离不开电子电路的支持。离开了半导体器件,我们的工作就寸步难行,生活也会失去色彩。半导体器件都是由半导体材料制成的。

1.1 半导体

自然界中的物质按导电能力不同可分为导体、半导体和绝缘体三大类。金属导体的电导率一般在 10^5 s/cm 量级,很容易导电,例如铜、铝、银等金属材料;塑料、云母等绝缘体的电导

率通常是 $10^{-22} \sim 10^{-14}$ s/cm 量级,很难导电;半导体的电导率则在 $10^{-9} \sim 10^2$ s/cm 量级,导电能力介于导体和绝缘体之间,常用的半导体材料是硅(Si)和锗(Ge)。虽然半导体的导电能力介于导体和绝缘体之间,但半导体的应用却极其广泛,这是由半导体的独特性能决定的。

(1) **光敏性**　半导体随着光照的变化其导电能力明显增强,这种特性称为光敏特性。利用光电效应可以制作光电晶体管、光电耦合器、光电池等。

(2) **热敏性**　随着温度的上升,半导体材料的导电能力迅速增加,这种特性称为热敏特性。利用这种热敏效应可以制作热敏元件,例如热敏电阻。

(3) **掺杂性**　所谓掺杂性就是半导体的导电能力因掺入少量特殊杂质而极大的增强。在半导体硅中掺入百万分之一的杂质,其导电能力就可以增强上百万倍。所以,利用这一特性,可以制造出不同性能、不同用途的半导体器件。

半导体材料的独特性能是由其内部的导电机理所决定的。

1.2　本征半导体

完全纯净、具有晶体结构的半导体称为本征半导体。硅和锗都是 4 价元素,其原子核最外层有 4 个价电子,它们都是由同一种原子构成的"单晶体",属于本征半导体。在这种晶体结构中,每个原子的一个价电子与另一个原子的一个价电子组成共价键结构,如图 6-1 所示。但是天然的硅和锗是不能制作成半导体器件的,它们必须先经过高度提纯后形成单晶体,其晶格结构完全对称,称为本征半导体。

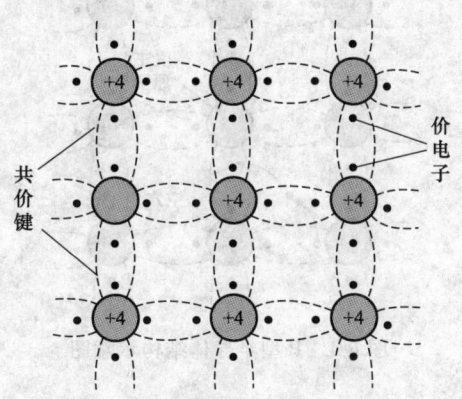

图 6-1　本征半导体晶体结构示意图

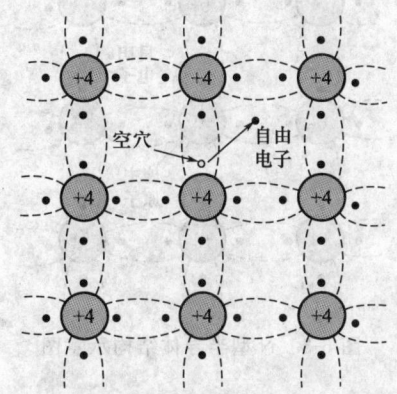

图 6-2　本征半导体中的自由电子和空穴

从共价键晶格结构来看,每个原子外层都具有 8 个价电子。但价电子是相邻原子共用,所以稳定性并不像绝缘体那样好。本征半导体受光照或温度上升影响,共价键中价电子的热运动加剧,一些价电子会挣脱原子核的束缚游离到空间成为自由电子,在游离走的价电子原位上留下一个不能移动的空位,叫空穴。如图 6-2 所示。由于热激发而在晶体中出现电子空穴对的现象称为本征激发。本征激发产生的自由电子和空穴成对出现,在运动过程中如果自由电子填补了空穴,则电子和空穴就成对消失,这种现象称为复合。为区别于本征激发下自由电子载流子的运动,把价电子填补空穴的复合运动称为空穴载流子运动。在半导体中存在着两种导电粒子(载流子),一种是带负电的自由电子,另一种是带正电荷的空穴。

半导体中载流子的数量取决于环境温度高低,随温度升高,载流子浓度增加,所以本征半导体的性能受温度影响。

1.3 杂质半导体

本征半导体的电阻率比较大，载流子浓度又小，且对温度变化敏感，因此导电能力很弱，用途很有限。如果在本征半导体中掺入某些微量元素作为杂质，可使半导体的导电性发生显著变化。掺入的杂质主要是三价或五价元素。掺入杂质的本征半导体称为杂质半导体。

1.3.1 N型半导体

在本征半导体中掺入少量的五价元素（如磷、砷）就形成N型半导体。每一个五价元素取代一个四价元素在晶体中的位置，掺入的元素原子有5个价电子，其中4个与硅原子结合成共价键，余下的一个不在共价键之内，不受共价键束缚，因此只需较小的能量便可挣脱原子核束缚而成为自由电子。由于掺入的五价元素原子很容易贡献出一个自由电子，故称为"施主杂质"。掺入的五价元素原子提供一个电子（成为自由电子）后，它本身因失去电子而成为正离子，如图6-3所示。虽然掺入的五价原子数目不多，但在室温下，每掺入一个五价原子便产生一个自由电子。另外还有少数的电子-空穴对。所以，当掺入五价元素时，自由电子是多数载流子（简称多子），数量主要取决于掺杂的浓度；空穴是少数载流子（简称少子），数量主要取决于温度。掺入五价元素的杂质半导体由于自由电子多而称为电子型半导体，也叫做N型半导体。

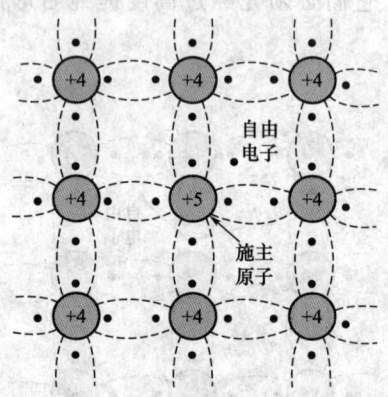
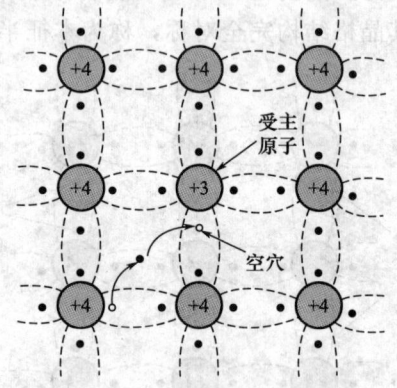

图6-3　N型半导体结构示意图　　　　图6-4　P型半导体结构示意图

1.3.2 P型半导体

在本征半导体中掺入少量的三价元素（如硼、镓）就形成P型半导体。三价元素原子为形成四对共价键使结构稳定，常吸引附近半导体原子的价电子，从而产生一个空穴和一个负离子，如图6-4所示，故这种杂质半导体的多数载流子是空穴，因为空穴带正电，所以称为P型半导体，也称为空穴半导体。除了多数载流子空穴外，还存在由本征激发产生的电子空穴对，可形成少数载流子自由电子。由于所掺入的杂质原子易于接受相邻的半导体原子的价电子成为负离子，故称为"受主杂质"。在P型半导体中，由于空穴是多数，故P型半导体中的空穴称为多数载流子（简称多子），而自由电子称为少数载流子（简称少子）。

P型半导体和N型半导体均属非本征半导体。其中多数载流子的浓度主要取决于掺入杂质的浓度，掺杂浓度高，多数载流子就多；少数载流子的浓度主要取决于温度，温度高，少数载流子就多。

1.4 PN结

杂质半导体的导电能力虽然比本征半导体极大增强，但它们并不能直接用来制造半导体器件，需要利用一定的掺杂工艺使一块半导体的一侧呈P型，另一侧呈N型，则其交界处就形成了PN结。在电子技术中，PN结是一切半导体器件的"元概念"和技术起始点。

1.4.1 PN结的形成

在P型和N型半导体的交界面两侧，由于自由电子和空穴的浓度相差悬殊，所以N区中的多数载流子自由电子要向P区扩散，同时P区中的多数载流空穴也要向N区扩散，如图6-5(a)所示，并且当电子和空穴相遇时，将发生复合而消失。于是，在交界面两侧将分别形成不能移动的正、负离子区，正、负离子处于晶格位置而不能移动，所以称为空间电荷区（亦称为内电场）。由于空间电荷区内的载流子数量极少，近似分析时可忽略不计，所以也称其为耗尽层。空间电荷区一侧带正电，另一侧带负电，所以形成了内电场，其方向由N区指向P区，如图6-5(b)所示。在内电场的作用下，P区和N区中的少子会向对方漂移，同时内电场将阻止多子向对方扩散，当扩散运动的多子数量与漂移运动的少子数量相等，两种运动达到动态平衡的时候，空间电荷区的宽度一定，PN结就形成了。

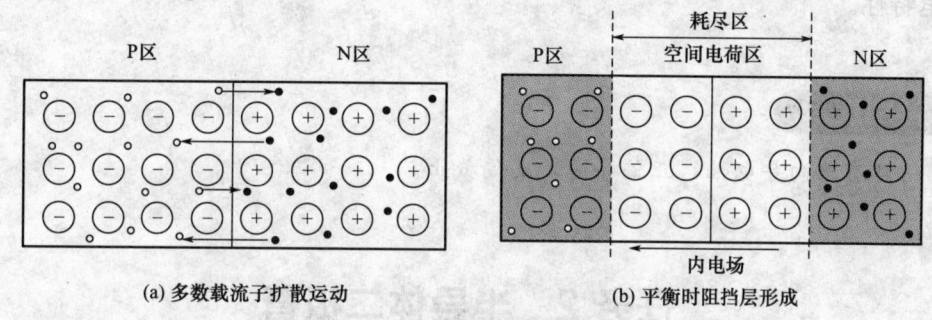

图 6-5 PN结的形成

一般空间电荷区的宽度很薄，约为几微米~几十微米，由于空间电荷区内几乎没有载流子，其电阻率很高。

1.4.2 PN结的单向导电性

在PN结的两端引出电极，P区的一端称为阳极，N区的一端称为阴极。在PN结的两端外加不同极性的电压时，PN结表现出截然不同的导电性能，称为PN结的单向导电性。

（1）PN结外加正向电压　将电源的正极接PN结P端，负极接N端，称正向偏置。此时外加电压在阻挡层内形成的电场与内电场方向相反，削弱了内电场，使阻挡层变窄，如图6-6(a)所示，使扩散运动增加，漂移运动减弱。因此，在电源的作用下，多数载流子就会向对方区域扩散形成正向电流，其方向是由电源的正极通过P区、N区到电源负极。

此时PN结处于导通状态，它所形成的电阻为正向电阻，其阻值很小。正向电压越大，正向电流越大，称为PN结正向导通。

（2）PN结外加反向电压　当电源的正极接PN结的N端，负极接P端，称反向偏置。由于外加电压在阻挡层内形成的电场与内电场方向相同，增强了内电场，使阻挡层变宽，如图6-6(b)所示，这样漂移作用就会大于扩散作用，少数载流子在电场的作用下做漂移运动，形成漂移电流，由于其电流方向与正向电压方向相反，故称为反向电流。由于反向电流是由少数载流子所形成的，故反向电流很小，几乎可以忽略不计，但反向电流受温度影响较大，此时称为 PN 结反向截止。

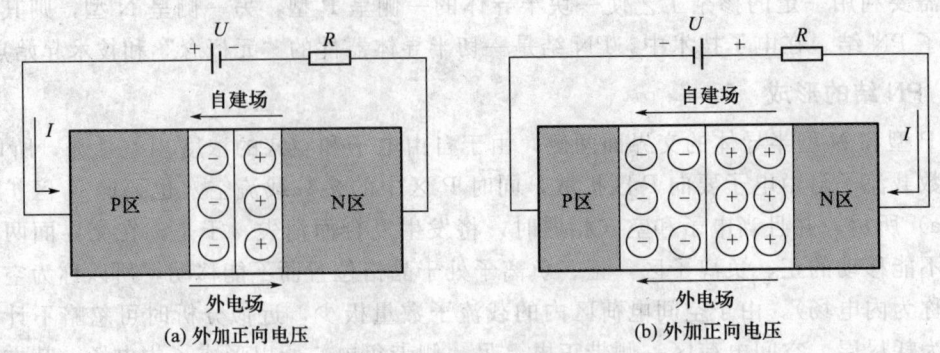

图 6-6　PN 结单向导电特性

综上所述，PN 结外加正向偏置电压时，形成较大的正向电流，PN 结呈现较小的正向电阻；外加反向偏置电压时，反向电流很小，PN 结呈现很大的反向电阻，这就是 PN 结的单向导电特性。

PN 结具有单向导电性：正偏导通，反偏截止。

任务 2　半导体二极管

将 PN 结用外壳封装起来，并加上电极引线就构成了半导体二极管，简称二极管。由 P 区引出的电极为阳极，由 N 区引出的电极为阴极，常见的外形如图 6-7 所示。

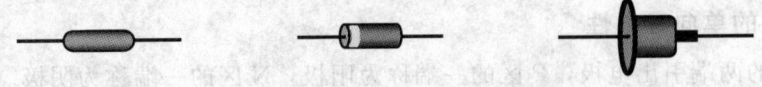

图 6-7　二极管的几种形状

2.1　二极管的结构和类型

二极管的类型很多，根据制造二极管的材料不同可分为硅二极管和锗二极管；根据管子的结构和工艺不同可分为点接触型和面接触型。

点接触型二极管的结构如图 6-8（a）所示，由一根金属丝经过特殊工艺与半导体表面相接，形成 PN 结。它的特点是结面积小，因而结电容小，适用于高频下工作，最高工作频率可达几百兆赫，但不能通过很大电流，也不能承受高的反向电压，主要用于小电流整流和高频检波，也适用于开关电路。

面接触型二极管是采用合金法工艺制成的，结构如图 6-8（b）所示。它的特点是 PN 结面积大，能通过较大的电流，结电容也大，适用于工作频率较低的整流电路。

二极管的符号如图 6-8(c) 所示，P 区引出的电极为正极（阳极），N 区引出的电极为负极（阴极）。

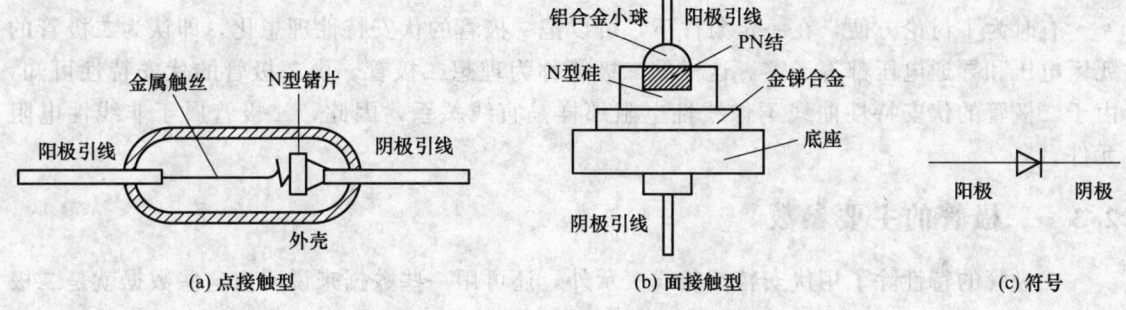

图 6-8　半导体二极管的结构和符号

半导体二极管的种类和型号很多，国产半导体器件的命名通常根据国家标准 GB249—74 规定，由五部分组成。第一部分用数字表示器件电极的数目，2 代表二极管，3 代表三极管；第二部分用字母表示材料和极性，A 代表 N 型 Ge，B 代表 P 型 Ge，C 代表 N 型 Si，D 代表 N 型 Si；第三部分用字母表示类型，P 代表普通管，Z 表示整流管；第四部分用数字表示序号，第五部分用字母表示规格。例如 2AP9，其中 "2" 表示二极管，"A" 表示采用 N 型锗材料为基片，"P" 表示普通用途管（P 为汉语拼音字头），"9" 为产品性能序号；又如 2CZ8，其中 "C" 表示由 N 型硅材料作为基片，"Z" 表示整流管。

2.2　二极管的伏安特性

二极管的导电性能常用伏安特性来表示，它是指二极管两端的电压 U 和流经二极管的电流 I 之间的关系，图 6-9 给出了一只实际二极管的伏安特性曲线。

（1）**正向特性**　当二极管加上很低的正向电压时，外电场还不能克服 PN 结内电场，故正向电流很小，二极管呈现很大的电阻。当正向电压超过一定数值即死区电压后，内电场被大大削弱，电流增长很快，二极管电阻变得很小。在室温下，硅管死区电压约为 0.6～0.7V。锗管约为 0.2～0.3V。二极管正向导通时，硅管的压降一般为 0.6～0.7V，锗管则为 0.2～0.3V。

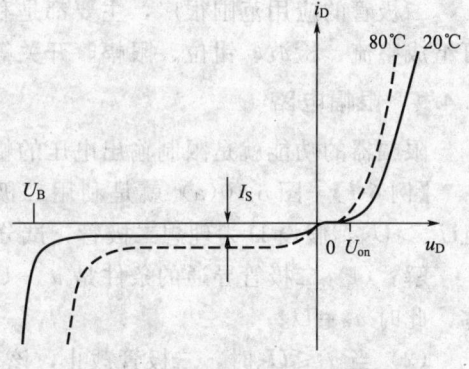

图 6-9　二极管的伏安特性曲线

（2）**反向特性**　二极管加上反向电压在一定范围内增大时，由于少数载流子的漂移运动，因而反向电流很小且基本不变（理想情况认为反向电流为零），此电流称为反向饱和电流。

（3）**反向击穿特性**　当外加反向电压过高时，反向电流将突然增大，二极管失去单向导电性，这种现象称为反向击穿。发生击穿的原因，一种是处于强电场中的载流子获得足够大的能量碰撞晶格而将价电子碰撞出来，产生电子空穴对，新产生的载流子在电场作用下获得足够能量后又通过碰撞产生电子空穴对。如此形成连锁反应，反向电流愈来愈大，最后使得二极管反向击穿。另一种原因是强电场直接将共价键的价电子拉出来，产生电子空穴对，形成较大的反向电流。普通二极管被击穿后，一般不能恢复原来的性能。产生击穿时加在二极管上的反向电压称为反向击穿电压$U_{(BR)}$。此外，环境温度对二极管的伏安特性也会产生影响，图中的虚线是温度升高的特性曲线。

有时为了讨论方便，在一定条件下，可以把二极管的伏安特性理想化，即认为二极管的死区电压和导通电压都等于零。这样的二极管称为理想二极管。由二极管的伏安特性可知，由于二极管的伏安特性曲线不像线性电阻那样是直线关系，因此，二极管属于非线性电阻元件。

2.3 二极管的主要参数

二极管的特性除了用伏安特性曲线表示外，还可用一些数据来说明，这些数据就是二极管的参数。各种参数都可从半导体器件手册中查出，下面只介绍几个常用的主要参数。

（1）**最大整流电流I_F**　最大整流电流是指二极管长时间使用时，允许流过二极管的最大正向平均电流。当电流超过这个允许值时，二极管会因过热而烧坏，使用时务必注意。

（2）**反向峰值电压U_{RM}**　指二极管长期安全运行时所能承受的最大反向电压值。手册上一般取击穿电压的一半作为最高反向工作电压值。

（3）**反向电流I_R**　指二极管未击穿时的反向电流。I_R值越小，二极管的单向导电性越好。反向电流随温度的变化而变化较大，这一点要特别加以注意。

（4）**最大工作频率f_M**　此值由PN结的结电容大小决定。若二极管的工作频率超过该值，则二极管的单向导电性将变差。

2.4 二极管应用电路举例

二极管的应用范围很广，主要都是利用它的单向导电性。利用二极管的单向导电特性，可组成整流、检波、钳位、限幅、开关等电路。下面介绍几种应用电路。

2.4.1 限幅电路

限幅器的功能就是限制输出电压的幅度。

【**例6-1**】　图6-10(a)就是利用二极管作为正向限幅器的电路图。已知$u_i=U_m\sin\omega t$，且$U_m>U_S$，假设D为理想二极管，试分析工作原理，并作出输出电压u_o的波形。

解：（1）二极管导通的条件是$u_i>U_S$，由于D为理想二极管，D如果导通，管压降为零，此时$u_o=U_S$；

（2）当$u_i\leqslant U_S$时，二极管截止，该支路断开，R中无电流，其压降为0。所以$u_o=u_i$；

（3）根据以上分析，可作出u_o的波形，如图6-10(b)所示，由图可见，输出电压的正向幅度被限制在U_S值内。

注意：作图时，u_o和u_i的波形在时间轴上要对应，这样才能正确反映u_o的变化过程。

2.4.2 整流电路

整流电路是将交流电变换成直流电。利用二极管的单向导电性就可获得各种形式的整流电路。分析整流电路时，为简单起见，把二极管当作理想元件来处理，即认为它的正向导通电阻为零，而反向电阻为无穷大。图6-11所示为单相半波整流电路。

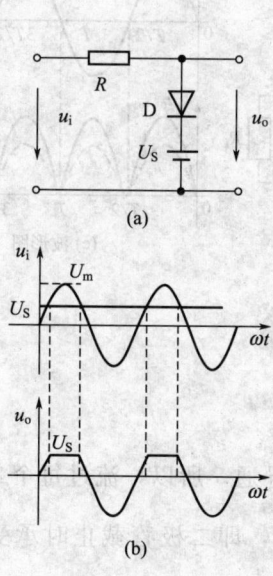

图 6-10 电路图

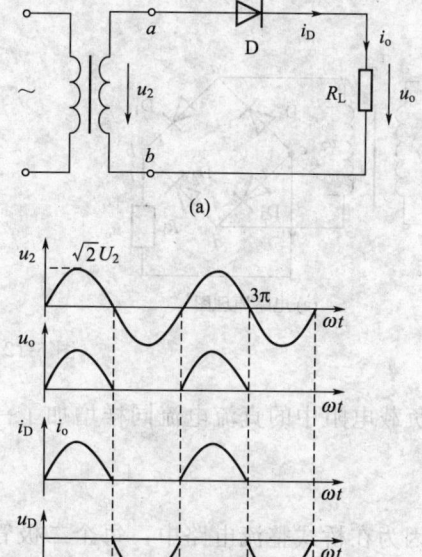

图 6-11 单相半波整流电路

图 6-11(a) 为单相半波整流时的电路，图中变压器副边电压 $u_2=\sqrt{2}U_2\sin\omega t$，当 u_2 为正半周时，a 点电位高于 b 点，二极管 D 处于正向导通状态，所以：

$$u_o = u_2, \quad i_D = i_o = \frac{u_o}{R_L}$$

当 u_2 为负半周时，a 点位低于 b 点，D 处于反向截止状态，所以：$i_D = i_o = 0$，$u_o = i_o R_L = 0$，$u_D = u_2$。

根据以上分析，作出 u_D、i_D、u_o、i_o 的波形，如图 6-11(b) 所示。

可见输出为单向脉动电压，通常负载上的电压用一个周期的平均值来说明它的大小，单相半波整流输出平均电压为

$$u_o = \frac{1}{2\pi}\int_0^\pi \sqrt{2}U_2\sin\omega t\,d\omega t = \frac{\sqrt{2}}{\pi}U_2 = 0.45U_2$$

图 6-12(a) 所示为桥式整流电路，简化电路图如图 6-12(b) 所示。它是由四个二极管接成电桥形式，其中一对角接负载 R_L，另一对角接变压器的次级绕组。

设变压器的次级绕组电压为

$$u_2(t) = \sqrt{2}U_2\sin\omega t \text{(V)}$$

当 u_2 为正半周时，D_1、D_3 正偏而导通，D_2、D_4 反偏而截止，电流经 D_1—R_L—D_3 形成回路，R_L 输出电压波形与 u_2 的正半周波形相同，电流 i_o 从 b 经 R_L 流向 c；当 u_2 为负半周时，D_1、D_3 截止，D_2、D_4 导通，电流 i_o 仍从 b 经 R_L 流向 c，R_L 输出电压波形与 u_2 的负半周波形倒相。所以无论 u_2 正半周还是负半周，流经 R_L 电流 i_o 方向是一致的。桥式整流的波形图如图 6-12(c) 所示。

显然桥式整流电路的直流电压 U_o 比半波整流时增加了一倍，即

$$U_o = \frac{2\sqrt{2}}{\pi}U_2 = 0.9U_2$$

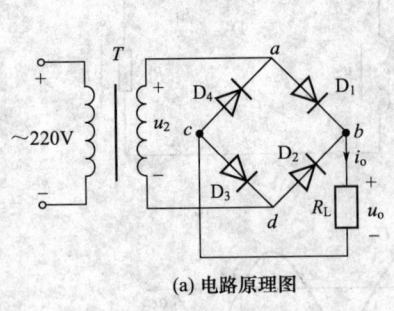 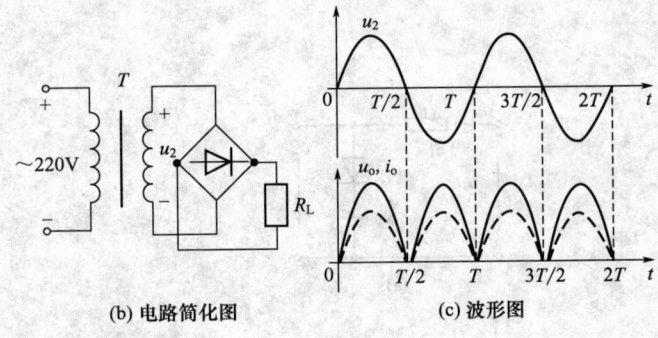

(a) 电路原理图　　　　　　　(b) 电路简化图　　　　　　　(c) 波形图

图 6-12　单相桥式整流电路

负载电阻中的直流电流同样增加了一倍，即

$$I_o = 0.9 \frac{U_2}{R_L}$$

因为在桥式整流电路中，每个二极管只在半个周期内导通，所以，流过每个二极管的电流只有 $\frac{1}{2}I_o$；而二极管截止时，u_2 的峰值电压加在它上面，即二极管截止时承受的最大反向电压为 $\sqrt{2}U_2$。

桥式整流电路因输出直流电压较高、变压器利用率较高、纹波成分较小以及容易滤波等特点，因此被广泛应用。

2.4.3　开关作用

由于二极管正向导通电阻小，理想情况下可以看成零，相当于开关接通；而反向电阻很大，理想情况下可以看成无穷大，相当于开关断开。

2.4.4　钳位作用

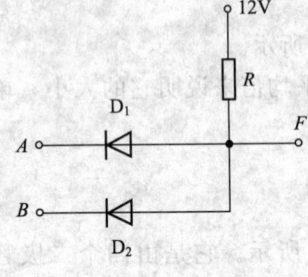

图 6-13　例 6-2 图

利用二极管的单向导电性在电路中可以起到钳位的作用。

【例 6-2】　在如图 6-13 所示的电路中，已知输入端 A 的电位为 $U_A=3V$，B 的电位 $U_B=0V$，电阻 R 接 12V 电源，求输出端 F 的电位 U_F。

解：因为 $U_A > U_B$，所以二极管 D_2 优先导通，设二极管为理想元件，则输出端 F 的电位为 $U_F = U_B = 0V$。当 D_2 导通后，D_1 上加的是反向电压，D_1 因而截止。

在这里，二极管 D_2 起钳位作用，把 F 端的电位钳位在 0V；D_1 起隔离作用，把输入端 A 和输出端 F 隔离开来。

二极管的识别与简单测试

1. 二极管极性判别

有的二极管从外壳的形状上可以区分电极；有的二极管极性用二极管符号印在外壳上，

箭头指向的一端为负极;还有的二极管用色环或色点来标志(靠近色环的一端是负极,有色点的一端是正极)。若标志脱落,可用万用表测其正反向电阻值来确定二极管的电极。测量时把万用表置于R×100挡或R×1k挡,不可用R×1挡或R×10k挡,因为R×1挡电流太大,R×10k电压太高,有可能对二极管造成不利的影响。用万用表的黑表笔和红表笔分别与二极管两极相连。对于指针式万用表,当测得电阻较小时,与黑表笔相接的极为二极管正极;测得电阻很大时,与红表笔相接的极为二极管正极。对于数字万用表,由于表内电池极性相反,数字表的红表笔为表内电池正极,实际测量中必须要注意。对于数字万用表,还可以用专门的二极管挡来测量,当二极管被正向偏置时,显示屏上将显示二极管的正向导通压降,单位是毫伏。

2. 二极管性能测试

二极管正、反向电阻的测量值相差愈大愈好,一般二极管的正向电阻测量值为几百欧姆,反向电阻为几十千欧姆到几百千欧姆。如果测得正、反向电阻均为无穷大,说明内部断路;若测量值均为零,则说明内部短路;如测得正、反向电阻几乎一样大,这样的二极管已经失去单向导电性,没有使用价值了。

若要更准确地知道二极管的材料,可将管子接入正偏电路中测其导通压降:若压降在0.6～0.7V左右,则是硅管;若压降在0.2～0.3V左右,则是锗管。当然,利用数字万用表的二极管挡,也可以很方便地知道二极管的材料。

任务3 特殊二极管

除了上述普通二极管外,还有一些特殊二极管,如稳压二极管、光电二极管、发光二极管等,分别介绍如下。

3.1 稳压二极管

3.1.1 稳压二极管的稳压作用

稳压二极管(简称稳压管)是一种特殊的面接触型半导体硅二极管,具有稳定电压的作用,它工作在反向击穿区。

图6-14(a)为稳压管在电路中的正确连接方法,稳压管在电路中是反向连接状态,即外加电源的正极接管子的N区,负极接P区;稳压管应与负载并联,由于稳压管两端电压变化很小,因而使输出电压比较稳定;稳压管和外加电源之间应串接限流电阻R,以防止稳压管电流过大而造成损坏。图(b)和图(c)为稳压管的伏安特性及图形符号。

稳压管的正向特性与普通二极管基本一样,正向压降约为0.7V,稳压管与普通二极管的主要区别在于,稳压管是工作在PN结的反向击穿状态。通过在制造过程中的工艺措施和使用时限制反向电流的大小,能保证稳压管在反向击穿状态下不会因过热而损坏。从稳压管的反向特性曲线可以看出,当反向电压较小时,反向电流几乎为零,当反向电压增高到击穿电压U_z(也是稳压管的工作电压)时,反向电流I_z(稳压管的工作电流)会急剧增加,稳压管反向击穿。在特性曲线ab段,当I_z在较大范围内变化时,稳压管两端电压U_z基本不

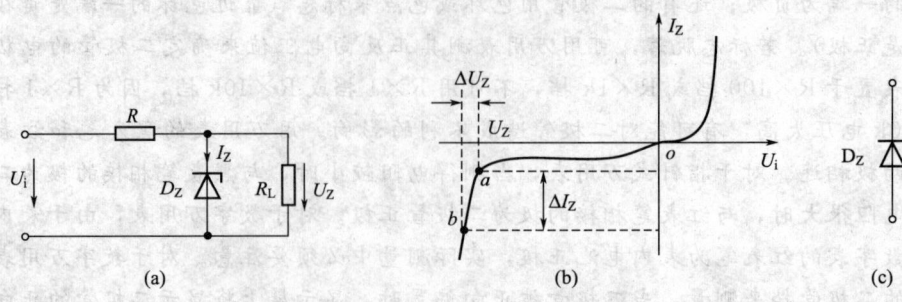

图 6-14 稳压管电路、伏安特性及符号

变,具有恒压特性,利用这一特性可以起到稳定电压的作用。

稳压管的反向特性与普通二极管不一样,它的反向击穿是可逆的,只要不超过稳压管的允许值,PN 结就不会过热损坏,当外加反向电压去除后,稳压管恢复原性能,所以稳压管具有良好的重复击穿特性。但是必须限制流过稳压管的电流 I_Z,使流过稳压管的电流不能超过规定值,以免过热而烧坏管子。同时还应保证流过稳压管的电流 I_Z 大于某一数值(稳定电流),以确保稳压管有良好的稳压特性。

3.1.2 稳压管的主要参数

(1) 稳定电压 U_Z　稳定电压 U_Z 指稳压管正常工作时管子两端的电压,由于制造工艺的原因,稳压值也有一定的分散性,如 2CW14 型稳压值为 6.0~7.5V。

(2) 动态电阻 r_z　动态电阻是指稳压管在正常工作范围内,端电压的变化量与相应电流的变化量的比值。

$$r_z = \frac{\Delta U_Z}{\Delta I_Z}$$

稳压管的反向特性愈陡,r_z 愈小,稳压性能就愈好。

(3) 稳定电流 I_Z　稳压管正常工作时的参考电流值,只有 $I \geqslant I_Z$,才能保证稳压管有较好的稳压性能。

(4) 最大稳定电流 I_{Zmax}　允许通过的最大反向电流,$I > I_{Zmax}$ 管子会因过热而损坏。

(5) 最大允许功耗 P_{ZM}　管子不致发生热击穿的最大功率损耗 $P_{ZM} = U_Z I_{Zmax}$

(6) 电压温度系数 α_V　温度变化 1℃ 时,稳定电压变化的百分数定义为电压温度系数。电压温度系数越小,温度稳定性越好,通常硅稳压管在 U_Z 低于 4V 时具有负温度系数,高于 6V 时具有正温度系数,U_Z 在 4~6V 之间时温度系数很小。

稳压管正常工作有两个条件,一是工作在反向击穿状态,二是稳压管中的电流要在稳定电流和最大允许电流之间。当稳压管正偏时,它相当于一个普通二极管。图 6-14(a) 为最常用的稳压电路,当 U_i 或 R_L 变化时,稳压管中的电流发生变化,但在一定范围内其端电压变化很小,因此起到稳定输出电压的作用。

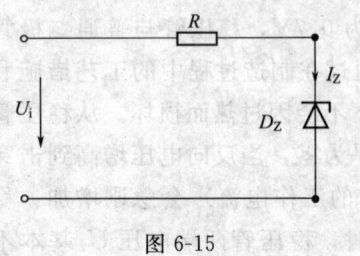

图 6-15

【例 6-3】 在图 6-15 电路中,稳压管的参数 $U_Z = 12$V,$I_{Zmax} = 18$mA,为使管子不致烧坏,限流电阻取值应为多少?

解:$R \geqslant \dfrac{U_i - U_Z}{I_{Zmax}} = \dfrac{20 - 12}{18} = 0.44$kΩ

3.2 光电二极管

光电二极管也称光敏二极管,是将光信号变成电信号的半导体器件,其核心部分也是一个 PN 结。光电二极管 PN 结的结面积较小、结深很浅,一般小于一个微米。它的管壳上备有一个玻璃窗口,这个窗口用有机玻璃透镜进行封闭,入射光通过透镜正好射在管芯上。

光电二极管和稳压管类似,也是工作在反向电压下。有光照射时,携带能量的光子进入 PN 结后,把能量传给共价键上的束缚电子,使部分价电子挣脱共价键的束缚,产生电子-空穴对,称为光生载流子。光生载流子在反向电压作用下形成反向光电流,其强度与光照强度成正比。无光照时,反向电流很小,称为暗电流;并且当无光照时,光电二极管的伏安特性与普通二极管一样。光电二极管的等效电路如图 6-16(a) 所示,图 6-16(b) 为光电二极管的符号。

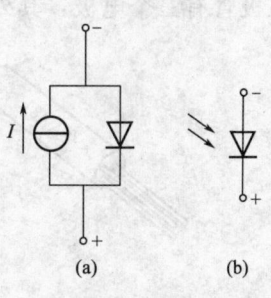

图 6-16 光电二极管

光电二极管作为光控元件可用于各种物体检测、光电控制、自动报警等方面。当制成大面积的光电二极管时,可当作一种能源而称为光电池。此时它不需要外加电源,能够直接把光能变成电能。

3.3 发光二极管

发光二极管是一种将电能直接转换成光能的半导体固体显示器件,简称 LED,其工作原理与光电二极管相反。由于它采用砷化镓、磷化镓等特殊半导体材料制成,所以在通过正向电流时,由于电子与空穴的直接复合而发出光来。发光二极管的发光颜色取决于所用材料,如磷砷化镓(GaAsP)材料发红光或黄光,磷化镓(GaP)材料发红光或绿光,氮化镓(GaN)材料发蓝光,碳化硅(SiC)材料发黄光,砷化镓(GaAs)材料发不可见的红外线。发光二极管可以制成各种形状,如长方形、圆形等,图 6-17(a) 是常见的圆形发光二极管。其符号如图 6-17(b) 所示。

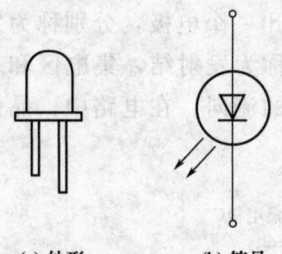

(a) 外形　　(b) 符号

图 6-17 发光二极管的符号

发光二极管也具有单向导电性。只有当外加的正向电压使正向电流足够大时才发光,它的开启电压比普通二极管的大,红色的在 1.6~1.8V 之间,绿色的约为 2V。正向电流越大,发光越强。使用时特别注意不要超过最大功耗、最大正向电流和反向击穿电压等极限参数。发光二极管的驱动电压低、工作电流小,具有很强的抗振动和冲击能力、体积小、可靠性高、耗电少和寿命长等优点,广泛用于信号指示灯电路中。在电子技术中常用的数码管,就是用发光二极管按一定的排列组成的。

任务 4　半导体三极管

半导体三极管是一种最重要的半导体器件。它的放大作用和开关作用促使电子技术飞跃发展。半导体三极管分为双极型和单极型两种,双极型半导体三极管通常用 BJT 表示,称为晶体三极管（晶体管），因为它有空穴和自由电子两种载流子参与导电，因此又称为双极型半导体三极管；单极型半导体三极管通常用 FET 表示，称为场效应管，是一种利用电场效应控制输出电流的半导体三极管，它工作时只有一种载流子（多数载流子）参与导电，故称为单极型半导体三极管。本节重点介绍双极型半导体三极管，简称三极管（晶体管）。它是通过一定的工艺，将两个 PN 结结合在一起的器件，它是组成各种电子电路的核心器件。三极管有三个电极，其外形如图 6-18 所示。

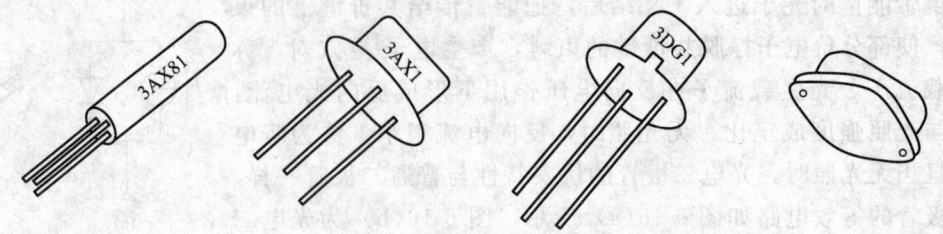

图 6-18 半导体三极管的外形

4.1 三极管的基本结构及类型

三极管的种类很多，按功率大小可分为大功率管和小功率管；按电路中的工作频率可分为高频管和低频管；按半导体材料不同可分为硅管和锗管；按结构不同可分为 NPN 管和 PNP 管；目前生产的硅管多为 NPN 型，锗管多为 PNP 型，其中硅管的使用率远大于锗管。无论何种类型的三极管，从外形上看，都向外引出三个电极。

三极管其结构和符号见图 6-19，图 6-19(a) 是 NPN 型三极管的结构示意图和图形符号，图 6-19(b) 是 PNP 型三极管的结构示意图和图形符号。无论哪种三极管，其基本结构都包含有三个区，分别称为发射区、基区和集电区，由三个区各引出一个电极，分别称为发射极（E）、基极（B）和集电极（C），发射区和基区之间的 PN 结称为发射结，集电区和基区之间的 PN 结称为集电结，发射极箭头所示方向表示发射极电流的流向。在电路中，晶体管用字符 T 表示。

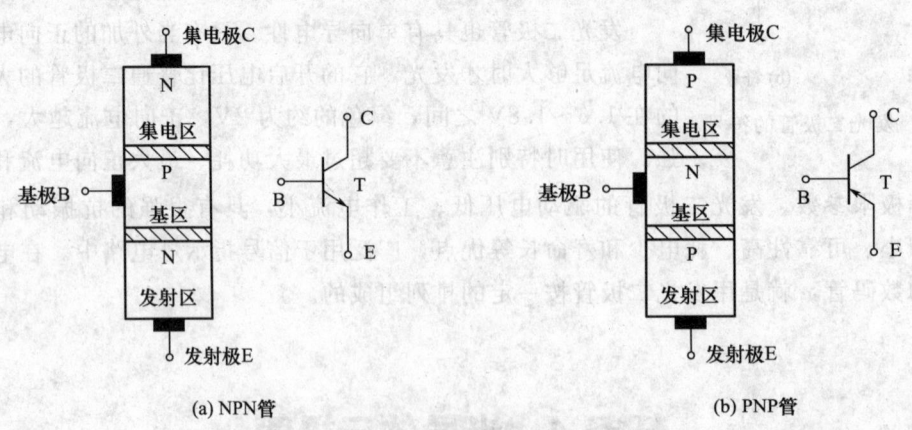

(a) NPN管　　　　　　　　　　　　　(b) PNP管

图 6-19 两类三极管的结构示意图及符号

常用的半导体材料有硅和锗。据国家标准 GB249—89 的规定，半导体三极管的型号由五部分组成，第一部分用"3"表示为三极管，第二部分用汉语拼音字母表示器件的材料及极性，A 代表（锗 PNP）、B 代表（锗 NPN）、C（代表硅 PNP）、D 代表（硅 NPN）；第三部分表示三极管的用途，用汉语拼音字母表示，X 表示低频小功率管，D 代表低频大功率管，G 代表高频小功率管，A 代表高频大功率管；第四部分表示产品序号，用阿拉伯数字表示；第五部分表示产品规格，用汉语拼音字母表示。

4.2 三极管的电流分配和放大原理

三极管尽管从结构上看，相当于两个 PN 结背靠背地串在一起。但是，当用两个单独的二极管按上述关系串联起来就会发现，它们并不具有三极管的放大作用。因此，为了使三极管实现放大，必须由三极管的内部结构和外部条件来保证。

现以 NPN 型三极管为例来说明晶体管各极间电流分配关系及其电流放大作用，从三极管的内部结构来看，要想实现放大内部结构必须具有以下三条件：

① 发射区进行重掺杂，多数载流子浓度很大。
② 基区做得很薄，通常只有几微米到几十微米，且掺杂浓度较低。
③ 集电区面积较大，以保证尽可能多地收集发射区发射多数载流子。

要使三极管具有放大作用，还必须从外部条件来保证，即外加电源的极性应保证发射结正向偏置、集电结反向偏置。

在满足上述条件下，我们分析放大过程。

4.2.1 载流子的传输过程

（1）**发射** 由于发射结正向偏置，则发射区高浓度的多数载流子-自由电子在正向偏置电压作用下，大量地扩散注入到基区，与此同时，基区的空穴向发射区扩散。由于发射区是重掺杂，所以注入到基区的电子浓度，远大于基区向发射区扩散的空穴数（一般高几百倍），因此可以在分析中忽略这部分空穴的影响。可见，扩散运动形成发射极电流 I_E，其方向与电子流动方向相反。

（2）**扩散和复合** 由于电子的注入，使基区靠近发射结处电子浓度很高。此外，集电结反向偏置，使靠近集电结处的电子浓度很低（近似为0）。因此在基区形成电子浓度差，浓度差使电子向集电区产生扩散运动。电子扩散时，在基区将与空穴相遇产生复合，同时接在基区的电源的正端则不断地从基区拉走电子，好像不断地供给基区空穴。电子复合的数目与电源从基区拉走的电子数目相等，使基区的空穴浓度基本维持不变。这样就形成了基极主要电流 I_{BN}，这部分电流就是电子在基区与空穴复合的电流。由于基区空穴浓度比较低，且基区做得很薄，因此，复合的电子是极少数，绝大多数电子均能扩散到集电结处，被集电极收集。

（3）**收集** 由于集电结反向偏置，在 PN 结电场的作用下，使集电区中电子和基区的空穴很难通过集电结，但这个 PN 结电场对扩散到集电结边缘的电子却有极强的吸引力，可以使电子很快漂移过集电结为集电区所收集，形成集电极主电流 I_{CN}。因为，集电极的面积大，所以基区扩散过来的电子基本上全部被集电极收集。

此外，因为集电结反向偏置，所以集电区中的多数载流子电子和基区中的多数载流子空穴不能向对方扩散，但集电区中的空穴和基区中的电子（均为少数载流子）在 PN 结电场的作用下可以作漂移运动，形成反向饱和电流 I_{CBO}。I_{CBO} 数值很小，这个电流对放大没有贡献，且受温度影响较大，容易使管子不稳定，所以在制造过程中要尽量减小 I_{CBO}。

4.2.2 电流分配

载流子的定向运动即形成电流，其电流关系如图 6-20 所示。

集电极电流 I_C 由两部分组成：I_{CN} 和 I_{CBO}，前者是发射区发射的电子被集电极收集后形成的，后者是集电区和基区的少数载流子漂移运动形成的 I_{CBO}，即

$$I_C = I_{CN} + I_{CBO}$$

基极电流 I_B 也由两部分组成：I_{BN} 和 I_{CBO}，电子到达基区后，由于基区中空穴浓度低，只有很少一部分与基区中的空穴复合。复合掉的空穴由外电源补充，这样就形成了较小的电流 I_{BN}，I_{BN} 的方向由外电源流入基区。剩下的大部分电子扩散到集电结。

$$I_B = I_{BN} - I_{CBO}$$

三极管三个极的电流满足节点电流定律，即

$$I_E = I_C + I_B$$

三极管实质上是一个电流分配器，它把发射极注入的电子按一定比例分配给集电极和基极。晶体管制成以后，这种比例就确定了。

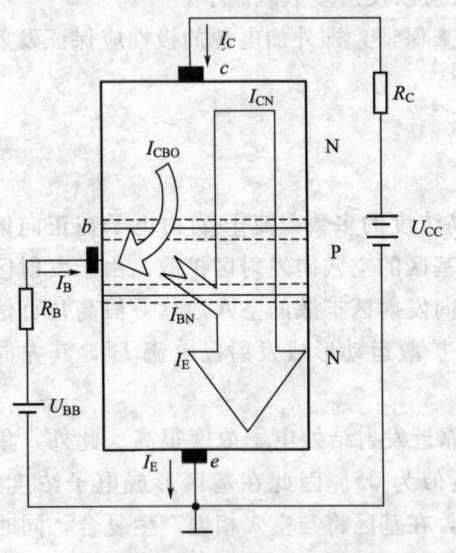
图 6-20 三极管的电流分配

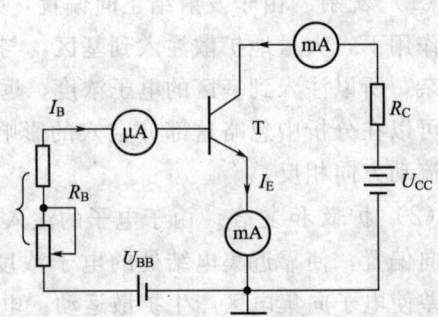
图 6-21 共发射极放大实验电路

4.2.3 电流放大作用

如图 6-21，U_{BB} 为基极电源，与基极电阻 R_B 及三极管的基极 B、发射极 E 组成基极-发射极回路（称作输入回路），U_{BB} 使发射结正偏，U_{CC} 为集电极电源，与集电极电阻 R_C 及三极管的集电极 C、发射极 E 组成集电极-发射极回路（称作输出回路），U_{CC} 使集电结反偏。图中的发射极 E 是输入输出回路的公共端，因此称这种接法为共发射极放大电路，改变可变电阻 R_B，测基极电流 I_B，集电极电流 I_C 和发射结电流 I_E，结果如表 6-1。

表 6-1 三极管电流测试数据

$I_B/\mu A$	0	20	40	60	80	100
I_C/mA	0.005	0.99	2.08	3.17	4.26	5.40
I_E/mA	0.005	1.01	2.12	3.23	4.34	5.50

从实验结果可得如下结论：

(1) $I_E = I_B + I_C$。此关系就是三极管的电流分配关系，它符合基尔霍夫电流定律。

(2) I_E 和 I_C 几乎相等，但远远大于基极电流 I_B，从第三列和第四列的实验数据可知 I_C 与 I_B 的比值分别为：

$$\bar{\beta} = \frac{I_C}{I_B} = \frac{2.08}{0.04} = 52, \quad \bar{\beta} = \frac{I_C}{I_B} = \frac{3.17}{0.06} = 52.8$$

I_B 的微小变化会引起 I_C 较大的变化，计算可得：

$$\beta = \frac{\Delta I_C}{\Delta I_B} = \frac{I_{C4} - I_{C3}}{I_{B4} - I_{B3}} = \frac{3.17 - 2.08}{0.06 - 0.04} = \frac{1.09}{0.02} = 54.5$$

计算结果表明，微小的基极电流变化，可以控制比它大数十倍甚至数百倍的集电极电流的变化，这就是三极管的电流放大作用，故双极型三极管属于电流控制元件。$\bar{\beta}$、β 称为电流放大系数，不同型号、不同类型和用途的三极管，其 β 值的差异较大，大多数三极管的 β 值通常在几十至一百多。

特别提示

发射区掺杂浓度高，基区很薄，是保证三极管能够实现电流放大的内部条件；发射结正偏、集电结反偏，是保证三极管能够实现电流放大的外部条件。

4.3 三极管的特性曲线

三极管外部的各极间电压与电流的相互关系称为三极管的特性曲线，它反映出三极管的性能，是分析放大电路的重要依据。特性曲线可由实验测得，也可在晶体管图示仪上直观地显示出来。三极管的不同连接方式有不同的特性曲线，因共发射极用得最多，下面讨论 NPN 型三极管共发射极的输入特性和输出特性。电路的典型连接方式如图 6-22(a) 所示。

4.3.1 输入特性

当 U_{CE} 不变时，输入回路的 I_B 与电压 U_{BE} 之间的关系曲线称为输入特性，即

$$I_B = f(U_{BE}) \big|_{U_{CE} = 常数}$$

图 6-22(b) 是三极管的输入特性曲线，由图可见，输入特性有以下几个特点：

① 输入特性也有一个"死区"。在"死区"内，U_{BE} 虽已大于零，但 I_B 几乎仍为零。当 U_{BE} 大于某一值后，I_B 才随 U_{BE} 增加而明显增大。和二极管一样，硅晶体管的死区电压约为 0.5V，发射结导通电压 $U_{BE} = (0.6 \sim 0.7)$V；锗晶体管的死区电压约为 0.2V，导通电压约 $(0.2 \sim 0.3)$V。

② 一般情况下，当 $U_{CE} > 1$V 以后，输入特性几乎与 $U_{CE} = 1$V 时的特性重合，因为 $U_{CE} > 1$V 后，I_B 无明显改变了。晶体管工作在放大状态时，U_{CE} 总是大于 1V 的（集电结反偏），因此常用 $U_{CE} \geq 1$V 的一条曲线来代表所有输入特性曲线。

4.3.2 输出特性

输出特性是指 I_B 一定时，输出回路中 I_C 与 U_{CE} 之间的关系，即

$$I_C = f(U_{CE}) \big|_{I_B = 常数}$$

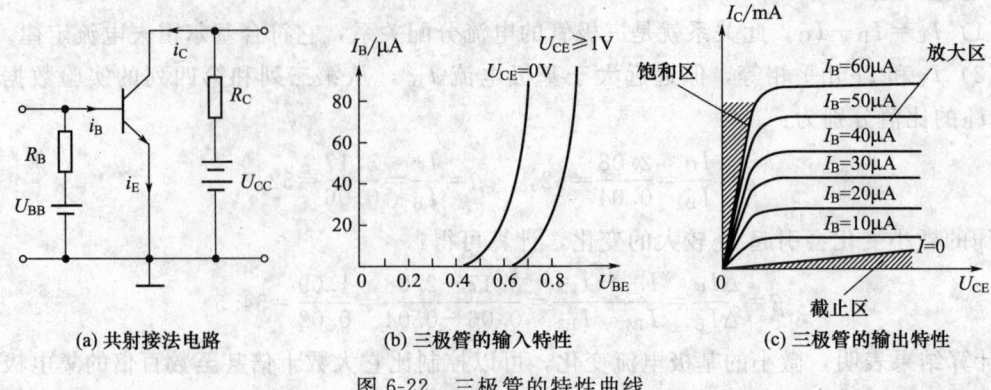

(a) 共射接法电路　　(b) 三极管的输入特性　　(c) 三极管的输出特性

图 6-22　三极管的特性曲线

它是对应不同 I_B 值的一组曲线，如图 6-22(c) 所示。输出特性曲线可分放大、截止和饱和三个区域。

(1) 截止区　$I_B=0$ 的特性曲线以下区域称为截止区。在这个区域中，发射结反偏，$U_{BE}\leqslant 0.7$。电流 I_C 很小（等于反向穿透电流 I_{CEO}），工作在截止区时，晶体管在电路中犹如一个断开的开关。因此，在需要管子可靠截止时，常常使发射结反偏。

(2) 饱和区　特性曲线靠近纵轴的区域是饱和区。当 $U_{CE}<U_{BE}$ 时，发射结、集电结均处于正偏，即 $U_B>U_C>U_E$。在饱和区 I_C 随 U_{CE} 变化而变化，当 I_B 增大时，I_C 几乎不再增大，三极管失去放大作用，$i_C=\beta i_B$ 不再成立。三极管工作在饱和区时，各极之间电压很小，而电流却较大，呈现低阻状态，各极之间可近似看成短路。

管子深度饱和时，硅管的 U_{CE} 约为 0.3V，锗管约为 0.1V，由于深度饱和时 U_{CE} 约等于 0，晶体管在电路中犹如一个闭合的开关。工作于饱和及截止状态下的晶体管都失去了放大作用，常用于数字开关电路中，这就是晶体管的非线性应用。

(3) 放大区　特性曲线近似水平直线的区域为放大区。在这个区域里发射结正偏，集电结反偏，$U_{CE}>U_{BE}$，即 $U_C>U_B>U_E$。其特点是 I_C 的大小受 I_B 的控制，$\Delta I_C=\beta\Delta I_B$，晶体管具有电流放大作用。在放大区 β 约等于常数，I_C 几乎按一定比例等距离平行变化。由于 I_C 只受 I_B 的控制，几乎与 U_{CE} 的大小无关。特性曲线反映出恒流源的特点，即三极管可看作受基极电流控制的受控恒流源。

对于 PNP 管而言，由于电源电压极性和电流方向的不同，其输出特性曲线是"倒置"的。在实际工作中，常可利用测量三极管各极之间的电压来判断它的工作状态是处于放大区、饱和区或截止区。

【例 6-4】　用直流电压表测得放大电路中晶体管 T_1 各电极的对地电位分别为 $U_x=+10V$，$U_y=0V$，$U_z=+0.7V$，如图 6-23(a) 所示。T_2 管各电极电位 $U_x=+0V$，$U_y=-0.3V$，$U_z=-5V$，如图 6-23(b) 所示。试判断 T_1 和 T_2 各是何类型、何材料的管子，x、y、z 各是何电极？

解：工作在放大区的 NPN 型晶体管应满足 $U_C>U_B>U_E$，PNP 型晶体管应满足 $U_C<U_B<U_E$，因此分析时，先找出三电极的最高或最低电位，确定为集电极，而电位差为导通电压的就是发射极和基极。根据发射极和基极的电位差值判断管子的材质。

(1) 在图 (a) 中，z 与 y 的电压为 0.7V，可确定为硅管，因为 $U_x>U_z>U_y$，所以 x 为集电极，y 为发射极，z 为基极，满足 $U_C>U_B>U_E$ 的关系，管子为 NPN 型。

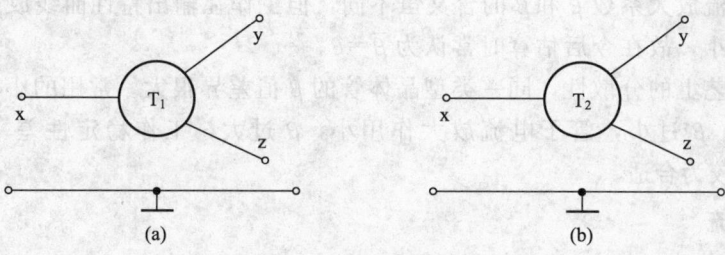

图 6-23 测量电位

(2) 在图 (b) 中，x 与 y 的电压为 0.3V，可确定为锗管，又因 $U_z<U_y<U_x$，所以 z 为集电极，x 为发射极，y 为基极，满足 $U_C<U_B<U_E$ 的关系，管子为 PNP 型。

【例 6-5】 一个晶体管处于放大状态，已知其三个电极的电位分别为 5V、9V 和 5.2V。试判别三个电极，并确定该管的类型和所用的半导体材料。

解：分别设 $U_1=5V$，$U_2=9V$，$U_3=5.2V$；

$U_1-U_3=5-5.2=-0.2V$，因此是锗管，2 脚为集电极 C。

由于 3 脚的电位在三个电位中居中，故设为基极 B，则 1 为发射极 E，

有：$U_{BE}=U_3-U_1=5.2-5=0.2V>0$，

$U_{BC}=U_3-U_2=5.2-9=-3.8V<0$，

因此，为 NPN 型锗管，5V、9V、5.2V 所对应的电极分别是发射极、集电极和基极。

三极管的三个工作区：放大区：发射结正向偏置，集电结反向偏置（$U_{CE}>U_{BE}$）；晶体管于放大状态，$I_C=\beta I_B$ 有放大作用；饱和区：发射结和集电结均正向偏置（$U_{CE}<U_{BE}$）；晶体管工作于饱和状态，I_C 主要受 U_{CE} 的影响，无放大作用；截止区：发射结反向偏置（$U_{BE}\leq 0.7$），$I_C\approx 0$，无放大作用。

4.4 三极管的主要参数

三极管的参数是用来表示三极管的各种性能的指标，是评价三极管的优劣和选用三极管的依据，也是计算和调整三极管电路时必不可少的根据。主要参数有以下几个。

4.4.1 电流放大系数

(1) 共射直流电流放大系数 $\bar{\beta}$　它表示集电极电压一定时，集电极电流和基极电流之间的关系。即：

$$\bar{\beta}=\frac{I_C-I_{CEO}}{I_B}\approx\frac{I_C}{I_B}$$

(2) 共射交流电流放大系数 β　它表示在 U_{CE} 保持不变的条件下，集电极电流的变化量与相应的基极电流变化量之比，即：

$$\beta=\frac{\Delta I_C}{\Delta I_B}\bigg|_{U_{CE}=常数}$$

上述两个电流放大系数 $\bar{\beta}$ 和 β 的含义虽不同，但工作在输出特性曲线放大区的平坦部分时，两者差异极小，故在今后估算时常认为 $\bar{\beta}=\beta$。

由于制造工艺上的分散性，同一类型晶体管的 β 值差异很大。常用的小功率晶体管 β 值一般为 20~200。β 过小，管子电流放大作用小，β 过大，工作稳定性差。一般选用 β 在 40~100 的管子较为合适。

4.4.2 极间电流

（1）集电极反向饱和电流 I_{CBO}　I_{CBO} 是指发射极开路，集电极与基极之间加反向电压时产生的电流，也是集电结的反向饱和电流。作为晶体管的性能指标，I_{CBO} 越小越好，硅管的 I_{CBO} 比锗管的小得多，大功率管的 I_{CBO} 值较大，使用时应予以注意。

（2）穿透电流 I_{CEO}　I_{CEO} 是基极开路，集电极与发射极间加电压时的集电极电流，由于这个电流由集电极穿过基区流到发射极，故称为穿透电流。I_{CEO} 也要受温度影响而改变，且 β 大的晶体管的温度稳定性较差。

4.4.3 极限参数

晶体管的极限参数规定了使用时不许超过的限度。主要极限参数如下。

（1）集电极最大允许耗散功率 P_{CM}　晶体管电流 I_C 与电压 U_{CE} 的乘积称为集电极耗散功率，这个功率会导致集电结发热，温度升高。而晶体管的结温是有一定限度的，一般硅管的最高结温为 100~150℃，锗管的最高结温为 70~100℃，超过这个限度，管子的性能就要变坏，甚至烧毁。因此，根据管子的允许结温定出了集电极最大允许耗散功率 P_{CM}，工作时管子消耗功率必须小于 P_{CM}。可以在输出特性的坐标系上画出 $P_{CM}=I_C U_{CE}$ 的曲线，称为集电极最大功率损耗线。如图 6-24 所示。曲线的左下方均满足 $P_C < P_{CM}$ 的条件为安全区，右上方为过损耗区。

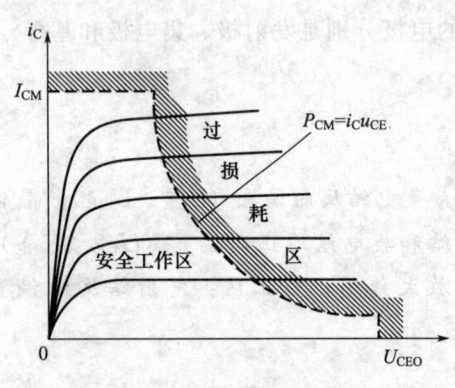

图 6-24　三极管极限参数

（2）反向击穿电压 $U_{(BR)CEO}$　反向击穿电压 $U_{(BR)CEO}$ 是指基极开路时，加于集电极-发射极之间的最大允许电压。使用时如果超出这个电压将导致集电极电流 I_C 急剧增大，这种现象称为击穿。从而造成管子永久性损坏。一般取电源 $U_{CC} < U_{(BR)CEO}$。

（3）集电极最大允许电流 I_{CM}　由于结面积和引出线的关系，还要限制晶体管的集电极最大电流，如果超过这个电流使用，晶体管的 β 就要显著下降，甚至可能损坏。I_{CM} 表示 β 值下降到正常值 2/3 时的集电极电流。通常 I_C 不应超过 I_{CM}。

4.5　温度对晶体管参数的影响

几乎所有晶体管参数都与温度有关，因此不容忽视。温度对下列三个参数的影响最大。

（1）温度对 β 的影响　温度升高时 β 随之增大。实验表明，对于不同类型的管子，β 随温度增长的情况是不同的，一般认为：以 25℃时测得的 β 值为基数，温度每升高 10℃，β 增加约 (0.5~1)%。

（2）温度对 I_{CBO} 的影响　I_{CBO} 是少数载流子形成的，与 PN 结的反向饱和电流一样，受温度影很大。无论硅管或锗管，作为工程上的估算，一般都按温度每升高 10℃，I_{CBO} 增大一倍来考虑。

（3）温度对发射结电压 U_{BE} 的影响　和二极管的正向特性一样，温度每升高 1℃，$|U_{BE}|$ 约减小 2～2.5mV。

任务 5　放大电路的基本知识

实际生活中需要将微弱变化的电信号放大几百倍，几千倍甚至几十万倍之后再去带动执行机构，对生产设备进行测量、控制或调节，完成这一任务的电路称为放大电路，简称放大器。例如，日常生活中所用到的收音机和电视机，需要将天线接收的微弱信号放大到一定程度，使扬声器发出声音，或使电视屏幕显示出图像。另外，许多检测仪表利用传感器将温度、流量、压力、液位、转速等非电量转换成微弱的电信号，再通过放大去驱动显示仪表显示被测量值的大小，或者用来驱动执行机构，以实现自动控制。可见，放大电路的用途十分广泛。

5.1　放大电路的概念

在电子电路中，放大的对象是变化量，常用的测试信号是正弦波。放大电路放大的本质是在输入端输入一个较小的信号时，在输出端可得到一个不失真的较大信号的过程称为放大。放大电路就是能实现这一过程的电路。

扩音机就是应用放大器的典型例子，它由麦克风、信号处理和扬声器三部分组成，如图 6-25 所示。传感器（麦克风）将声音转换成相应的电压信号（仅几百微伏到几毫伏），放大电路将麦克风输出的微弱电压信号放大到所需要的值，而后利用扬声器将放大后的电信号还原成声音，并且输出足够的能量，使声音洪亮。电源给放大器提供工作所需的直流电压。放大的实质是用小能量的信号通过三极管的电流控制作用，将放大电路中直流电源的能量转化成交流能量输出。放大器一般由电压放大器和功率放大器两部分组成。先用电压放大器将微弱的信号进行电压放大，去推动功率放大器；再用功率放大器输出足够的功率去推动执行元件动作。由于电压放大器在功率放大器的前面，也称前置放大器，本节仅讨论电压放大器。

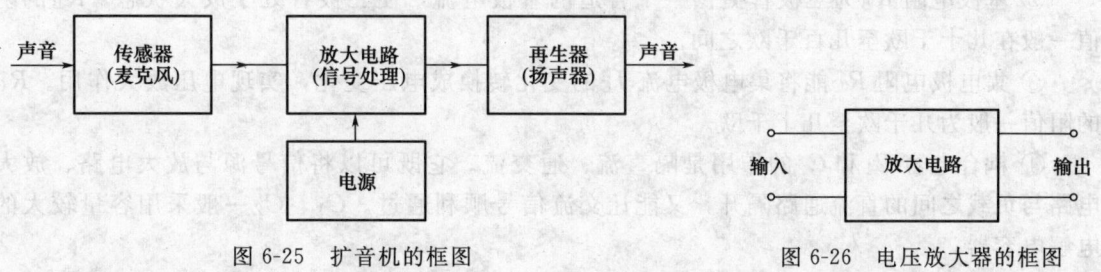

图 6-25　扩音机的框图　　　　　图 6-26　电压放大器的框图

电压放大器的任务主要是放大电压信号，是最常用的放大器。电压放大器的框图如图 6-26 所示，它是一个双口网络。反应电压放大器放大能力的是电压放大倍数 A_u，它定义为输出与输入电压的幅值之比。

放大了的输出信号应与输入信号的波形相似，否则称为失真。失真过大，会出现声音变调、图像变形、测量误差大等现象。因此放大电路要解决的根本问题是：放大、不失真，因此，放大电路的组成原则即可确定为：
① 电源设置必须保证三极管处于放大工作状态（发射结正偏，集电结反偏）；
② 输入信号能够顺利加到三极管的输入回路上；
③ 输出回路设置应保证晶体管放大后的电流信号能够转换成负载需要的电压形式；
④ 不允许被传输小信号放大后出现失真。

5.2 基本放大电路的组成

基本放大电路一般指由一个三极管与相应分立元件组成的三种基本组态（共发射极、共基极、共集电极）放大电路，三极管有三个电极，适用于双端口网络中时，任意一个极都可以作为输入回路与输出回路的公共端，另为两个极可作为输入端和输出端，则基本放大电路有三种形式：共射、共集、共基。

本节将以 NPN 型晶体管组成的共发射极放大电路为例说明。图 6-27 为共发射极基本放大电路。当输入端加入微弱的交流电压信号 u_i 时，输出端就得到一个放大了的输出电压 u_o。由于放大器的输出功率比输入功率大，而输出功率通过直流电源转换获得，所以放大器必须加上直流电源才能工作。从这一点来说，放大器实质上是能量转换器，它把直流电能转换成交流电能。放大器是由三极管、电阻、电容和直流电源等元器件组成。各元件作用如下：

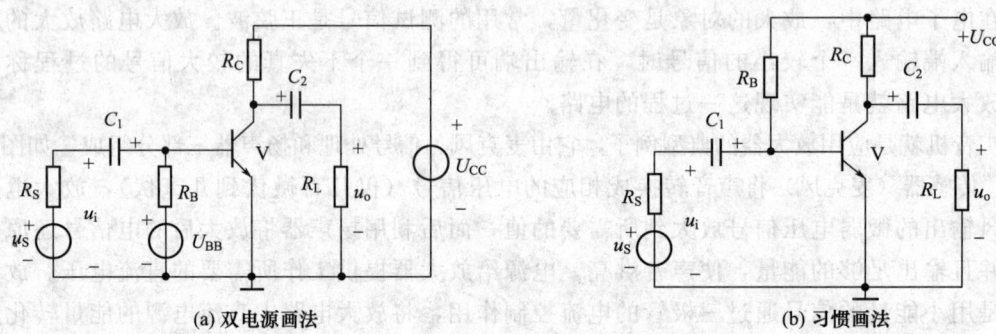

图 6-27 共发射极基本放大电路

① 三极管 V 起电流放大作用。
② 基极电阻 R_B 为三极管提供一个合适的基极电流，使三极管处于放大状态。R_B 的阻值一般在几十千欧至几百千欧之间。
③ 集电极电阻 R_C 能将集电极电流 I_C 的变化转换成电压变化，实现电压放大作用。R_C 的阻值一般为几千欧至几十千欧。
④ 耦合电容 C_1 和 C_2 的作用是隔直流、通交流。它既可以将信号源与放大电路、放大电路与负载之间的直流通路隔开，又能让交流信号顺利通过。C_1、C_2 一般采用容量较大的电解电容器。
⑤ 供电电源 U_{CC} 除为放大电路提供能量之外，还通过 R_B、R_C 提供给三极管工作电压，使三极管处于放大状态。
⑥ 符号"⊥"为接地符号，表示电路中的零参考电位。

5.3 放大原理

放大电路内部各电压、电流都是交直流共存的。其直流分量及其注脚均采用大写英文字母；交流分量及其注脚均采用小写英文字母；叠加后的总量用英文小写字母，但其注脚采用大写英文字母。例如：基极电流的直流分量用 I_B 表示；交流分量用 i_b 表示；总量用 i_B 表示。如图 6-28 所示。

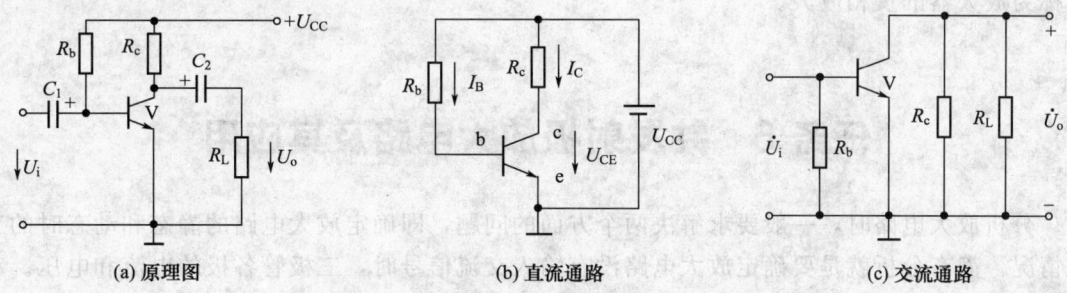

图 6-28　共发射极基本放大器及交直流通路

在放大器的输入端加入一个交流电压信号 u_i，使电路处于交流信号放大状态（动态）。

当交变信号 u_i 经 C_1 加到三极管 V 的基极时，它与原来的直流电压 U_{BE}（设为 0.7V）进行叠加，使发射结的电压为 $u_{BE} = U_{BE} + u_i$。基极电压的变化必然导致基极电流随之发生变化，此时基极电流为 $i_B = I_B + i_b$，如图 6-29(a)、(b) 所示。

由于三极管具有电流放大作用，基极电流的微小变化就可以引起集电极电流较大的变化。如果电流放大倍数为 β，则集电极电流为 $i_C = \beta i_B$，即集电极电流比基极电流增大 β 倍，实现了电流放大。如图 6-29(c) 所示。

经放大的集电极电流 i_C 通过电阻 R_C 转换成交流电压 u_{CE}。所以三极管的集电极电压也是由直流电压 U_{CE} 和交流电压 u_{ce} 叠加而成，其大小为 $u_{CE} = U_{CE} + u_{ce} = U_{CC} - i_C R_C$。如图 6-29(d) 所示。

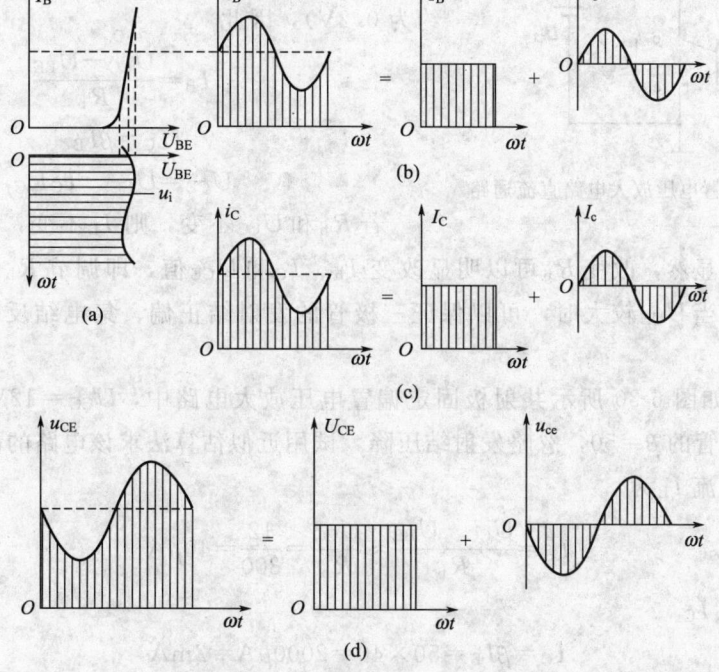

图 6-29　放大器各极的电压电流波形

放大后的信号经C_2加到负载R_L上。由于C_2的隔直作用，在负载上得到电压的交流分量u_{ce}，即$u_o=u_{ce}=-i_C R_C$。

式中"－"号表示输出信号电压U_o与输入信号电压U_i相位相反（相差180°），这种现象称为放大器的反相放大。

任务6 共发射极放大电路及其应用

分析放大电路时，一般要求解决两个方面的问题，即确定放大电路的静态和动态时的工作情况。静态分析就是要确定放大电路没有输入交流信号时，三极管各极的电流和电压。动态分析则是在正弦波信号作用下，确定放大电路的电压放大倍数、输入电阻和输出电阻等。

6.1 共发射极放大电路的静态分析

当放大器的输入信号为零（$u_i=0$）时，电路各处的电压、电流都是直流，故称放大器为直流工作状态或静态。三极管放大电路在静态状态下，用直流I_B、I_C、U_{CE}的值来表示各极的电流和各极间电压的关系。这些数据在输出特性上反映为一个点，称为静态工作点Q。静态工作点的分析方法有估算法和图解法。

6.1.1 固定偏置电压放大电路

（1）静态工作点的估算法　静态时$u_i=0$，三极管各极的电压和电流均为直流，因此，电容相当于开路，其等效的直流通路如图6-30所示。U_{CC}通过R_b使三极管的发射极导通，b、e两端的导通压降U_{BE}基本不变（硅管约为0.7V，锗管约为0.2V），因此

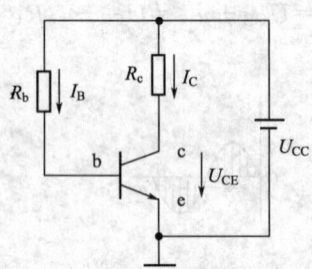

图6-30　固定偏置电压放大电路直流通路

$$I_B=\frac{U_{CC}-U_{BE}}{R_b}$$
$$I_C=\beta I_B$$
$$U_{CE}=U_{CC}-I_C R_C$$

若R_b和U_{CC}不变，则I_B不变，故称为固定偏置电压放大电路。显然，改变R_b可以明显改变I_b、I_C和U_{CE}值，即调节R_b就可以改变放大器的工作状态。当U_{CE}较大时，可以保证三极管的发射结正偏、集电结反偏，即工作在放大区。

【例6-6】　如图6-30所示共射极固定偏置电压放大电路中，$U_{CC}=12V$，$R_b=300k\Omega$，$R_c=3k\Omega$，三极管的$\beta=50$，忽略发射结压降，试用近似估算法求该电路的静态工作点。

解：基极电流I_B为

$$I_B=\frac{U_{CC}-U_{BE}}{R_b}\approx\frac{U_{CC}}{R_b}=\frac{12}{300}=40\mu A$$

集电极电流I_C

$$I_C=\beta I_B=50\times 40=2000\mu A=2mA$$

集电极电压U_{CE}

$$U_{CE}=U_{CC}-I_CR_c=12-2\times3=6V$$

(2) **静态工作点设置的必要性** 如果不设置静态工作点，当输入的信号是交变的正弦量时，则信号中小于和等于晶体管死区电压的那部分信号就不可能通过晶体管进行放大，由此会造成传输信号严重失真。因此，为了保证传输信号不失真地输入到放大器中进行放大，就必须在放大电路中设置合适的静态工作点，也叫建立偏置。

(3) **静态工作点的图解法** 三极管的电流、电压关系可用输入特性曲线和输出特性曲线表示，可以在特性曲线上，直接用作图的方法来确定静态工作点。用图解法的关键是正确地做出直流负载线，直流负载线与 I_B 特性曲线的交点，即为 Q 点。读出它的坐标即得 I_C 和 U_{CE}。

图解法求 Q 点的步骤为：

① 用输入特性曲线确定 I_B 和 U_{BE}。

根据固定偏置电压放大电路的输入回路，可知：

$$I_B=\frac{U_{CC}-U_{BE}}{R_b}$$

同时 U_{BE} 和 I_B 还符合晶体管输入特性曲线所描述的关系，在输入特性曲线与 I_B 对应的有一个静态量 U_{BE}，如图 6-31(a) 所示。

② 用输出特性曲线确定 I_C 和 U_{CE}。在图 6-31(b) 输出特性曲线上画出直流负载线。根据公式 $U_{CE}=U_{CC}-I_CR_c$，令 $I_C=0$ 得出 $U_{CE}=U_{CC}$ 的一个特殊点；再令 $U_{CE}=0$，得出 $I_C=U_{CC}/R_c$ 另一个特殊点，用直线将两点相连即得到直流负载线。直流负载线和 I_B 线交点 Q 就是静态工作点。

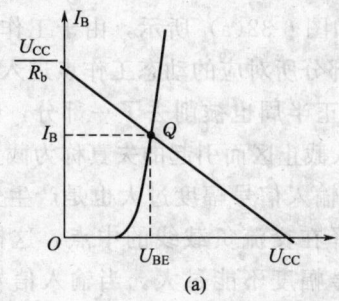 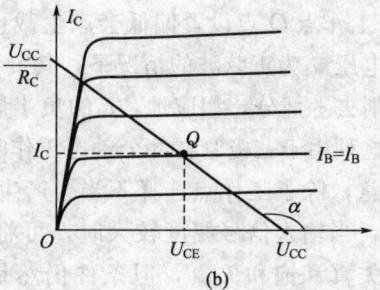

图 6-31 图解法求静态工作点

晶体管的输出特性可由已选定管子型号在手册上查找，或从图示仪上描绘，而上式为一直线方程，其斜率为 $\tan\alpha=-1/R_C$，在横轴的截距为 U_{CC}，在纵轴的截距为 U_{CC}/R_C。这一直线很容易在图 6-31(b) 上作出。因为它是直流通路得出的，且与集电极负载电阻有关，故称之为直流负载线。由于已确定了 I_B 的值，因此直流负载线与所对应的那条输出特性曲线的交点就是静态工作点 Q。如图 6-31(b) 所示，Q 点的坐标就是静态时晶体管的集电极电流 I_C 和集电极发射极间电压 U_{CE}。

放大电路直流通路（固定偏置电路）静态工作点的计算。

$$I_B=\frac{U_{CC}-U_{BE}}{R_b} \quad I_C=\beta I_B \quad U_{CE}=U_{CC}-I_CR_C$$

（4）**静态工作点高低的影响**　由图 6-31 可见，基极电流的大小影响静态工作点的位置。

① 静态工作点设置偏高会产生饱和失真。如图 6-32(b) 所示，由于工作点 Q 偏高，在输入信号电压 u_i 为正弦波的情况下，其正半周的一部分所对应的动态工作点进入饱和区，其结果是导致 i_c 的正半周和 u_{ce} 的负半周被削去了一部分，即产生了严重的失真。这种由于三极管在部分动态工作时间内进入饱和区而引起的失真称为饱和失真。

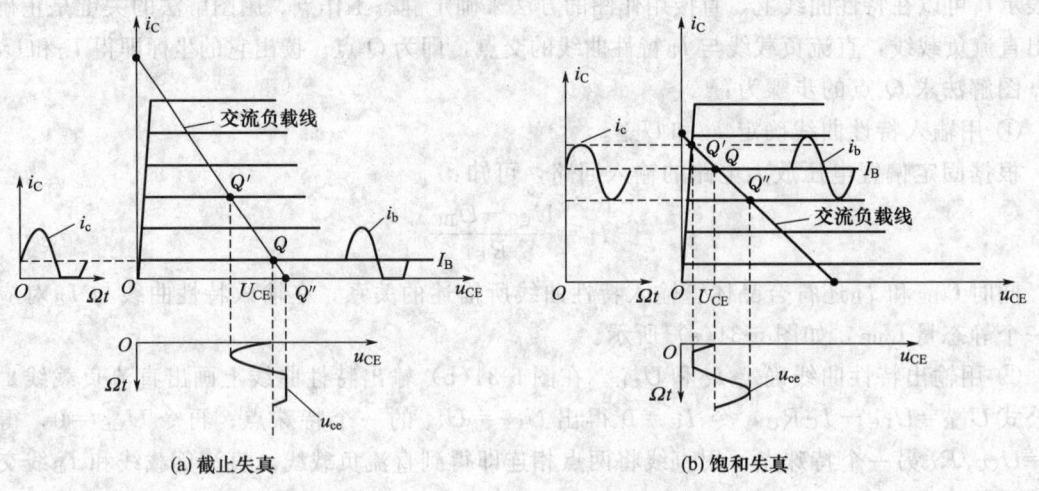

(a) 截止失真　　　　　　　　　　(b) 饱和失真

图 6-32　工作点选择不当引起的失真

② 静态工作点 Q 点设置偏低会产生截止失真。如图 6-32(a) 所示，由于工作点 Q 偏低，在输入信号电压 u_i 为正弦波的情况下，其负半周的一部分所对应的动态工作点进入截止区，i_b 的负半周被削去一部分，相应地，i_c 的负半周和 u_{ce} 的正半周也被削去了一部分，即产生了严重的失真。这种由于三极管在部分动态工作时间内进入截止区而引起的失真称为截止失真。

应当注意，除了工作点选择不当会产生失真外，输入信号幅度过大也是产生失真的因素之一。因此，当输入信号幅度较大时，可将 Q 点选择在交流负载线的中点，这样可同时避免产生截止失真和饱和失真，但条件仍然是输入信号幅度不能过大。当输入信号幅度较小时，为了降低电源的能量消耗，则可将 Q 点选得低一些。

因此，在已确定直流电源 U_{CC} 和集电极电阻 R_C 的情况下，静态工作点设置的合适与否取决于 I_B 的大小，调节基极电阻 R_B 改变电流 I_B，可以调整静态工作点。

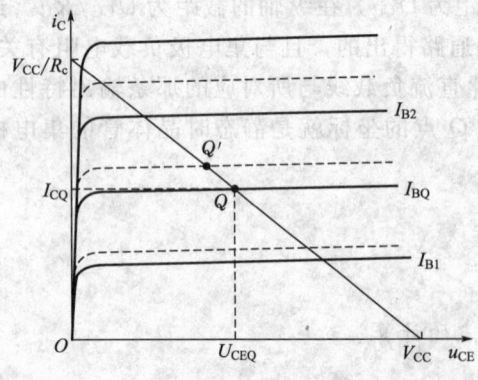

图 6-33　温度对静态工作点的影响

（5）**温度对静态工作点的影响**　工作点不稳定的原因很多，例如电源电压的变化，电路参数的变化，管子的老化与更换等，但主要是由于三极管的参数（I_{CBO}，U_{BE}，β 等）随温度变化而造成的。

当温度升高时，三极管反向饱和电流 I_{CBO} 将增大，显然，I_{CEO} 也增大；发射结导通电压的绝对值 $|U_{BE}|$ 将减小，$|U_{BE}|$ 的温度系数约为 $-2.2\text{mV}/℃$；电流放大系数 β 将增大，β 相对变化的温度系数约为 $0.5\%/℃\sim 1\%/℃$。

由前述分析可知，当温度升高时，以上各参数的变化将引起静态工作点沿直流负载线上移，反之则下移。图 6-33 为某晶体管的输出特性曲线，其中实线为 20℃时的曲线，虚线为 40℃时的曲线。显然，温度 20℃升高至 40℃，静态工作点 Q 上移至 Q' 处，显然，Q' 的位置距离饱和区较近，因此易使信号正半周进入到晶体管的饱和区而造成饱和失真。为保证信号传输不受温度的影响，需要对固定偏置共射极电压放大电路进行改造，实际中一般采用分压偏置共射极电压放大电路，该电路可以通过反馈环节有效地抑制温度对静态工作点的影响。

6.1.2 分压式偏置电压放大电路

分压式偏置电压放大电路如图 6-34 所示，分压式偏置电压放大电路与固定偏置电压放大电路的主要不同点在于三极管的发射极接入了电阻 R_E，同时还在三极管的基极接入了一个起辅助作用的电阻 R_{B2}。通常称 R_E 为射极电阻，也称为负反馈电阻，R_{B1} 和 R_{B2} 为偏置电阻。

（1）静态工作点稳定原理　在满足 $I_1 \approx I_2 \gg I_B$ 的小信号条件下，当温度发生变化时，虽然也会引起 I_C 变化，但对基极电位没有多大影响。实际模拟电子电路中 $I_1 \approx I_2 \gg I_B$，因此可以近似认为 R_{B1} 和 R_{B2} 是串联，即 R_{B1} 和 R_{B2} 串联电路中 U_{CC} 在基极的电位 V_B：

$$V_B = U_{CC} \frac{R_{B2}}{R_{B1} + R_{B2}}$$

从电路结构上看，基极电位和晶体管的参数无关。当温度发生变化时，只要 U_{CC}、R_{B1} 和 R_{B2} 固定不变，则基极电位就是确定的，不受温度变化的影响。其次在发射极串接一个电阻 R_E，就是为了稳定静态工作点。当温度 $T \uparrow \to I_C \uparrow \to I_E \uparrow \to V_E \uparrow \to V_{BE} \downarrow \to I_B \downarrow \to I_C \downarrow$，静态工作点基本维持不变，从而有效抑制了温度对静态工作点的影响。由此可见，温度升高引起 I_C 的增大将被电路本身造成的 I_C 减小所牵制。这就是反馈控制的原理。

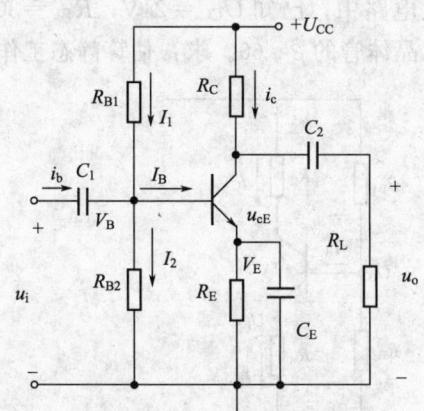

图 6-34　分压式偏置电压共发射极放大电路

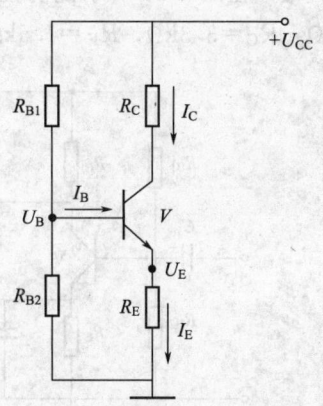

图 6-35　分压式偏置电压放大电路直流通路

射极反馈电阻 R_E 不但能对直流信号产生负反馈作用，同时对交流信号也可产生负反馈作用，使得输入电压 u_i 不能全部加在 B、E 两端，使 u_o 减小，造成了电压放大倍数的减小，为了克服这一不足，在 R_E 两端再并联一个旁路电容 C_E，使得对于直流 C_E 相当于开路，仍能稳定工作点，而对于交流信号，C_E 相当于短路，这使输入信号不受损失，电路的放大倍数不至于因为稳定了工作点而下降。一般旁路电容 C_E 取几十微法到几百微法。图中 R_E 越大，稳定性越好。但过大的 R_E 会使 U_{CE} 下降，影响输出 u_o 的幅度，通常小信号放大电路中 R_E 取几百到几千欧。

（2）静态工作点的估算　图 6-35 为分压式偏置放大电路的直流通路，在满足稳定条件的情况下，由直流通路得：

$$V_B = \frac{R_{B2}}{R_{B1}+R_{B2}} U_{CC}$$

$$I_C \approx I_E = \frac{V_B - U_{BE}}{R_E} \approx \frac{U_B}{R_E}$$

$$U_{CE} = U_{CC} - I_C R_C - I_E R_E = U_{CC} - I_C (R_C + R_E)$$

$$I_B = \frac{I_C}{\beta}$$

特别提示

放大电路静态工作点稳定的放大电路-分压式偏置电路的分析和计算。

放大电路静态工作点不稳定的原因，主要是由于温度的影响。常用的稳定工作点电路有分压式偏置电压放大电路等，它是利用负反馈原理来实现的。在满足稳定条件时，分压式偏置电压放大电路的静态工作点为

$$V_B = \frac{R_{B2}}{R_{B1}+R_{B2}} U_{CC} \quad I_C \approx I_E = \frac{V_B - U_{BE}}{R_E} \approx \frac{U_B}{R_E}$$

$$U_{CE} = U_{CC} - I_C R_C - I_E R_E = U_{CC} - I_C (R_C + R_E) \quad I_B = \frac{I_C}{\beta}$$

【例 6-7】 在图 6-36 所示的分压式偏置共射放大电路中，已知 $U_{CC}=24V$，$R_{B1}=30k\Omega$，$R_{B2}=10k\Omega$，$R_C=3.3k\Omega$，$R_E=1.5k\Omega$，$R_L=5.1k\Omega$，晶体管的 $\beta=60$。求：估算静态工作点。

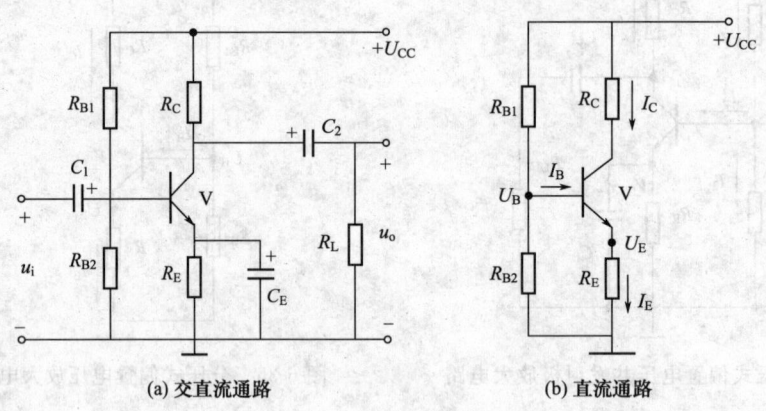

图 6-36　分压式偏置共射放大电路

解： 估算静态工作点

$$U_{BE} = 0.7 \text{ (V)}$$

$$V_B = \frac{R_{B2}}{R_{B1}+R_{B2}} U_{CC} = \frac{10}{30+10} \times 24 = 6 \text{ (V)}$$

$$I_C \approx I_E = \frac{V_B - U_{BE}}{R_E} = \frac{6 - 0.7}{1.5} = 3.5 \text{ (mA)}$$

$$U_{CE} \approx U_{CC} - I_C(R_C + R_E) = 24 - 3.5 \times (3.3 + 1.5) = 7.2 \text{ (V)}$$

$$I_B = \frac{I_C}{\beta} = 3.5/60 = 0.058 \text{ (mA)}$$

6.2 共发射极放大电路的动态分析

静态工作点确定以后，放大电路在输入电压信号 u_i 的作用下，若晶体管能始终工作在特性曲线的放大区，则放大电路输出端就能获得基本上不失真的放大的输出电压信号 u_o。放大电路的动态分析，就是要对放大电路中信号的传输过程、放大电路的性能指标等问题进行分析讨论，这也是模拟电子电路所要讨论的主要问题。微变等效电路法是动态分析的基本方法。所谓微变等效电路分析法，就是把一定条件下的线性元件晶体管所组成的放大电路等效成一个线性电路，即放大电路的微变等效电路；然后用线性电路的分析方法来分析。

6.2.1 晶体管的微变等效电路

所谓晶体管的微变等效电路，就是晶体管在小信号（微变量）的情况下工作在特性曲线直线段时，将晶体管（非线性元件）用一个线性电路代替，从而可以用分析线性电路的方法来分析晶体管放大电路。

由图 6-37(a) 晶体管的输入特性曲线可知，在小信号作用下的静态工作点 Q 邻近的 $Q_1 \sim Q_2$ 工作范围内的曲线可视为直线，其斜率不变。两变量的比值称为晶体管的输入电阻，即晶体管的输入回路可用管子的输入电阻 r_{be} 来等效代替，其等效电路见图 6-38(b)。根据半导体理论及文献资料，工程中低频小信号下的 r_{be} 可用下式估算

$$r_{be} = 300 + (1 + \beta) \frac{26 \text{mV}}{I_E(\text{mA})}$$

小信号低频下工作时的晶体管的 r_{be} 一般为几百到几千欧。

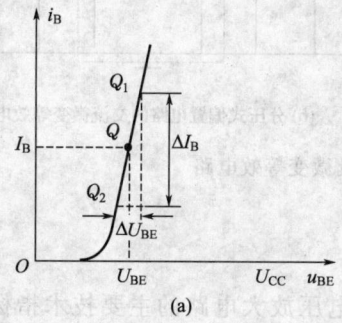
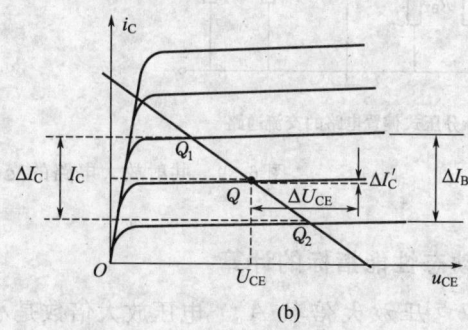

图 6-37 从晶体管的特性曲线求 r_{be}、β 和 r_{ce}

由图 6-37(b) 晶体管的输出特性曲线可知，在小信号作用下的静态工作点 Q 邻近的 $Q_1 \sim Q_2$ 工作范围内，放大区的曲线是一组近似等距的水平线，它反映了集电极电流 I_C 只受基极电流 I_B 控制而与管子两端电压 U_{CE} 基本无关，因而晶体管的输出回路可等效为一个受控的恒流源，即

$$\Delta I_C = \beta \Delta I_B \quad \text{及} \quad i_c = \beta i_b$$

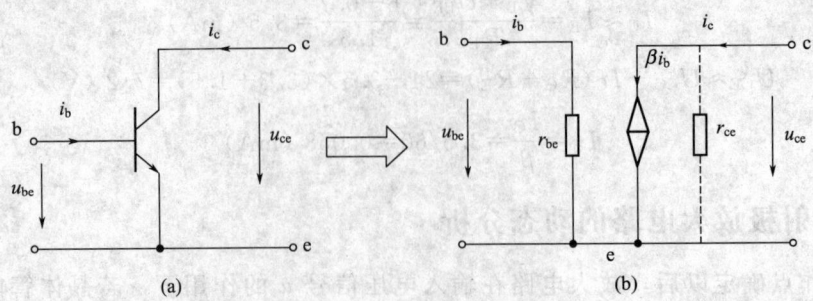

图 6-38 三极管的微变等效电路

r_{ce} 和受控恒流源 βi_b 并联。由于输出特性近似为水平线，r_{ce} 又高达几十千欧到几百千欧，在微变等效电路中可视为开路而不予考虑。图 6-38(b) 为简化了的微变等效电路。

6.2.2 共射放大电路的微变等效电路

放大电路的直流通路确定静态工作点。交流通路则反映了信号的传输过程，并通过它可以分析计算放大电路的性能指标。对放大电路进行动态分析时，不考虑直流量，研究的对象往往仅限于交流量，要画出放大器的等效电路，先要画出其交流通路。

在画交流通路时，可以将直流电源 U_{CC} 视为交流"接地"，C_1、C_2 的容抗对交流信号而言可忽略不计，在交流通路中视作短路，即图 6-39(a) 共射分压偏置电压放大电路的交流通路。然后用三极管等效电路取代三极管即可，图 6-39(b) 为共发射极基本放大器的微变等效电路。

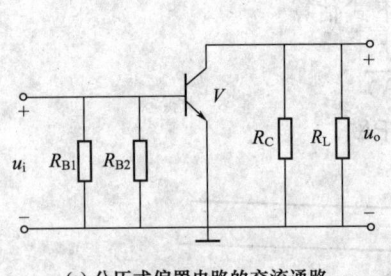
(a) 分压式偏置电路的交流通路

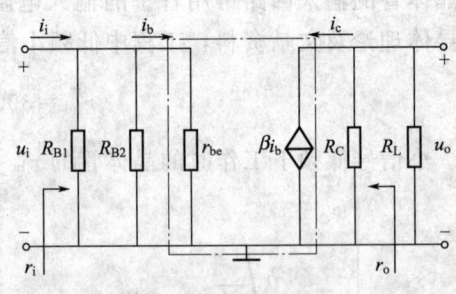
(b) 分压式偏置电路的交流微变等效电路

图 6-39 共射放大电路的交流通路及微变等效电路

6.2.3 动态性能指标的计算

（1）电压放大倍数 A_u　电压放大倍数是小信号电压放大电路的主要技术指标，放大倍数定义为输出电压与输入电压之比。设输入为正弦信号，图 6-39(b) 中的电压和电流都可用相量表示，即

$$\dot{A}_u = \frac{\dot{U}_o}{\dot{U}_i}$$

由图 6-39(b) 得输入电压

$$\dot{U}_i = \dot{I}_b r_{be}$$

输出电压为

$$\dot{U}_o = -\dot{I}_C(R_C // R_L) = -\dot{I}_C R'_L$$

其中 $R'_L = R_C // R_L$

所以

$$\dot{A}_u = \frac{\dot{U}_o}{\dot{U}_i} = \frac{-\dot{I}_C R'_L}{\dot{I}_b r_{be}} = -\frac{\beta R'_L}{r_{be}}$$

电压放大倍数为负数，它反映了输出与输入电压之间的相位关系，上式中的负号表示共射放大电路的输出电压与输入电压的相位反相。电压放大倍数大小说明了放大器的电压放大能力，是放大器的一项很重要的性能指标。它与静态工作点和负载大小有关。

当放大电路输出端开路时（未接负载电阻 R_L），可得空载时的电压放大倍数（A_{uo}），

$$\dot{A}_{uo} = -\beta \frac{R_C}{r_{be}}$$

比较两个电压放大倍数，可得出：放大电路接有负载电阻 R_L 时的电压放大倍数比空载时降低了。R_L 愈小，电压放大倍数愈低。一般共射放大电路为提高电压放大倍数，总希望负载电阻 R_L 大一些。

（2）放大电路的输入电阻 r_i 与输出电阻 r_o。放大电路的输入端与信号源（或前一级放大电路）相通，输出端与负载（或后一级放大电路）相连。所以，放大电路与信号源、负载之间是互相联系又互相影响的。这种影响可以用输入电阻和输出电阻表示。

输入电阻 r_i 也是放大电路的一个主要的性能指标。放大电路是信号源（或前一级放大电路）的负载，其输入端的等效电阻就是信号源（或前一级放大电路）的负载电阻，也就是放大电路的输入电阻 r_i。其定义为为输入电压与输入电流之比。即

$$r_i = \frac{u_i}{i_i} = R_{B1} // R_{B2} // r_{be} \approx r_{be}$$

一般输入电阻越高越好。原因如图 6-40 所示，放大电路的输入电阻，对于需要传输和放大的信号源来说，相当于是电源的负载。输入电阻越高越好的原因是：第一，较小的 r_i 从信号源取用较大的电流而增加信号源的负担。第二，电压信号源内阻 R_S 和放大电路的输入电阻 r_i 分压后，r_i 上得到的电压才是放大电路的输入电压，r_i 越小，相同的信号源使放大电路的有效输入减小，那么放大

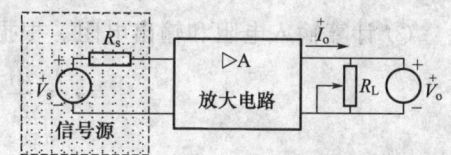

图 6-40 放大电路的输入电阻和输出电阻

后的输出也就小。第三，若与前级放大电路相联，则本级的 r_i 就是前级的负载电阻 R_L，若 r_i 较小，则前级放大电路的电压放大倍数也就越小。总之，要求放大电路要有较高的输入电阻。

放大电路是负载的等效信号源，其等效内阻就是放大电路的输出电阻 r_o，它是放大电路的性能参数。放大电路的输出电阻 r_o，即从放大电路输出端看进去的戴维南等效电路的等效内阻，从图 6-39(b) 可以直接观察出共射电压放大电路的输出电阻为：

$$r_o \approx R_C$$

输出电阻是表明放大电路带负载的能力，R_o 大表明放大电路带负载的能力差，反之则强，一般输出电阻越小越好。因此，希望放大电路的输出电阻 r_o 越小越好。

放大电路的动态分析和动态评价指标的计算。

动态分析用微变等效电路法，用微变等效电路法求电压放大倍数、输入电阻和输出电阻。

$$\dot{A}_u = \frac{\dot{U}_o}{\dot{U}_i} = \frac{-\dot{I}_C R'_L}{\dot{I}_b r_{be}} = -\frac{\beta R'_L}{r_{be}} \qquad r_i = \frac{u_i}{i_i} = R_{B1} /\!/ R_{B2} /\!/ r_{be} \approx r_{be} \qquad r_o \approx R_c$$

【例6-8】 图6-41所示的固定偏置共射放大电路，已知 $U_{CC}=12V$，$R_b=300k\Omega$，$R_c=4k\Omega$，$R_L=4k\Omega$，晶体管的 $\beta=40$。求：①估算静态工作点；②计算电压放大倍数；③计算输入电阻和输出电阻。

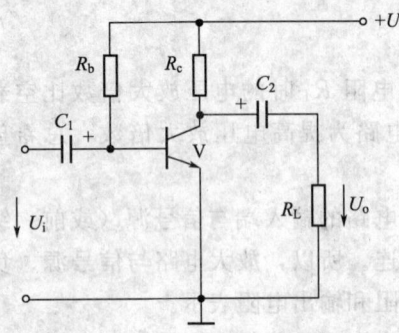

图6-41 固定偏置电压放大电路

解：① 估算静态工作点。由直流通路得：

$$I_B \approx \frac{U_{CC}}{R_b} = \frac{12}{300} = 40\mu A$$

$$I_C = \beta I_B = 40 \times 40 = 1.6 mA$$

$$U_{CE} = U_{CC} - I_C R_c = 12 - 1.6 \times 4 = 5.6V$$

② 计算电压放大倍数。

$$r_{be} = 300 + (1+\beta)\frac{26}{I_E} = 300 + 41 \times \frac{26}{1.6} = 0.966k\Omega$$

$$\dot{U}_o = -\dot{I}_C(R_C /\!/ R_L) = -\dot{I}_C R'_L \quad \dot{U}_i = \dot{I}_b r_{be}$$

$$\dot{A}_u = \frac{\dot{U}_o}{\dot{U}_i} = \frac{-\beta \dot{I}_b \cdot (R_C /\!/ R_L)}{\dot{I}_b r_{be}} = -40 \times \frac{2}{0.966} = -82.8$$

③ 计算输入电阻和输出电阻。根据公式得：

$$r_i = \frac{u_i}{i_i} = R_b /\!/ r_{be} \approx 0.966 k\Omega$$

$$r_o = R_C = 4k\Omega$$

【例6-9】 在图6-42所示的分压式偏置共射放大电路中，已知 $U_{CC}=24V$，$R_{B1}=33k\Omega$，$R_{B2}=10k\Omega$，$R_C=3.3k\Omega$，$R_E=1.5k\Omega$，$R_L=5.1k\Omega$，晶体管的 $\beta=66$。求：①估算静态工作点。②画微变等效电路。③计算电压放大倍数。④计算输入、输出电阻。⑤当 R_E 两端未并联旁路电容时，画其微变等效电路，计算电压放大倍数，输入、输出电阻。

解：① 估算静态工作点。由图6-42(b)所示直流通路得：

$$U_{BE} = 0.7V$$

$$V_B = \frac{R_{B2}}{R_{B1}+R_{B2}} U_{CC} = \frac{10}{33+10} \times 24 = 5.6V$$

$$I_C \approx I_E = \frac{V_B - U_{BE}}{R_E} \approx \frac{V_B}{R_E} = \frac{5.6}{1.5} = 3.8 mA$$

$$U_{CE} \approx V_{CC} - I_C(R_C + R_E) = 24 - 3.8 \times (3.3+1.5) = 5.76V$$

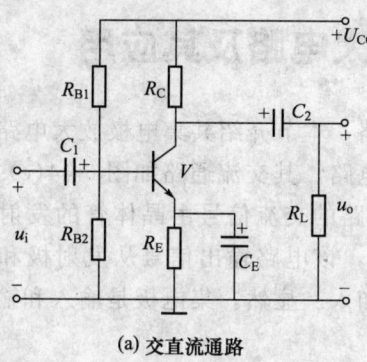
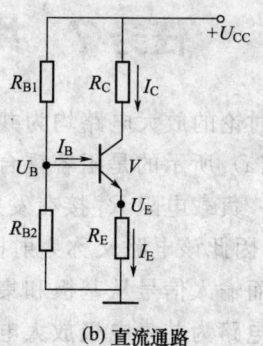

(a) 交直流通路　　　　　　　　　(b) 直流通路

图 6-42　分压式偏置共射放大电路

② 画微变等效电路如图 6-43(a) 所示。

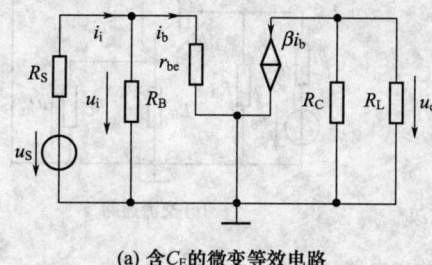
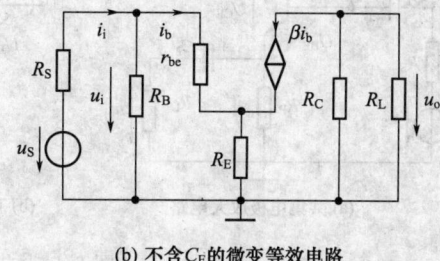

(a) 含 C_E 的微变等效电路　　　　　　(b) 不含 C_E 的微变等效电路

图 6-43　分压式偏置共射放大电路微变等效电路

③ 计算电压放大倍数

由微变等效电路得：

$$\dot{A}_u = \frac{\dot{U}_o}{\dot{U}_i} = \frac{-\beta(R_L /\!/ R_C)}{r_{be}} = \frac{-66 \times (5.1 /\!/ 3.3)}{300 + (1+66)\frac{26}{3.8}} = -174$$

④ 计算输入、输出电阻

$$r_i = R_{B1} /\!/ R_{B2} /\!/ r_{be} = 33 /\!/ 10 /\!/ 0.758 = 0.69 \text{k}\Omega$$

$$r_o = R_C = 3.3 \text{k}\Omega$$

⑤ 当 R_E 两端未并联旁路电容时其微变等效电路如图 6-43(b) 所示。

$$r_{be} = 300 + (1+66) \times \frac{26}{3.8} = 0.758 \text{k}\Omega$$

$$\dot{A}_u = \frac{\dot{U}_o}{\dot{U}_i} = \frac{-\beta(R_L /\!/ R_C)}{r_{be} + (1+\beta)R_E} = \frac{-66 \times (5.1 /\!/ 3.3)}{0.758 + (1+66) \times 1.5} = -1.3$$

$$r_i = R_{B1} /\!/ R_{B2} /\!/ [r_{be} + (1+\beta)R_E] = 33 /\!/ 10 /\!/ [0.758 + (1+66) \times 1.5] = 7.66 \text{k}\Omega$$

$$r_o = R_C = 3.3 \text{k}\Omega$$

从计算结果可知，去掉旁路电容后，大大降低了电压放大倍数，因此，必须加旁路电容。

任务 7　共集电极放大电路及其应用

前面所讨论的放大电路均为共发射极放大电路，本节介绍共集电极放大电路。

图 6-44(a) 所示的是阻容耦合共集电极放大电路。其交流通路如图 6-44(c) 所示。由交流通路可见，负载电阻 R_L 接在发射极上，放大电路的交流信号由晶体管的发射极经耦合电容 C_2 输出，因此该电路又称为射极输出器。另外，该电路输出信号从发射极和集电极两端之间得到，而输入信号从基极和集电极两端之间加入。显然，集电极是输入和输出回路的公共端，即该电路为共集电极放大电路。

射极输出器与已讨论过的共射放大电路相比，有着明显的特点，学习时务必注意。

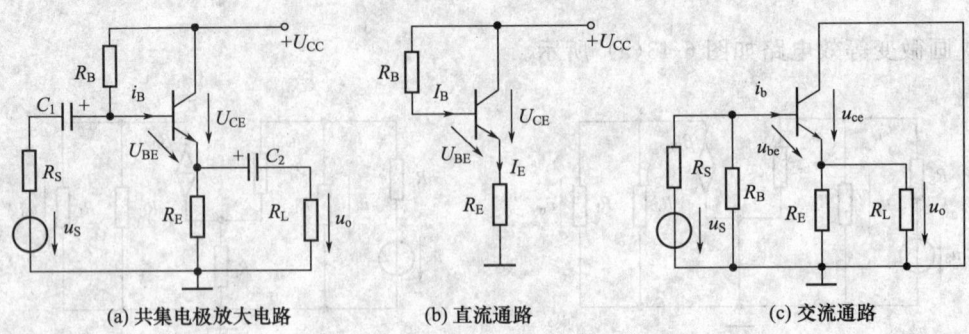

图 6-44　共集电极放大电路

7.1　静态分析

图 6-44(b) 为共集电极放大电路的直流通路。由此确定静态工作点。在基极回路中根据 KVL 定律可列如下电压方程：

$$U_{CC}=I_B R_B + U_{BE} + I_E R_E$$
$$I_E = I_B + I_C = (1+\beta) I_B$$

所以，基极电流的静态值为：

$$I_B = \frac{U_{CC}-U_{BE}}{R_B + (1+\beta)R_E}$$

集电极电流的静态值为：

$$I_C = \beta I_B$$

集电极与发射极之间电压的静态值为：

$$U_{CE} = U_{CC} - I_E R_E \approx U_{CC} - I_C R_E$$

7.2　动态分析

由图 6-44(c) 所示的交流通路画出微变等效电路，如图 6-45 所示。

7.2.1　电压放大倍数

由微变等效电路及电压放大倍数的定义得：

$$\dot{U}_o = (1+\beta)\dot{I}_b(R_E /\!/ R_L)$$

$$\dot{U}_i = \dot{I}_b r_{be} + \dot{U}_o = \dot{I}_b r_{be} + (1+\beta)\dot{I}_b(R_E /\!/ R_L)$$

$$\dot{A}_u = \frac{\dot{U}_o}{\dot{U}_i} = \frac{(1+\beta)\dot{I}_b(R_E /\!/ R_L)}{\dot{I}_b r_{be} + (1+\beta)\dot{I}_b(R_E /\!/ R_L)}$$

$$= \frac{(1+\beta)(R_E /\!/ R_L)}{r_{be} + (1+\beta)(R_E /\!/ R_L)}$$

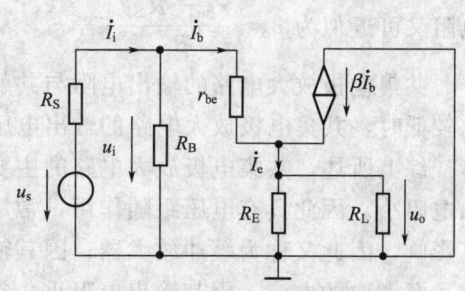

图 6-45　共集电极放大电路的微变等效电路

从上式可以看出：共集电极放大电路的电压放大倍数恒小于 1，但接近于 1。若 $(1+\beta)(R_E /\!/ R_L) \gg r_{be}$，则 $A_u \approx 1$，输出电压 $u_o \approx u_i$，A_u 为正数，说明 u_o 与 u_i 不但大小基本相等并且相位相同。由于 $A_u \approx 1$，即共集电极放大电路的电压放大倍数接近于 1，且输出电压与输入电压同相，因此射极输出器通常又称为射极跟随器或电压跟随器。

值得指出的是：尽管共集电极放大电路无电压放大作用，但射极电流 I_e 是基极 I_b 的 $(1+\beta)$ 倍，输出功率也近似是输入功率的 $(1+\beta)$ 倍，所以共集电极放大电路具有一定的电流放大作用和功率放大作用。

7.2.2　输入电阻

由图 6-45 微变等效电路及输入电阻的定义得

$$r_i = \frac{\dot{U}_i}{\dot{I}_i} = \frac{\dot{U}_i}{\dfrac{\dot{U}_i}{R_B} + \dfrac{\dot{U}_i}{r_{be} + (1+\beta)(R_E /\!/ R_L)}} = \frac{1}{\dfrac{1}{R_B} + \dfrac{1}{r_{be} + (1+\beta)(R_E /\!/ R_L)}}$$

$$= R_B /\!/ [r_{be} + (1+\beta)(R_E /\!/ R_L)]$$

一般 R_B 和 $r_{be} + (1+\beta)(R_E /\!/ R_L)$ 都要比 r_{be} 大得多，因此共集电极放大电路的输入电阻比共射放大电路的输入电阻要高。共集电极放大电路的输入电阻高达几十千欧到几百千欧。

7.2.3　输出电阻

根据输出电阻的定义，用加压求流法计算输出电阻，其等效电路如图 6-46 所示。图中已去掉独立源（信号源）。在输出端加上电压 $\dot{U}'_o$，产生电流 $\dot{I}'_o$，由图 6-46 得

$$\dot{I}'_o = -\dot{I}_b - \beta\dot{I}_b + \dot{I}_e = -(1+\beta)\dot{I}_b + \dot{I}_e$$

$$= (1+\beta)\frac{\dot{U}'_o}{r_{be} + (R_B /\!/ R_S)} + \frac{\dot{U}'_o}{R_E}$$

$$r_o = \frac{\dot{U}'_o}{\dot{I}'_o} = \frac{\dot{U}'_o}{\dfrac{\dot{U}'_o}{r_{be} + (R_B + R_S)} + \dfrac{\dot{U}'_o}{R_E}}$$

$$= R_E /\!/ \frac{r_{be} + (R_B /\!/ R_S)}{1+\beta}$$

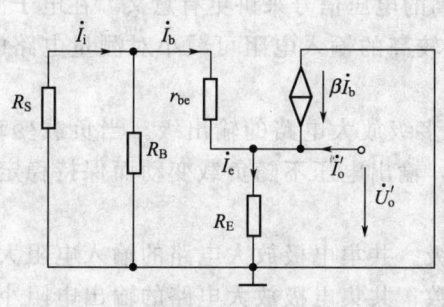

图 6-46　共集放大电路的输出电阻

在一般情况下，$R_B \gg R_S$，所以 $r_o \approx R_E /\!/ \dfrac{r_{be} + R_S}{1+\beta}$。而通常，$R_E \gg \dfrac{r_{be} + R_S}{1+\beta}$，因此输出

电阻又可近似为 $r_o \approx \dfrac{r_{be}+R_S}{\beta}$。若 $r_{be} \gg R_S$，则 $r_o \approx \dfrac{r_{be}}{\beta}$。

共集电极放大电路的输出电阻与共射放大电路相比是较低的，一般在几欧到几十欧。当 r_o 较低时，共集电极放大电路的输出电压几乎具有恒压性。

综上所述，共集电极放大电路的主要特点是：电压放大倍数接近于1；输入电阻大；输出电阻小。因此具有电压跟随作用，常用来缓冲负载对信号源的影响或隔离前后级之间的相互影响，因此又称为缓冲放大器；因其输入电阻大，常作为多级放大器的输入级，以减小从信号源索取的电流；因其输出电阻小，常作为多级放大器的输出级，以增强带负载能力。因此，尽管共集电极电路没有电压放大作用，仍然得到了广泛的应用。

【例 6-10】 图 6-44(a) 所示的共集电极放大电路。已知 $U_{CC}=12\text{V}$，$R_B=120\text{k}\Omega$，$R_E=4\text{k}\Omega$，$R_L=4\text{k}\Omega$，$R_S=120\Omega$，晶体管的 $\beta=40$。求：①估算静态工作点；②画微变等效电路；③计算电压放大倍数；④计算输入、输出电阻。

解：① 估算静态工作点

$$I_B = \dfrac{U_{CC}-U_{BE}}{R_B+(1+\beta)R_E} = \dfrac{12-0.6}{120+(1+40)\times 4} = 40 \ (\mu\text{A})$$

$$I_C = \beta I_B = 40 \times 40 = 1.6 \ (\text{mA})$$

$$U_{CE} = U_{CC} - I_E R_E \approx 12 - 1.6 \times 4 = 5.44 \ (\text{V})$$

② 画微变等效电路如图 6-45 所示。

③ 计算电压放大倍数

$$\dot{A}_u = \dfrac{(1+\beta)(R_E /\!/ R_L)}{r_{be}+(1+\beta)(R_E /\!/ R_L)} = \dfrac{(1+40)\times(4/\!/4)}{0.95+(1+40)\times(4/\!/4)} = 0.99$$

其中：$r_{be} = 300 + (1+\beta)\dfrac{26}{I_E} = 300 + (1+40)\dfrac{26}{1.64} = 0.95 \ (\text{k}\Omega)$

④ 计算输入、输出电阻

$$r_i = R_B /\!/ [r_{be}+(1+\beta)(R_E /\!/ R_L)] = 120 /\!/ [0.95+41\times(4/\!/4)] = 49 \ (\text{k}\Omega)$$

$$r_o = R_E /\!/ \dfrac{r_{be}+(R_B /\!/ R_S)}{1+\beta} = 4 /\!/ \dfrac{0.95+(0.1/\!/120)}{1+40} = 25.3 \ (\Omega)$$

7.3 共集电极放大电路的作用

由于共集电极放大电路输入电阻高，常被用于多级放大电路的输入级。这样，可减轻信号源的负担，又可获得较大的信号电压。这对内阻较高的电压信号来讲更有意义。在电子测量仪器的输入级采用共集电极放大电路作为输入级，较高的输入电阻可减小对测量电路的影响。

由于共集电极放大电路的输出电阻低，常被用于多级放大电路的输出级。当负载变动时，因为共集电极放大电路具有几乎为恒压源的特性，输出电压不随负载变动而保持稳定，具有较强的带负载能力。

共集电极放大电路也常作为多级放大电路的中间级。共集电极放大电路的输入电阻大，即前一级的负载电阻大，可提高前一级的电压放大倍数；共集电极放大电路的输出电阻小，即后一级的信号源内阻小，可提高后一级的电压放大倍数。这对于多级共射放大电路来讲，共集电极放大电路起了阻抗变换作用，提高了多级共射放大电路的总的电压放大倍数，改善了多级共射放大电路工作性能。

特别提示

共集放大电路的组成及其性能特点：

电路的输入端为基极，输出端为发射极，故又称为射极输出器。

电路的电压增益接近于（略小于）1，即输出电压接近于（略小于）输入电压，且相位相同，故又称为电压跟随器。

电路的输入电阻很大，而输出电阻很小，即输入电流要求很小，而输出电流可以很大，故又称为缓冲放大器。

任务 8　多级放大电路及其应用

小信号放大电路的输入信号一般为毫伏甚至微伏量级，功率在 1mW 以下。为了推动负载工作，输入信号必须经多级放大后，使其在输出端能获得一定幅度的电压和足够的功率。多级放大电路的框图如图 6-47 所示。它通常包括输入级、中间级、推动级和输出级几个部分。

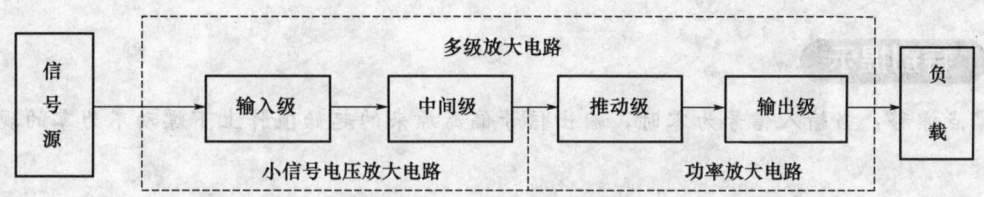

图 6-47　多级放大电路框图

多级放大电路的第一级称为输入级，对输入级的要求往往与输入信号有关。中间级的用途是进行信号放大，提供足够大的电压放大倍数，常由几级放大电路组成。多级放大电路的最后一级是输出级，它与负载相接，因此对输出级的要求是要考虑负载的性质。推动级的用途就是实现小信号到大信号的缓冲和转换。

耦合方式是指信号源和放大器之间，放大器中各级之间，放大器与负载之间的连接方式。最常用的耦合方式有三种：阻容耦合、直接耦合和变压器耦合。阻容耦合应用于分立元件多级交流放大电路中。放大缓慢变化的信号或直流信号则采用直接耦合的方式，变压器耦合在放大电路中的应用逐渐减少。本书只讨论直接耦合方式。

8.1　直接耦合的多级放大电路

放大器各级之间，放大器与信号源或负载直接连起来，或者经电阻等能通过直流的元件连接起来，称为直接耦合方式。直接耦合方式不但能放大交流信号，而且能放大变化极其缓慢的超低频信号以及直流信号。现代集成放大电路都采用直接耦合方式，这种耦合方式得到越来越广泛的应用。直接耦合两级放大电路如图 6-48 所示。

然而，直接耦合方式存在着两个特殊问题。

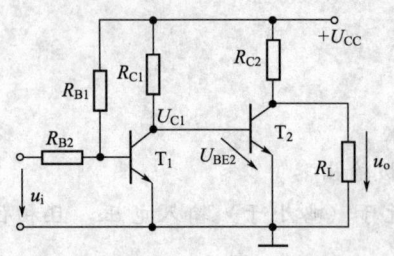

图 6-48 直接耦合两级放大电路

(1) 前后级静态工作点相互影响　直接耦合放大电路，前级的输出端与后级的输入端直接相连，因此前后级的静态工作点就相互影响，互相牵制，使电路的设计和调试比较困难。

(2) 零点漂移问题　一个理想的直接耦合放大电路，当输入信号为零时，其输出电压应该保持恒定。但是，在直接耦合放大电路中，若让输入信号为零，可发现输出信号会偏离原来的起始值作上下漂动，这种现象称为零点漂移（简称零漂）。

零点漂移现象严重时，能够淹没真正的输出信号，使电路无法正常工作。所以零点漂移的大小是衡量直接耦合放大器性能的一个重要指标。

引起零漂的原因很多，最主要的是温度对晶体管参数的影响所造成的静态工作点的波动，而在多级直接耦合放大器中，前级静态工作点的微小波动都能像信号一样被后面逐级放大并且输出。因而，整个放大电路的零漂指标主要由第一级电路的零漂决定，所以，为了提高放大器放大微弱信号的能力，在提高放大倍数的同时，必须减小输入级的零点漂移。

减小零点漂移措施很多，但最有效的方法是采用差动放大电路。

零点漂移：当输入信号为零时，输出信号偏离原来的起始值作上下漂动不为零的现象。

8.2　差动放大电路

8.2.1　差动放大电路组成

差动放大电路如图 6-49 所示，它由两个共用一个发射极电阻 R_E 的共射放大电路组成。它具有镜像对称的特点，在理想的情况下，两只晶体管的参数对称，集电极电阻对称，基极电阻对称，而且两个管子感受完全相同的温度，因而两管的静态工作点必然相同。信号从两管的基极输入，从两管的集电极输出。

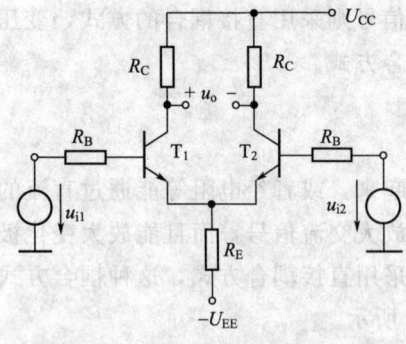

图 6-49　差动放大电路

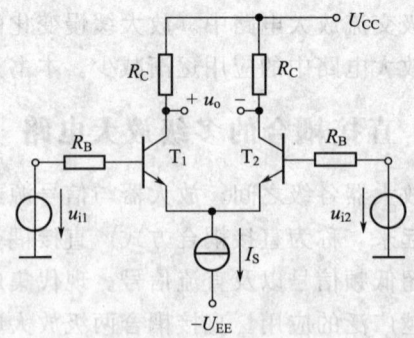

图 6-50　具有恒流源的差动放大电路

8.2.2 零点漂移的抑制

若将图 6-50 中两边输入端短路（$u_{i1}=u_{i2}=0$），则电路工作在静态，此时 $I_{B1}=I_{B2}$，$I_{C1}=I_{C2}$，$U_{C1}=U_{C2}$，输出电压为 $U_o=U_{C1}-U_{C2}=0$。

当温度变化引起两管集电极电流发生变化时，两管的集电极电压也随之变化，这时两管的静态工作点都发生变化，但由于对称性，两管的集电极电压变化的大小、方向相同，所以输出电压 $U_o=\Delta u_{C1}-\Delta u_{C2}$ 仍然等于 0，所以说差动放大电路抑制了温度引起的零点漂移。

8.2.3 信号的输入

当有信号输入时，对差动放大电路（图 6-50）的工作情况从下列两种输入类型来分析。

（1）共模输入 共模输入为：两个输入信号的大小相等、极性相同，即 $u_{i1}=u_{i2}$。这时引起的两管基极电流变化方向相同，集电极电流变化方向相同，集电极电压变化的方向与大小也相同，所以输出电压 $u_o=\Delta u_{C1}-\Delta u_{C2}=0$，共模电压放大倍数 $A_c=0$。可见差动放大电路抑制共模信号。前面讲到的差动放大电路抑制零点漂移就是该电路抑制共模信号的一个特例。因为输出的零漂电压折合到输入端，就相当于一对共模信号。

（2）差模输入 差模输入为：两个输入信号的大小相等、极性相反，即 $u_{i1}=-u_{i2}$，这时输出电压 $\Delta u_o=\Delta u_{C1}-(-\Delta u_{C2})=2\Delta u_{C1}$，可见差动放大电路放大差模信号。差模电压放大倍数 $A_d=2A_{d1}$。

从以上分析可知差动放大电路可以抑制温度引起的工作点漂移，抑制共模信号，放大差模信号。差动放大电路只能放大差模信号，其差动放大名称的含义就在于此。

8.2.4 发射极电阻 R_E 的作用

共模抑制比是衡量差动放大电路放大差模信号和抑制共模信号的能力的重要指标，定义为 A_d 与 A_c 之比的绝对值，即：

$$K_{CMR}=\left|\frac{A_d}{A_c}\right|$$

提高共模抑制比的方法有：调零电位器 R_P，增大发射极电阻 R_E，采用恒流源。

对于共模信号，由于引起的两管集电极电流大小、方向一样，都流过该电阻，对于每个管来说就像是在发射极与地之间连接了一个 $2R_E$ 电阻。由前述共射放大电路，可知电阻 R_E 可以降低各个单管对共模信号的放大倍数。并且 R_E 越大，抑制共模信号的能力就越强。在实用电路中，常用晶体管组成的恒流源代替电阻 R_E，来提高抑制共模信号的能力。图 6-50 中用恒流源符号 I_S 来表示由晶体管组成的恒流源电路，因为恒流源的动态电阻为无穷大，既两端电压变化时，变化电流恒等于零，而保持 I_S 为恒值，所以每管的共模输出电压将严格地等于零。

对于差模信号，由于引起的两管集电极电流大小一样，但是方向不同，所以电阻 R_E 上的差模信号压降为零，可见电阻 R_E 对差模信号无作用，对于差模信号而言，两管的发射极相当于接"地"。

特别提示

差动放大电路能放大差模信号，抑制共模信号，可有效地抑制零点漂移现象。

任务9　功率放大电路及其应用

9.1　对功率放大器的基本要求

功率放大器在各种电子设备中都有着极为广泛的应用。在科学实验或者生产实践中，常要求电子设备或放大器最后一级能带动一定的负载。例如，使扬声器的音圈振动发出声音，推动电动机旋转，在雷达显示器或电视机中使光点随信号偏转等，这都要求放大电路能输出一定的信号功率，因此，通常将放大电路的最后一级称为功率放大器。

从能量控制的观点来看，功率放大器与电压放大器没有本质的区别，只是完成的任务不同，电压放大器主要是不失真地放大电压信号，而功率放大器是为负载提供足够的功率。因此，对电压放大器的要求是要有足够大的电压放大倍数，对功率放大器的要求则与前者不同。

功率放大器因其任务与电压放大器不同，因此，对功率放大电路有以下几点要求。

（1）具有足够大的输出功率　为了获得尽可能大的输出功率，要求功率放大器中的功放管其电压和电流应该有足够大的幅度，因而要求能充分利用功放管的三个极限参数，即功放管的集电极电流接近 I_{CM}，管压降最大时接近 $U_{(BR)CEO}$，耗散功率接近 P_{CM}。在保证管子的安全工作的前提下，尽量增大输出功率。

（2）效率尽可能高　功放管在信号作用下向负载提供的输出功率是由直流电源供给的直流功率转换而来的，在转换的同时，功放管和电路中的耗能元件都要消耗功率。所以，要求尽量减小电路的损耗，来提高功率转换效率。若电路输出功率为 P_o，直流电源提供的总功率为 P_E，其转换效率为：

$$\eta = \frac{P_o}{P_E}$$

（3）非线性失真尽可能小　工作在大信号极限状态下的功放管，不可避免会存在非线性失真。不同的功放电路对非线性失真要求是不一样的，技术上常常对声电设备要求其非线性失真尽可能小，最好不发生失真。而对控制电机等方面，则要求以输出较大的功率为主，对非线性失真的要求不是太高。因此，只要将非线性失真限制在允许的范围内就可以了。

（4）必须采用图解分析法　电压放大器工作在小信号状况，能用微变等效电路进行分析，而功率放大器的输入是放大后的大信号，不能用微变等效电路进行分析，须用图解分析法。

效率、失真和输出功率是功率放大器要考虑的首要问题。

9.2　功率放大器的分类

根据对晶体管静态工作点设置的不同，功率放大器分成三种类型。

（1）甲类 甲类功率放大器中晶体管的静态工作点 Q 点设在放大区中间，管子在整个周期内，集电极都有电流。集电极电流大于或等于交流分量的最大值。Q 点和电流波形如图 6-51(a) 所示。对于甲类功率放大器时，管子的静态电流 I_C 较大，而且，无论有没有信号，电源都要始终不断地输出功率。在没有信号时，电源提供的功率全部消耗在管子上；有信号输入时，随着信号增大，输出的功率也增大。但是，即使在理想情况下，效率也仅为 50％。所以，甲类功率放大器的缺点是损耗大、效率低。但是这种功放失真小，一般用在家庭的高档功放中。

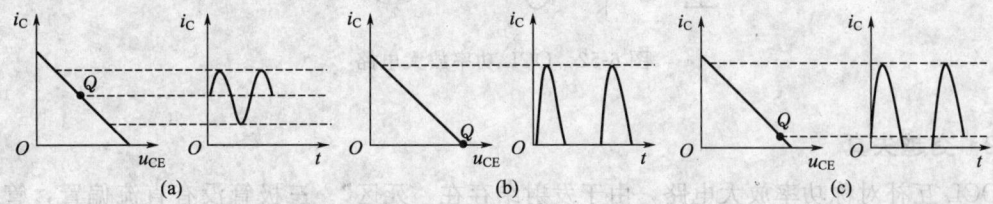

图 6-51　Q 点设置与三种工作状态

（2）乙类 为了提高效率，必须减小静态电流 I_C，将 Q 点下移。若将 Q 点设在静态电流 $I_C \approx 0$ 处，即 Q 点在截止区时，管子只在信号的半个周期内导通，称此为乙类。乙类状态下，信号等于零时，电源输出的功率也为零。信号增大时，电源供给的功率也随着增大，从而提高了效率，在理想的情况下，效率可以提高到 78.5％，但缺点是容易产生失真。乙类状态下的 Q 点与电流波形如图 6-51(b) 所示。

（3）甲乙类 若将 Q 点设在集电极电流小于交流分量的最大值处。管子在信号的半个周期以上的时间内导通称此为甲乙类。甲乙类状态下的 Q 点与电流波形如图 6-51(c) 所示。这种功放兼有甲类放大器失真小和乙类放大器效率高的优点，被广泛应用于家庭、汽车音响系统中。

功率放大器工作在甲乙类或乙类时，虽然可以提高效率，但会发生严重的失真，为解决这一问题，又设计了互补对称功率放大电路。

9.3　互补对称的功率放大电路（OCL 电路）

9.3.1　OCL 互补对称功率放大电路组成与原理

OCL 互补对称功率放大电路如图 6-52 所示。图中 T_1 为 NPN 管，T_2 为 PNP 管，两管特性相同。两管的发射极相连接到负载上，基极相连作为输入端。由正、负等值的双电源供电。下面，分析电路的工作原理。

静态时（$u_i = 0$），由图可见，两管均未设直流偏置，因而 $I_B = 0$，$I_C = 0$ 两管处于乙类。

动态时（$u_i \neq 0$）即有信号输入时，在 u_i 的正半周 T_1 导通而 T_2 截止，T_1 以射极输出器的形式将正半周信号输出给负载；在 u_i 的负半周 T_2 导通而 T_1 截止，T_2 以射极输出器的形式将负半周信号输出给负载。在 u_i 的整个周期内，T_1、T_2 两管轮流工作，互相补充，使负载获得完整的信号波形，互相补充故名互补对称电路。功率放大电路采用射极输出器的形式，提高了输入电阻和带负载的能力。

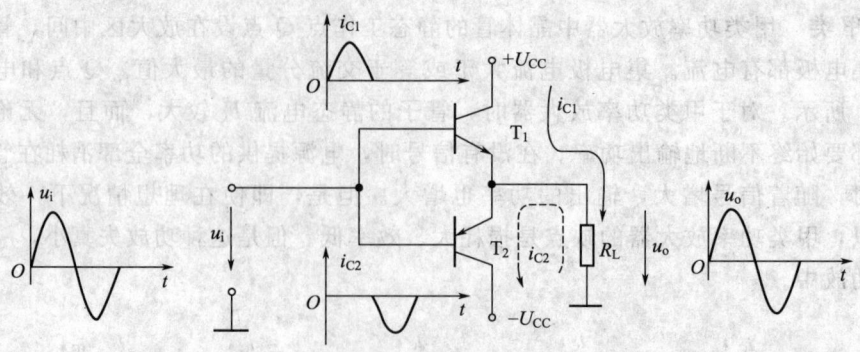

图 6-52　OCL 功率放大电路

9.3.2　交越失真

OCL 互补对称功率放大电路，由于发射结存在"死区"。三极管没有直流偏置，管子中的电流只有在 u_i 大于死区电压后，管子才有电流通过。当 u_i 小于死区电压时，T_1、T_2 都截止，此时负载电阻上电流为零，出现一段死区，因而使两输出管交替导通时合成波形的衔接处产生了失真，这种在正、负半周交接处出现的失真叫做交越失真，如图 6-53 所示。

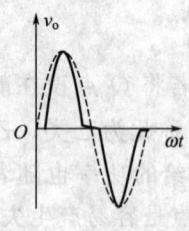

图 6-53　交越失真

特别提示

交越失真：在正、负半周交接处出现失真叫做交越失真。

9.4　甲乙类互补对称功率放大电路

为了克服交越失真，静态时，给两个管子提供较小的能消除交越失真所需的正向偏置电压，使两管均处于微导通状态，如图 6-54 所示电路，该电路称为甲乙类互补对称电路。

图 6-54 是由二极管组成的偏置电路，给 T_1、T_2 的发射结提供所需的正偏压。静态时，$I_{C1}=I_{C2}$，在负载电阻 R_L 中无静态压降，所以两管发射极的静态电位 $U_E=0$。在输入信号作用下，因 D_1、D_2 的动态电阻都很小，T_1 和 T_2 管的基极电位对交流信号而言可认为是相等的，正半周时，T_1 继续导通，T_2 截止；负半周时，T_1 截止，T_2 继续导通，这样，可在负

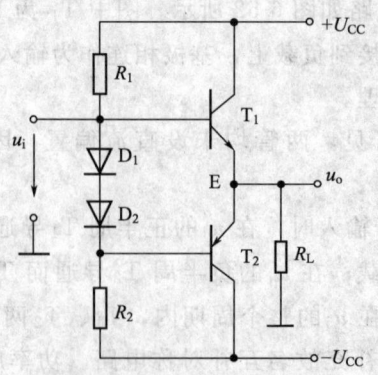

图 6-54　甲乙类互补对称电路

载电阻 R_L 上输出已消除了交越失真的正弦波。因为电路处在接近乙类的甲乙类工作状态。因此，电路的动态分析计算可以近似按照分析乙类电路的方法进行。

任务 10　场效应管及其放大电路

场效应管是一种用电场效应来控制固体材料导电能力的有源器件，它和普通半导体三极管的主要区别是：场效应管中是多数载流子导电，或是电子，或是空穴，即只有一种极性的载流子，所以又称为单极型晶体管。而半导体三极管则称为双极型晶体管。

它的最大优点是输入端的电流几乎为零，具有极高的输入电阻 $10^7 \sim 10^{15}\Omega$，能满足高内阻的微弱信号源对放大器输入阻抗的要求，所以它是理想的前置输入级器件。同时，它还具有体积小、重量轻、噪声低、耗电省、热稳定性好和制造工艺简单等特点，容易实现集成化。MOS 型大规模集成电路，应用很广泛。

根据结构不同，场效应管分为两类：结型场效应管和绝缘栅场效应管。在本书中只简单介绍绝缘栅型场效应管。

10.1　绝缘栅型场效应管

目前应用最广泛的绝缘栅场效应管是一种金属（M）-氧化物（O）-半导体（S）结构的场效应管，简称为 MOS（Metal Oxide Semiconductor）管。本节以 N 沟道增强型绝缘栅型场效应管为主进行讨论。

（1）**基本结构**　图 6-55(a) 是 N 沟道增强型 MOS 管的结构示意图。用一块 P 型半导体为衬底，在衬底上面的左、右两边制成两个高掺杂浓度的 N 型区，用 N^+ 表示，在这两个 N^+ 区各引出一个电极，分别称为源极 S 和漏极 D，管子的衬底也引出一个电极称为衬底引线 b。管子在工作时 b 通常与 S 相连接。在这两个 N^+ 区之间的 P 型半导体表面做出一层很薄的二氧化硅绝缘层，再在绝缘层上面喷一层金属铝电极，称为栅极 G，图 6-55(b) 是 N 沟道增强型 MOS 管的符号。

P 沟道增强型 MOS 管是以 N 型半导体为衬底，再制作两个高掺杂浓度的 P^+ 区做源极 S 和漏极 D，其符号如图 6-55（c），衬底 b 的箭头方向是区别 N 沟道和 P 沟道的标志。

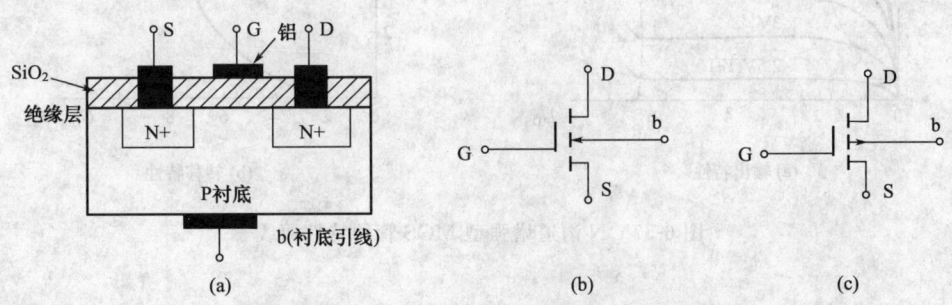

图 6-55　增强型 MOS 管的结构和符号

（2）**工作原理**　如图 6-56 所示。当 $U_{GS}=0$ 时，由于漏源之间有两个背向的 PN 结不存在导电沟道，所以即使 D 和 S 间电压 $U_{DS} \neq 0$，但 $I_D=0$，只有 U_{GS} 增大到某一值时，由

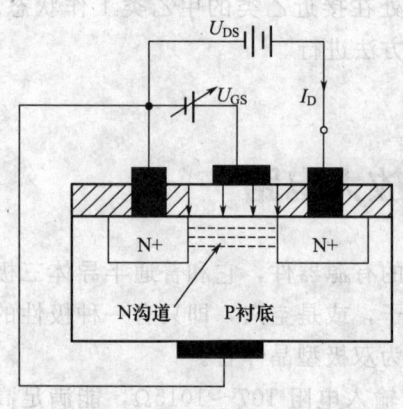

图 6-56 U_{GS} 对沟道的影响

栅极指向 P 型衬底的电场的作用下,衬底中的电子被吸引到两个 N^+ 区之间构成了漏源极之间的导电沟道,电路中才有电流 I_D。对应此时的 U_{GS} 称为开启电压 $U_{GS(th)} = U_T$。在一定 U_{DS} 下,U_{GS} 值越大,电场作用越强,导电的沟道越宽,沟道电阻越小,I_D 就越大,这就是增强型管子的含义。

(3) 输出特性　输出特性是指 U_{GS} 为一固定值时,I_D 与 U_{DS} 之间的关系,即

$$I_D = f(U_{DS}) | U_{GS} = 常数$$

同三极管一样输出特性可分为三个区:可变电阻区,恒流区和截止区。

可变电阻区:图 6-57(a) 的 Ⅰ 区。该区的特点是:若 U_{GS} 不变,I_D 随着 U_{DS} 的增大而线性增加,可以看成是一个电阻,对应不同的 U_{GS} 值,各条特性曲线直线部分的斜率不同,即阻值发生改变。因此该区是一个受 U_{GS} 控制的可变电阻区,工作在这个区的场效应管相当于一个压控电阻。

恒流区(亦称饱和区,放大区):图 6-57(a) 的 Ⅱ 区。该区的特点是:若 U_{GS} 固定为某个值时,随 U_{DS} 的增大,I_D 不变,特性曲线近似为水平线,因此称为恒流区。而对应同一个 U_{DS} 值,不同的 U_{GS} 值可感应出不同宽度的导电沟道,产生不同大小的漏极电流 I_D,可以用一个参数,跨导 g_m 来表示 U_{GS} 对 I_D 的控制作用。g_m 定义为:

$$g_m = \frac{\Delta I_D}{\Delta U_{GS}} | U_{DS} = 常数$$

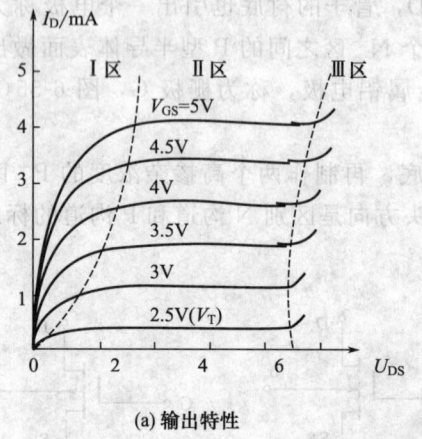
(a) 输出特性

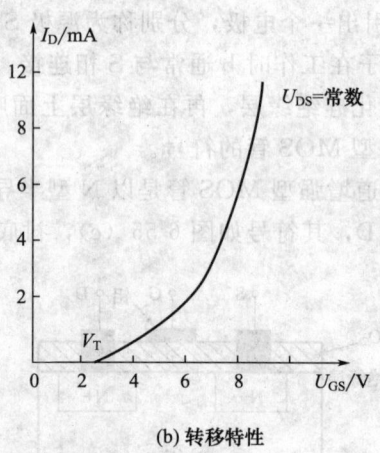
(b) 转移特性

图 6-57　N 沟道增强型 MOS 管的特性曲线

截止区(夹断区):这个区的特点是:由于没有感生出沟道,故电流 $I_D = 0$,管子处于截止状态。

图 6-57(a) 的 Ⅲ 区为击穿区,当 U_{DS} 增大到某一值时,栅、漏间的 PN 结会反向击穿,使 I_D 急剧增加。如不加限制,会造成管子损坏。

10.2 场效应管放大电路

与晶体管放大电路相对应,场效应管放大电路有共源极,共漏极和共栅极三种接法。下面仅对低频小信号共源极场效应管放大电路进行静态和动态分析。

10.2.1 共源极放大电路组成

图 6-58 是 N 沟道耗尽型绝缘栅场效应管放大电路。电路结构和晶体三极管共射极放大电路类似。其中源极对应发射极、漏极应集电极和基极与控制栅极相对应。放大电路采用分压式偏置,R_{G1} 和 R_{G2} 为分压电阻。R_S 为源极电阻,作用是稳定静态工作点,C_S 为旁路电容 R_G 远小于场效应管的输入电阻,它与静态工作点无关,却提高了放大电路的输入电阻。C_1 和 C_2 为耦合电容。

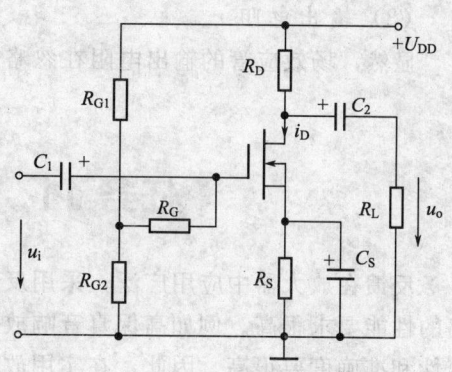

10.2.2 共源极放大电路静态分析

由于场效应管的栅极电流为零,所以 R_G 中无电流通过,两端压降为零。因此,按图可求得栅极电位为:

图 6-58 MOS 场效应管共源放大电路

$$U_G = \frac{R_{G2}}{R_{G1}+R_{G2}} U_{DD}$$

$$U_{GS} = U_G - U_S = U_G - I_D R_S$$

只要参数选取得当,可使 U_{GS} 为负值。在 $U_{GS(off)} \leqslant U_{GS} \leqslant 0$ 范围内,可用下式计算 I_D:

$$I_D = I_{DS}\left(1 - \frac{U_{GS}}{U_{GS(off)}}\right)^2$$

联立解上式方程,就可求得直流工作点 I_D、U_{GS}。而

$$U_{DS} = U_{DD} - I_D(R_D + R_S)$$

10.2.3 共源极放大电路动态分析

小信号场效应管放大电路的动态分析也可用微变等效电路法,和晶体三极管放大电路一样,先作出场效应管的近似微变等效电路如图 6-59(a) 所示。图 6-59(b) 则是图 6-58 放大电路的微变等效电路。

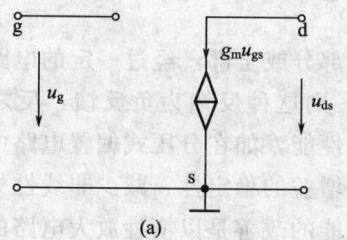
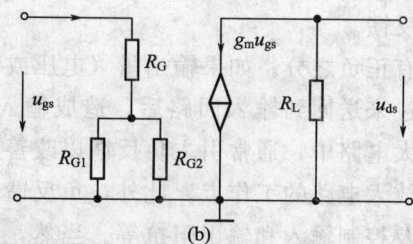

图 6-59 场效应管放大电路的微变等效电路

(1) 放大倍数 A_u(设输入为正弦量)

$$A_u = \frac{\dot{U}_o}{\dot{U}_i} = -\frac{\dot{I}_d R'_L}{\dot{U}_{gs}} = -\frac{g_m \dot{U}_{gs} R'_L}{\dot{U}_{gs}} = -g_m R'_L$$

式中，负号表示输出电压与输入电压反相。$R'_L = R_D /\!/ R_L$。

(2) 输入电阻 r_i

$$r_i = \frac{\dot{U}_i}{\dot{I}_i} = R_G + (R_{G1} + R_{G2}) \approx R_G$$

可见，R_G 的接入不影响静态工作点和电压放大倍数，却提高了放大电路的输入电阻（如无 R_G，则 $r_i = R_{G1} /\!/ R_{G2}$）。

(3) 输出电阻 r_o

显然，场效应管的输出电阻在忽略管子输出电阻 r_{ds} 时，为 $r_o \approx R_D$。

任务 11 放大电路中的反馈

反馈在放大器中应用广泛，采用反馈可以改善放大器的性能。许多电子设备都对放大电路的性能要求很高。例如高保真音响放大器要求失真度要很低，精密测量仪器要求增益的稳定性和准确度要很高。因此，在实用放大电路中，总是要引入不同形式的反馈以改善各方面的性能。

11.1 反馈的基本概念

在放大电路中，将输出量（电压或电流）的一部分或全部，经过一定的电路（反馈网络）反过来送回到输入回路，并与原来的输入量（电压或电流）共同控制该电路，这种连接形式称为反馈。

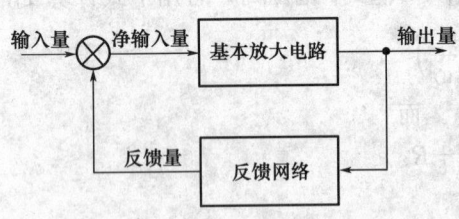

图 6-60 反馈放大器的原理框图

由图 6-60 可见，基本放大电路放大输入信号产生输出信号，而输出信号又经反馈网络反向传输到输入端，形成闭合环路，这种情况称为闭环，所以反馈放大器又称为闭环放大器。因此一个放大器是否存在反馈，主要是分析输出信号能否被送回输入端，即输入回路和输出回路之间是否存在反馈通路。若有反馈通路，则存在反馈，否则没有反馈。

反馈有正负之分。如果输出量（电压或电流）的一部分或全部，经过一定的电路（反馈网络）反过来送回到输入回路后，造成输入信号削弱，则这种反馈为负反馈，反之为正反馈。在放大电路中，通常引入负反馈以改善放大电路的性能，如在分压式偏置电路中利用负反馈稳定放大电路的工作点。此外，负反馈还可以提高增益的稳定性、减少非线性失真、扩展频带以及控制输入和输出阻抗等。当然，所有这些性能的改善是以牺牲放大电路的增益为代价的。至于正反馈，在放大电路中很少采用，常用于振荡电路中。

11.2 负反馈的基本类型及其判别

由于反馈放大器在输出和输入端均有两种不同的反馈方式，因此负反馈放大器具有四种组态，即电压串联负反馈、电压并联负反馈、电流串联负反馈和电流并联负反馈。四种组态负反馈放大电路的方框图如图 6-61 所示。

判断放大电路是串联负反馈还是并联负反馈，主要根据反馈信号、原输入信号和净输入信号在电路输入端的连接方式和特点，具体可采用三种方法进行判别：①若反馈信号与输入信号在输入端以电压的形式相加减，可判断为串联负反馈，若反馈信号与输入信号是以电流的形式相加减，可判断为并联负反馈；②如果反馈信号和输入信号加到放大元件的同一电极，则为并联反馈，否则为串联反馈。③将输入信号交流短路后（输入回路与输出回路之间没有联系着的元件或网络），若反馈作用不再存在，可判断为并联负反馈，否则为串联反馈。

判断放大电路是电压反馈还是电流反馈，可以根据反馈信号和输出信号在电路输出端的连接方式及特点依据两种方法来判别：①将输出信号交流短路，若短路后电路的反馈作用消失，则为电压负反馈，若短路后反馈作用仍然存在，则为电流负反馈。②若反馈信号取自于输出电压，为电压负反馈，若取自于输出电流，则为电流负反馈。

图 6-61(a) 所示反馈网络取自于输出电压，为电压反馈，反馈信号与输入信号在输入端以电压的形式相加减，因而为串联反馈，所以此电路反馈形式为串联电压负反馈。图 6-61(b) 所示反馈网络取自于输出电压，为电压反馈；反馈信号与输入信号在输入端以电流的形式相加减，因而为并联反馈，所以此电路反馈形式为并联电压负反馈。图 6-61(c) 所示反馈网络取自输出电流，为电流反馈；反馈信号与输入信号在输入端以电压的形式相加减，因而为串联反馈，所以此电路反馈形式为串联电流负反馈。图 6-61(d) 所示反馈网络取自输出电流，为电流反馈；反馈信号与输入信号在输入端以电流的形式相加减，因而为并联反馈，所以此电路反馈形式为并联电流负反馈。

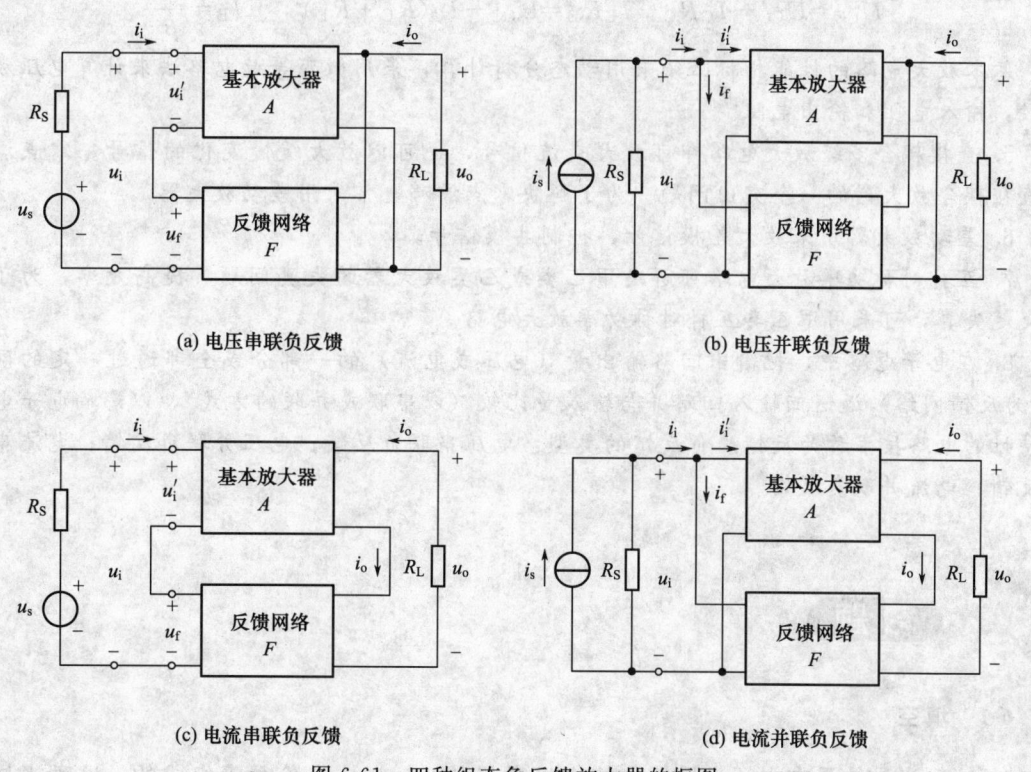

图 6-61　四种组态负反馈放大器的框图

小结

1. PN结是组成一切半导体器件的基础，一个PN结可制成一个二极管，两个PN结可制成一个三极管。

2. 半导体二极管的基本性能是单向导电性（正偏导通，反偏截止），利用这一特点，可以进行整流、限幅等。特殊二极管如稳压管可以稳压，发光二极管通电可以发光，光敏二极管有光可以导通。

3. 半导体三极管有三个工作区：放大区：发射结正向偏置，集电结反向偏置（$U_{CE} > U_{BE}$）；晶体管于放大状态，$I_C = \beta I_B$ 有放大作用，模拟电路通常工作在这种状态。饱和区：发射结和集电结均正向偏置（$U_{CE} < U_{BE}$）；晶体管工作于饱和状态，I_C 主要受的影响 U_{CE}，无放大作用；截止区：发射结反向偏置（$U_{BE} \leqslant 0.7$），$I_C \approx 0$，无放大作用。在数字电路中晶体管通常工作在饱和或截止状态。

4. 基本放大电路主要介绍共射极放大电路，为保证信号不失真放大，必须设置静态工作点。固定偏置静态工作点计算：

$$\dot{A}_u = \frac{\dot{U}_o}{\dot{U}_i} = \frac{-\dot{I}_C R'_L}{\dot{I}_b r_{be}} = -\frac{\beta R'_L}{r_{be}} \quad r_i = \frac{u_i}{i_i} = R_{B1} // R_{B2} // r_{be} \approx r_{be} \quad r_o \approx R_c$$

分压偏置静态工作点计算：

$$V_B = \frac{R_{B2}}{R_{B1} + R_{B2}} U_{CC} \quad I_C \approx I_E = \frac{V_B - U_{BE}}{R_E} \approx \frac{U_B}{R_E}$$

$$U_{CE} = U_{CC} - I_C R_C - I_E R_E = U_{CC} - I_C (R_C + R_E) \qquad I_B = \frac{I_C}{\beta}$$

基本放大电路的性能指标必须采用动态分析计算，采用微变等效电路法来计算电压放大倍数、输入电阻和输出电阻。

5. 直接耦合多级放大电路即可放大交流信号，也可以放大缓慢变化的信号。零点漂移是直接耦合放大器的一个突出问题。为了解决零点漂移，常采用差动放大器。

6. 差动放大器用来放大差模信号，抑制共模信号。

7. 互补对称功率放大电路可解决甲乙类或乙类放大器的失真问题，提高效率，为了消除交越失真，可采用甲乙类互补对称功率放大电路。

8. 在电子电路中，把输出回路输出量（电压或电流）的一部分或全部通过一定的网络（称为反馈网络）返送回输入回路并与输入量比较（以串联或并联的方式），以影响电子电路的特性的电路技术称为反馈。负反馈的类型：电压串联负反馈；电压并联负反馈；电流串联负反馈；电流并联负反馈。

6-1 填空

1. N型半导体是在本征半导体中掺入极微量的_____价元素组成的，这种半导体内的多数载流子为_____，少数载流子为_____。P 型半导体是在本征半导体中掺入极微量的_____价元素组成的，这种半导体内的多数载流子为_____，少数载流子为_____。

2. PN 结加_____电压时，有较大的电流通过，其电阻较小，加_____电压时处于截止状态，这就是 PN 结的_____。

3. 给半导体 PN 加正向电压时，电源的正极应接半导体的_____区，电源的负极通过电阻接半导体的_____区。

4. 稳压管正常工作应在特性曲线的_____区。

5. 三极管的内部结构是由_____区、_____区、_____区组成的。三极管对外引出电极分别是_____极、_____极和_____极。根据三极管结构的不同，有_____和_____两种。

6. 晶体管工作在截止区的条件是：发射结_____偏置，集电结_____偏置；晶体管工作在放大区的条件是：发射结_____偏置，集电结_____偏置；晶体管工作在饱和区的条件是：发射结_____偏置，集电结_____偏置。

7. 半导体二极管导通的条件是加在二极管两端的正向电压比二极管的死区电压_____。

8. 已知某 NPN 型三极管处于放大状态，测得其三个电极的电位分别为 9V、6.7V 和 6V，则三个电极分别为_____、_____和_____。

9. 半导体三极管是具有两个 PN 结即_____和_____。

10. 基本放大电路的三种组态分别是_____放大电路、_____放大电路和_____放大电路。

11. 放大电路有两种工作状态，当 $u_i=0$ 时电路的状态称为_____态，有交流信号 u_i 输入时，放大电路的工作状态称为_____态。三极管放大电路静态分析就是要计算静态工作点，即计算_____、_____、_____三个值。放大电路的动态分析就是计算_____、_____、_____。

12. 三极管的静态工作点过低，将使输出电压出现_____失真。若放大电路的静态工作点选得过高，容易产生_____失真。为使电压放大电路中的三极管能正常工作，必须选择合适的_____。

13. 造成固定偏置电压放大电路静态工作点不稳定的主要原因是_____。为稳定静态工作点，常采用的放大电路为_____路。

14. 放大器的输入电阻越_____，就越能从前级信号源获得较大的电信号；输出电阻越_____，放大器带负载能力就越强。电压放大器中的三极管通常工作在_____状态下，功率放大器中的三极管通常工作在_____参数情况下。功放电路不仅要求有足够大的_____，而且要求电路中还要有足够大的_____，以获取足够大的功率。

15. 共集电极放大电路的_____是输入、输出回路公共端；共集放大电路（射极输出器）是因为信号从_____输出而得名；射极输出器又称为电压跟随器，是因为其电压放大倍数_____。

16. 晶体管由于在长期工作过程中，受外界_____及电网电压不稳定的影响，对放大器来说，即使输入信号为零时，放大电路输出端仍有缓慢的信号输出，这种现象叫做_____漂移。克服_____漂移的最有效常用电路是_____放大电路。

17. 放大电路中常用的负反馈类型有_____负反馈、_____负反馈、_____负反馈和_____负反馈。

18. 功率放大电路分为_____、_____、_____三种，_____种效率高，_____种失真小。

6-2 选择

1. 在本征半导体中加入（　　）元素可形成 N 型半导体，加入（　　）元素可形成 P 型半导体。
   A. 五价　　　　B. 四价　　　　C. 三价

2. 若用万用表测二极管的正、反向电阻的方法来判断二极管的好坏，好的管子应为（　　）。
   A. 正、反向电阻相等　　　　B. 正向电阻大，反向电阻小
   C. 反向电阻比正向电阻大很多倍　　D. 正、反向电阻都等于无穷大

3. 稳压管的稳压性能是利用 PN 结的（　　）。
   A. 单向导电特性　B. 正向导电特性　C. 反向截止特性　D. 反向击穿特性

4. 半导体三极管是具有（　　）PN 结的器件。
   A. 1个　　　　B. 2个　　　　C. 3个　　　　D. 4个

5. 当晶体三极管工作在放大区时，其外部条件是（　　）。
   A. 发射结反偏，集电结正偏　　B. 发射结正偏，集电结正偏
   C. 发射结正偏，集电结反偏　　D. 发射结反偏，集电结反偏

6. 下列数据中，对 NPN 型三极管属于放大状态的是（　　）。
   A. $U_{BE}>0$，$U_{BE}<U_{CE}$时　　B. $U_{BE}<0$，$U_{BE}<U_{CE}$时
   C. $U_{BE}>0$，$U_{BE}>U_{CE}$时　　D. $U_{BE}<0$，$U_{BE}>U_{CE}$时

7. 工作在放大区域的某三极管，当 I_B 从 $20\mu A$ 增大到 $40\mu A$ 时，I_C 从 $1mA$ 变为 $2mA$，则它的 β 值约为（　　）。
   A. 10　　　　B. 50　　　　C. 80　　　　D. 100

8. 为了使三极管可靠地截止，电路必须满足（　　）。
   A. 发射结正偏，集电结反偏　　B. 发射结反偏，集电结正偏
   C. 发射结和集电结都正偏　　　D. 发射结和集电结都反偏

9. 对放大电路中的三极管进行测量，各极对地电压分别为 $U_B=2.7V$，$U_E=2V$，$U_C=6V$，则该管工作在（　　）。
   A. 放大区　　　B. 饱和区　　　C. 截止区　　　D. 无法确定

10. 晶体管的主要特性是具有（　　）。
    A. 单向导电性　B. 滤波作用　　C. 稳压作用　　D. 电流放大作用

11. 对放大电路进行动态分析的主要任务是（　　）。
    A. 确定静态工作点 Q　　　　B. 确定集电结和发射结的偏置电压
    C. 确定电压放大倍数 A_u 和输入、输出电阻 r_i，r_o
    D. 确定静态工作点 Q、放大倍数 A_u 和输入、输出电阻 r_i，r_o

12. 在共射极放大电路中，当其他参数不变只有负载 R_L 增大时，电压放大倍数将（　　）。
    A. 减少　　　　B. 增大　　　　C. 保持不变　　D. 大小不变，符号改变

13. 在画放大电路的交流通路时常将耦合电容视作短路,直流电源也视为短路,这种处理方法是(   )。
   A. 正确的 B. 不正确的
   C. 耦合电容视为短路是正确的,直流电源视为短路则不正确
   D. 耦合电容视为短路是不正确的,直流电源视为短路则正确

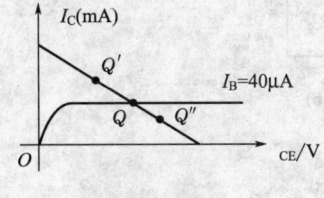

图 6-62 题 14 图

14. 固定偏置单管交流放大电路的静态工作点 Q 如图 6-62 所示,当温度升高时,工作点 Q 将(   )。
   A. 不改变
   B. 向 Q' 移动
   C. 向 Q'' 移动
   D. 时而向 Q' 移动,时而向 Q'' 移动

15. 如图 6-63 所示放大电路中,电容 C_E 断开后电路的电压放大倍数的大小将(   )。
   A. 减小 B. 增大 C. 忽大忽小 D. 保持不变

16. 电路如图 6-64 所示,二极管 D_1、D_2、D_3 均为理想组件,则输出电压 u_o(   )。
   A. 0V B. $-6V$ C. $-18V$ D. $+12V$

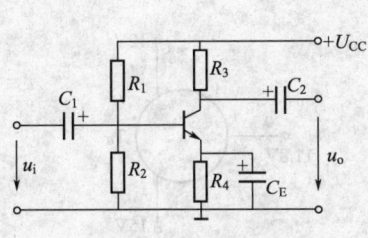

图 6-63 题 15 图

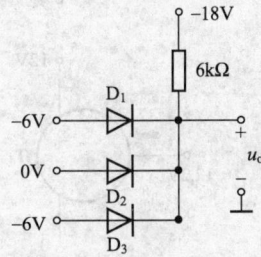

图 6-64 题 16 图

17. 单极型半导体器件是(   )。
   A. 二极管 B. 双极型三极管 C. 场效应管 D. 稳压管

18. 绝缘栅型场效应管的输入电流(   )。
   A. 较大 B. 较小 C. 为零 D. 无法判断

19. 三极管超过(   )所示极限参数时,必定被损坏。
   A. 集电极最大允许电流 I_{CM} B. 集-射极间反向击穿电压 $U_{(BR)CEO}$
   C. 集电极最大允许耗散功率 P_{CM} D. 管子的电流放大倍数 β

20. 功放电路易出现的失真现象是(   )。
   A. 饱和失真 B. 截止失真 C. 交越失真

6-3 简析与计算

1. 理想二极管组成电路如题图 6-65 所示,试确定各电路的输出电压 u_o。

2. 测得放大电路中六只晶体管的直流电位如图 6-66 所示。在圆圈中画出管子,并分别说明它们是硅管还是锗管。

3. 二极管电路如题图 6-67 所示。输入波形 $u_i = U_{im}\sin\omega t$,$U_{im} > U_R$,二极管的导通电压降可忽略,试画出输出电压 $u_{o1} \sim u_{o3}$ 的波形图。

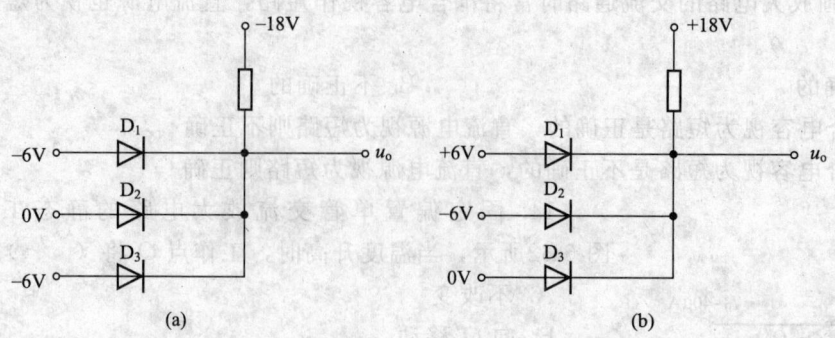

图 6-65 题 1 图

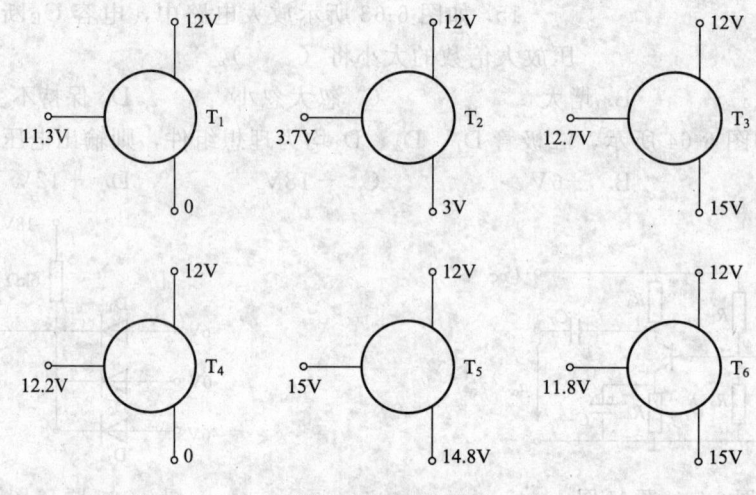

图 6-66 题 2 图

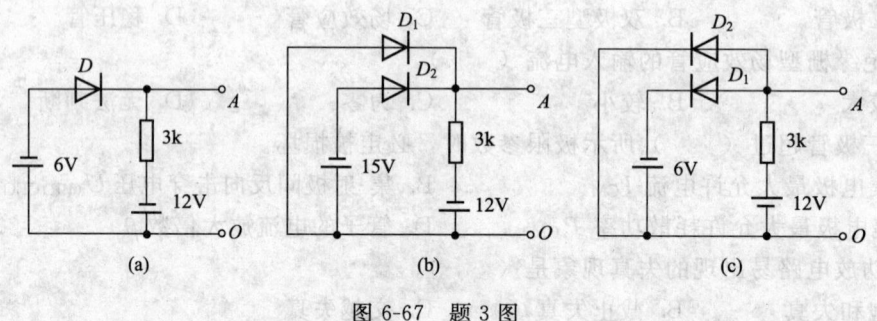

图 6-67 题 3 图

4. 两个稳压管 D_{Z1} 和 D_{Z2}，其稳定电压分别为 5.5V 和 8.5V，正向压降都是 0.7V。如果得到 0.7V、3V、6.2V、9.2V 和 14V 几种稳定电压，这两个稳压管（还有限流电阻）应该如何连接？画出各个电路。

5. 放大电路中，测得几个三极管的三个电极电位 U_1、U_2、U_3 分别为下列各组数值，判断它们是 NPN 型还是 PNP 型？是硅管还是锗管？确定 e、b、c（说明：硅管的导通管压降为：0.6~0.8V；锗管的导通管压降为：0.1~0.3V）。

(1) $U_1=3.3\text{V}$,$U_2=2.6\text{V}$,$U_3=15\text{V}$
(2) $U_1=3.2\text{V}$,$U_2=3\text{V}$,$U_3=15\text{V}$
(3) $U_1=6.5\text{V}$,$U_2=14.3\text{V}$,$U_3=15\text{V}$
(4) $U_1=8\text{V}$,$U_2=14.8\text{V}$,$U_3=15\text{V}$

6. 图 6-68 所示电路中,已知 $U_{CC}=24\text{V}$,$R_b=800\text{k}\Omega$,$R_c=6\text{k}\Omega$,$R_L=3\text{k}\Omega$,$U_{BE}=0.7\text{V}$,晶体管电流放大系数 $\beta=50$。试求:
(1) 放大电路的静态工作点(I_B,I_C,U_{CE})。
(2) 电压放大倍数 A_u、输入电阻 r_i、输出电阻 r_o。

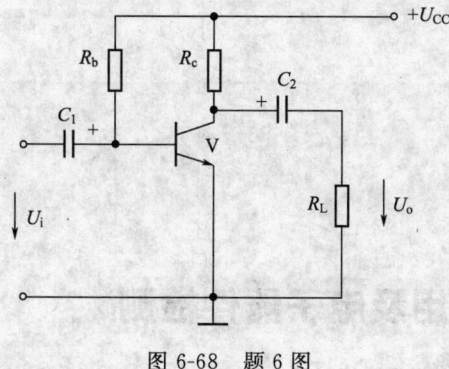

图 6-68 题 6 图

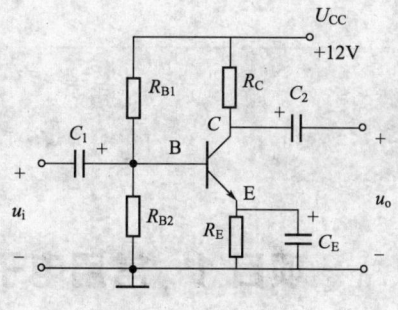

图 6-69 题 7 图

7. 图 6-69 所示放大电路中三极管 $U_{BE}=0.7\text{V}$,电阻 R_{B1} 上直流压降为 8V,$R_C=2\text{k}\Omega$,$R_E=1.5\text{k}\Omega$,求 U_{CE}。

8. 图 6-70 所示的分压式偏置电路中,已知 $U_{CC}=24\text{V}$,$R_{B1}=33\text{k}\Omega$,$R_{B2}=10\text{k}\Omega$,$R_E=1.5\text{k}\Omega$,$R_C=3.3\text{k}\Omega$,$R_L=5.1\text{k}\Omega$,$\beta=66$,硅管。试求:(1) 静态工作点;(2) 画出微变等效电路,计算电路的电压放大倍数、输入电阻、输出电阻。(3) 放大电路输出端开路时的电压放大倍数,并说明负载电 R_L 对电压放大倍数的影响。

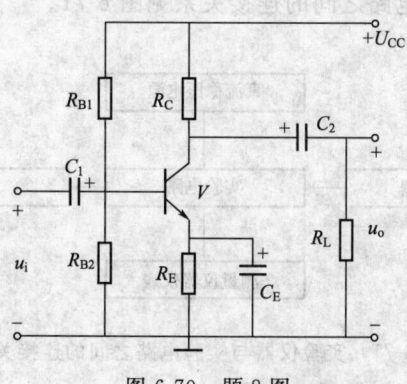

图 6-70 题 8 图

技能训练项目

项目1 常用电子仪器使用及电子器件检测

一、实训目的

1. 学习用示波器测量交流信号的电压幅值、周期和频率；
2. 初步掌握双踪示波器、低频信号发生器、交流毫伏表的使用方法；
3. 学习使用万用表判断晶体管管脚极性、二极管的方法及管子好坏识别。

二、实训知识要点

1. 各种实验仪器与实验电路之间的连接关系见图 6-71。

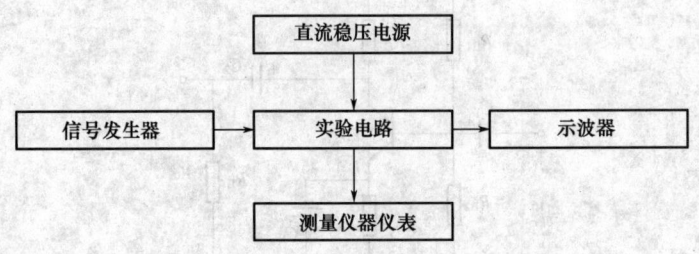

图 6-71 实验仪器与实验电路之间的连接关系

2. 用示波器测量交流信号波形的幅值。

（1）交流信号波形的幅值测量

在图 6-72 中，如果"V/div"为 1V/div，峰—峰之间的高度就为 4div，计算方法为：UP－P＝1V/div×4div＝4V，如果探头为 10:1，实际值为 UP－P＝40V。此时"V/div"的"微调"旋钮应置于"校准"位置。

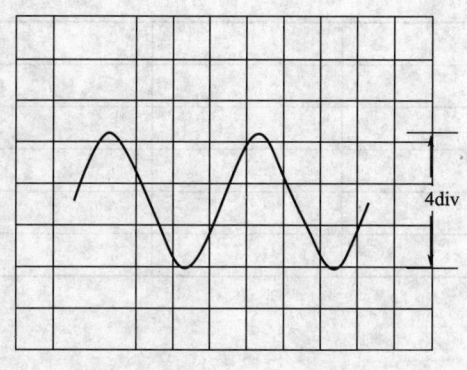

图 6-72 电压测量

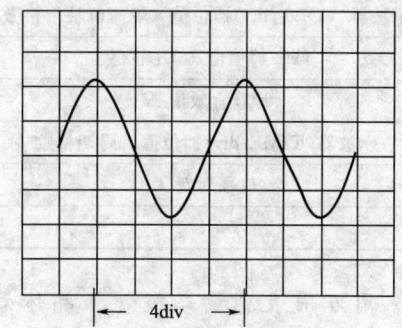

图 6-73 周期和频率的测量

(2) 交流信号的周期、频率测量

在图 6-73 中，屏幕上的一个周期为 4div。如果"扫描时间"为 1ms/div，周期 $T=$ 1ms/div×4div=4ms。由此可得频率 $f=1/4$ms=250Hz。此时扫描时间的"微调"旋钮应置于"校准"位置。

(3) 信号发生器输出信号的调节

调节"波形选择"旋钮，可选择输出信号波形（正弦波、方波、三角波）。调节"频率范围"旋钮，配合"频率微调"旋钮，可调出信号发生器输出频率范围内任意一种频率，LED 显示窗口将显示出相应的频率值。调节"输出衰减"旋钮和"幅度调节"旋钮，可得到所需要的输出电压。

(4) 晶体管毫伏表表盘电压

标度尺共有 0～10 和 0～3 两条，量程有 1，3，10，30，100，300mV 和 1，3，10，30，300V，共 11 挡。测量电压时以"1"打头的量程读 0～10 的电压标度尺，以"3"打头的量程读 0～3 的电压标度尺，然后乘以相应的倍率。

三、实训内容与要求

1. 将双踪示波器电源接通 1～2min，将示波器旋钮开关置于如下位置："通道选择"选择"CH1"，"触发源"选择"内触发"，"触发方式"选择"自动"，"DC，⊥，AC"开关于"AC"，"VOLT/div"开关在"0.2V/div"挡，"微调"置于"校准"位置，"扫描时间"旋钮在"0.2ms/div"挡，将"CH1"通道的测试探头接校准信号输出端。此时示波器屏幕上显示的应为幅度为 1V、周期为 1ms 的方波。如果无波形或波形位置不合适，可调节"X 轴位移"、"Y 轴位移"，使波形位于显示屏幕的中央位置；调节"辉度"、"聚焦"，使显示屏幕上的波形细而清晰，亮度适中。

2. 用晶体管毫伏表监测信号发生器的输出，调节信号发生器，使其输出信号分别为：$U_1=0.1$V，$f_1=500$Hz；$U_2=2$V，$f_1=1000$Hz；$U_3=10$mV，$f_3=1500$Hz 的正弦波。用示波器测量各信号的电压及频率值，将测试数据填入表 6-2 中。

表 6-2 仪器使用中的测量数据

晶体管毫伏表读出的电压	0.1V	2.0V	10mV
信号发生器产生的信号频率	500Hz	1000Hz	1500Hz

续表

示波器"VOLT/div"挡位值×峰—峰波形格数				
峰—峰值电压 U_{P-P}/V				
计算有效值/V				
示波器（TIME/div）挡位值×周期格数				
信号周期 T				
$f=1/T$				

3. 用万用表测量二极管、晶体管

（1）二极管管脚的判别

① 用万用表测量二极管的管脚，是根据二极管的单向导电性。采用指针式万用表时（万用表的红黑表笔实际上分别接在表内电源的负极和正极），直接选择万用表的电阻挡 $R\times 100$ 或 $R\times 1\mathrm{k}$ 进行测量判别。将万用表的两个表棒接于二极管的两个管脚，观察指针的偏转情况，然后调换两个表棒再测量一次，若两次测量呈现的电阻值有明显的差异，说明二极管是好的。在测量中，呈现电阻较小的为二极管的正向电阻，阻值较大的为二极管的反向电阻。

② 采用数字万用表，可直接用"二极管"挡，测量二极管的正、反向电阻，注意红、黑表棒分别接在万用表内部电源的正极和负极（与指针式万用表相反），即呈现电阻较小时，红表棒接触的二极管管脚为阳极。

③ 无论用哪一种万用表测量，若正向电阻与反向电阻都为无穷大，说明二极管内部断路；若正向电阻与反向电阻都近似为零，说明二极管内部已经被击穿；若二极管的正、反向电阻阻值相差不大，说明其性能变坏或失效。

（2）晶体管的管脚及好坏判别

晶体三极管的管脚位置，也可用万用表的欧姆挡测其阻值加以判别。

① 基极的判别：晶体管可以等效为两个串接的二极管，先按测量二极管的方法确定基极，由此也可确定晶体管的类型（PNP、NPN）。首先，将欧姆挡打至 $R\times 100\Omega$ 或 $R\times 1\mathrm{k}$，将黑表棒与假定的晶体管基极管脚相接触，再用红表棒去接触另外两个管脚，若另外两个管脚呈现的电阻值都很小（或都很大）时，假定的基极设对了；若另外两个管脚测得一个阻值大，一个阻值小，说明假定的基极设错了，则需将黑表棒再调换另一个管脚再测，直到出现红表棒所接触的两个管脚阻值同时为小（或同时为大）时，则黑表棒所接触的管脚即为NPN型晶体管的基极（或PNP型晶体管的基极）。

② 集电极、发射极的判别：用指针式万用表判断晶体管的发射极和集电极是利用了晶体管的电流放大特性，测试原理如图 6-74。

如果被测晶体管是 NPN 管，先设一个管脚为集电极，与万用表的黑表棒相接触，用红表棒接触另一个管脚，观察指针的偏转大小。然后用人体电阻代替图 6-74 中的 R_B（用左手手指捏住假设的管脚 C，用右手手指捏住已经确定的基极管脚，注意两个管脚不要碰在一起），再观察指针的偏转大小，若此时偏转角

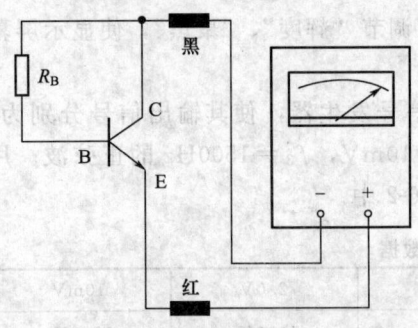

图 6-74 指针式万用表测晶体管管脚

度比第一次大，说明假设集电极管脚是正确的。若区别不大，需再重新假设。PNP 型管的判别方法与 NPN 型晶体管的相同但管脚极性相反。

对于晶体管的好坏，可通过极间电阻来判断。若测得正向电阻近似无穷大时，表明管子内部断路，如测得反向电阻很小或为零时，说明管子已经被击穿或发生短路。要想定量分析晶体管质量好坏，则需要用晶体管特性图示仪进行测量。

四、实训报告要求

1. 总结信号发生器、示波器、晶体管毫伏表等仪器的使用方法及各旋钮的功能。
2. 总结晶体管的测量方法。

五、分析思考

1. 实验中测量较高频率的交流信号时用晶体管毫伏表，为什么不使用万用表？
2. 用示波器观察波形时，要满足下列要求，应调节哪些旋钮？

项目 2 基本放大电路测试

一、实训目的

1. 观察静态工作点的变化对电压放大倍数和输出波形的影响。
2. 掌握单管放大电路的静态工作点、电压放大倍数、输入电阻和输出电阻的测量方法。
3. 进一步掌握示波器、信号发生器、毫伏表、万用表的使用方法。

二、实训知识要点

1. 实训参考电路图如图 6-75 所示。
2. 为了获得最大不失真输出电压，静态工作点应选在交流负载线的中点。为使静态工作点稳定，必须满足以下条件：

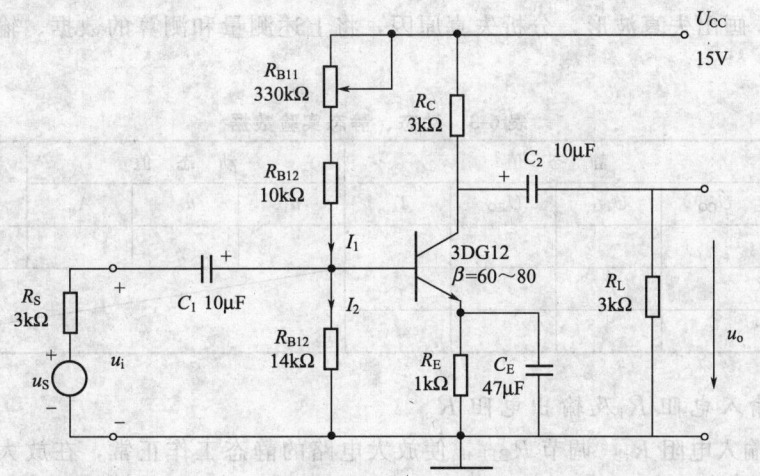

图 6-75 单管分压式共射放大实验电路

$$I_1 \approx I_2 \gg I_B, \quad U_B \gg U_{BE}$$

3. 静态工作点可由下列关系式计算

$$U_B = \frac{R_{B2}}{R_{B1}+R_{B2}}U_{CC}, I_C \approx I_E = \frac{U_B - U_{BEQ}}{R_E}, U_{CE} = U_{CC} - I_C(R_E + R_C)$$

4. 电压放大倍数计算

$$A_u = \frac{u_o}{u_i} = -\frac{\beta R'_L}{r_{be}}, \quad R'_L = R_C /\!/ R_L, \quad R_i = R_{B1} /\!/ R_{B2} /\!/ r_{be} \approx r_{be},$$

$$r_{be} = 300\Omega + (1+\beta)\frac{26\text{mA}}{I_{EQ}(\text{mA})}$$

5. 输入电阻输出电阻测量方法

$$R_i = \frac{u_i}{u_S - u_i}R_S, \quad R_o = \left(\frac{u'_o}{u_o} - 1\right)R_L$$

式中，u_o 为带负载时的输出电压；u'_o 为空载时的输出电压。

三、实训内容及要求

1. 调整并测量静态工作点

(1) 按图 6-75 接好电路，检查无误后接通直流电源（15V 也可 12V）。

(2) 调节 R_{B11}，使 U_{CE} 在交流负载线的中点。测量 U_B、U_C、U_E，计算 I_B、I_{CE}，将测量数据填入表 6-3 中。

2. 测量电压放大倍数 A_u

(1) 调节信号发生器，使输出为 $u_i = 5\text{mV}$、$f = 1000\text{Hz}$，将信号接到放大电路的输入端。

(2) 用示波器观察输出端 u_o 的波形，用晶体管毫伏表测量 u_i、u_o，并计算电压放大倍数 $A_u = u_o / u_i$。

3. 观察工作点变化对输出波形的影响

(1) 增加输入信号，使输出为最大不失真电压。逐渐减小 R_{B11}，观察 u_o 的变化，当出现明显失真时，测量此时的静态工作点 U_B、U_C、U_E、I_B。画出失真波形，分析失真原因。

(2) 逐渐增大 R_{B11}，观察 u_o 的变化，当出现明显失真时，测量此时的静态工作点 U_B、U_C、U_E、I_B。画出失真波形，分析失真原因，将上述测量和测算的数据、输出波形填入表 6-3 中。

表 6-3 动态、静态实验数据

	静 态 值				动 态 值			u_o 的波形
	U_{CQ}	U_{BQ}	U_{EQ}	I_C	u_i	u_o	A_u	
R_{B11} 合适								
R_{B11} 减小								
R_{B11} 增大								

4. 测量输入电阻 R_i 及输出电阻 R_o

(1) 测量输入电阻 R_i，调节 R_{B11}，使放大电路的静态工作正常，在放大电路与输入信号之间串入一个固定电阻 $R_S = 3\text{k}\Omega$，输入信号 $u_i = 5\text{mV}$，$f = 1000\text{Hz}$，用交流毫伏表测量

u_S、u_i 的值，并计算 R_i 的值。

（2）测量输出电阻 R_o，测量空载时的输出电压 u_o' 和带负载（$R_L=3\mathrm{k}\Omega$）时的输出电压 u_o，计算 R_o，并将测量结果记入表 6-4 中。

表 6-4　输入输出电阻

测量输入电阻			测量输出电阻		
测量值		测算值	测量值		测算值
u_S	u_i	R_i	u_o'	u_o	R_o

四、实训报告要求

1. 整理实验数据并填入表格。
2. 总结 R_B、R_C、R_L 变化对静态工作点、电压放大倍数及输出波形的影响。

五、分析思考

1. 电路中 C_1、C_2 的作用如何？
2. 负载电阻的变化对静态工作点有无影响？对电压放大倍数有无影响？
3. 饱和失真和截止失真是怎样产生的？如果输出波形既出现饱和失真又出现截止失真是否说明静态工作点设置不合理？

学习项目 7 集成运算放大器及其应用

项目描述

利用特殊的半导体制造工艺，把整个电路中的元器件制作在一块硅基片上，构成具有特定功能的电子电路，称为集成电路。与分立元件电路相比较，它具有体积小、重量轻、耗能少、寿命长、可靠性高、便于维护等优点。目前集成电路的应用几乎遍及所有产业的各种产品中。在军事设备、工业设备、通信设备、计算机和家用电器等中都采用了集成电路。在模拟集成电路中，集成运算放大器（简称集成运放）是应用极为广泛的一种，也是其他各类模拟集成电路应用的基础，不但可对模拟信号进行比例、加减、积分、微分等数值运算，而且在自动控制系统、测量技术、信号变换等方面应用极广。本项目将重点介绍集成运放的外部特性、电路分析方法及其在工程实际中的应用。

项目任务

掌握集成运算放大器线性应用，会分析运放的运算电路。掌握集成运算放大器非线性应用，会描述电压比较器和波形转换器的类型及功用，并合理的使用它。

任务 1 集成运算放大器简介

1.1 集成运算放大器的组成

集成运放的类型很多，电路也不尽相同，但结构具有共同之处，集成运算放大器一般由差动输入级、中间级、输出级以及为各级提供合适工作点的偏置电路四个部分组成，如图 7-1 所示。

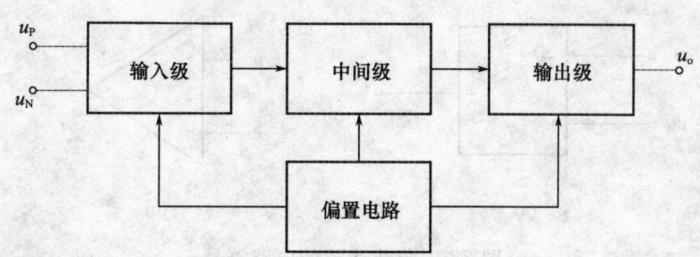

图 7-1 集成运放结构方框图

输入级常用双端输入的差动放大电路组成,一般要求输入电阻高,差模放大倍数大,抑制共模信号能力强,静态电流小。输入级的好坏直接影响集成运放的输入电阻、共模抑制比等参数,它使零漂在第一级就得到有效地抑制。

中间级是一个高放大倍数的放大器,常用多级共发射极放大电路组成,该级的放大倍数可达数千乃数万倍,主要任务是电压放大。

输出级具有输出电压线性范围宽、输出电阻小的特点,常用互补对称输出电路,输出级应提供足够的输出功率和具有较强的带负载能力。

偏置电路向各级提供合适的静态工作点,一般由各种恒流源电路组成。

1.2 集成运算放大器的特点

利用常用的半导体三极管硅平面制造工艺技术,把组成电路的电阻、二极管及三极管等有源、无源器件及其内部连线同时制作在一块很小的硅基片上,便构成了具有特定功能的电子电路—集成电路。它除了具有体积小、重量轻、耗电省及可靠性高等优点外,还具有下列特点:

① 因为硅片上不能制作大电容与电感,所以模拟集成电路内的电路均采用直接耦合方式,差分放大电路是最基本的电路。所需大电容和电感一般采用外接方式。

② 由于硅片上不宜制作高阻值电阻,所以模拟集成电路常以恒流源取代高阻值电阻。

③ 由于增加元器件并不增加制造工序,所以集成电路内部允许采用复杂的电路形式,以提高电路的性能。

④ 相邻元件具有良好的对称性,受温度的影响小,这对采用差分放大电路有利。

1.3 集成运算放大器的符号、引脚功能与参数

1.3.1 符号

不论集成运放内部线路如何,作为一个电路元件,它在电路图中常用图 7-2 所示的符号来表示,其中图 7-2(a)是集成运放的国标符号,图 7-2(b)是集成运放的国际流行符号。图中"▷"三角形所指的方向表示信号的传输方向;"∞"表示开环电压放大倍数极高;两个输入端中,"−"号表示反相输入端,电压用"u_-"表示;符号"+"表示同相输入端,电压用"u_+"表示;输出端的"+"号表示输出电压为正极性,输出电压用"u_o"表示。这里同相和反相只是表示输入电压和输出电压之间的关系,若输入电压从同相端输入,则输出端电压与输入端电压同相;若输入电压从反相端输入,则输出端电压与输入端电压反相。

值得注意,这里的"+"、"−"号并不意味着"+"端必须比"−"端电位高,仅是说明该

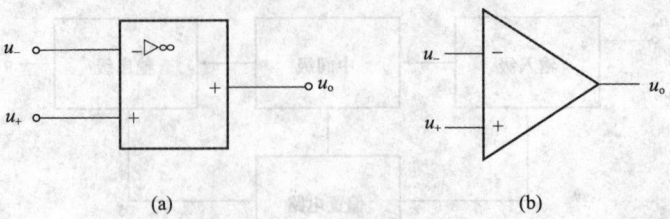

图 7-2　集成运放的电路符号

输出端的相对相位或相对极性。实际的运放还有正、负电源端,通常它们不在符号图中标出。

1.3.2　引脚功能

集成运算放大器的外形见图 7-3。集成运算放大器的封装形式主要为金属圆壳封装及双列直插式封装。

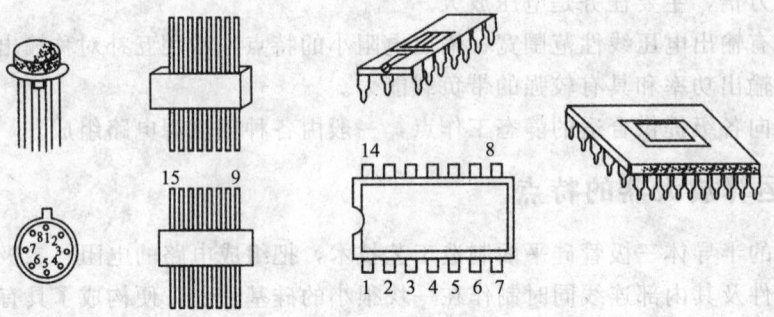

图 7-3　集成运算放大器的外形

在应用集成运算放大器时,需要知道它各个管脚的用途以及放大器的主要参数,至于它的内部电路结构如何,一般是无关紧要的。集成运放的引脚除输入、输出三个端外,还有电源端、公共端(地端)、调零端、相位补偿端、外接偏置电阻端等。这些引脚虽未在电路符号上标出,但在实际使用时必须了解各引脚的功能及外接线的方式。

图 7-4 是集成运算放大器的外部接线图和集成运放的图形符号。由图形符号可以看出,集成运放 F007 除了有同相和反相两个输入端外,还有 ±15V 两个电源端,一个输出端。另外还有外接大电阻调零的两个端口,所以是多脚元件。

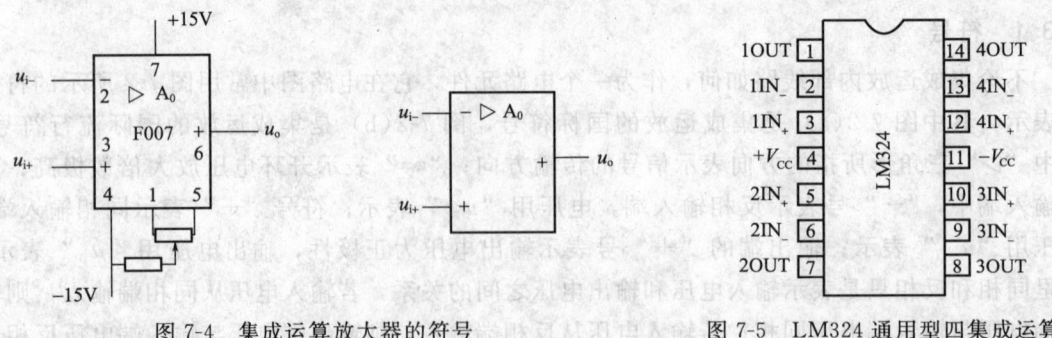

图 7-4　集成运算放大器的符号　　　　图 7-5　LM324 通用型四集成运算
　　　　　　　　　　　　　　　　　　　　　　　　放大器管脚排列图

图 7-5 是 LM324 通用型四集成运算的管脚排列图。表 7-1 列出了集成运算放大器的引脚功能及代表符号。各管脚的用途是：2、13、6、9 为反相输入端；3、12、5、10 为同相输入端；1、14、7、8 为输出端；4 为正电源端，一般接+15 伏稳压电源；11 为负电源端，一般接-15V 稳压电源。

表 7-1　集成运算放大器引脚功能代表符号

符　号	功　能	符　号	功　能
IN_-	反相输入端	BI	偏置电流输入端
IN_+	同相输入端	C_X	外接电容端
OUT	输出端	C_R	外接电阻及电容的公共端
V_+	正电源输入端	OSC	振荡信号输出端
V_-	负电源输入端	NC	空闲的引线端（空脚）
V_S	表示供电电压	GND	接地端
COMP	补偿端	GNDS	信号接地端
OA	调零端	GNGD	功率接地端

1.3.3　主要参数

集成运算放大器的参数是评价运算放大器性能优劣的依据。为了正确地挑选和使用集成运算放大器，必须掌握各参数的含义。

（1）开环差模电压放大倍数 A_{od}　集成运放在输出端与输入端之间不接入任何元件，输出端不接负载状态下的直流差模放大倍数，定义为开环差模电压放大倍数。开环差模电压放大倍数 A_{od} 很高，可达 $1\times10^4 \sim 1\times10^7$。$A_{od}$ 越大越稳定，则运算精度也越高。A_{od} 为：

$$A_{od}=\frac{\Delta U_o}{\Delta(U_+ - U_-)}=\frac{\Delta U_o}{\Delta U_{id}}$$

（2）差模输入电阻 r_i　电路输入差模信号时，运放的输入电阻，差模输入电阻很高，一般在几十千欧至几十兆欧。

（3）闭环输出电阻 r_o　由于运放总是工作在深度负反馈条件下，因此其闭环输出电阻很低，约在几十欧至几百欧之间。

（4）最大差模输入电压 U_{idmax}　这是指集成运放的两个输入端之间所允许的最大输入电压值。若输入电压超过该值，则可能使运放输入级晶体管的其中一个发射结产生反向击穿，显然这是不允许的。U_{idmax} 大一些好，一般为几到几十伏。

（5）最大共模输入电压 U_{icmax}　这是指运放输入端所允许的最大共模输入电压。若共模输入电压超过该值，则可能造成运放工作不正常，其共模抑制比 K_{CMR} 将明显下降。显然，U_{icmax} 大一些好，高质量运放最大共模输入电压可达十几伏。

（6）最大输出电压 U_{omax}　最大输出电压 U_{omax} 是指在一定的电源电压下，集成运放的最大不失真输出电压的峰值。

（7）输入失调电压 U_{io}　又称为输入补偿电压。由于元件不完全对称，使得 $u_i=0$ 时，$U_o \neq 0$。输入失调电压是为保持 $U_o=0$，需要在输入端所施加的补偿电压。U_{io} 越小越好，一般为几毫伏。

（8）共模抑制比 K_{CMR}　一般指差模电压放大倍数与共模电压放大倍数之比。高精度

集成运放的 K_{CMR} 达 120dB。CF741 的 K_{CMR} 为 90dB。

除上述指标外,集成运放的参数还有共模输入电阻 R_{ic}、电源参数、静态功耗 P_C 等,其含义可查阅相关手册,这里不再赘述。LM741、LM324、LM747 等都是通用型集成运放。其主要技术参数见表 7-2。

表 7-2 集成运放的技术参数

类型与型号	单运放		双运放		四运放	
	LM741 通用型	LM318 高阻型	LM747 通用型	LF353 高阻型	LM324 通用型	LF347 高阻型
输入失调电压/mV	2.0	4.0	1.0	5.0	2.0	0.01
输入失调电流/pA	2.0	30	20	—	5	25
输入偏置电流/nA	80	750	80	0.05	30	50
差模输入电阻/MΩ	2.0	3.0	2.0	10	—	10^{12}
差模电压增益(A_{ud})	200000	200	200000	100000	100000	100000
差模输入电压/V	±30	±11.5	±30	±30	$0 \sim (V_{cc}-1.5)$	±10
电源电压/V	±15	±15	±22	±18	±16	±15
电源电流/mA	1.7	5	1.7	3.6	1.5	7.5
共模抑制比/dB	90	100	90	100	70	100

特别提示

集成运算放大器一般由差动输入级、中间级、输出级和偏置电路四个部分组成。

1.4 集成运放的电路模型与传输特性

1.4.1 电路模型

在分析电子电路时,可把运算放大器视为一个独立的器件,它的低频等效电路如图 7-6 所示。其输入端口可用一个电阻 r_{id}(指两输入端之间呈现的电阻)来表示,输出端口由受控电压源与运放的输出电阻 r_o 串联组成,A_{od} 为运放的开环电压放大倍数。利用这一模型可以方便地对运算放大器进行分析与计算。但为方便起见,这些物理量通常不在符号中标出。

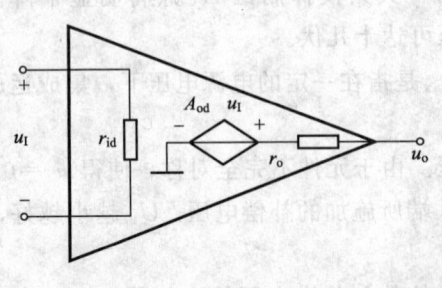

图 7-6

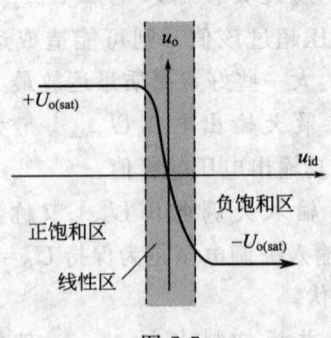

图 7-7

1.4.2 传输特性

集成运放的输出电压与输入电压（即同相输入端与反相输入端之间的差值电压）之间的关系曲线称为电压传输特性。对于正、负两路电源供电的集成运放，其电压传输特性如图7-7所示。从传输特性可以看出，集成运放有两个工作区，线性放大区和饱和区。

（1）线性区　线性区的斜率取决于集成运放的电压放大倍数 A_{od}，由于 A_{od} 的数值非常大，所以线性区的直线很陡。在线性区内，u_o 与 u_{id} 成正比，即

$$u_o = A_{od} u_{id} = A_{od}(u_+ - u_-)$$

要使运放工作在线性区，通常需要在运放电路中引入深度的负反馈并工作在闭环状态下。

（2）饱和区　由于集成运放的正负电源（$+U_{CC}$，$-U_{CC}$）数值是一定的，所以集成运放中的晶体管也有一定的线性工作范围，输出电压 u_o 的数值不可能随 u_{id} 数值的增加而无限地线性增加。因此，当 u_i 的数值增加到一定限度后，u_o 的数值便会出现正饱和或负饱和，工作点进入正饱和区或负饱和区。

在正饱和区，u_o 的正饱和值 $U_{o(sat)}$ 达到最大输出电压值 $+U_{om}$，而 $+U_{om}$ 又略小于或比较接近于正电源值 $+U_{CC}$。u_o 的正饱和值有如下关系：

$$+U_{o(sat)} = +U_{om} \approx +U_{CC}$$

同理，在负饱和区，u_o 的负饱和值有如下关系：

$$-U_{o(sat)} = -U_{om} \approx -U_{CC}$$

如果集成运放的电源电压（$+U_{CC}$，$-U_{CC}$）为 $\pm 15V$，则 u_o 的饱和电压 $\pm U_{o(sat)} \approx \pm 15V$。要使集成运放工作在饱和区，通常需要在运放电路中引入深度的正反馈并工作在开环状态下。

使用集成运放时，如果它工作在线性区，称为线性运用；如果它工作在饱和区，称为非线性运用。

特别提示

集成运放有两个工作区，线性放大区和饱和区，线性区 u_o 与 u_{id} 成正比；饱和区 u_o 的数值只有正饱和或负饱和值。

任务2　集成运算放大器的线性应用

当集成运放通过外接电路引入负反馈并且工作在闭环状态下，此时运放工作在线性区。运放在线性区的主要应用之一是模拟信号运算放大电路。

2.1 理想的集成运算放大器

2.1.1 理想运放的技术指标

一般情况下，把在电路中的集成运算放大器看做是理想集成运算放大器，理想集成运放

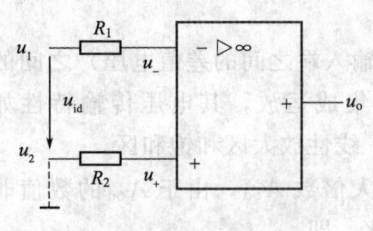

图 7-8 理想集成运放

如图 7-8 所示。用理想集成运放代替实际集成运放进行分析,分析过程可以大为简化。由于集成运放具有开环电压放大倍数高,输入电阻高,输出电阻低及共模抑制比高等特点,实际中为了分析方便,常将它的各项指标理想化。理想运放应具有如下技术指标:

① 开环电压放大倍数 $A_{od} \to \infty$;
② 输入电阻 $r_i \to \infty$;
③ 输出电阻 $r_o \to 0$;
④ 共模抑制比 $K_{CMR} \to \infty$。

由于实际运放的技术指标与理想运放比较接近,因此,在分析电路的工作原理时,用理想运放代替实际运放所带来误差并不严重。在一般的工程计算中是允许的。

2.1.2 "虚短" 和 "虚断" 概念

对于理想的集成运算放大器,由于其开环电压放大倍数 $A_{od} = \infty$,因而若两个输入端之间加无穷小电压,则输出电压将超出其线性范围。因此,只有引入负反馈,才能保证理想集成运算放大器工作在线性区。此时利用它的理想化参数可以导出两条重要结论。

(1) "虚短" 当集成运算放大器工作在线性区时,输出电压在有限值之间变化,集成运算放大器的输出电压 u_o 的公式为:

$$u_o = A_{od}(u_+ - u_-) \qquad u_+ - u_- = \frac{u_o}{A_{od}}$$

因为上式中 u_o 为有限值,而 $A_{od} \to \infty$,于是:

$$u_+ - u_- = \frac{u_o}{A_{od}} \approx 0$$

这样在分析电路时,可把理想运放的同相输入端和反相输入端之间看成短路,即认为 $u_- \approx u_+$。但不是真正的短路,故称为虚假短路(简称"虚短")。

另外,当同相端接地时,使 $u_+ = 0$,则有 $u_- \approx 0$。这说明同相端接地时,反相端电位接近于地电位,反相输入端虽未接地,却类似接地,所以反相端称为"虚地"。

(2) "虚断" 由于集成运算放大器的输入电阻 $r_i \to \infty$,因此可以认为没有电流能流入理想运放,可得出两个输入端的电流 $i_- = i_+ \approx 0$,这表明流入集成运算放大器同相端和反相端的电流几乎为零,因此可以把它们之间看成断路。但实际并不是真正断开,故常称为虚假断路(简称"虚断")。

一般实际的集成运算放大器工作在线性区时,其参数也很接近理想条件,因此工作在线性区的实际集成运算放大器,也基本上具备这两个特点。

特别提示

集成运放理想化指标:开环电压放大倍数 $A_{od} \to \infty$;输入电阻 $r_i \to \infty$;输出电阻 $r_o \to 0$;共模抑制比 $K_{CMR} \to \infty$;

集成运放线性放大区有两个重要结论:"虚短" $u_+ = u_- = 0$;"虚断" $i_- = i_+ \approx 0$。

2.2 基本运算电路

在运算电路中，以输入电压为自变量，以输出电压作为函数，当输入电压发生变化时，输出电压反映输入电压某种运算的结果，因此，集成运放必须工作在线性区，在深度负反馈条件下，利用反馈网络可以实现各种数学运算。在分析时，注意使用"虚断"和"虚短"两个概念。

2.2.1 比例运算电路

比例运算电路是运算电路中最简单的电路，其输出电压与输入电压成比例关系。比例运算电路有反相输入和同相输入两种。

（1）**反相比例运算电路** 图7-9为反相比例运算电路，输入信号u_i经过电阻R_1接到集成运放的反相输入端，同相输入端经过电阻R_2接地，同相输入端无信号。为使集成运放工作在线性区，输出电压u_o经反馈电阻R_f反馈到反相输入端，形成一个负反馈的闭环系统。

下面从集成运放理想模型的两条依据出发，分析该电路的比例运算关系。根据虚断的概念，$i_+ = i_- \approx 0$，得$u_+ = 0$；又根据虚短的概念，$u_- \approx u_+ = 0$，因此反相端的电位等于地电位，可把它看成与地相接，但又不是真正的接地，故称为虚地。由于反相端虚地，则

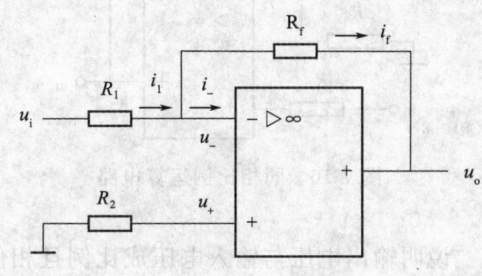

图7-9 反相比例运算电路

$$i_1 = \frac{u_i}{R_1} \quad i_f = -\frac{u_o}{R_f}$$

又因为虚断$i_+ = i_- \approx 0$，则$i_1 = i_f$，故有

$$\frac{u_i}{R_1} = -\frac{u_o}{R_f}$$

由此得到

$$A_{uf} = \frac{u_o}{u_i} = -\frac{R_f}{R_1} \quad u_o = -\frac{R_f}{R_1} u_i$$

由于此时集成运放工作在闭环状态之下，所以电压放大倍数称为闭环电压放大倍数，用A_{uf}表示。上式表明，电压放大倍数与R_f成正比，与R_1成反比，可见，输出电压u_o与输入电压u_i为比例运算关系，故称比例运算电路。式中负号表明输出电压与输入电压相位相反。电阻R_1和R_f参与运算，如果它们的精度足够高，就能保证运算电路有足够的精确度，而与集成运放本身的参数无关。电阻R_2不参与运算，其作用是保证集成运放两输入端电阻要保持平衡。也就是说，当$u_i = 0$，$u_o = 0$时，集成运放的反相输入端的对地电阻R_1与R_f并联应当和同相输入端的对地电阻R_2相等。R_2称为静态平衡电阻，其数值为$R_2 = R_1 // R_f$。该比例电路的反馈是深度电压并联负反馈。其输入电阻不高、输出电阻低。

反相比例运算电路有一个特例：如果$R_1 = R_f$，则$u_o = -u_i$说明输出电压u_o与输入电压u_i大小相等、极性相反，该电路称为反相器。

（2）**同相比例运算电路** 图7-10所示为同相输入比例运算电路，由于输入信号经过电阻R_2加在同相输入端，反馈电阻R_f接到其反相端，输出电压和输入电压的相位相同，因此将它称为同相比例运算电路。该电路仍然是负反馈闭环系统。

根据虚断概念,$i_+ \approx 0$,可得 $u_+ = u_i$。又根据虚短概念,有 $u_+ \approx u_-$,于是有 $u_- = u_i$,所以

$$u_i = u_- = u_o \frac{R_1}{R_1 + R_f}$$

$$u_o = \left(1 + \frac{R_f}{R_1}\right) u_i$$

$$A_{uf} = \frac{u_o}{u_i} = -\frac{R_f + R_1}{R_1} = 1 + \frac{R_f}{R_1}$$

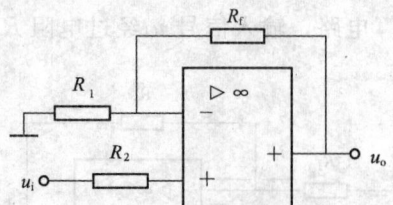

图 7-10 同相比例运算电路

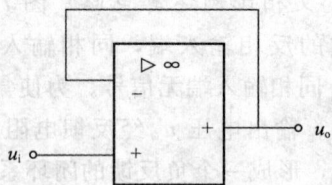

图 7-11 电压跟随器

说明输出电压与输入电压成比例且相位相同,电压放大倍数始终大于 1,这是与反相比例运算电路所不同的。同前所述,为使之平衡,静态平衡电阻仍然是 $R_2 = R_1 /\!/ R_f$。

同相比例运算电路也有一个特例:在上式中,如果 $R_1 = \infty$(开路)或者 $R_f = 0$;这有输出电压和输入电压的关系为 $u_o = u_i$。这就是说,输出电压与输入电压大小相等,极性相同。此时的同相比例运算电路称为电压跟随器,电路如图 7-11 所示。电路的输出完全跟随输入变化。具有输入阻抗大,输出阻抗小。在电路中作用与分立元件的射极输出器相同,但是电压跟随性能好。常用于多级放大器的输入级和输出级。

2.2.2 加法运算电路

实现多个输入信号并按各自不同的比例求和的电路称为加法运算电路。与比例运算电路一样,加法运算电路也有反相加法运算电路和同相加法运算电路。

(1) 反相加法运算电路 图 7-12(a) 是反相加法电路。反相加法运算电路的多个输入电压(信号群),均作用于集成运放的反相输入端。由 $i_{11} + i_{12} + i_{13} = i_f$ 和 $u_- = 0$ 可求得

$$u_o = -\left(\frac{R_f}{R_{11}} u_{i1} + \frac{R_f}{R_{12}} u_{i2} + \frac{R_f}{R_{13}} u_{i3}\right)$$

如取 $R_{11} = R_{12} = R_{13} = R_f$,可得 $u_o = -(u_{i1} + u_{i2} + u_{i3})$。平衡电阻为 $R_2 = R_{11} /\!/ R_{12} /\!/ R_{13} /\!/ R_f$。上式中的负号意义和反相比例运算关系式的负号一样。

(2) 同相加法运算电路 图 7-12(b) 是同相加法电路。同相加法运算电路的多个输入电压(信号群),均作用于集成运放的同相输入端,即构成同相求和运算电路。

由 $i_{21} + i_{22} + i_{23} = 0$ 和 $u_- = u_+ = \frac{R_1}{R_1 + R_f} u_o$ 可求得

$$u_o = \left(1 + \frac{R_f}{R_1}\right) \frac{\frac{u_{i1}}{R_{21}} + \frac{u_{i2}}{R_{22}} + \frac{u_{i3}}{R_{23}}}{\frac{1}{R_{21}} + \frac{1}{R_{22}} + \frac{1}{R_{23}}}$$

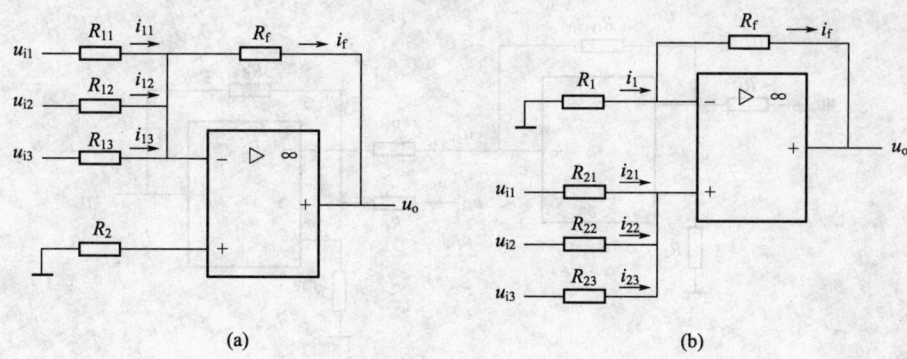

图 7-12 加法电路

如取 $R_{21}=R_{22}=R_{23}$、$R_f=2R_1$，可得 $u_o=u_{i1}+u_{i2}+u_{i3}$。电阻平衡条件为 $R_{21}//R_{22}//R_{23}=R_1//R_f$。

2.2.3 减法运算电路

要实现信号的相减，必须将两个信号（或两个信号群）分别送到运放的同相输入端和反相输入端，如图 7-13 所示是典型的减法电路。

根据 $i_1=i_f$ 得

$$\frac{u_{i1}-u_-}{R_1}=\frac{u_--u_o}{R_f},$$

$$u_o=-\frac{R_f}{R_1}u_{i1}+\left(1+\frac{R_f}{R_1}\right)u_-$$

因为 $u_-=u_+=\frac{R_3}{R_2+R_3}u_{i2}$，所以 $u_o=-\frac{R_f}{R_1}u_{i1}+\left(1+\frac{R_f}{R_1}\right)\frac{R_3}{R_2+R_3}u_{i2}$。

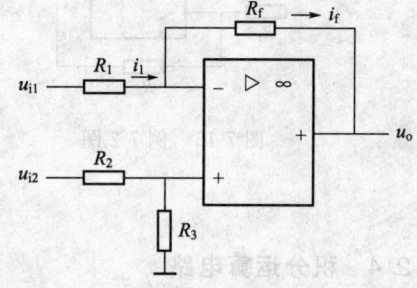

图 7-13 减法电路

为保证输入端平衡，电路中 $R_1=R_2$，$R_3=R_f$，如果再有 $R_1=R_f$，则 $u_o=u_{i2}-u_{i1}$，实现了输出对输入的减法运算。

该结果也可叠加求得。u_{i1} 单独作用得 $u_o'=-\frac{R_f}{R_1}u_{i1}$，$u_{i2}$ 单独作用得 $u_o''=\left(1+\frac{R_f}{R_1}\right)u_+=\left(1+\frac{R_f}{R_1}\right)\frac{R_3}{R_2+R_3}u_{i2}$。$u_o=u_o'+u_o''$，即上述结果。

【例 7-1】 求图 7-14 所示电路的输出电压。

解：第一级为反相比例电路，$u_{o1}=-\frac{R_{f1}}{R_1}u_{i1}$。第二级为反相加法电路，$u_o=-\left(\frac{R_{f2}}{R_3}u_{o1}+\frac{R_{f2}}{R_4}u_{i2}\right)=\frac{R_{f1}R_{f2}}{R_1R_3}u_{i1}-\frac{R_{f2}}{R_4}u_{i2}$。

【例 7-2】 图 7-15 所示电路中，已知 $R_1=R_4=R$，$R_2=R_3=5R$，求输出电压。

解：输出电压为

$$u_o=-\frac{R_2}{R_1}u_i+\left(1+\frac{R_2}{R_1}\right)u_+=-\frac{R_2}{R_1}u_i+\left(1+\frac{R_2}{R_1}\right)\frac{R_4}{R_3+R_4}\times 20=-5u_i+20\text{V}$$

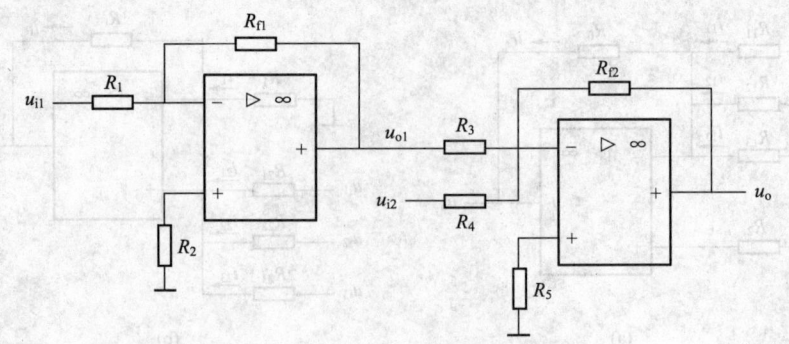

图 7-14 例 7-1 图

当 $u_i=0$ 时，$u_o=20$V；$u_i=2$V 时 $u_o=10$V。

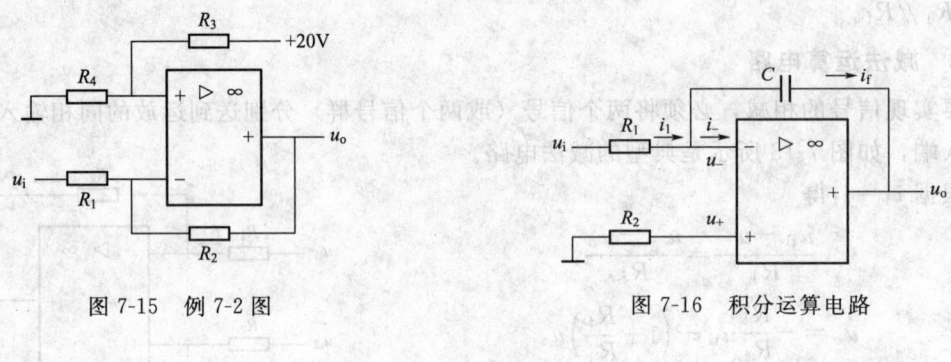

图 7-15 例 7-2 图　　　　　　图 7-16 积分运算电路

2.2.4 积分运算电路

简单积分运算电路如图 7-16 所示。反相比例运算电路中的反馈电阻由电容所取代，便构成了积分电路。

根据"虚短"和"虚断"的概念有：$u_-=0$，$i_-=0$，$i_1=i_f$。

$$i_1=\frac{u_i}{R_1}$$

$$i_f=-C\frac{du_o}{dt}$$

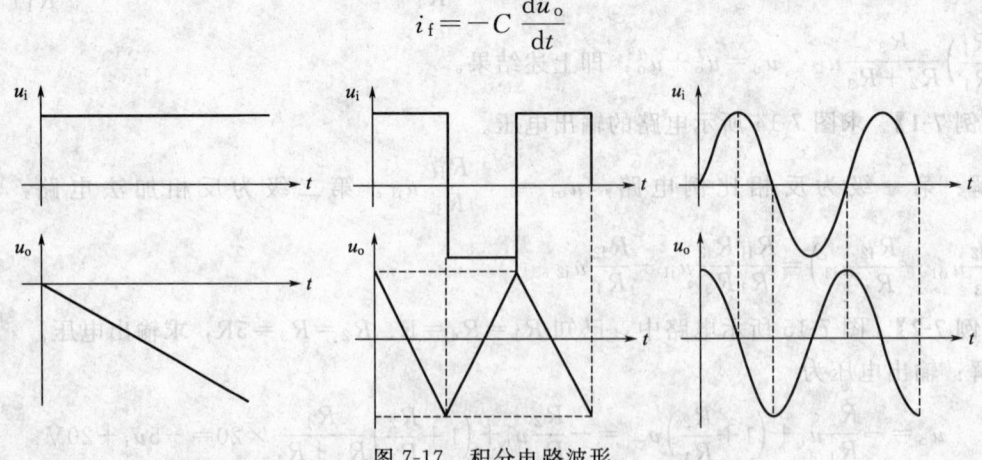

图 7-17 积分电路波形

可求得 $u_o = -\dfrac{1}{R_1 C}\int u_i \, dt$。

此式表明，输出电压与输入电压的关系满足积分运算要求，电路称为积分运算电路。负号表示它们在相位上是相反的。$R_1 C$ 称为积分时间常数，记为 τ。

利用积分运算电路能够将输入的正弦电压变换为输出的余弦电压，实现了波形的移相；将输入的方波电压变换为输出的三角波电压，实现了波形的变换，积分电路波形如图 7-17 所示。积分电路对低频信号增益大，对高频信号增益小，当信号频率趋于无穷大时增益为零，实现了滤波功能。

2.2.5 微分运算电路

微分是积分的逆运算。将图 7-16 所示积分电路的电阻和电容元件互换位置，即构成微分电路，微分电路如图 7-18 所示。

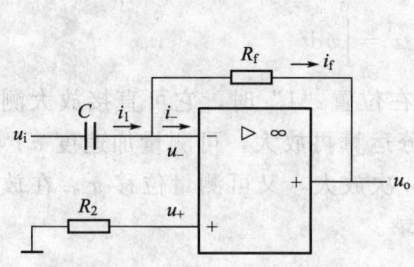

图 7-18 微分运算电路

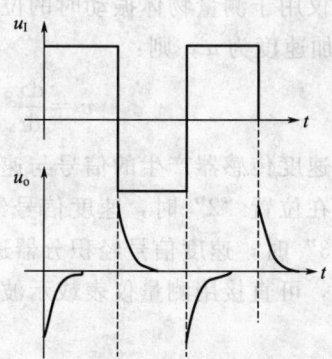

图 7-19 微分电路波形

根据"虚短"和"虚断"的概念可知 $i_1 = i_f$。

$$i_1 = \frac{du_i}{dt}$$

$$i_f = -\frac{u_o}{R_f}$$

可求得：$u_o = -R_f C \dfrac{du_i}{dt}$

u_o 是 u_i 的微分，该电路称为微分运算电路。输出电压与输入电压的关系满足微分运算的要求。但是微分电路对高频噪声和突然出现的干扰（如雷电）等非常敏感，故它的抗干扰能力较差，限制了其应用。

微分电路可用于波形变换，将矩形波变换成尖脉冲；u_o 且与 u_i 相位反相，波形图如图 7-19 所示。

特别提示

集成运放运算电路分析关键是灵活运用"虚短" $u_+ = u_- = 0$ 和"虚断" $i_- = i_+ \approx 0$。

2.3 集成运放线性应用实例

下面以集成运放应用实例-测振仪来进行简要说明。测振仪的组成框图如图 7-20 所示。

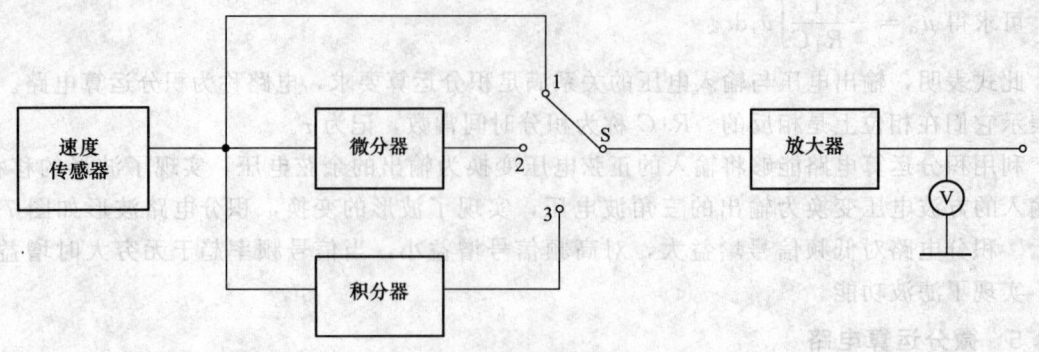

图 7-20 测振仪组成框图

测振仪用于测量物体振动时的位移、速度和加速度。设物体振动的位移为 x，振动的速度为 v，加速度为 a，则：

$$v = \frac{dx}{dt} \quad a = \frac{dv}{dt} = \frac{d^2x}{dt^2} \quad x = \int v dt$$

图中速度传感器产生的信号与速度成正比，开关在位置"1"时，它可直接放大测量速度；开关在位置"2"时，速度信号经微分器进行微分运算再放大，可测量加速度 a；开关在位置"3"时，速度信号经积分器进行积分运算再一次放大，又可测量位移 x。在放大器的输出端，可直接用测量仪表或示波器进行观察和记录。

任务 3　集成运算放大器的非线性应用

集成运放除了能对输入信号进行运算外，还能对输入信号进行处理。信号发生和处理电路在自动控制系统中有着广泛的应用。集成运放在信号处理和发生电路中工作在非线性区，在集成运放的非线性应用电路中，运算放大器工作在饱和（非线性）状态，输出为正饱和电压或负饱和电压，即输出电压与输入电压是非线性关系，主要用以实现电压比较、非正弦波发生等。分析依据是 $i_+ = i_- = 0$；$u_+ > u_-$ 时，$u_o = +U_{OM}$；$u_+ < u_-$ 时，$u_o = -U_{OM}$；其中 $u_+ = u_-$ 为转折点。线性应用的条件是工作在开环状态或引入正反馈，非线性应用中的运放本身不带负反馈，这一点与运放的线性应用有着明显的不同。

3.1　比较器

3.1.1　电压比较器

电压比较器就是将一个连续变化的输入电压与参考电压进行比较，在二者幅度相等时，输出电压将产生跳变。通常用于 A/D 转换、波形变换等场合。在电压比较器电路中，运算放大器通常工作于非线性区。目前已经有专用的集成比较器，使用更加方便。

图 7-21(a) 为电压比较器。当 $u_i < U_R$ 时，$u_o = +U_{o(sat)}$，输出为负饱和值；当 $u_i > U_R$ 时，$u_o = -U_{o(sat)}$，输出为正饱和值。电压比较器的传输特性见图 7-21(b)，由于这种电路只有一个门限电压 U_R，故称为单门限电压比较器。该开环单门限电压比较器电路简单，灵敏度高，但是抗干扰能力较差，当干扰叠加到输入信号上而在门限电压值上下波动时，比较

器就会反复的动作，如果去控制一个系统的工作，会出现误动作。

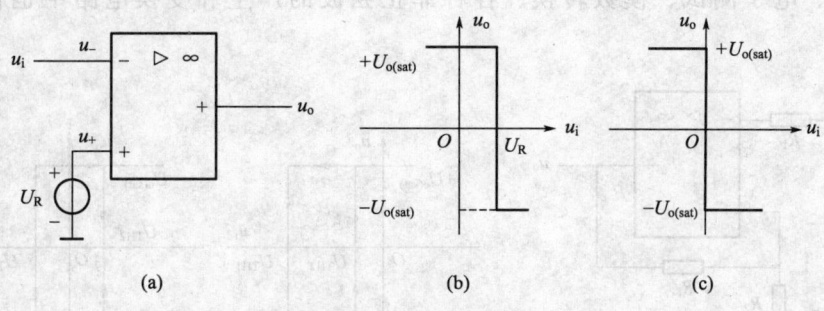

图 7-21 电压比较器

如基准电压 $U_R=0$，则与零值比较，当 $u_i<0$ 时，$u_o=-U_{o(sat)}$，输出为负饱和值；当 $u_i>0$ 时，$u_o=+U_{o(sat)}$，输出为正饱和值，因此称为过零比较器。过零比较器的传输特性见图 7-21(c)。该电路常用于检测正弦波的零点，当正弦波电压过零时，比较器输出发生跃变。过零比较器的输入输出电压波形如图 7-22 所示。

3.1.2 滞回比较器

当基本电压比较电路的输入电压如果正好在参考电压附近上下波动时，不管这种波动是信号本身引起的还是干扰引起的，输出电平必然会跟着变化翻转。这表明虽然简单电压比较器结构简单，灵敏度高，但抗干扰能力差。在实际运用中，有的电路过分灵敏就会对执行机构产生不利的影响，甚至使之不能正常工作。实际电路希望输入电压在一定的范围内，输出电压保持原状不变。滞回比较电路就具有这一特点。

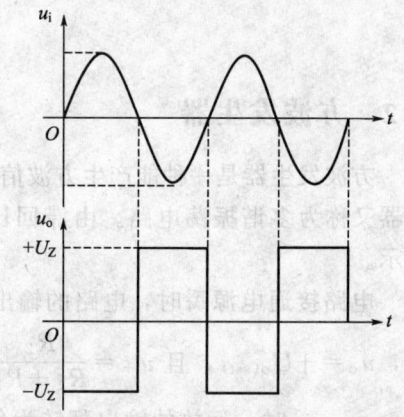

图 7-22 过零比较器输入输出电压波形

滞回比较器电路如图 7-23(a) 所示，由于输入信号由反相端加入，因此称为反相滞回比较器。为限制和稳定输出电压幅值，在电路的输出端通过 R_f 将输出信号引到同相输入端，即引入了正反馈。正反馈的引入可加速比较电路的转换过程。由运放的特性可知，外接正反馈时，滞回比较电路工作于非线性区，即输出电压不是正饱和电压，就是负饱和电压，二者大小不一定相等。若 u_o 改变状态，u_+ 点也随着改变电位，使过零点离开原来位置。

如比较器输出 $u_o=+U_{o(sat)}$，则 $u_+=\dfrac{R_2}{R_f+R_2}(u_o+U_R)=U_{TH1}$，$U_{TH1}$ 为上门限电压，当 $u_i>U_{TH1}$ 时，输出电压变化为 $u_o=-U_{o(sat)}$。这时，同相输入端电压变化为 $u_+=\dfrac{R_2}{R_f+R_2}(-u_o+U_R)=U_{TH2}$，$U_{TH2}$ 为下门限电压，当 $u_i<U_{TH2}$ 时，输出电压变化为 $u_o=+U_{o(sat)}$。图 7-23(b) 是滞回比较器的传输特性曲线图。

另外，由于滞回比较器输出高、低电平相互翻转的过程是在瞬间完成的，即具有触发器的特点，因此又称为施密特触发器。

电压比较器将输入的模拟信号转换成输出的高低电平，输入模拟电压可能是温度、压力、流量、液面等通过传感器采集的信号,因而它首先广泛用于各种报警电路;其次,在自动控制、电子测试、模数转换、各种非正弦波的产生和变换电路中也得到广泛的应用。

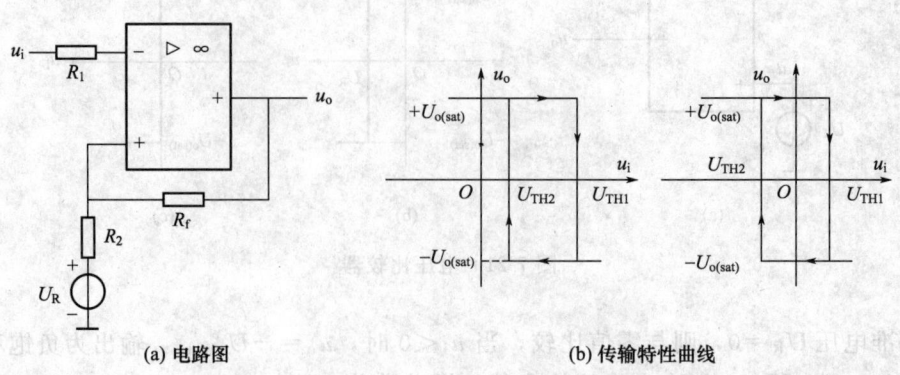

(a) 电路图　　　　　　　　　　　(b) 传输特性曲线

图 7-23　滞回比较器

3.2　方波发生器

方波发生器是一种能产生方波信号的发生电路,由于方波包含各次谐波分量,因此方波发生器又称为多谐振荡电路。由滞回比较器和 RC 积分电路组成的方波发生器,如图 7-24(a) 所示。

电路接通电源瞬时,电路的输出为正向限幅还是负向限幅纯属偶然,设输出处于正向限幅,$u_o = +U_{o(sat)}$,且 $u_+ = \dfrac{R_2}{R_1+R_2} U_{o(sat)} = \eta u_{o(sat)}$,此时,电容开始充电,当充电至 $u_i = u_C > \eta u_{o(sat)}$ 时,运放的输出翻转为负向限幅,$u_o = -U_{o(sat)}$,电容开始放电,当放电至 $u_i = u_C < -\eta u_{o(sat)}$ 时,再次 $u_o = +U_{o(sat)}$,运放的输出又翻转为正向限幅,如此循环下去,构成方波发生器。波形图如图 7-24(b) 所示。

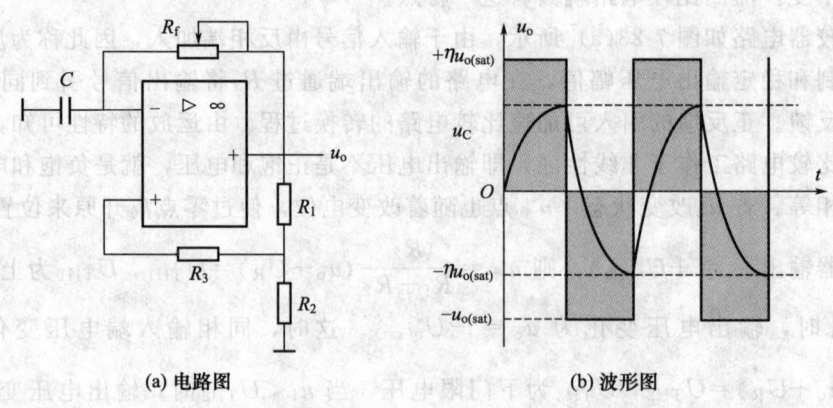

(a) 电路图　　　　　　　　　　　(b) 波形图

图 7-24　方波发生器

综上所述,这个方波发生器电路是利用正反馈,使运算放大器的输出在两种状态之间反复翻转,RC 电路是它的定时元件,决定着方波在正负半周的时间。

3.3 集成运放的选择与使用

3.3.1 集成运算放大器的种类

（1）按其用途分类

① 通用型集成运算放大器。通用型集成运算放大器的参数指标比较均衡全面，适用于一般的工程设计。一般认为，在没有特殊参数要求情况下工作的集成运算放大器可列为通用型。由于通用型应用范围宽、产量大，因而价格便宜。

② 专用型集成运算放大器。这类集成运算放大器是为满足某些特殊要求而设计的，其参数中往往有一项或几项非常突出。通常有低功耗或微耗、高速、宽带、高精度、高电压、功率型、高输入阻抗、电流型、跨导型、程控型及低噪声型等专用集成运算放大器。

（2）按其供电电源分类　集成运算放大器按其供电电源分类，可分为双电源和单电源两类。绝大部分运算放大器在设计中都是正、负对称的双电源供电，以保证运算放大器的优良性能。

（3）按其制作工艺分类　集成运算放大器按其制作工艺分类，可分为双极型、单极型及双极-单极兼容型集成运算放大器三类。

（4）按单片封装中的运算放大器数量分类　按单片封装中的运算放大器数量分类，集成运算放大器可分为单运算放大器、双运算放大器、三运算放大器及四运算放大器四类。

3.3.2 集成运算放大器的选用

在选用集成运放时，要遵循经济适用原则，选用性价比较高的运放。在进行电路设计时选用何种类型和型号，应根据系统对电路的要求加以确定。在通用型可以满足要求时，应尽量选用通用型，因其价格低、易于购买。专用型运放是某一项性能指标较高的运放，它的其他性能指标不一定高，有时甚至可能比通用型运放还低，选用时应充分注意。此外，选用时除满足主要技术性能参数外，还应考虑性能价格比。性能指标高的运放，价格也会较高。在选用时无特殊要求，应优先选用通用型和多运放型的芯片。

使用集成运放首先要会辨认封装方式，目前常用的封装是双列直插型和扁平型。学会辨认管脚，不同公司的产品管脚排列是不同的，需要查阅手册，确认各个管脚的功能。一定清楚运放的电源电压、输入电阻、输出电阻、输出电流等参数。集成运放单电源使用时，要注意输入端是否需要增加直流偏置，以便能放大正负两个方向的输入信号。设计集成运放电路时，应该考虑是否增加调零电路、输入保护电路、输出保护电路。

小结

1. 集成运算放大器一般由输入级、中间级、输出级和偏置电路四部分组成。为了抑制温漂和提高共模抑制比，常采用差动式放大电路作为输入级；中间为电压增益级；功率放大电路常用于输出级。

2. 集成运放是模拟集成电路的典型组件。对于它的内部电路只要求定性了解，目的在于掌握它的主要技术指标，能根据电路系统的要求正确选用。

3. 集成运放在线性工作区时，运放接成负反馈的电路形式，此时电路可实现比例、加、减、积分和微分等多种模拟信号的运算。分析这类电路可利用"虚短"和"虚断"这两个重要概念，以求出输出与输入之间的关系。

4. 集成运放在非线性区工作时，运放接成开环或正反馈的电路形式，此时电路的输出电压受电源电压限制，且通常为二值电平（非高即低）。

5. 电压比较器常用于比较信号大小、方波信号发生器等电路中。集成电压比较器由于电路简单，使用方便而得到广泛应用。

习题

7-1 填空

1. 集成运算放大器具有_____和_____两个输入端。

2. 若要集成运放工作在线性区，则必须在电路中引入_____反馈；若要集成运放工作在非线性区，则必须在电路中引入_____反馈或者在_____状态下。集成运放工作在线性区的特点是_____和_____；工作在非线性区的特点是输出电压只具有_____状态；在运算放大器电路中，集成运放工作在_____区，电压比较器工作在_____区。

3. 理想集成运放的 $A_{od}=$_____，$r_i=$_____，$r_o=$_____，$K_{CMR}=$_____。

4. _____比例运算电路中反相输入端为虚地，_____比例运算电路中的两个输入端电位等于输入电压。_____比例运算电路的输入电阻大，_____比例运算电路的输入电阻小。

5. _____运算电路可实现 $A_{uf}>1$ 的放大器，_____运算电路可实现 $A_{uf}<0$ 的放大器，_____运算电路可将三角波电压转换成方波电压。

6. 电压比较器的基准电压 $U_R=0$ 时，输入电压每经过一次零值，输出电压就要产生一次_____，这时的比较器称为_____比较器。电压比较器中集成运放工作在非线性区，输出电压 U_o 只有_____或_____两种状态。

7. 理想集成运算放大器同相输入端接地时，则称反相输入端为_____端。

8. 集成放大器的非线性应用电路有_____、_____和_____等。

9. 在运算电路中，运算放大器工作在_____区；在滞回比较器中，运算放大器工作在_____区。

7-2 选择

1. 理想运算放大器的两个输入端的输入电流等于零，其原因是（　　）。
   A. 同相端和反相端的输入电流相等而相位相反　B. 运放的差模输入电阻接近无穷大
   C. 运放的开环电压放大倍数接近无穷大　　　　D. 运放的开环输出电阻等于零

2. 下列条件中符合理想运算放大器条件之一者是（　　）。
   A. 开环放大倍数→0　　　　　　　　B. 差模输入电阻→∞
   C. 开环输出电阻→∞　　　　　　　　D. 共模抑制比→0

3. 理想运算放大器的（　　）。

A. 差模输入电阻趋于无穷大，开环输出电阻等于零
B. 差模输入电阻等于零，开环输出电阻等于零
C. 差模输入电阻趋于无穷大，开环输出电阻趋于无穷大
D. 差模输入电阻等于零，开环输出电阻趋于无穷大

4. 由集成运放组成的电路中，工作在非线性状态的电路是（ ）。
   A. 反相放大器   B. 差分放大器   C. 电压比较器

5. 理想运放的两个重要结论是（ ）。
   A. 虚短与虚地   B. 虚断与虚短   C. 断路与短路

6. 集成运放一般分为两个工作区，它们分别是（ ）。
   A. 正反馈与负反馈   B. 线性与非线性   C. 虚断和虚短

7. 各种电压比较器的输出状态只有（ ）。
   A. 一种   B. 两种   C. 三种

8. 基本积分电路中的电容器接在电路的（ ）。
   A. 反相输入端   B. 同相输入端   C. 反相端与输出端之间

9. 集成运放的主要参数中，不包括以下哪项（ ）。
   A. 输入失调电压   B. 开环放大倍数   C. 共模抑制比   D. 最大工作电流

10. 输出量与若干个输入量之和成比例关系的电路称为（ ）。
    A. 加法电路   B. 减法电路   C. 积分电路   D. 微分电路

7-3 简析与计算

1. 理想运算放大器有哪些特点？什么是"虚断"和"虚短"？
2. 试列举集成运算放大器的线性应用。
3. 试列举集成运算放大器的非线性应用。
4. 由理想运放构成的电路如图 7-25 所示。请计算输出电压 u_o 的值。

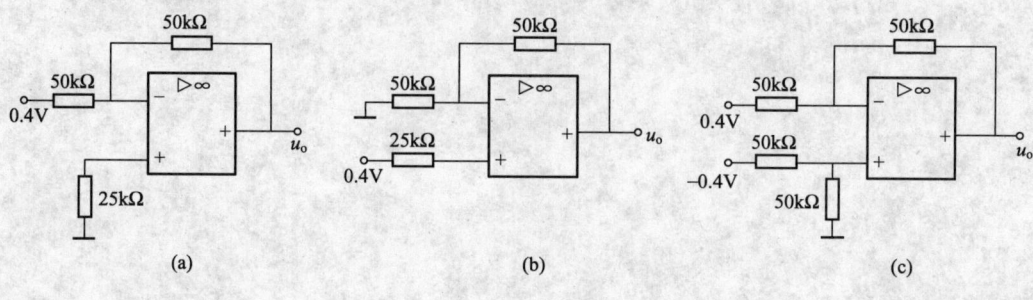

图 7-25 题 4 图

5. 电路如图 7-26 所示，已知 $R_1=2\text{k}\Omega$，$R_f=10\text{k}\Omega$，$R_2=2\text{k}\Omega$，$R_3=18\text{k}\Omega$，$u_i=1\text{V}$，求 u_o 的值。
6. 电路如图 7-27 所示，已知 $R_f=5R_1$，$u_i=10\text{mV}$，求 u_o 的值。
7. 电路如图 7-28 所示，试分别求出各电路输出电压 u_o 的值。
8. 在图 7-29 所示运算电路中，求 u_o。
9. 在如图 7-30 所示的各电路中，运算放大器的 $U_{OM}=\pm12\text{V}$，稳压管的稳定电压 U_Z 为

6V，正向导通电压 U_D 为 0.7V，试画出各电路的电压传输特性曲线。

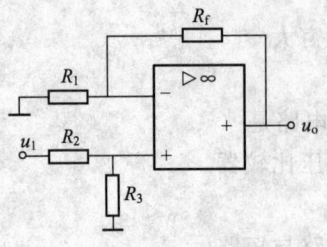

图 7-26 题 5 图

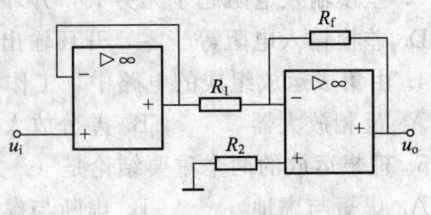

图 7-27 题 6 图

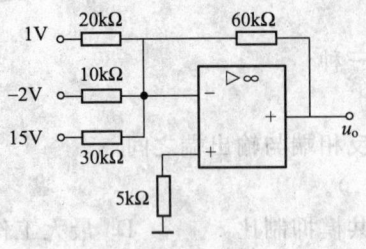

图 7-28 题 7 图

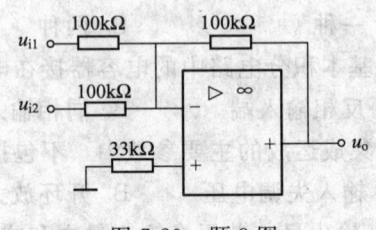

图 7-29 题 8 图

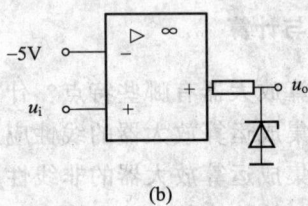

图 7-30 题 9 图

技能训练项目

项目 集成运算放大器指标测试

一、实训目的

1. 掌握用集成运算放大器组成比例、求和电路的方法。
2. 加深对线性状态下集成运算放大器工作特点的理解。

二、实训知识要点

1. 集成运放线性组件是一个具有高放大倍数的放大器,当它与外部电阻、电容等构成闭环电路后,就可组成种类繁多的应用电路。在集成运放线性应用中可构成以下几种基本运算电路:反相比例运算、同相比例运算、反相求和运算、加减混合运算等。

2. 参看图 7-31 中所示实验参考电路图。

图中参考参数为:集成运放选择 LM741,图(a)、(b)中 $R_1=10\text{k}\Omega$,$R_f=100\text{k}\Omega$,$R'=R_1//R_f$;图(c)中 $R_1=R_2=R_3=10\text{k}\Omega$,$R_f=20\text{k}\Omega$,$R'=R_1//R_2//R_3//R_f$;在图(d)中 $R_1=R_2=10\text{k}\Omega$,$R_3=5\text{k}\Omega$,$R'=R_f=20\text{k}\Omega$。

3. 图 7-31 所示集成运放电路(在上述参数设置下)对应的输出电压关系为:

图 (a): $U_o = -\dfrac{R_f}{R_1} U_i$;

图 (b): $U_o = \left(1+\dfrac{R_f}{R_1}\right) U_i$;

图 (c): $U_o = -\left(\dfrac{R_f}{R_1} U_{i1} + \dfrac{R_f}{R_2} U_{i2} + \dfrac{R_f}{R_3} U_{i3}\right)$;

图 (d): $U_o = -\left(\dfrac{R_f}{R_1} U_{i1} + \dfrac{R_f}{R_2} U_{i2} - \dfrac{R_f}{R_3} U_{i3}\right)$。

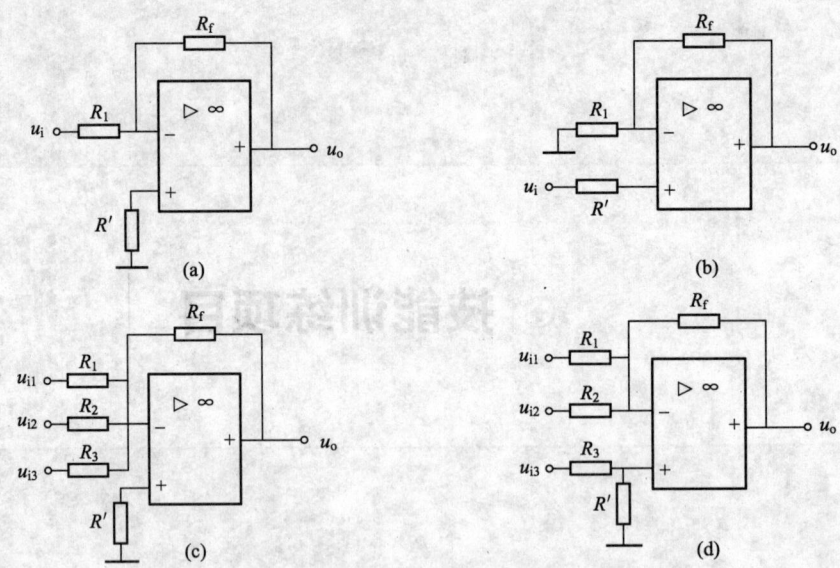

图 7-31 运算放大电路

三、实训内容及要求

利用"模拟电子实验台"上的集成运放(LM741),按要求选择电阻并连接电路,注意电阻 R' 的选择应满足输入电阻平衡。调零后加入直流信号 U_i,用万用表测量输出电压 U_o。将测量值与理论值相比较,计算相对误差。

(1) 反相比例运算

按图(a)连接线路,先对电路进行调零,将电路输入端接地,用万用表直流电压挡监测输出,调节调零电位器,使输出电压为零。输入三种幅值不同的 U_i,测量 U_o,将测量结果和计算值填入表 7-3 中。

(2) 同相比例运算

按图(b)连接线路,对电路进行调零。输入三种幅值不同的 U_i,测量 U_o,将测量结果和计算值填入表 7-3 中。

(3) 反相求和运算

按图(c)连接线路,对电路进行调零。按表 7-4 要求输入三组幅值不同的信号,分别测量输出值,并与理论值比较,计算误差,将结果填入表 7-4 中。

(4) 加减混合运算

按图(d)连接线路,对电路进行调零。按表 7-4 要求输入三组幅值不同的信号,分别测量输出值,并与理论值比较,计算误差,将结果填入表 7-4 中。

表 7-3 比例运算测试数据

	U_i/mV	U_o/mV		
		测量	理论	误差/%
反相比例	100			
	50			
同相比例	100			
	50			

表 7-4 加减运算测试数据

		输入信号 U_i/mV			输出信号 U_o/mV		
		U_{i1}	U_{i2}	U_{i3}	测量值	理论值	误差%
反相求和运算	第一组	100	200	400			
	第二组	200	300	200			
	第三组	400	100	300			
加减混合运算	第一组	100	200	400			
	第二组	400	300	200			
	第三组	200	400	100			

四、实训报告要求

1. 绘制表格，整理测量数据填入表格。
2. 画出各实验电路。

五、分析思考

1. 计算理论值并与实测值比较，分析误差原因。
2. 集成运放工作的特点。

学习项目 8
门电路和组合逻辑电路

 项目描述

数字电路分为组合逻辑电路和时序逻辑电路，组合逻辑电路没有记忆功能。本项目首先介绍与组合逻辑电路相关的门电路及逻辑代数的化简方法，然后以编码器和译码器为例，介绍组合逻辑电路的分析步骤、分析方法及逻辑功能描述。

掌握逻辑代数的运算及化简方法，会分析组合逻辑电路的功能。熟悉常用的组合逻辑电路元器件，会描述各种类型编码器和译码器的功用，并合理的应用它。

任务 1 数字电路概述

电子电路中的信号分为两类：一类是随时间变化的模拟信号，例如：模拟语音的音频信号，模拟图像的视频信号及模拟温度、压力等物理量变化的信号等。另一类是不连续变化的脉冲信号，称为数字信号，例如：自动生产线上物件数目的统计，电子表上的时间读数等。

对模拟信号接收、处理和传递的电子电路称模拟电路。如前面讲的放大器、信号发生器等。模拟电路是实现模拟信号的产生、放大、处理、控制等功能的电路，模拟电路注重的是电路输出、输入信号间的大小和相位关系。

用来实现数字信号的产生、变换、运算、控制等功能的电路称为数字电路。数字电路注重的是二值信息输入、输出之间的逻辑关系。数字电路的广泛应用和迅速发展，标志着现代电子技术水平的提高。以数字电路为基础发展的电子计算机、数字式仪表和数字控制装置等已经广泛应用于各行各业。

1.1 数字电路的特点

① 在数字电路中的晶体管,工作在开关状态,即时而工作在饱和区,时而工作在截止区,而放大区只是过渡状态。因此,在数字电路中目前几乎都是采用二进制。例如二极管的正向导通和反向截止,三极管的饱和导通与截止,都正好与二进制相对应。二进制系统也称为双值逻辑系统,用这些数字器件自然而然与双值逻辑系统的二进制相对应,容易实现各种逻辑电路。所以数字电路中用二进制的"0"、"1"或"0""1"的不同组合来表示数字信号,并遵循二进制的运算规则。

② 数字电路通常是根据脉冲信号的有无、个数和频率进行工作,只要满足工作时能够可靠区分 0 和 1 两种状态即可。所以准确度高,抗干扰能力较强。

③ 数字电路的主要研究对象是电路的输入和输出之间的逻辑关系,而模拟电路研究的对象是电路对输入信号的放大和变换功能,因而数字电路就不能采用模拟电路的分析方法。数字电路的分析工具是逻辑代数,表达电路的功能主要是真值表、逻辑表达式及波形图等。

④ 数字电路的基本单元是逻辑门和触发器,而模拟电路的基本单元是放大器。

1.2 数值

数制是人们对数量计算的一种统计规律。在日常生活中,我们最熟悉的是十进制,而在数字系统中广泛使用的是二进制、八进制和十六进制。

1.2.1 几种常用的进位计数值

(1) 十进制　十进制的数码有 0、1、2、3、4、5、6、7、8、9 共十个,进位规律是"逢十进一"。

十进制数 3784.25 可表示成多项式形式:

$$(3784.25)_{10} = 3\times 10^3 + 7\times 10^2 + 8\times 10^1 + 4\times 10^0 + 2\times 10^{-1} + 5\times 10^{-2}$$

其中各位上的数码与 10 的幂相乘表示该位数的实际代表值,如 3×10^3 代表 3000,7×10^2 代表 700,8×10^1 代表 80,4×10^0 代表 4,2×10^{-1} 代表 0.2,5×10^{-2} 代表 0.05。而各位上的 10 的幂就是十进制数各位的权。

(2) 二进制　数字电路中广泛使用二进制。二进制的数码只有两个,即 0 和 1。进位规律是"逢二进一"。

二进制数 1101.11 可以用一个多项式形式表示成:

$$(1101.11)_2 = 1\times 2^3 + 1\times 2^2 + 0\times 2^1 + 1\times 2^0 + 1\times 2^{-1} + 1\times 2^{-2}$$

其中各位上的数码与 2 的幂相乘表示该位数的实际代表值。而各位上的 2 的幂就是二进制数各位的权。

(3) 八进制和十六进制　用二进制表示一个大数时,位数太多。在数字系统中采用八进制和十六进制作为二进制的缩写形式。

八进制数码有 8 个,即:0、1、2、3、4、5、6、7,进位规律是"逢八进一"。十六进制的数码是:0、1、2、3、4、5、6、7、8、9、A、B、C、D、E、F,进位规律是"逢十六进一"。例如:

$$(12.3)_8 = 1\times 8^1 + 2\times 8^0 + 3\times 8^{-1}$$

$$(3A.5)_{16} = 3\times 16^1 + 10\times 16^0 + 5\times 16^{-1}$$

1.2.2 数制间的转换

计算机中存储数据和对数据进行运算采用的是二进制数,当把数据输入到计算机中,或者从计算机中输出数据时,要进行不同计数制之间的转换。

(1) 非十进制数和十进制数的转换

非十进制数转换成十进制数一般采用的方法是按权相加,这种方法是按照十进制数的运算规则,将非十进制数各位的数码乘以对应的权再累加起来。

【例 8-1】 将 $(1100.101)_2$ 转换成十进制数。

解:$(1101.101)_2 = (2^3 + 2^2 + 2^{-1} + 2^{-3})_{10} = (8 + 4 + 0.5 + 0.125)_{10} = (12.625)_{10}$

在二进制数到十进制数的转换过程中,要频繁的计算 2 的整次幂。表 8-1 给出了常用的 2 的整次幂和十进制数的对应关系,记住这些值,对今后的学习是十分有益的。

表 8-1　常用的 2 的整次幂和十进制数的对应关系

n	-4	-3	-2	-1	0	1	2	3	4	5	6	7	8	9	10
2^n	0.0625	0.125	0.25	0.5	1	2	4	8	16	32	64	128	256	512	1024

(2) 十进制数和二进制数的转换

将十进制数转换成二进制数时,整数部分的转换一般采用除 2 取余法,小数部分的转换一般采用乘 2 取整法。

【例 8-2】 将 $(41)_{10}$ 转换成二进制数。

解

$$
\begin{array}{r|l}
2 & 41 \\
2 & 20 \\
2 & 10 \\
2 & 5 \\
2 & 2 \\
& 1
\end{array}
\quad
\begin{array}{l}
余数为 1, A_0 = 1 \\
余数为 0, A_1 = 0 \\
余数为 0, A_2 = 0 \\
余数为 1, A_3 = 1 \\
余数为 0, A_4 = 0 \\
余数为 1, A_5 = 1
\end{array}
$$

所以,$(41)_{10} = (101001)_2$。

【例 8-3】 将 $(0.625)_{10}$ 转换成二进制数。

解:$0.625 \times 2 = 1 + 0.25$　　　$A_{-1} = 1$

$0.25 \times 2 = 0 + 0.5$　　　$A_{-2} = 0$

$0.5 \times 2 = 1 + 0$　　　$A_{-3} = 1$

所以,$(0.625)_{10} = (0.101)_2$。

(3) 十进制和八进制、十六进制数之间的转化　十进制数转换成八进制或十六进制数时,可先转换成二进制数,然后再转换成八进制或十六进制时比较简单。

二进制数的基数是 2,八进制数的基数是 8,正好有 $2^3 = 8$。因此,任意一位八进制数可以转换成三位二进制数。二进制数转换为八进制数:将二进制数由小数点开始,整数部分向左,小数部分向右,每 3 位分成一组,不够 3 位补零,则每组二进制数便对应一位八进制数。八进制数转换为二进制数:将每位八进制数用 3 位二进制数表示。

【例 8-4】 将 $(353.72)_8$ 转换成二进制数。

解：　　3　　5　　3　．　7　　2
　　　　↓　　↓　　↓　　　↓　　↓
　　　　011　101　011　．　111　010

所以，(353.72)$_8$ = (011101011.111010)$_2$

【例 8-5】 将 (1010111.0101)$_2$ 转换成八进制数。

解：　001　010　111　．　010　100
　　　　↓　　↓　　↓　　　↓　　↓
　　　　1　　2　　7　．　2　　4

所以，(1010111.0101)$_2$ = (127.24)$_8$

二进制数的基数是 2，十六进制数的基数是 16，正好有 $2^4 = 16$。因此，任意一位十六进制数可以转换成四位二进制数。二进制数转换为十六进制数：将二进制数由小数点开始，整数部分向左，小数部分向右，每 4 位分成一组，不够 4 位补零，则每组二进制数便对应一位十六进制数。十六进制数转换为二进制数：将每位十六进制数用 4 位二进制数表示。

【例 8-6】 将 (7E.3A)$_{16}$ 转换成二进制数。

解：　　7　　E　．　3　　A
　　　　↓　　↓　　　↓　　↓
　　　　0111　1110　．　0011　1010

所以，(7E.3A)$_{16}$ = (01111110.00111010)$_2$

【例 8-7】 将 (1011111.101110)$_2$ 转换成十六进制数。

解：　0101　1111　．　1011　1000
　　　　↓　　↓　　　↓　　↓
　　　　5　　F　．　B　　8

所以，(1011111.101110)$_2$ = (5F.B8)$_{16}$

特别提示

十进制转换二进制采用整数除 2 取余法，小数乘 2 取整法；十进制转换成八进制或十六进制时，先转换成二进制数，然后再三位一组或四位一组转换成八进制或十六进制。

1.3　二进制代码

数字系统中的信息，除数据外还包括文字、符号和各种对象、信号等，这些信息都是用若干位"0"和"1"组成的二进制数表示的。这些二进制数分别称为十进制数码、文字、符号和某对象、信号等的代码。n 位二进制数，可以组成 $N = 2^n$ 种不同的代码，代表 2^n 种不同的信息或数据。

1.3.1　二-十进制码（BCD 码）

二-十进制码是用四位二进制码表示一位十进制数的代码，简称为 BCD 码。这种编码的方法很多，但常用的是 8421 码、5421 码和余 3 码等。

（1）8421 码　　8421 码是最常用的一种十进制数编码，它是用四位二进制数 0000 到

1001 来表示一位十进制数，每一位都有固定的权。从左到右，各位的权依次为：2^3、2^2、2^1、2^0，即 8、4、2、1。可以看出，8421 码对十进数的十个数字符号的编码表示和二进制数中表示的方法完全一样，但不允许出现 1010 到 1111 这六种编码，因为没有相应的十进制数字符号和其对应。表 8-2 中给出了 8421 码和十进制数之间的对应关系。

表 8-2　十进制数和 8421 码之间的对应关系

十进制数	8421 码	十进制数	8421 码
0	0000	5	0101
1	0001	6	0110
2	0010	7	0111
3	0011	8	1000
4	0100	9	1001

8421 码具有编码简单、直观、表示容易等特点，尤其是和 ASCII 码之间的转换十分方便，只需将表示数字的 ASCII 码的高几位去掉，便可得到 8421 码。两个 8421 码还可直接进行加法运算，如果对应位的和小于 10，结果还是正确的 8421 码；如果对应位的和大于 9，可以加上 6 校正，仍能得到正确的 8421 码。

（2）余 3 码　余 3 码也是用四位二进制数表示一位十进制数，但对于同样的十进制数字，其表示比 8421 码多 0011，所以叫余 3 码。余 3 码用 0011 到 1100 这十种编码表示十进制数的十个数字符号，和十进制数之间的对应关系如表 8-3 所示。

表 8-3　十进制数和余 3 码之间的对应关系

十进制数	余 3 码	十进制数	余 3 码
0	0011	5	1000
1	0100	6	1001
2	0101	7	1010
3	0110	8	1011
4	0111	9	1100

余 3 码表示不像 8421 码那样直观，各位也没有固定的权。但余 3 码是一种对 9 的自补码，即将一个余 3 码按位变反，可得到其对 9 的补码，这在某些场合是十分有用的。两个余 3 码也可直接进行加法运算，如果对应位的和小于 10，结果减 3 校正，如果对应位的和大于 9，可以加上 3 校正，最后结果仍是正确的余 3 码。

5421 码最高位的权是 5，其他类似于 8421 码，这里就不多讲了。

1.3.2　可靠性编码

表示信息的代码在形成、存储和传送过程中，由于某些原因可能会出现错误。为了提高信息的可靠性，需要采用可靠性编码。可靠性编码具有某种特征或能力，使得代码在形成过程中不容易出错，或者在出错时能发现，有的还能纠正错误。

循环码又叫格雷码（GRAY），具有多种编码形式，但都有一个共同的特点，就是任意两个相邻的循环码仅有一位编码不同。这个特点有着非常重要的意义。例如四位二进制计数器，在从 0101 变成 0110 时，最低两位都要发生变化。当两位不是同时变化时，如最低位先变，次低位后变，就会出现一个短暂的误码 0100。采用循环码表示时，因为只有一位发生变化，就可以避免出现这类错误。

循环码是一种无权码,每一位都按一定的规律循环。表 8-4 给出了一种四位循环码的编码方案。可以看出,任意两个相邻的编码仅有一位不同,而且存在一个对称轴(在 7 和 8 之间),对称轴上边和下边的编码,除最高位是互补外,其余各个数位都是以对称轴为中线镜像对称的。

表 8-4　四位循环码

十进制数	二进制数	循环码
0	0000	0000
1	0001	0001
2	0010	0011
3	0011	0010
4	0100	0110
5	0101	0111
6	0110	0101
7	0111	0100
8	1000	1100
9	1001	1101
10	1010	1111
11	1011	1110
12	1100	1010
13	1101	1011
14	1110	1001
15	1111	1000

任务 2　门电路

在数字电路中,门电路是最基本的逻辑元件。所谓"门"就是一种开关,在一定条件下它允许信号通过,条件不满足,信号就通不过。因此,门电路的输入信号与输出信号之间存在一定的逻辑关系,门电路又称逻辑门电路。

基本逻辑门电路有与门、或门及非门等。门电路的输入、输出信号都是用高电平和低电平表示的,如果用 1 表示高电平,用 0 表示低电平,这样的系统称为正逻辑系统;若规定用 0 表示高电平,用 1 表示低电平,则称为负逻辑系统。本教材不加特殊说明均采用正逻辑。

门电路可用二极管和晶体管等分立元件组成,但常用的是各种集成门电路。此任务将介绍由分立元件组成的基本门电路、复合门电路及集成门电路。

2.1　基本门电路

2.1.1　与门电路

(1)与逻辑　有一个事件,当决定该事件的诸变量必须全部存在时,这件事才会发生,这样的因果关系称为"与"逻辑关系。例如在图 8-1 所示电路中,开关 A 与 B 都闭合时,灯 F 才亮,若开关 A 或 B 其中有一个不闭合,灯泡 F 就不亮。因此它们之间满足与逻辑关系。与逻辑也称为逻辑乘。A、B 两个开关是电路的输入变量,是逻辑关系中的条件,

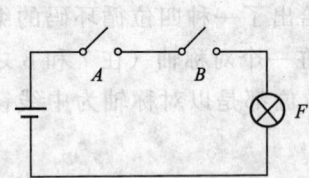

图 8-1 与逻辑关系

灯 F 是输出变量,是逻辑关系中的结果。这种关系可用逻辑函数式表示为:

$$F = A \cdot B = AB$$

读成"F 等于 A 与 B",或"A 乘 B"。与逻辑运算规则表面上与算术运算一样,输入变量不一定只有两个,可以有多个。"与"逻辑中输入与输出的一一对应关系,不但可用逻辑乘公式 $F = A \cdot B$ 表示,还可以用表格形式列出,称为真值表。把开关闭合、电灯亮的状态用 1 表示,把开关断开、电灯不亮用 0 表示,其真值表如表 8-5 所示。

表 8-5 与逻辑真值表及运算规则

变量		与 逻 辑	与逻辑运算规则
A	B	AB	
0	0	0	$0 \cdot 0 = 0$
0	1	0	$0 \cdot 1 = 0$
1	0	0	$1 \cdot 0 = 0$
1	1	1	$1 \cdot 1 = 1$

(2) 与门电路　图 8-2(a) 是由二极管构成的有三个输入端的与门电路。A、B 和 C 为输入,F 为输出。图 8-2(b) 是与门的逻辑符号。假定二极管是理想的,正向导通压降为 0V。但是多少伏算高电平,多少伏算低电平,不同场合,规定不同。

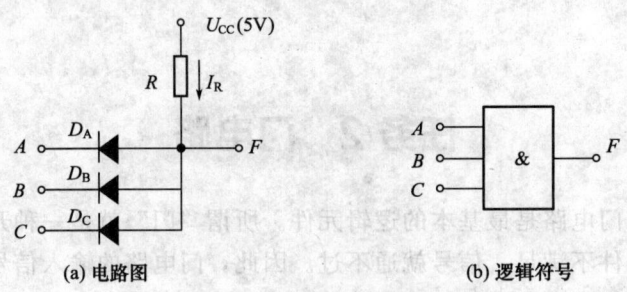

图 8-2 与门电路及逻辑符号

这里假定输入高电平为 3V,低电平为 0V。当输入端 A、B、C 全为高电平时,三个二极管都导通,输出端 F 被钳位在 3V;当三个输入端 A、B、C 两个为高电平,一个为低电平时,接输入低电平的二极管优先导通,使输出端被钳位在 0V,这时接输入高电平的二极管处于反向偏置而截止;当三个输入端 A、B、C 全为低电平时,三个二极管都导通,输出端 F 被钳位在 0V。

2.1.2 或门电路

(1) 或逻辑　有一个事件,当决定该事件的诸变量只要有一个存在时,这件事就会发生,这样的因果关系称为"或"逻辑关系,也称为逻辑加。

或逻辑可用开关电路中两个开关相并联的例子来说明,如图 8-3 所示。A、B 两个开关是电路的输入变量,是逻

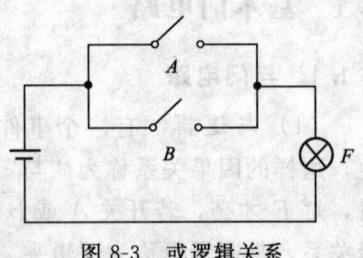

图 8-3 或逻辑关系

辑关系中的条件,灯 F 是输出变量,是逻辑关系中的结果。显然灯亮的条件是 A 和 B 只要一个闭合,灯就会亮,全部不闭合时灯不会亮。即:当 A 或 B 只要有一个为 1, F 就为 1,否则为 0。用逻辑函数式表示这种关系:

$$F=A+B$$

"或"逻辑中输入与输出一一对应的关系,不但可用逻辑加公式 $F=A+B$ 表示,也可以用真值表表示,如表 8-6 所示。

表 8-6　或逻辑真值表及运算规则

变量		或逻辑	或逻辑运算规则
A	B	A+B	
0	0	0	0+0=0
0	1	1	0+1=1
1	0	1	1+0=1
1	1	1	1+1=1

这里必须指出的是,逻辑加法与算术加法的运算规律不同,有的尽管表面上相同,但实质不同,要特别注意在逻辑代数中 1+1=1。

(2)或门电路　图 8-4(a)是由二极管构成的有三个输入端的或门电路,图 8-4(b)是或门逻辑符号。

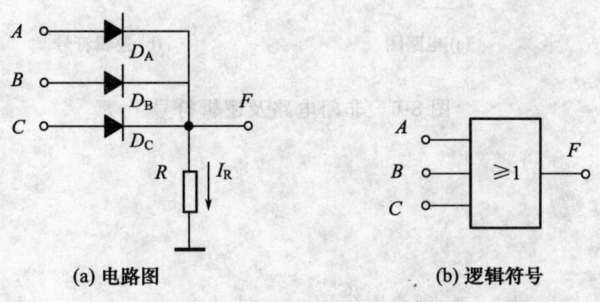

(a) 电路图　　　　(b) 逻辑符号

图 8-4　或门电路及逻辑符号

或门的输入端只要有一个为高电平 3V,输出就为高电平 3V。例如当 A 为高电平, B、C 为低电平时,二极管 D_A 将优先导通,使 F 钳位在高电平 3V,这时 D_B、D_C 因反向偏置而截止;如果 A、B、C 全为高电平 3V,二极管 D_A、D_B、D_C 同时导通,F 仍为高电平 3V;只有当 A、B、C 全为低电平 0V 时,F 才为低电平 0V,此时三个二极管都导通。

2.1.3 非门电路

(1)非逻辑　当一事件的条件满足时,该事件不会发生,条件不满足时,才会发生,这样的因果关系称为"非"逻辑关系。图 8-5 所示电路表示了这种关系。当开关 A 闭合时,灯泡 F 不亮;当开关 A 断开时,灯泡 F 才亮。这种因果关系就是非逻辑关系。非逻辑关系用逻辑表达式表示为:

$$F=\overline{A}$$

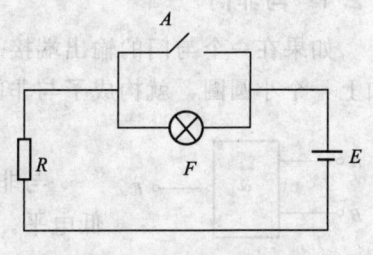

图 8-5　非逻辑关系

非逻辑只有一个输入变量,把开关闭合、电灯亮的状态用 1 表示,把开关断开、电灯不亮用 0 表示。则用真值表表示,如表 8-7 所示。

表 8-7 与逻辑真值表及运算规则

变量	非逻辑	非逻辑运算规则
A	$\overline{A}$	
0	1	$\overline{0}=1$
1	0	$\overline{1}=0$

(2)非门电路 图 8-6 给出了非门电路及其逻辑符号。非门电路只有一个输入端,当输入变量 A 为高电平 3V 时,三极管饱和导通,因此输出 F 为低电平 0.3V;当输入变量 A 为低电平 0V 时,三极管截止,输出 F 为 U_{CC} 高电平 5V。非门逻辑符号中的小圈表示非即反相。

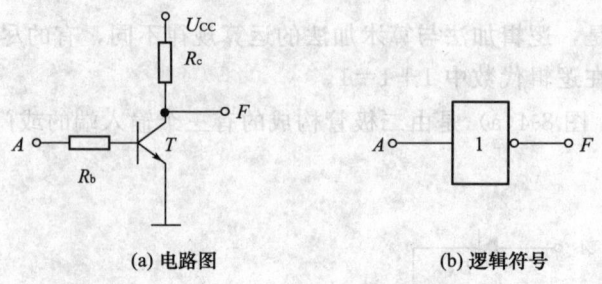

(a)电路图　　　　(b)逻辑符号

图 8-6 非门电路及逻辑符号

特别提示

与门 $F=AB$ 是全 1 为 1,有 0 则 0;或门 $F=A+B$ 是全 0 为 0,有 1 则 1;非门 $F=\overline{A}$ 是 0 非 1,1 非 0。

2.2 复合门电路

用以上三种最基本的门电路,可以组成具有不同功能的多种复合门电路。常用的复合门有与非门、或非门、异或门、同或门等。

2.2.1 与非门

如果在一个与门的输出端接一个非门,就构成了与非门,如图 8-7 所示。在与门输出端加上一个小圆圈,就构成了与非门的逻辑符号。与非门的逻辑函数表达式为:

$$F=\overline{A \cdot B}$$

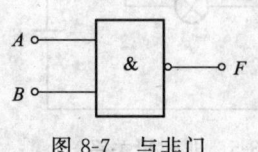

图 8-7 与非门

与非门的功能是,仅当所有的输入端是高电平时,输出端才是低电平。只要输入端有低电平,输出必为高电平。即:有 0 出 1;全 1 出 0。

2.2.2 或非门

如果把一个或门和一个非门连接起来就可以构成一个或非门,如图 8-8 所示。或非门也可有多个输入端和一个输出端。在或门输出端加一小圆圈就变成了或非门的逻辑符号。或非门的逻辑函数表达式为:

$$F=\overline{A+B}$$

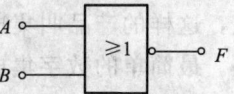

图 8-8 或非门

或非门的逻辑功能为:当输入全为低电平时,输出为高电平;当输入有高电平时,输出为低电平。即:全 0 出 1,有 1 出 0。

2.2.3 异或门

当两个输入变量的取值相同时,输出变量取值为 0;当两个输入变量的取值相异时,输出变量取值为 1。这种逻辑关系称为异或逻辑。能够实现异或逻辑关系的逻辑门叫异或门。

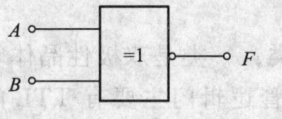

图 8-9 异或门逻辑符号

异或门只有两个输入端和一个输出端,其逻辑符号如图 8-9 所示。

异或门的逻辑表达式为:

$$F=A\overline{B}+\overline{A}B=A\oplus B$$

异或门的真值表如表 8-8 所示。

表 8-8 异或门真值表

A	B	F
0	0	0
0	1	1
1	0	1
1	1	0

2.2.4 同或门

当两个输入变量的取值相同时,输出变量取值为 1;当两个输入变量的取值相异时,输出变量取值为 0。这种逻辑关系称为同或逻辑。能够实现同或逻辑关系的逻辑门叫同或门。同或门只有两个输入端和一个输出端,其逻辑符号如图 8-10 所示。

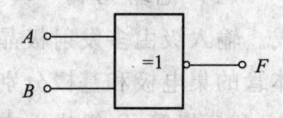

图 8-10 同或门逻辑符号

同或门的输出逻辑表达式为:$F=AB+\overline{A}\,\overline{B}=A\odot B$,式中⊙符号表示同或运算。

同或门的真值表如表 8-9 所示。

表 8-9 同或门真值表

A	B	F
0	0	1
0	1	0
1	0	0
1	1	1

特别提示

异或门 $F=A\overline{B}+\overline{A}B=A\oplus B$ 是相异为 1,相同为 0;同或门 $F=AB+\overline{A}\,\overline{B}$ 是相同为 1,相异为 0。

2.3 集成门电路

把若干个有源器件和无源器件及其连线，按照一定的功能要求，制作在一块半导体基片上，这样的产品叫集成电路。若它完成的功能是逻辑功能或数字功能，则称为数字集成电路。最简单的数字集成电路是集成逻辑门。

集成电路比前面讲的分立元件电路有许多显著的优点，如体积小、耗电省、重量轻、可靠性高等，所以集成电路一出现就受到人们的极大重视，并迅速得到广泛应用。

数字集成电路的规模一般是根据门的数目来划分的。小规模集成电路（SSI）约为10个门，中规模集成电路（MSI）约为100个门，大规模集成电路（LSI）约为1万个门，而超大规模集成电路（VLSI）则为1百万个门。在本书中，将介绍小规模数字集成电路的基本知识，而不涉及集成电路的内部电路。

集成电路逻辑门，按照其组成的有源器件的不同可分为两大类：一类是双极性晶体管逻辑门；另一类是单极性的绝缘栅场效应管逻辑门。双极性晶体管逻辑门主要有TTL门（晶体管-晶体管逻辑门）、ECL门（射极耦合逻辑门）和I2L门（集成注入逻辑门）等。单极性MOS门主要有PMOS门（P沟道增强型MOS管构成的逻辑门）、NMOS门（N沟道增强型MOS管构成的逻辑门）和CMOS门（利用PMOS管和NMOS管构成的互补电路构成的门电路，故又叫互补MOS门）。其中，使用最广泛的是TTL集成电路和CMOS集成电路。

使用集成门电路芯片时，要特别注意其引脚配置及排列情况，分清每个门的输入端、输出端和电源端、接地端所对应的引脚，这些信息及芯片中门电路的性能参数，都收录在有关产品的数据手册中，因此使用时要养成查数据手册的习惯。

（1）电路结构　典型TTL与非门电路如图8-11所示，由输入级、中间级和输出级组成。输入级由多发射极晶体管 T_1 和电阻 R_{b1} 组成，所谓多发射极晶体管，可看作由多个晶体管的集电极和基极分别并接在一起，而发射极作为逻辑门的输入端。中间级由电阻 R_{c2}、R_{e2} 和三极管 T_2 组成。中间级又称为倒相级，同时输出两个相位相反的信号，作为输出级里的三极管 T_3 和 T_4 的驱动信号，同时控制输出级的 T_3、T_4 管工作在截然相反的两个状态，以满足输出级互补工作的要求。输出级由晶体管 T_3、T_4，电阻 R_{c4} 组成。

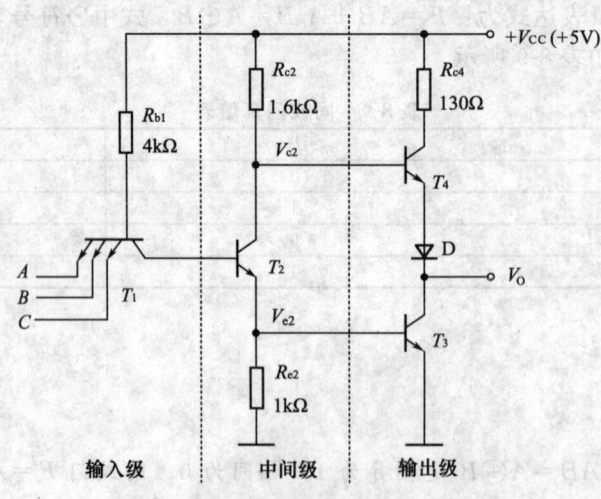

图 8-11　TTL与非门

（2）工作原理 如果把多发射极晶体管的集电极、各发射极与基极之间的 PN 结用二极管表示，如图 8-12 所示，那么 T_1 就类似于一个二极管与门电路。TTL 与非门工作原理阐述如下。

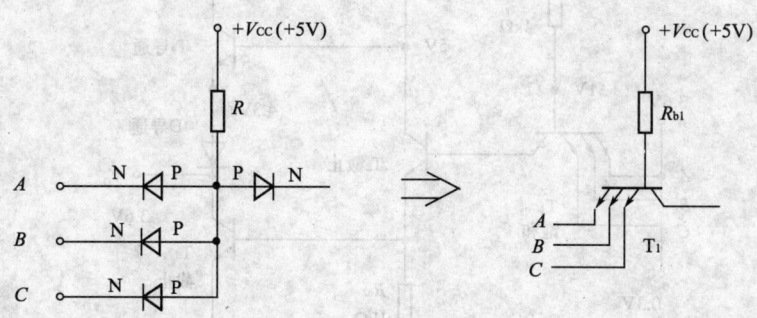

图 8-12 TTL 与非门输入级简化

该 TTL 与非门电路的输出高低电平分别为 3.6V 和 0.3V，所以在下面的分析中假设输入高低电平也分别为 3.6V 和 0.3V。

当输入全为高电平 3.6V 时，如图 8-13 所示。T_2、T_3 饱和导通，输出端 V_o 为 T_3 饱和导通的 V_{CE}，V_{CE} 为低电平 0.3V；

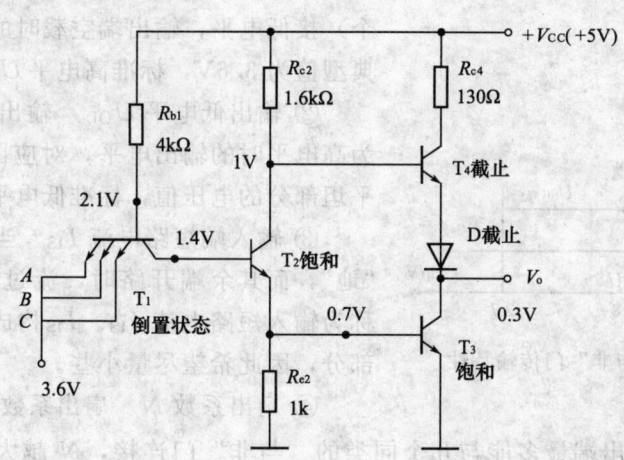

图 8-13 输入全为高电平时的工作情况

可见实现了与非门的逻辑功能之一：输入全为高电平时，输出为低电平。

当输入有低电平 0.3V 时，如图 8-14 所示。T_1 发射结饱和导通，T_1 发射的基极电位被钳位在 1V 左右，因而使 T_2 截止，此时 T_4 饱和导通，$V_o \approx V_{CC} - V_{BE4} - V_D = 5 - 0.7 - 0.7 = 3.6$（V）。

可见实现了与非门的逻辑功能的另一方面：输入有低电平时，输出为高电平。

综合上述两种情况，该电路满足与非门的逻辑功能，是一个与非门。

（3）主要参数 为了更好地理解 TTL 门电路的一些参数，首先介绍它的电压传输特性，图 8-15 是 TTL 与非门的电压传输特性。电压传输特性是指将与非门的某一个输入端接电压 u_i，而其他输入端都接高电平，当 u_i 由零逐渐增加时由实验测得的输出电压 u_o 与输入

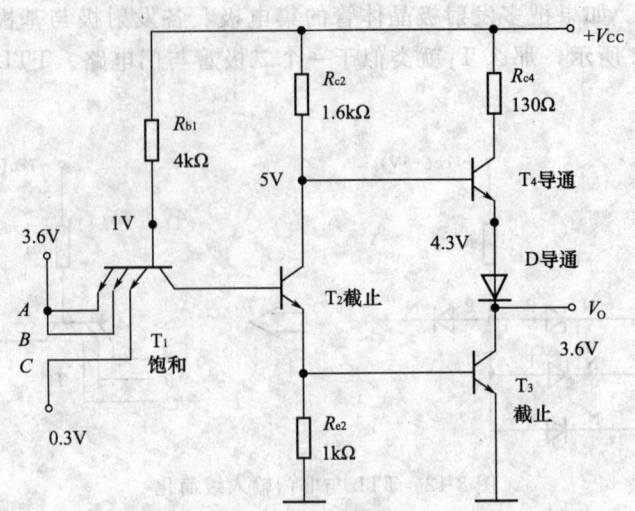

图 8-14 输入有低电平时的工作情况

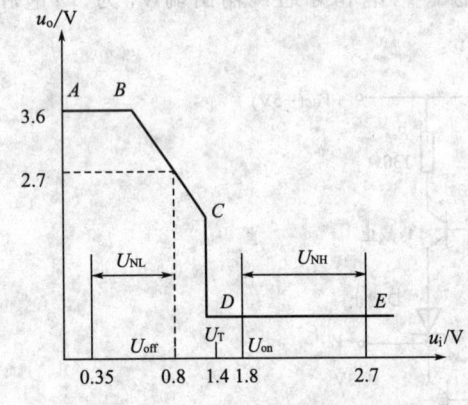

图 8-15 TTL "与非" 门传输特性

电压 u_i 之间的关系曲线。下面结合电压传输特性介绍 TTL 与非门电路的几个主要参数，它们是使用者判断器件性能好坏的依据。

① 输出高电平 U_{OH}　当输入端有一个（或几个）接低电平，输出端空载时的输出电平。U_{OH} 的典型值为 3.6V，标准高电平 $U_{SH}=2.4V$。

② 输出低电平 U_{OL}　输出低电平是指输入全为高电平时的输出电平，对应图 8-15 中 D 点右边平坦部分的电压值，标准低电平 $U_{SL}=0.4V$。

③ 输入端短路电流 I_{IS}　当电路任一输入端接"地"，而其余端开路时，流过这个输入端的电流称为输入短路电流 I_{IS}。I_{IS} 构成前级负载电流的一部分，因此希望尽量小些。

④ 扇出系数 N　扇出系数是指带负载的个数。它表示"与非"门输出端最多能与几个同类的"与非"门连接，N 越大，表明门电路的带负载能力越强，典型电路 $N>8$。

⑤ 空载功耗　"与非"门的空载功耗是当"与非"门空载时的电源总电流 I_{CL} 与电源电压 U_{CC} 的乘积。当输出为低电平时的功耗为空载导通功耗 P_{on}，当输出为高电平时的功耗称为空载截止功耗 P_{off}。P_{on} 总比 P_{off} 大。

⑥ 开门电平 U_{on}　在额定负载下，确保输出为标准低电平 U_{SL} 时的输入电平称为开门电平。它表示使"与非"门开通时的最小输入电平。输入高电平和开门电平的差值称为输入高电平噪声容限 U_{NH}。

⑦ 关门电平 U_{off}　关门电平是指输出电平上升到标准高电平 U_{SH} 的输入电平。它表示使"与非"门关断所需的最大输入电平。关门电平和输入低电平的差值称为输入低电平噪声容限 U_{NL}。

⑧ 高电平输入电流 I_{IH}　输入端有一个接高电平，其余接"地"的反向电流称为高电平

输入电流（或输入漏电流），它构成前级"与非"门输出高电平时的负载电流的一部分，此值越小越好。

⑨ 平均传输延迟时间 t_{pd}　信号通过与非门时所需的平均延迟时间。在工作频率较高的数字电路中，信号经过多级传输后造成的时间延迟，会影响电路的逻辑功能。平均传输延迟时间愈小，电路的允许工作速度愈高。

（4）TTL 门电路的系列介绍　为满足用户在提高工作速度和降低功耗这两方面的要求，又相继研制和生产了 74H 系列、74S 系列、74LS 系列、74AS 系列和 74ALS 系列等改进的 TTL 电路。这几种改进系列在电气特性上的特点分述如下。

① 74H 系列　74H 系列又称高速系列。74H 系列门电路的平均传输延迟时间比标准 74 系列门电路缩短了一半，通常在 10ns 以内。

② 74S 系列　74S 系列又称为肖特基系列。74 系列门的三极管导通时工作在深度饱和状态是产生传输延迟时间的一个主要原因。如果能使三极管导通时避免进入深度饱和状态，那么传输延迟时间将大幅度减小。为此，在 74S 系列的门电路中，采用了抗饱和三极管（或称为肖特基三极管）。由于 T_4 脱离了深度饱和状态，导致了输出低电平升高（最大值可达到 0.5V 左右。）其次 74S 系列减小电路中电阻的阻值，也使得电路的功耗加大了。

③ 74LS 系列　性能比较理想的门电路应该工作速度既快，功耗又小。然而缩短传输延迟时间和降低功耗对电路提出的要求往往是互相矛盾的，因此，只有用传输延迟时间和功耗的乘积才能全面评价门电路性能的优劣。延迟-功耗积越小，电路的综合性能越好。

为了得到更小的延迟-功耗积，在兼顾功耗与速度两方面的基础上又进一步开发了 74LS 系列也称为低功耗肖特基系列。

④ 74AS 和 74ALS 系列　74AS 系列是为了进一步缩短传输延迟时间而设计的改进系列。它的电路结构与 74LS 系列相似，但是电路中采用了很低的电阻阻值，从而提高了工作速度。它的缺点是功耗较大，比 74 系列的还略大一些。74ALS 系列是为了获得更小的延迟-功耗积而设计的改进系列，它的延迟-功耗积是 TTL 电路所有系列中最小的一种。为了降低功耗，电路中采用了较高的电阻阻值。同时，通过改进生产工艺缩小了内部各个器件的尺寸，获得了减小功耗、缩短延迟时间的双重收效。此外，在电路结构上也作了局部的改进。

⑤ 54、54H、54S、54LS 系列　54 系列的 TTL 电路和 74 系列电路具有完全相同的电路结构和电气性能参数。所不同的是因为 54 系列比 74 系列的工作温度范围更宽，电源允许的工作范围也更大。74 系列的工作环境温度定为 0～70℃，电源电压工作范围为 5V±5%；而 54 系列的工作环境温度为 -55～125℃，电源电压工作范围为 5V±10%。54H 与 74H、54S 与 74S 以及 54LS 与 74LS 系列的区别也仅在于工作环境温度与电源电压工作范围不同，就像 54 系列和 74 系列的区别那样。

CMOS 集成门电路

CMOS 是互补对称 MOS 电路的简称（Complementary Metal-Oxide-Semiconductor），其电路结构都采用增强型 PMOS 管和增强型 NMOS 管按互补对称形式连接而成，由于 CMOS 集成电路具有功耗低、工作电流电压范围宽、抗干扰能力强、输入阻抗高、扇出系数大、集成度高，成本低等一系列优点，其应用领域十分广泛，尤其在大规模集成电路中更显示出它的优越性，是目前得到广泛应用的器件。

1. CMOS 反相器

CMOS 反相器是 CMOS 集成电路最基本的逻辑元件之一，其电路如图 8-16 所示，它是由一个增强型 NMOS 管 T_N 和一个 PMOS 管 T_P 按互补对称形式连接而成。

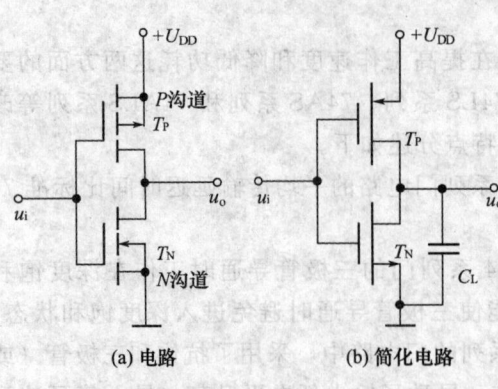

图 8-16　CMOS 反相器

两管的栅极相连作为反相器的输入端，漏极相连作为输出端，T_P 管的衬底和源极相连接电源 U_{DD}，T_N 管的衬底与源极相连后接地，一般地 $U_{DD} > (U_{TN} + |U_{TP}|)$（$U_{TN}$ 和 $|U_{TP}|$ 是 T_N 和 T_P 的开启电压）。

当输入电压 $u_i =$ "0"（低电平）时，NMOS 管 T_N 截止，而 PMOS 管 T_P 导通，这时 T_N 管的阻抗比 T_P 管的阻抗高得多（两阻抗比值可高达 10^6 以上），电源电压主要降在 T_N 上，输出电压为 "1"（约为 U_{DD}）。

当输入电压 $u_i =$ "1"（高电平）时，T_N 导通，T_P 截止，电源电压主要降在 T_P 上，输出 $u_o =$ "0"，可见此电路实现了逻辑 "非" 功能。

通过 CMOS 反相器电路原理分析，可发现 CMOS 门电路相比 NMOS、PMOS 门电路具有如下优点：

① 无论输入是高电平还是低电平，T_N 和 T_P 两管中总是一个管子截止，另一个导通，流过电源的电流仅是截止管的沟道泄漏电流，因此，静态功耗很小。

② 两管总是一个管子充分导通，这使得输出端的等效电容 C_L 能通过低阻抗充放电，改善了输出波形，同时提高了工作速度。

③ 由于输出低电平约为 0V，输出高电平为 U_{DD}，因此，输出的逻辑幅度大。

2. CMOS "与非" 门电路

电路如图 8-17 所示，设 CMOS 管的输出高电平为 "1"，低电平为 "0"，图中 T_1、T_2 为两个串联的 NMOS 管，T_3、T_4 为两个并联的 PMOS 管，每个输入端（A 或 B）都直接连到配对的 NMOS 管（驱动管）和 PMOS（负载管）的栅极。当两个输入中有一个或一个以上为低电平 "0" 时，与低电平相连接的 NMOS 管仍截止，而 PMOS 管导通，使输出 F 为高电平，只有当两个输入端同时为高电平 "1" 时，T_1、T_2 管均导通，T_3、T_4 管都截止，输出 F 为低电平。

由以上分析可知，该电路实现了逻辑与非功能，即

$$F = \overline{AB}$$

3. CMOS "或非" 门电路

图 8-18 所示电路为两输入 CMOS "或非" 门电路，其连接形式正好和 "与非" 门电路相反，T_1、T_2 两 NMOS 管是并联的，作为驱动管，T_3、T_4 两个 PMOS 管是串联的，作为负载管，两个输入端 A、B 仍接至 NMOS 管和 PMOS 管的栅极。

其工作原理是：当输入 A、B 中只要有一个或一个以上为高电平 "1" 时，与高电平直接连接的 NMOS 管 T_1 或 T_2 就会导通，PMOS 管 T_3 或 T_4 就会截止，因而输出 F 为低电

平。只有当两个输入均为低电平"0"时，T_1、T_2 管才截止，T_3、T_4 管都导通，故输出 F 为高电平"1"，因而实现了或非逻辑关系，即：

$$F=\overline{A+B}$$

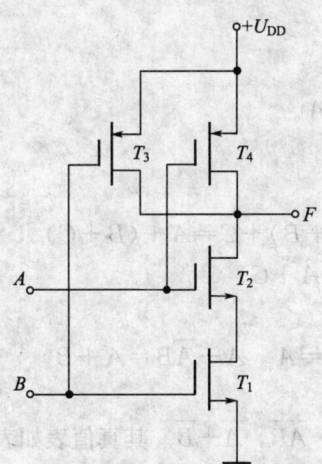

图 8-17 CMOS "与非"门

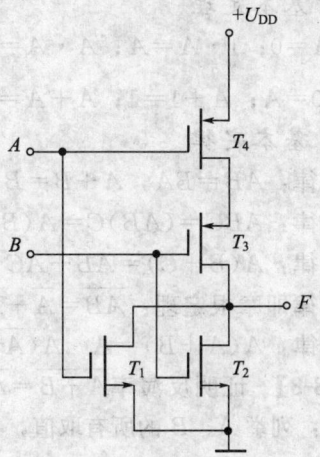

图 8-18 CMOS "或非"门

4. CMOS 传输门电路

CMOS 传输门也是 CMOS 集成电路的基本单元，其功能是对所要传送的信号电平起允许通过或者禁止通过的作用。

由于 MOS 管的对称性，其源极和漏极可以互换，输入和输出端可以互换使用，因此 CMOS 传输门是双向器件。传输门的导通电阻为几百欧姆，当它与输入阻抗为兆欧级电路连接时，可以忽略不计。传输门的截止电阻达 50MΩ 以上，每个门的平均延迟时间为几十至一、二百纳秒，已接近理想开关特性。

任务 3 逻辑代数及其化简

逻辑代数是讨论逻辑关系的一门学科，它是分析和设计逻辑电路的数学基础。逻辑代数是由英国科学家乔治布尔（George·Boole）创立的，故又称布尔代数，它是分析和设计数字电路的数学工具。逻辑代数有一系列的定律和规则，用它们对数学表达式进行处理，可以完成对电路的化简、变换、分析和设计。

逻辑函数的表达式和逻辑电路是一一对应的，表达式越简单，用逻辑电路去实现也越简单。在传统的设计方法中，通常用与或表达式定义最简表达式，其标准是表达式中的项数最少，每项含的变量也最少。这样用逻辑电路去实现时，用的逻辑门最少，每个逻辑门的输入端也最少。另外还可提高逻辑电路的可靠性和速度。在现代设计方法中，多采用可编程的逻辑器件进行逻辑电路的设计。设计并不一定要追求最简单的逻辑函数表达式，而是追求设计简单方便、可靠性好、效率高。但是，逻辑函数的化简仍是需要掌握的重要基础技能。

3.1 逻辑代数

3.1.1 基本运算法则

(1) 基本定理

$0 \cdot A = 0$；$1 \cdot A = A$；$A \cdot A = A$；$A \cdot \bar{A} = 0$

$A + 0 = A$；$A + 1 = 1$；$A + A = A$；$A + \bar{A} = 1$；$\bar{\bar{A}} = A$。

(2) 基本定律

交换律：$AB = BA$，$A + B = B + A$

结合律：$ABC = (AB)C = A(BC)$ $A + B + C = (A + B) + C = A + (B + C)$

分配律：$A(B + C) = AB + AC$ $A + BC = (A + B)(A + C)$

反演律即摩根定理：$\overline{AB} = \bar{A} + \bar{B}$ $\overline{A + B} = \bar{A} \cdot \bar{B}$

吸收律：$A(A + B) = A$ $A(\bar{A} + B) = AB$ $A + AB = A$ $A + \bar{A}B = A + B$

【例 8-8】 证明反演率 $\overline{A + B} = \bar{A}\bar{B}$ 和 $\overline{AB} = \bar{A} + \bar{B}$。

证明：列举 A、B 的所有取值，并计算出 $\overline{A + B}$，$\bar{A}\bar{B}$，$\overline{AB}$，$\bar{A} + \bar{B}$。其真值表如表 8-10：

表 8-10 真值表

A B	$\overline{A+B}$	$\bar{A}\bar{B}$	$\overline{AB}$	$\bar{A}+\bar{B}$
0 0	1	1	1	1
0 1	0	0	1	1
1 0	0	0	1	1
1 1	0	0	0	0

从上面的真值表可以直接看出反演率 $\overline{A + B} = \bar{A}\bar{B}$ 和 $\overline{AB} = \bar{A} + \bar{B}$ 是成立的。

3.1.2 运算规则

逻辑代数在运算时应遵循先括号内后括号外、先"与"运算后"或"运算的规则；非号内的逻辑式可以先进行运算，也可以利用反演律进行变换；对括号内的逻辑式也可利用分配律或反演律变换后再运算。

3.2 逻辑函数的代数化简法

逻辑函数的简化意味着实现这个逻辑函数的电路元件少，从而降低成本，提高电路的可靠性。逻辑函数的化简，通常指的是化简为最简与或表达式。所谓最简与或式，是指式中含有的乘积项最少，并且每一个乘积项包含的变量也是最少的。

逻辑代数化简法就是利用逻辑代数的基本公式和规则对给定的逻辑函数表达式进行化简。常用的逻辑代数化简法有吸收法、消去法、并项法、配项法。

3.2.1 并项法

利用公式 $A + \bar{A} = 1$，将两项合并为一项，消去一个变量。

例如：$F = ABC + \bar{A}BC + \overline{BC} = BC(A + \bar{A}) + \overline{BC} = BC + \overline{BC} = 1$

$F = ABC + \bar{A}B + AB\bar{C} = B(AC + \bar{A} + A\bar{C}) = B$

3.2.2 吸收法

利用公式：$A + AB = A$，吸收多余的与项进行化简。

例如：$F=\overline{A}+\overline{A}BC+\overline{A}BD+\overline{A}E=\overline{A}\cdot(1+BC+BD+E)=\overline{A}$

$$F=A\overline{B}+\overline{ABCD}(E+F)=A\overline{B}$$

3.2.3 消去法

利用公式 $A+\overline{A}B=A+B$ 消去多余因子进行化简。例如：
$$F=A+\overline{A}B+\overline{B}C+\overline{C}D=A+B+\overline{B}C+\overline{C}D=A+B+C+\overline{C}D=A+B+C+D$$

3.2.4 配项法

利用公式 $A+\overline{A}=1$，给某个乘积项配项，以达到进一步简化。例如：
$$F=\overline{A}\,\overline{B}+\overline{B}\,\overline{C}+BC+AB=\overline{A}\,\overline{B}(C+\overline{C})+\overline{B}\,\overline{C}+BC(A+\overline{A})+AB$$
$$=\overline{A}\,\overline{B}C+\overline{A}\,\overline{B}\,\overline{C}+\overline{B}\,\overline{C}+ABC+\overline{A}BC+AB$$
$$=AB+\overline{B}\,\overline{C}+\overline{A}C(B+\overline{B})=AB+\overline{B}\,\overline{C}+\overline{A}C$$

又如：
$$F=AD+A\overline{D}+AB+A\overline{C}+BD+A\overline{B}EF+\overline{B}EF$$
$$=A+AB+A\overline{C}+BD+A\overline{B}EF+\overline{B}EF=A+BD+\overline{B}EF$$

使用配项的方法要有一定的经验，否则越配越繁。通常对逻辑表达式进行化简，要综合使用上述技巧。

【例 8-9】 化简逻辑函数 $F=A\overline{B}+C+\overline{A}CD+B\overline{C}D$

解：
$$F=A\overline{B}+C+\overline{A}CD+B\overline{C}D=A\overline{B}+C+\overline{C}\,(\overline{A}D+BD)$$
$$=A\overline{B}+C+(\overline{A}D+BD)=A\overline{B}+C+D\,(\overline{A}+B)$$
$$=A\overline{B}+C+D\,\overline{(\overline{\overline{A}+B})}=A\overline{B}+C+D\,\overline{(A\cdot\overline{B})}$$
$$=A\overline{B}+C+D$$

【例 8-10】 化简逻辑函数 $F=\overline{A}BC+AB\overline{C}+A\overline{B}C+ABC$

解：
$$F=\overline{A}BC+AB\overline{C}+AC(B+\overline{B})=AC+\overline{A}BC+AB\overline{C}$$
$$=C(A+\overline{A}B)+AB\overline{C}=C(A+B)+AB\overline{C}=AC+BC+AB\overline{C}$$
$$=AC+B(C+A\overline{C})$$
$$=AC+B(C+A)=AC+AB+BC$$

3.3 逻辑函数的卡诺图化简法

利用代数法可使逻辑函数变成较简单的形式。但使用这种方法要求熟练掌握逻辑代数的基本定律，而且需要一些技巧，特别是经代数化简后得到的逻辑表达式是否是最简式较难把握，这就给使用代数法带来一定的困难。下面介绍的卡诺图法可以比较简便地得到最简的逻辑表达式。

3.3.1 最小项

（1）最小项的定义　对于 N 个变量，如果 P 是一个含有 N 个因子的乘积项，而在 P 中每一个变量都以原变量或反变量的形式出现一次，且仅出现一次，那么就称 P 是 N 个变量的一个最小项。

例如：ABC、$A\overline{B}C$ 是三个变量 A、B、C 的最小项，而 $ABC\overline{A}$、$A\overline{B}$、$A(B+C)$ 则不是。

因为每个变量都有以原变量和反变量两种可能的形式出现,所以 N 个变量有 2^N 个最小项。

(2) 最小项编号及表达式　为便于表示,要对最小项进行编号。编号的方法是:把与最小项对应的那一组变量取值组合当成二进制数,与其对应的十进制数,就是该最小项的编号。代表符合如表 8-11 所示。

在标准与或式中,常用最小项的编号来表示最小项。如:

$F = \overline{A}\overline{B}C + A\overline{B}C + AB\overline{C} + ABC$ 常写成 $F = F(A, B, C) = m_3 + m_5 + m_6 + m_7$ 或 $F = \sum_m(3, 5, 6, 7)$。

表 8-11　三变量逻辑函数最小项编号

最小项	变量取值			表示编号
	A	B	C	
$\overline{A}\overline{B}\overline{C}$	0	0	0	m_0
$\overline{A}\overline{B}C$	0	0	1	m_1
$\overline{A}B\overline{C}$	0	1	0	m_2
$\overline{A}BC$	0	1	1	m_3
$A\overline{B}\overline{C}$	1	0	0	m_4
$A\overline{B}C$	1	0	1	m_5
$AB\overline{C}$	1	1	0	m_6
ABC	1	1	1	m_7

3.3.2　逻辑函数卡诺图表示法

(1) 逻辑变量卡诺图　卡诺图也叫最小项方格图,它将最小项按一定的规则排列成方格阵列。根据变量的数目 N,则应有 2^N 个小方格,每个小方格代表一个最小项。

卡诺图中将 N 个变量分成行变量和列变量两组,行变量和列变量的取值,决定了小方格的编号,也即最小项的编号。行、列变量的取值顺序一定要按格雷码排列。图 8-19 分别列出了二变量、三变量和四变量的卡诺图。

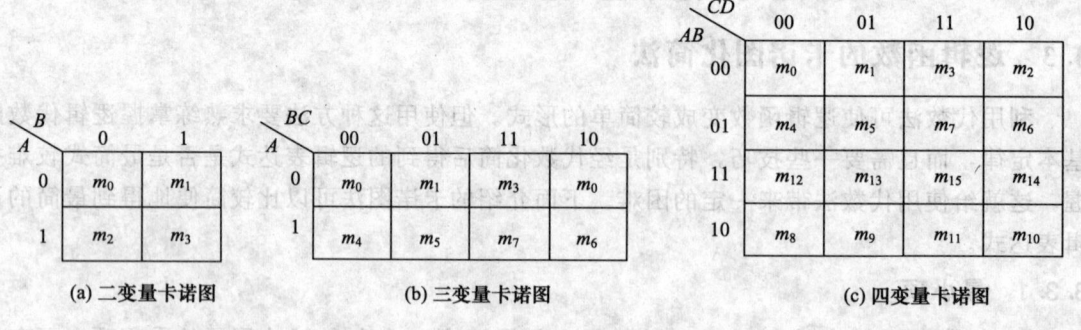

图 8-19　二、三、四变量卡诺图

相邻最小项是指如果两个最小项中只有一个变量互为反变量,其余变量均相同,则称这两个最小项为逻辑相邻,简称相邻项。例如,最小项 ABC 和 $A\overline{B}C$ 就是相邻最小项。如果两个相邻最小项出现在同一个逻辑函数中,可以合并为一项,同时消去互为反变量的那个量。如：$ABC+A\overline{B}C=AC(B+\overline{B})=AC$。

卡诺图就是将这些最小项按照相邻性原则排列起来。即用小方格几何位置上的相邻性来表示最小项逻辑上的相邻性。所谓几何相邻，不仅包括卡诺图中相挨小方格的相邻，方格间还具有对称相邻性。对称相邻性是指以方格阵列的水平或垂直中心线为对称轴，彼此对称的小方格间也是相邻的。也就是说，各小方格上下左右在几何上相邻的方格内只有一个因子不同，有些资料上称此特点为循环邻接，这个重要特点成为卡诺图化简逻辑函数的主要依据。卡诺图的主要缺点是随着变量数目的增加，图形迅速复杂化，当逻辑变量在五个以上时，很少使用卡诺图。

任何一个逻辑函数表达式都可以转换为一组最小项之和，称为最小项表达式。下面举例说明把逻辑表达式展开为最小项表达式的方法。例如：要将 $F(A,B,C)=AB+\overline{A}C$ 化成最小项表达式，这时可以利用 $A+\overline{A}=1$ 的基本运算关系，将逻辑函数中的每一项都化成包含所有变量 A、B、C 的项，即：

$$F(A,B,C)=AB+\overline{A}C=AB(C+\overline{C})+\overline{A}C(B+\overline{B})=ABC+AB\overline{C}+\overline{A}BC+\overline{A}\,\overline{B}C$$

此式是由四个最小项构成的，它是一组最小项之和，因此是一个最小项表达式。对照表 8-11，上式中各最小项可分别表示为 m_7、m_6、m_3、m_1，所以可写为：

$$F=(A,B,C)=\sum m(1,3,6,7)$$

（2）逻辑函数的卡诺图表达法　根据逻辑函数的最小项表达式画逻辑函数卡诺图时，只要将表达式中包含的最小项对应的小方格内填上 1，没有包含的最小项填上 0（或不填），就可以得到函数的卡诺图。

【例 8-11】　画出逻辑函数 $F(A,B)=A+B$ 的卡诺图。

解：第一步，求出逻辑函数的最小项表达式：

$$F(A,B)=A+B=AB+A\overline{B}+\overline{A}B=m_3+m_2+m_1=\sum m(1,2,3)$$

第二步，画出其卡诺图，如图 8-20 所示。

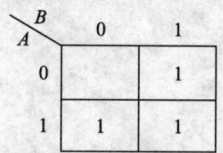

图 8-20　例 8-11 卡诺图

【例 8-12】　画出逻辑函数 $F=AD+A\overline{B}\,\overline{C}+B\overline{C}D+A\overline{B}CD+ABC\overline{D}$ 的卡诺图（图 8-21）。

（3）利用卡诺图化简逻辑函数　我们知道，卡诺图具有循环邻接的特性，若图中两个相邻的方格均为 1，则这两个相邻最小项的和将消去一个变量，如图 8-19(c) 所示四变量卡诺图中的 M_5 和方格 M_7，它们的逻辑加是 $\overline{A}B\,\overline{C}D+\overline{A}BCD=\overline{A}BD(C+\overline{C})=\overline{A}BD$，消去了变量 C，即消去了相邻方格中不相同的那个因子。若卡诺图中 4 个相邻的方格为 1，则这 4 个相邻的最小项的和将消去两个变量，如图 8-19(c) 所示四变量卡诺图中的 M_2、M_3、M_6、M_7，它们的逻辑加是：

AB\CD	00	01	11	10
00				
01	1			
11	1	1	1	1
10		1	1	

图 8-21　例 8-12 卡诺图

$$\overline{A}\,\overline{B}CD+\overline{A}\,BCD+\overline{A}BC\overline{D}+\overline{A}BCD+\overline{A}BC\overline{D}=\overline{A}\,\overline{B}C(D+\overline{D})+\overline{A}BC(D+\overline{D})$$
$$=\overline{A}\,\overline{B}C+\overline{A}BC=\overline{A}C(B+\overline{B})=\overline{A}C$$

消去了变量 B 和 D，即消去相邻 4 个方格中不相同的那两个因子，这样反复应用 $A+\overline{A}=1$ 的关系，就可使逻辑表达式得到化简。以此类推，8 个相邻的最小项结合，可以消去 3 个取值不同的变量而合并为 1 项。这就是利用卡诺图法化简逻辑函数的基本原理。

用卡诺图表示出逻辑函数后，化简可分成二步进行：第一步是将填 1 的逻辑相邻小方格圈起来，称为卡诺圈。第二步是合并卡诺圈内那些填 1 的逻辑相邻小方格代表的最小项，并写出最简的逻辑表达式。

画卡诺圈时应注意以下几点。

① 尽量画大圈，但每个圈内只能含有 2^n（$n=0,1,2,3\cdots\cdots$）个相邻项。要特别注意对边相邻性和四角相邻性。

② 圈的个数尽量少。

③ 卡诺图中所有取值为 1 的方格均要被圈过，即不能漏下取值为 1 的最小项。

④ 在新画的包围圈中至少要含有 1 个未被圈过的 1 方格，否则该包围圈是多余的。

下面通过例子来熟悉用卡诺图化简逻辑函数的方法。

【例 8-13】 化简 $F(A,B,C,D)=\sum m(0,1,2,3,4,5,8,10,11)$

解：① 画出函数的卡诺图，如图 8-22 所示。

② 按合并最小项的规律画卡诺图圈。

③ 写出化简后的逻辑表达式：$F(A,B,C,D)=\overline{A}\,\overline{C}+\overline{B}\,\overline{D}+\overline{B}C$

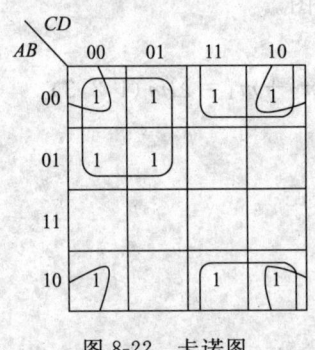

图 8-22 卡诺图

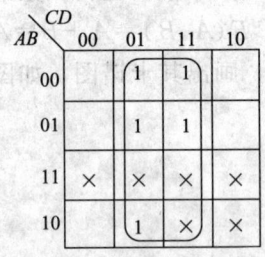

图 8-23 卡诺图化简

（4）具有约束项的逻辑函数的化简　在解决实际逻辑问题时，经常会遇到一些变量是任意的或者是不允许的、不可能的、不应该出现的，这些取值对应的最小项称为约束项，有些文献中也称为任意项、无关项、禁止项。这样约束项在卡诺图化简时，对它的取值就是任意的了，也就是说它既可以取 0 也可以取 1，可以根据使函数尽量得到简化而定。具有约束项的逻辑函数的化简步骤如下：

① 填入具有约束项的逻辑函数的卡诺图。

② 画卡诺圈合并（约束项画"×"，使化简结果简化的视为"1"，否则视为"0"）。

③ 写出化简结果。

【例 8-14】 利用卡诺图化简 $F=\sum m(1,3,5,7,9)+\sum d(10,11,12,13,14,15)$

解：利用约束项化简的过程中，尽量不要将不需要的约束项也画入圈内，否则得不到函数的最简形式。显然约束项对逻辑函数的化简起到了简化作用。画函数的卡诺图，化简过程如图 8-23 所示。

化简结果：$F=D$。

特别提示

代数化简法需熟练运用公式。卡诺图化简法需要掌握卡诺图画圈的原则。

任务 4 组合逻辑电路

组合逻辑电路可以实现各种逻辑功能。逻辑电路主要有两种类型的问题：一类是根据已知的逻辑图写出逻辑表达式，分析其逻辑功能；另一类是根据逻辑要求，画出逻辑图。

4.1 组合逻辑电路的分析

组合逻辑电路分析的任务是研究给定的组合逻辑电路中输出与输入之间的逻辑关系，确定其逻辑功能。分析步骤大致如下。

（1）由给定的逻辑电路写出输出端的逻辑函数式

一般从输入端向输出端逐级写出各个门输出对其输入的逻辑表达式，从而写出整个逻辑电路的输出对输入变量的逻辑函数式。

（2）运用逻辑代数化简法或卡诺图化简法化简逻辑函数

（3）列真值表

将输入变量的状态以自然二进制数顺序的各种取值组合代入输出逻辑函数式，求出相应的输出状态，并填入表中，即得真值表。

（4）分析逻辑功能

通常通过分析真值表的特点来说明电路的逻辑功能。

【例 8-15】 分析图 8-24 所示逻辑电路的逻辑功能。

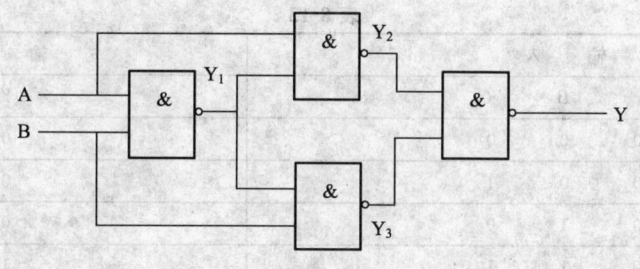

图 8-24 例 8-15 图

解：分析步骤

（1）输出逻辑函数表达式

$$Y_1 = \overline{AB}$$
$$Y_2 = \overline{A \cdot Y_1} = \overline{A \cdot \overline{AB}}$$
$$Y_3 = \overline{B \cdot Y_1} = \overline{B \cdot \overline{AB}}$$
$$Y = \overline{Y_2 \cdot Y_3} = \overline{\overline{A \cdot \overline{AB}} \cdot \overline{B \cdot \overline{AB}}} = A\overline{B} + \overline{B}A$$

(2) 列真值表。如表 8-12。

表 8-12

A	B	Y
0	0	0
0	1	1
1	0	1
1	1	0

(3) 逻辑功能分析。由表 8-12 可看出，图 8-24 所示电路的 A、B 两个输入中两个相异时，输出 Y 为 1，否则 Y 为 0。因此，图 8-24 所示电路为异或功能电路。

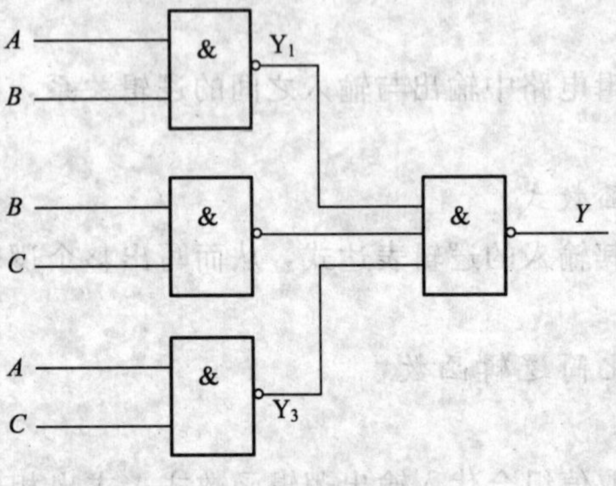

【例 8-16】 分析图 8-25 所示逻辑电路的功能。

解：分析步骤

(1) 写出输出逻辑函数表达式（逐级写，并且变成便于写真值表的形式）

$$Y_1 = \overline{AB}$$
$$Y_2 = \overline{BC}$$
$$Y_3 = \overline{AC}$$
$$Y = \overline{Y_1 \cdot Y_2 \cdot Y_3} = \overline{\overline{AB} \cdot \overline{BC} \cdot \overline{AC}}$$
$$= AB + BC + AC$$

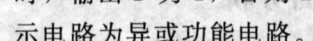

图 8-25 例 8-16 图

(2) 列真值表。将 A、B、C 各种取值组合代入式中，可列出真值表，如表 8-13。

表 8-13

输入			输出
A	B	C	Y
0	0	0	0
0	0	1	0
0	1	0	0
0	1	1	1
1	0	0	0
1	0	1	1
1	1	0	1
1	1	1	1

(3) 逻辑功能分析。由真值表可看出：在输入 A、B、C 三个变量中，有 2 个或 2 个以上的 1 时，输出 Y 为 1，否则 Y 为 0，因此，图 8-25 所示电路为多数表决电路。

特别提示

写逻辑表达式要从输入端向输出端逐级写出各个门输出对其输入的表达式，从而写出整个逻辑电路的输出对输入变量的逻辑函数式。

4.2 组合逻辑电路的设计

组合逻辑电路的设计与组合逻辑电路的分析过程相反，其基本步骤如下：
① 根据分析设计要求列出真值表。

根据题意设输入变量和输出函数并逻辑赋值，确定它们相互间的关系，然后将输入变量以自然二进制数顺序的各种取值组合排列，列出真值表。
② 根据真值表写出输出逻辑函数表达式。
③ 对输出逻辑函数运用代数法或卡诺图法进行化简。
④ 根据最简输出逻辑函数式画出逻辑图。

最简逻辑函数式指与—或表达式、与非表达式、或非表达式、与或非表达式及其他表达式等。

下面举例说明。

【例 8-17】 设计一个 A、B、C 三人表决电路。当表决某个提案时，多数人同意，提案通过，同时 A 具有否决权。用与非门实现。

解：设计步骤

(1) 真值表，如表 8-14。

设 A、B、C 三个人，表决同意用 1 表示，不同意时用 0 表示；Y 为表决结果，提案通过用 1 表示，通不过用 0 表示，同时还应考虑 A 具有否决权。

表 8-14

输	入		输 出
A	B	C	Y
0	0	0	0
0	0	1	0
0	1	0	0
0	1	1	0
1	0	0	0
1	0	1	1
1	1	0	1
1	1	1	1

(2) 根据真值表写出逻辑函数表达式如下：
$$Y = A\overline{B}C + AB\overline{C} + ABC$$

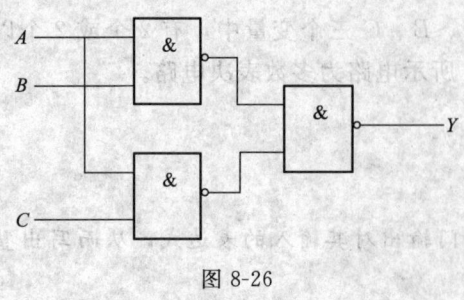

图 8-26

(3) 将输出逻辑函数化简后，变换为与非表达式。用代数法进行化简如下：

$$Y = A\overline{B}C + AB\overline{C} + ABC$$
$$= AB(\overline{C}+C) + A\overline{B}C = AB + A\overline{B}C$$
$$= A(B+\overline{B}C) = A(B+C) = AB + AC$$

变换为与非表达式

$$Y = \overline{\overline{AC} \cdot \overline{AB}}$$

(4) 画逻辑图，如图 8-26 所示。

任务 5 编码器

用文字、符号或数码表示特定对象的过程称为编码，如邮政编码、身份证号码、汽车牌号等。在数字电路中用二进制代码表示有关信号，称为二进制代码。将特定的逻辑信号编为一组二进制代码，是计算机能够识别的，能实现此功能的称为编码器。常用的编码器有二进制编码器和二—十进制编码器等。所谓二进制编码器是指输入变量数（m）和输出变量数（n）成 $m=2^n$ 倍关系的编码器，如有 4 线/2 线，8 线/3 线，16 线/4 线的集成二进制编码器；二-十进制编码器是输入十进制数（十个输入分别代表 0~9 十个数）输出相应 BCD 码的 10 线/4 线编码器。

5.1 二进制编码器

二进制编码器是对 2^n 个输入进行二进制编码的组合逻辑器件，按输出二进制位数称为 n 位二进制编码器。2 位二进制编码器有 4 个要求编码的输入信号：I_0，I_1，I_2，I_3，2 个输出信号：Y_1，Y_0，输入和输出均为高电平有效；根据输入信号编码要求唯一性，即当输入某个信号要求编码时，其他 3 个输入不能有编码要求。并假设 I_0 为高电平时要求编码，其对应 Y_1，Y_0 为 00，同理，I_1 为高电平时对应 Y_1，Y_0 为 01，I_2 为高电平时对应 Y_1，Y_0 为 10，I_3 为高电平时对应 Y_1，Y_0 为 11，列出真值表如表 8-15 所示。

表 8-15 2 位二进制编码器真值表

输入				输出	
I_0	I_1	I_2	I_3	Y_1	Y_0
1	0	0	0	0	0
0	1	0	0	0	1
0	0	1	0	1	0
0	0	0	1	1	1

根据真值表写出逻辑表达式：

$$Y_1 = I_2 + I_3 \quad Y_0 = I_1 + I_3$$

根据逻辑表达式可以画出 2 位二进制编码器逻辑图，如图 8-27 所示。

从表 8-15 二进制编码器真值表可以看出，当输入信号同时出现两个或两个以上信号要

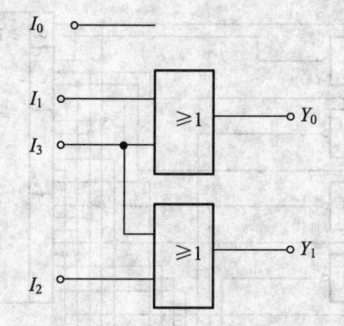

图 8-27　2 位二进制编码器

求编码时，该二进制编码器逻辑电路将出现编码错误，此时，应使用二进制优先编码器。

5.2　优先编码器

优先编码指按输入信号优先权对输入编码，既可以大数优先，也可以小数优先。允许同时输入两个以上的编码信号，当几个信号同时出现时，优先编码器只对其中优先权最高的一个输入信号进行编码。为了解决输出唯一性问题可增加输出使能端，用以指示输出的有效性。

假设 3 位二进制优先编码器有 8 个输入信号端：$\overline{I}_0$，$\overline{I}_1$，$\overline{I}_2$，$\overline{I}_3$，$\overline{I}_4$，$\overline{I}_5$，$\overline{I}_6$，$\overline{I}_7$，其中 $\overline{I}_i$（$i=0,1,2,\cdots,7$）的非号表示当 $\overline{I}_i$ 为低电平时该信号要求编码。3 位编码输出：$\overline{Y}_2$，$\overline{Y}_1$，$\overline{Y}_0$，$\overline{Y}_i$（$i=0,1,2$）的非号表示对应二进制反码输出；假设 $\overline{I}_7$ 的编码优先级最高，$\overline{I}_6$ 次之，依此类推，$\overline{I}_0$ 的编码优先级最低，则对应的 3 位二进制优先编码器真值表如表 8-16 所示。表 8-16 中的 × 表示取值可以为 0 或 1。

根据表 8-16 所示逻辑功能，写出逻辑表达式：

$$\overline{Y}_2 = \overline{\overline{I}_0\overline{I}_1\overline{I}_2\overline{I}_3\overline{I}_4\overline{I}_5\overline{I}_6\overline{I}_7} + \overline{\overline{I}_1\overline{I}_2\overline{I}_3\overline{I}_4\overline{I}_5\overline{I}_6\overline{I}_7} + \overline{\overline{I}_2\overline{I}_3\overline{I}_4\overline{I}_5\overline{I}_6\overline{I}_7} + \overline{\overline{I}_3\overline{I}_4\overline{I}_5\overline{I}_6\overline{I}_7}$$

$$\overline{Y}_1 = \overline{\overline{I}_0\overline{I}_1\overline{I}_2\overline{I}_3\overline{I}_4\overline{I}_5\overline{I}_6\overline{I}_7} + \overline{\overline{I}_1\overline{I}_2\overline{I}_3\overline{I}_4\overline{I}_5\overline{I}_6\overline{I}_7} + \overline{\overline{I}_4\overline{I}_5\overline{I}_6\overline{I}_7} + \overline{\overline{I}_5\overline{I}_6\overline{I}_7}$$

$$\overline{Y}_0 = \overline{\overline{I}_0\overline{I}_1\overline{I}_2\overline{I}_3\overline{I}_4\overline{I}_5\overline{I}_6\overline{I}_7} + \overline{\overline{I}_2\overline{I}_3\overline{I}_4\overline{I}_5\overline{I}_6\overline{I}_7} + \overline{\overline{I}_4\overline{I}_5\overline{I}_6\overline{I}_7} + \overline{\overline{I}_6\overline{I}_7}$$

根据逻辑函数式画出逻辑电路图，如图 8-28 所示。

表 8-16　3 位二进制优先编码器真值表

输 入								输 出		
$\overline{I}_0$	$\overline{I}_1$	$\overline{I}_2$	$\overline{I}_3$	$\overline{I}_4$	$\overline{I}_5$	$\overline{I}_6$	$\overline{I}_7$	$\overline{Y}_2$	$\overline{Y}_1$	$\overline{Y}_0$
×	×	×	×	×	×	×	0	0	0	0
×	×	×	×	×	×	0	1	0	0	1
×	×	×	×	×	0	1	1	0	1	0
×	×	×	×	0	1	1	1	0	1	1
×	×	×	0	1	1	1	1	1	0	0
×	×	0	1	1	1	1	1	1	0	1
×	0	1	1	1	1	1	1	1	1	0
0	1	1	1	1	1	1	1	1	1	1

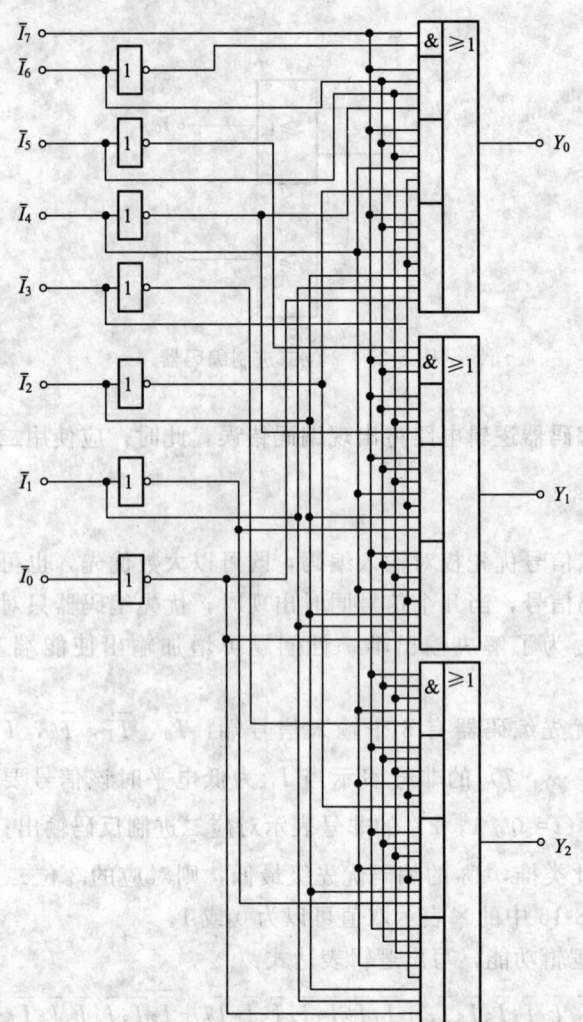

图 8-28 3 位二进制优先编码器

5.3 二-十进制编码器

二-十进制编码器是对十个输入 $I_0 \sim I_9$（代表 0～9）进行 8421BCD 编码，输出一位 BCD 码（ABCD）。输入十进制数可以是键盘，也可以是开关输入。

若输入信号低电平有效可得二-十进制编码器真值表（表 8-17），表中输入变量上的非代表输入低电平有效的意义。

表 8-17 二-十编码器真值表

十进制数	输入										输出			
	$\bar{I}_0$	$\bar{I}_1$	$\bar{I}_2$	$\bar{I}_3$	$\bar{I}_4$	$\bar{I}_5$	$\bar{I}_6$	$\bar{I}_7$	$\bar{I}_8$	$\bar{I}_9$	D	C	B	A
0	0	1	1	1	1	1	1	1	1	1	0	0	0	0
1	1	0	1	1	1	1	1	1	1	1	0	0	0	1
2	1	1	0	1	1	1	1	1	1	1	0	0	1	0
3	1	1	1	0	1	1	1	1	1	1	0	0	1	1
4	1	1	1	1	0	1	1	1	1	1	0	1	0	0

续表

十进制数	输入										输出			
	$\overline{I_0}$	$\overline{I_1}$	$\overline{I_2}$	$\overline{I_3}$	$\overline{I_4}$	$\overline{I_5}$	$\overline{I_6}$	$\overline{I_7}$	$\overline{I_8}$	$\overline{I_9}$	D	C	B	A
5	1	1	1	1	1	0	1	1	1	1	0	1	0	1
6	1	1	1	1	1	1	0	1	1	1	0	1	1	0
7	1	1	1	1	1	1	1	0	1	1	0	1	1	1
8	1	1	1	1	1	1	1	1	0	1	1	0	0	0
9	1	1	1	1	1	1	1	1	1	0	1	0	0	1

输出逻辑函数为：

$$\begin{cases} D = \text{"9"} + \text{"8"} = I_9 + I_8 = \overline{\overline{I_9}\,\overline{I_8}} \\ C = \text{"7"} + \text{"6"} + \text{"5"} + \text{"4"} = I_7 + I_6 + I_5 + I_4 = \overline{\overline{I_7}\,\overline{I_6}\,\overline{I_5}\,\overline{I_4}} \\ B = \text{"7"} + \text{"6"} + \text{"3"} + \text{"2"} = I_7 + I_6 + I_3 + I_2 = \overline{\overline{I_7}\,\overline{I_6}\,\overline{I_3}\,\overline{I_2}} \\ A = \text{"9"} + \text{"7"} + \text{"5"} + \text{"3"} + \text{"1"} = I_9 + I_7 + I_5 + I_3 + I_1 = \overline{\overline{I_9}\,\overline{I_7}\,\overline{I_5}\,\overline{I_3}\,\overline{I_1}} \end{cases}$$

采用与非门实现十进制编码电路的逻辑图如图 8-29(a) 所示。图 8-29(b) 用方框表示此编码器，输入端用非号和小圈双重表示输入信号低电平有效，并不表示输入信号要经过两次反相。输出端没有小圈和非符号，表示输出高电平有效。

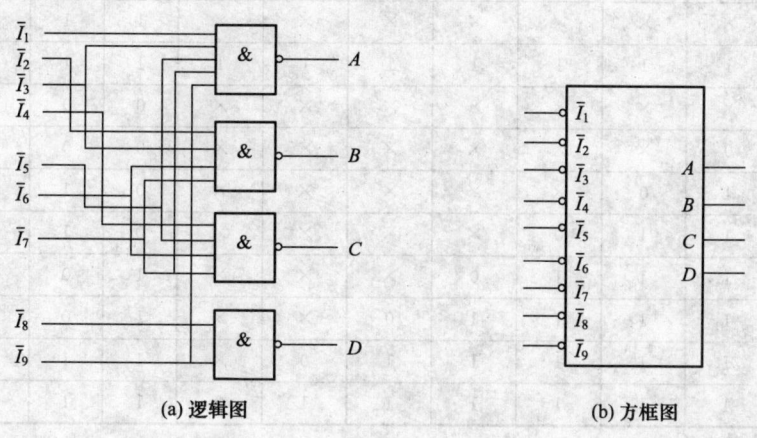

(a) 逻辑图　　　　　　　　(b) 方框图

图 8-29　二-十编码器

将特定的逻辑信号编为一组二进制代码，能实现此功能的称为编码器。

5.4　集成编码器

编码器集成电路有 TTL 集成编码器也有 CMOS 集成编码器，按功能又有多种型号。这里仅介绍 74147 和 74148 集成编码器。

5.4.1　8线-3线优先编码器74148

图8-30是8线-3线优先编码器74LS148、74148的图形符号表示图，表8-18为其真值表。

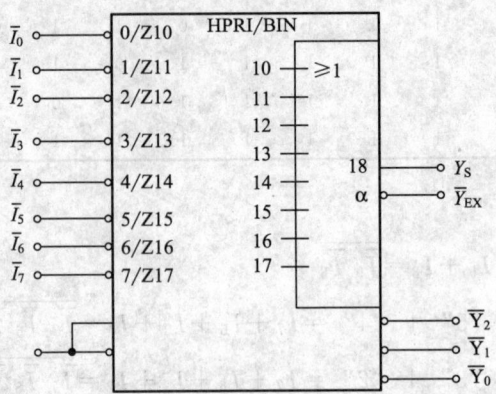

图8-30　8线-3线优先编码器74LS148图形符号

表8-18　集成8线-3线优先编码器的真值表

	输入								输出				
$\overline{ST}$	$\overline{I_7}$	$\overline{I_6}$	$\overline{I_5}$	$\overline{I_4}$	$\overline{I_3}$	$\overline{I_2}$	$\overline{I_1}$	$\overline{I_0}$	$\overline{Y_2}$	$\overline{Y_1}$	$\overline{Y_0}$	$\overline{Y_{EX}}$	Y_S
1	×	×	×	×	×	×	×	×	1	1	1	1	1
0	1	1	1	1	1	1	1	1	1	1	1	1	0
0	0	×	×	×	×	×	×	×	0	0	0	0	1
0	1	0	×	×	×	×	×	×	0	0	1	0	1
0	1	1	0	×	×	×	×	×	0	1	0	0	1
0	1	1	1	0	×	×	×	×	0	1	1	0	1
0	1	1	1	1	0	×	×	×	1	0	0	0	1
0	1	1	1	1	1	0	×	×	1	0	1	0	1
0	1	1	1	1	1	1	0	×	1	1	0	0	1
0	1	1	1	1	1	1	1	0	1	1	1	0	1

学会看集成芯片真值表，是正确使用芯片的首要条件。$\overline{ST}$是优先编码器的选通输入端，$\overline{I_7}$、$\overline{I_6}$、$\overline{I_5}$、$\overline{I_4}$、$\overline{I_3}$、$\overline{I_2}$、$\overline{I_1}$、$\overline{I_0}$是8个输入信号端，输入低电平表示该信号有编码要求；$\overline{Y_{EX}}$为优先扩展输出端，Y_S为选通输出端，$\overline{Y_2}$、$\overline{Y_1}$、$\overline{Y_0}$是三位二进制反码输出端。表8-18输入栏中第一行表示，当$\overline{ST}=1$时，集成8线-3线优先编码器禁止编码输出，此时$\overline{Y_{EX}}Y_S=11$；第二行说明当$\overline{ST}=0$时，允许编码器编码，但由于输入信号$\overline{I_7}\overline{I_6}\overline{I_5}\overline{I_4}\overline{I_3}\overline{I_2}\overline{I_1}\overline{I_0}=11111111$，8个输入信号无一个信号有编码要求，此时状态输出端$\overline{Y_{EX}}Y_S=10$，$Y_S=0$时，表示电路处于正常编码，同时又无输入编码信号的状态。从第三行开始到最后一行表示$\overline{ST}=0$有效时，且输入信号至少有一个有编码要求，则此时$\overline{Y_{EX}}Y_S=01$，$\overline{Y_2}$、$\overline{Y_1}$、$\overline{Y_0}$输出要求编码的输入信号中最高优先级编码，$\overline{ST}$、$\overline{Y_{EX}}$、Y_S在芯片扩展时作为控制端使用。

如果构成 16 线-4 线优先编码器,可以用两片 74LS148 优先编码器加少量的门电路构成。具体步骤为:确定 $\overline{I}_{15}$ 的编码优先级最高,$\overline{I}_{14}$ 次之,依此类推,$\overline{I}_0$ 最低;用一片 74LS148 作为高位片,$\overline{I}_{15}$,$\overline{I}_{14}$,$\overline{I}_{13}$,$\overline{I}_{12}$,$\overline{I}_{11}$,$\overline{I}_{10}$,$\overline{I}_9$,$\overline{I}_8$ 作为该片的信号输入;另一片 74LS148 作为低位片,$\overline{I}_7$,$\overline{I}_6$,$\overline{I}_5$,$\overline{I}_4$,$\overline{I}_3$,$\overline{I}_2$,$\overline{I}_1$,$\overline{I}_0$ 作为该片的信号输入;根据编码优先级顺序,高位片的选通输入端作为总的选通输入端,低位片的选通输入端接高位片的选通输出端,高位片的 $\overline{Y}_{EX}$ 端作为 4 位编码的最高位输出,低位片的 Y_S 作为总的选通输出端。两片的 $\overline{Y}_{EX}$ 信号相与作为总的优先扩展输出端。具体逻辑电路为图 8-31。

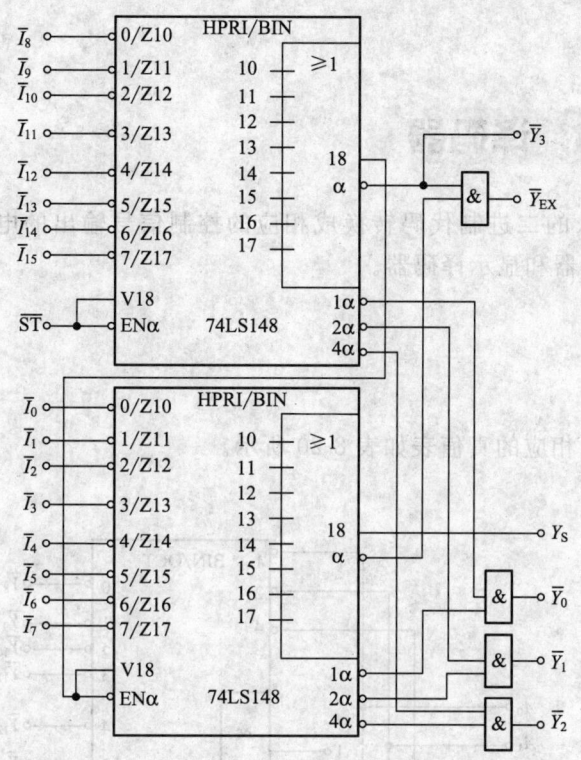

图 8-31　用 74LS148 构成 16 线-4 线优先编码器　　　图 8-32　74LS147、74147 图形符号

5.4.2　4 线-10 线优先编码器 74147

根据 8 线-3 线优先编码器的设计方法,可以设计 4 线-10 线优先编码器,将它封装在一个芯片上,便构成 10 线-4 线集成优先编码器,图 8-32 为 74LS147、74147 图形符号表示,表 8-19 为对应的真值表。

表 8-19　10 线-4 线集成优先编码器真值表

输 入									输 出			
$\overline{I}_9$	$\overline{I}_8$	$\overline{I}_7$	$\overline{I}_6$	$\overline{I}_5$	$\overline{I}_4$	$\overline{I}_3$	$\overline{I}_2$	$\overline{I}_1$	$\overline{Y}_3$	$\overline{Y}_2$	$\overline{Y}_1$	$\overline{Y}_0$
0	×	×	×	×	×	×	×	×	0	1	1	0
1	0	×	×	×	×	×	×	×	0	1	1	1
1	1	0	×	×	×	×	×	×	1	0	0	0
1	1	1	0	×	×	×	×	×	1	0	0	1
1	1	1	1	0	×	×	×	×	1	0	1	0

续表

$\overline{I_9}$	$\overline{I_8}$	$\overline{I_7}$	$\overline{I_6}$	$\overline{I_5}$	$\overline{I_4}$	$\overline{I_3}$	$\overline{I_2}$	$\overline{I_1}$	$\overline{Y_3}$	$\overline{Y_2}$	$\overline{Y_1}$	$\overline{Y_0}$
1	1	1	1	1	0	×	×	×	1	0	1	1
1	1	1	1	1	1	0	×	×	1	1	0	0
1	1	1	1	1	1	1	0	×	1	1	0	1
1	1	1	1	1	1	1	1	0	1	1	1	0
1	1	1	1	1	1	1	1	1	1	1	1	1

任务 6　译码器

译码是编码的逆过程，译码器是将输入的二进制代码转换成相应的控制信号输出的电路。按功能译码器可分为两大类：通用译码器和显示译码器。

6.1　通用译码器

6.1.1　3线-8线集成译码器 74138

图 8-33 为 74LS138、74138 图形符号，相应的真值表如表 8-20 所示。

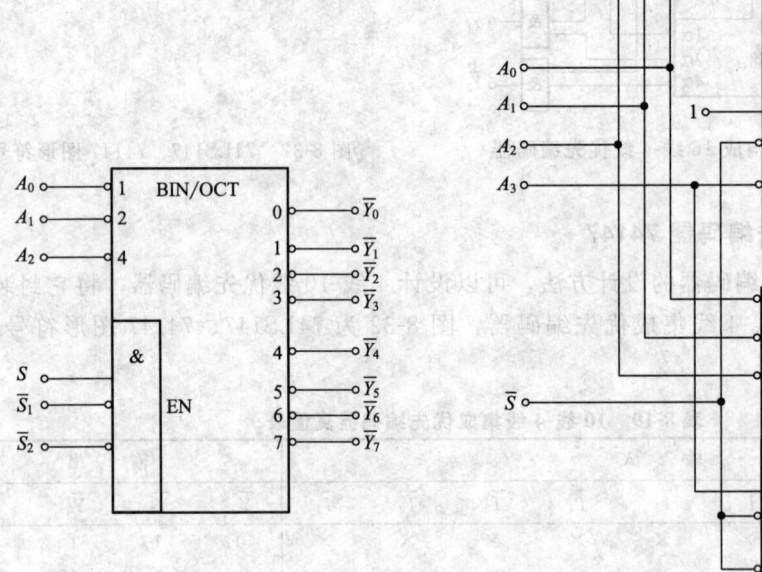

图 8-33　74LS138、74138 图形符号　　　图 8-34　用 74LS138 构成的 4线-16线译码器

S_1,$\overline{S}_2$,$\overline{S}_3$ 为 3 个输入选通控制端,当 $S_1\overline{S}_2\overline{S}_3=100$ 时,才允许集成 3 线-8 线二进制译码器进行译码,这 3 个控制信号可以作为译码器的扩展使用。

表 8-20　74LS138、74138 真值表

输 入					输 出							
S_1	$\overline{S}_2+\overline{S}_3$	A_2	A_1	A_0	$\overline{Y}_0$	$\overline{Y}_1$	$\overline{Y}_2$	$\overline{Y}_3$	$\overline{Y}_4$	$\overline{Y}_5$	$\overline{Y}_6$	$\overline{Y}_7$
1	0	0	0	0	0	1	1	1	1	1	1	1
1	0	0	0	1	1	0	1	1	1	1	1	1
1	0	0	1	0	1	1	0	1	1	1	1	1
1	0	0	1	1	1	1	1	0	1	1	1	1
1	0	1	0	0	1	1	1	1	0	1	1	1
1	0	1	0	1	1	1	1	1	1	0	1	1
1	0	1	1	0	1	1	1	1	1	1	0	1
1	0	1	1	1	1	1	1	1	1	1	1	0
0	×	×	×	×	1	1	1	1	1	1	1	1
×	1	×	×	×	1	1	1	1	1	1	1	1

下面以用集成 3 线-8 线二进制译码器构成 4 线-16 线译码器为例,说明译码器的扩展方法。确定译码器的个数:由于输出有 16 个信号,至少需要 2 个 3 线-8 线二进制译码器;扩展后输入的二进制代码有 4 个,除了使用芯片原有的 3 个二进制代码输入端作为低 3 位代码输入外,还需要在 3 个选通控制端中选择一个作为最高位代码输入端。

具体的逻辑电路如图 8-34 所示。

6.1.2　4 线-10 线集成译码器

4 线-10 线译码器,型号为 74LS42、7442。如图 8-35 所示,相应的真值表如表 8-21 所示。

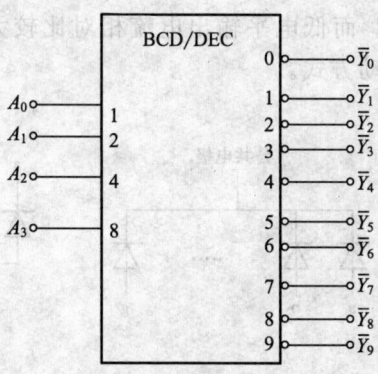

图 8-35　集成 8421BCD 输入 4 线-10 线译码器 74LS42、7442 图形符号

表 8-21　集成 8421 输入 4 线-10 线二进制译码器真值表

输 入				输 出									
A_3	A_2	A_1	A_0	$\overline{Y}_0$	$\overline{Y}_1$	$\overline{Y}_2$	$\overline{Y}_3$	$\overline{Y}_4$	$\overline{Y}_5$	$\overline{Y}_6$	$\overline{Y}_7$	$\overline{Y}_8$	$\overline{Y}_9$
0	0	0	0	0	1	1	1	1	1	1	1	1	1
0	0	0	1	1	0	1	1	1	1	1	1	1	1
0	0	1	0	1	1	0	1	1	1	1	1	1	1

续表

输入				输出									
A_3	A_2	A_1	A_0	$\overline{Y}_0$	$\overline{Y}_1$	$\overline{Y}_2$	$\overline{Y}_3$	$\overline{Y}_4$	$\overline{Y}_5$	$\overline{Y}_6$	$\overline{Y}_7$	$\overline{Y}_8$	$\overline{Y}_9$
0	0	1	1	1	1	1	0	1	1	1	1	1	1
0	1	0	0	1	1	1	1	0	1	1	1	1	1
0	1	0	1	1	1	1	1	1	0	1	1	1	1
0	1	1	0	1	1	1	1	1	1	0	1	1	1
0	1	1	1	1	1	1	1	1	1	1	0	1	1
1	0	0	0	1	1	1	1	1	1	1	1	0	1
1	0	0	1	1	1	1	1	1	1	1	1	1	0
1	0	1	0	1	1	1	1	1	1	1	1	1	1
1	0	1	1	1	1	1	1	1	1	1	1	1	1
1	1	0	0	1	1	1	1	1	1	1	1	1	1
1	1	0	1	1	1	1	1	1	1	1	1	1	1
1	1	1	0	1	1	1	1	1	1	1	1	1	1
1	1	1	1	1	1	1	1	1	1	1	1	1	1

6.2 显示译码器

显示译码器是将输入二进制码转换成显示器件所需要的驱动信号，数字电路中，较多地采用七段字符显示器。

6.2.1 七段字符显示器

在数字系统中，经常要用到字符显示器。目前，常用字符显示器有发光二极管 LED 字符显示器和液态晶体 LCD 字符显示器。

将七个发光二极管封装在一起，每个发光二极管做成字符的一个段，就是所谓的 7 段 LED 字符显示器。根据内部连接的不同，LED 显示器有共阴和共阳之分，如图 8-36 所示。由图可知，共阴 LED 显示器适用于高电平驱动，共阳 LED 显示器适用于低电平驱动。由于集成电路的高电平输出电流小，而低电平输出电流相对比较大，采用集成门电路直接驱动 LED 时，较多地采用低电平驱动方式。

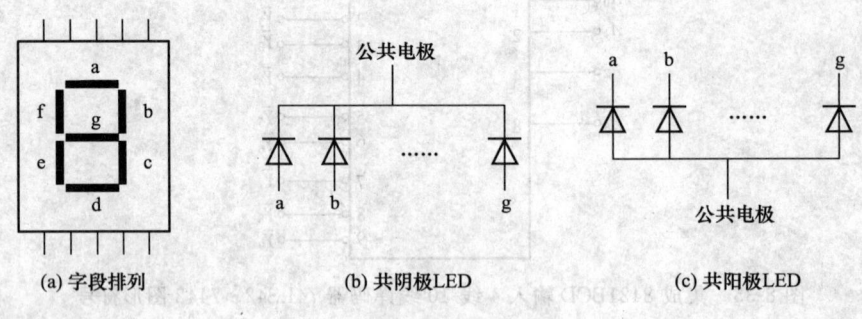

图 8-36　7 段字符显示器

6.2.2 集成 7 段显示译码器 7448

集成显示译码器有多种型号，有 TTL 集成显示译码器，也有 CMOS 集成显示译码器；有高电平输出有效的，也有低电平输出有效的；有推挽输出结构的，也有集电极开路输出结构；有带输入锁存的，有带计数器的集成显示译码器。就 7 段显示译码器而言，它们的功能大同小异，主要区别在于输出有效电平。7 段显示译码器 7448 是输出高电平有效的译码器，其真值表如表 8-22。

表 8-22　7 段显示译码器 7448 真值表

输入			$\overline{BI}/\overline{RBO}$	输出							显示字符
$\overline{LT}$	$\overline{RBI}$	DCBA		Y_a	Y_b	Y_c	Y_d	Y_e	Y_f	Y_g	
1	1	0 0 0 0	1	1	1	1	1	1	1	0	0
1	X	0 0 0 1	1	0	1	1	0	0	0	0	1
1	X	0 0 1 0	1	1	1	0	1	1	0	1	2
1	X	0 0 1 1	1	1	1	1	1	0	0	1	3
1	X	0 1 0 0	1	0	1	1	0	0	1	1	4
1	X	0 1 0 1	1	1	0	1	1	0	1	1	5
1	X	0 1 1 0	1	0	0	1	1	1	1	1	6
1	X	0 1 1 1	1	1	1	1	0	0	0	0	7
1	X	1 0 0 0	1	1	1	1	1	1	1	1	8
1	X	1 0 0 1	1	1	1	1	0	0	1	1	9
1	X	1 0 1 0	1	0	0	0	1	1	0	1	c
1	X	1 0 1 1	1	0	0	1	1	0	0	1	ɔ
1	X	1 1 0 0	1	0	1	0	0	0	1	1	U
1	X	1 1 0 1	1	1	0	0	1	0	1	1	c
1	X	1 1 1 0	1	0	0	0	1	1	1	1	t
1	X	1 1 1 1	1	0	0	0	0	0	0	0	
X	X	X X X X	0	0	0	0	0	0	0	0	
1	0	0 0 0 0	0	0	0	0	0	0	0	0	
0	X	X X X X	1	1	1	1	1	1	1	1	8

　　7448 除了有实现 7 段显示译码器基本功能的输入（DCBA）和输出（$Y_a \sim Y_g$）端外，7448 还引入了灯测试输入端（$\overline{LT}$）和动态灭零输入端（$\overline{RBI}$），以及既有输入功能又有输出功能的消隐输入/动态灭零输出（$\overline{BI}/\overline{RBO}$）端。

　　由 7448 真值表可获知 7448 所具有的逻辑功能：

　　（1）7 段译码功能（$\overline{LT}=1$，$\overline{RBI}=1$）　在灯测试输入端（$\overline{LT}$）和动态灭零输入端（$\overline{RBI}$）都接无效电平时，输入 DCBA 经 7448 译码，输出高电平有效的 7 段字符显示器的驱动信号，显示相应字符。除 DCBA=0000 外，$\overline{RBI}$ 也可以接低电平，见表 8-22 中 1～16 行。

　　（2）消隐功能（$\overline{BI}=0$）　此时 $\overline{BI}/\overline{RBO}$ 端作为输入端，该端输入低电平信号时，表 8-22 倒数第 3 行，无论 $\overline{LT}$ 和 $\overline{RBI}$ 输入什么电平信号，不管输入 DCBA 为什么状态，输出全为"0"，7 段显示器熄灭。该功能主要用于多显示器的动态显示。

　　（3）灯测试功能（$\overline{LT}=0$）　此时 $\overline{BI}/\overline{RBO}$ 端作为输出端，$\overline{LT}$ 端输入低电平信号时，表 8-32 最后一行，与 $\overline{RBI}$ 及 DCBA 输入无关，输出全为"1"，显示器 7 个字段都点亮。该

功能用于7段显示器测试,判别是否有损坏的字段。

(4) 动态灭零功能 ($\overline{LT}=1$, $\overline{RBI}=0$) 此时$\overline{BI}/\overline{RBO}$端也作为输出端,$\overline{LT}$端输入高电平信号,$\overline{RBI}$端输入低电平信号,若此时$DCBA=0000$,表8-22倒数第2行,输出全为"0",显示器熄灭,不显示这个零。$DCBA\neq 0$,则对显示无影响。该功能主要用于多个7段显示器同时显示时熄灭高位的零。

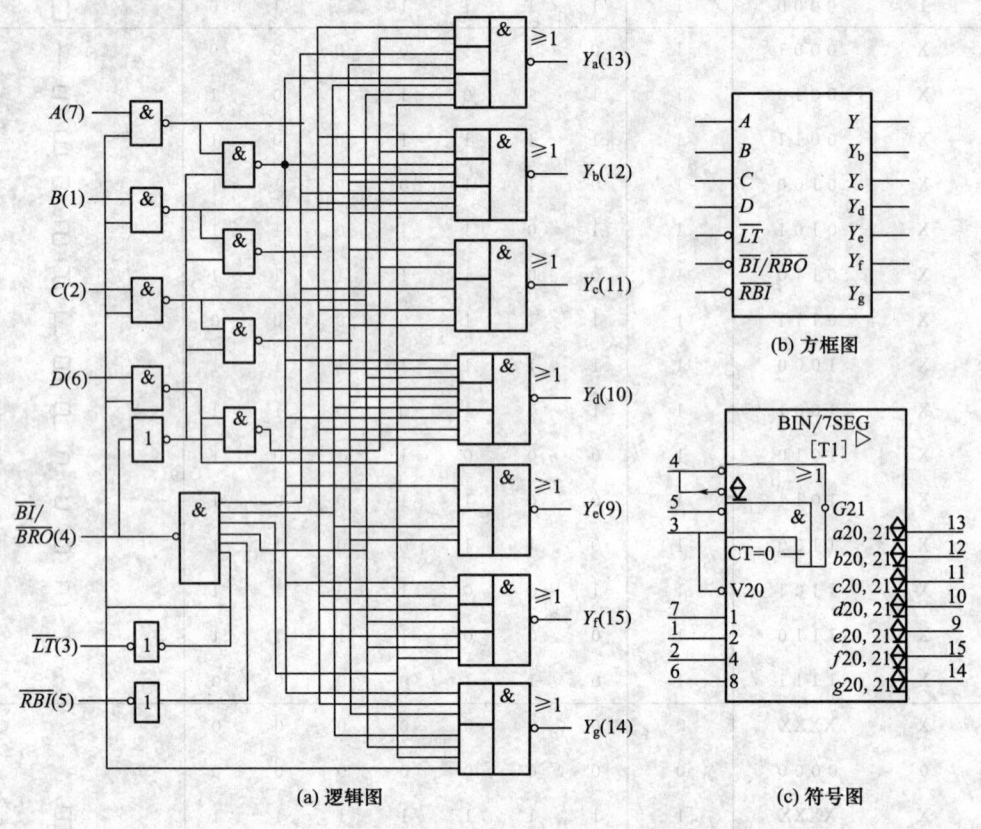

图8-37 7段显示译码器7448

图8-37给出了7448的逻辑图、方框图和符号图。由符号图可以知道,4号端具有输入和输出双重功能。作为输入($\overline{BI}$)低电平时,G21为0,所有字段输出置0,即实现消隐功能。作为输出($\overline{RBO}$),相当于LT,$\overline{RBI}$及$CT0$的与非关系,即$\overline{LT}=1$,$\overline{RBI}=0$,$DCBA=0000$时输出低电平,可实现动态灭零功能。3号($\overline{LT}$)端有效低电平时,$V20=1$,所有字段置1,实现灯测试功能。

由于显示器件种类较多,因此集成显示译码器种类也有很多。在使用译码器时,应根据显示器件的类型,选择不同的显示译码器,具体集成显示译码器的介绍,请参照有关集成电路大全资料。

特别提示

译码器是将输入的二进制代码转换成相应的控制信号输出的电路。按功能译码器可分为两大类:通用译码器和显示译码器。

小结

1. 数字电路注重的是二值信息输入、输出之间的逻辑关系。数字电路分为组合逻辑电路和时序逻辑电路，组合逻辑电路没有记忆功能，时序逻辑电路具有记忆功能。

2. 非十进制数转换成十进制数一般采用的方法是按权相加；十进制数转换成二进制数时，整数部分采用除2取余法，小数部分采用乘2取整法；十进制数转换成八进制或十六进制数时，可先转换成二进制数，然后再转换成八进制或十六进制。

3. 门电路是组成逻辑电路的基础。基本门电路有与门、或门和非门；复合门有与非门、或非门、同或门和异或门；集成门主要讲了TTL与非门。

4. 逻辑函数的化简可用代数法也可用卡诺图。代数法化简需要熟练运用利用公式和规则，主要有吸收法、消去法、并项法、配项法；卡诺图化简在绘画逻辑函数卡诺图的基础上，关键是掌握画圈的几个原则。

5. 逻辑电路的分析和设计，在分析逻辑电路时，先列出逻辑函数表达式，再运用代数或者卡诺图化简，根据最简结果列出真值表，叙述逻辑功能。

6. 编码器是将特定的逻辑信号编为一组二进制代码。常用的编码器有二进制编码器和二-十进制编码器等。译码器是将输入的二进制代码转换成相应的控制信号输出的电路。译码器有两大类：通用译码器和显示译码器。

习题

8-1 填空

1. 数字电路主要研究＿＿＿＿与＿＿＿＿信号之间的＿＿＿＿关系。
2. 数字逻辑电路可分为＿＿＿＿和＿＿＿＿两大类。
3. 用二进制数表示文字、符号等信息的过程称为＿＿＿＿。
4. 晶体管（即半导体三极管）的工作状态有三种：＿＿＿＿、＿＿＿＿和＿＿＿＿。在模拟电路中，晶体管主要工作在＿＿＿＿。在数字电路中，晶体管工作在＿＿＿＿与＿＿＿＿状态，也称为＿＿＿＿状态。
5. 二进制数 $(1010.1)_2$ 转化成十进制数是＿＿＿＿；二进制数 $(1001011110.0101)_2$ 转化为十六进制数是＿＿＿＿；十六进制数 $(43AC.6E)_{16}$ 转换成二进制数是＿＿＿＿。
6. $(101010)_2 = (\underline{\quad})_{10}$，$(74)_8 = (\underline{\quad})_2$，$(D7)_{16} = (\underline{\quad})_2$。
7. 十六进制数的A，B，C，D，E，F分别代表＿＿＿＿。
8. 在逻辑门电路中，最基本的逻辑门是＿＿＿＿、＿＿＿＿和＿＿＿＿。
9. 与门电路的特点是：只有输入端都为＿＿＿＿时，输出端才会输出高电平；只要有一个输入端为"0"，输出端就会输出＿＿＿＿。与门的逻辑表达式是＿＿＿＿。
10. 与非门的特点是：只有输入全为"1"，输出为＿＿＿＿，只要有一个输入端为"0"，输出端就会输出＿＿＿＿。与非门的逻辑表达式是＿＿＿＿。或门电路的特点是：只要有一个输入端为＿＿＿＿，输出端就会输出高电平。只有输入端都为＿＿＿＿时，输出端才会输出低电平。或门的逻辑表达式是＿＿＿＿。
11. 异或门的特点是：当两个输入端一个为"0"，另一个为"1"，输出为＿＿＿＿，当两个输入端均为"1"或"0"时，输出为_____。异或门的逻辑表达式是_____。同或门的特点是：当两个输入端一个为"0"，另一个为"1"时，输出为_____，当两个输入端均为"1"或"0"时，输出为_____。同或门的逻辑表达式是_____。

12. 集成门电路主要分为 TTL 与 CMOS 两种。TTL 集成电路是指由_____构成的集成门电路，CMOS 集成电路主要由_____组成。

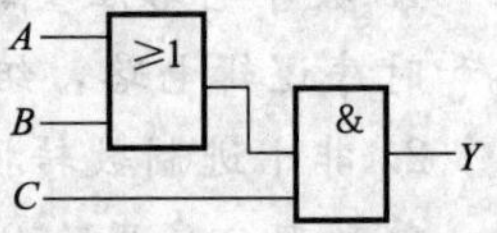

13. 写出下面逻辑图 8-38 所表示的逻辑函数 Y＝_____。

图 8-38　题 13 图

14. _____是编码的逆过程。

15. 逻辑函数化简的方法主要有_____化简法和_____化简法。

16. 74LS148 是一个典型的优先编码器，该电路有_____个输入端和_____个输出端，因此，又称为_____优先编码器。

17. 译码显示电路由_____和_____组成。

8-2　选择

1. 下列哪些信号属于数字信号（　　）。
A. 正弦波信号　　　B. 时钟脉冲信号　　　C. 音频信号　　　D. 视频图像信号

2. 数字电路中的三极管工作在（　　）。
A. 饱和区　　　B. 截止区　　　C. 饱和区或截止区　　　D. 放大区

3. 十进制整数转换为二进制数一般采用（　　）。
A. 除 2 取余法　　　B. 除 2 取整法　　　C. 除 10 取余法　　　D. 除 10 取整法

4. 在（　　）的情况下，函数 $Y=A+B$ 运算的结果是逻辑"0"。
A. 全部输入是"0"　B. 任一输入是"0"　C. 任一输入是"1"　D. 全部输入是"1"

5. 在（　　）的情况下，函数 $Y=\overline{AB}$ 运算的结果是逻辑"1"。
A. 全部输入是"0"　B. 任一输入是"0"　C. 任一输入是"1"　D. 全部输入是"1"

6. 逻辑表达式 $A+BC=$（　　）。
A. AB　　　B. $A+C$　　　C. $(A+B)(A+C)$　　　D. $B+C$

7. 逻辑表达式 $\overline{ABC}=$（　　）。
A. $\overline{A}+\overline{B}+\overline{C}$　　　B. $\overline{A}+\overline{B}+\overline{C}$　　　C. $\overline{A+B+C}$　　　D. $\overline{A}\cdot\overline{B}\cdot\overline{C}$

8. 下列逻辑式中，正确的是（　　）。
A. $A+A=A$　　　B. $A+A=0$　　　C. $A+A=1$　　　D. $A\cdot A=1$

9. 下列逻辑式中，正确的是（　　）。
A. $A\cdot\overline{A}=0$　　　B. $A\cdot A=1$　　　C. $A\cdot\overline{A}=0$　　　D. $A+\overline{A}=0$

10. 逻辑函数式 $\overline{A}B+A\overline{B}+AB$，化简后结果是（　　）。
A. AB　　　B. $\overline{A}B+A\overline{B}$　　　C. $A+B$　　　D. $\overline{A}\overline{B}+AB$

11. 正逻辑是指（　　）。
A. 高电平用"1"表示
B. 低电平用"0"表示
C. 高电平用"1"表示，低电平用"0"表示

D. 高电平用"0"表示，低电平用"1"表示

12. 组合逻辑电路的输出取决于（   ）。

   A. 输入信号的现态　　　　　　　　B. 输出信号的现态
   C. 输出信号的次态　　　　　　　　D. 输入信号的现态和输出信号的现态

13. 组合逻辑电路是由（   ）构成。

   A. 门电路　　　B. 触发器　　　C. 门电路和触发器　　　D. 计数器

14. 组合逻辑电路（   ）。

   A. 具有记忆功能　　　　　　　　　B. 没有记忆功能
   C. 有时有记忆功能，有时没有　　　D. 以上都不对

15. 对于8421BCD码优先编码器，下面说法正确的是（   ）。

   A. 有10根输入线，4根输出线　　　B. 有16根输入线，4根输出线
   C. 有4根输入线，16根输出线　　　D. 有4根输入线，10根输出线

16. 对于3线-8线优先编码器，下面说法正确的是（   ）。

   A. 有3根输入线，8根输出线　　　B. 有8根输入线，3根输出线
   C. 有8根输入线，8根输出线　　　D. 有3根输入线，3根输出线

17. 8线-3线译码电路是（   ）译码器。

   A. 三位二进制　　　B. 三进制　　　C. 三-八进制　　　D. 八进制

18. 8线-3线制的74LS148属于（   ）。

   A. 普通编码器　　　B. 优先编码器　　　C. 普通译码器　　　D. 加法器

19. 下列是3线-8线译码器的是（   ）。

   A. 74LS138　　　B. 74LS148　　　C. 74LS161　　　D. 74LS183

20. 3线-8线译码器的输入数据端有（   ）个。

   A. 3　　　B. 8　　　C. 9　　　D. 10

8-3 简析与计算

1. 化简下列逻辑函数

(1) $F=(A+\bar{B})C+\bar{A}B$

(2) $F=\bar{A}C+\bar{A}B+BC$

(3) $F=\overline{A\bar{B}+ABC+A(B+A\bar{B})}$

(4) $F=\bar{B}+ABC+\bar{A}\bar{C}+\bar{A}B$

(5) $F=\bar{A}\bar{B}C+\bar{A}BC+AB\bar{C}+A\bar{B}C+ABC$

(6) $F=\bar{A}\bar{B}C+\bar{A}B\bar{C}+A\bar{B}\bar{C}+\bar{A}\bar{B}\bar{C}$

(7) $F=A\bar{C}+ABC+AC\bar{D}+CD$

(8) $F=\overline{(A+B)C+\bar{A}C+AB+\bar{B}C}$

(9) $F=\bar{A}B+\bar{B}C+B\bar{C}$

(10) $F = \overline{\overline{A+B} + \overline{\overline{A+B} + \overline{AB}A\overline{B}}}$

(11) $F = (A、B、C、D) = \sum m (0, 1, 6, 7, 8, 12, 14, 15)$

(12) $F = (A、B、C、D) = \sum m (0, 1, 5, 7, 8, 14, 15) + \sum d (3, 9, 12)$

(13) $Y(A, B, C, D) = \sum m (2, 6, 7, 8, 9, 10, 11, 13, 14, 15)$

(14) $Y(A, B, C, D) = \sum m (0, 1, 2, 3, 4, 5, 8, 10, 11, 12)$

(15) $F = (A+B+C) \cdot (\overline{A}+B) \cdot (A+B+\overline{C})$

2. 画出逻辑函数 $L = A \cdot B + \overline{A} \cdot \overline{B}$ 的逻辑图。

3. 写出如图 8-39 所示逻辑图的函数表达式。

4. 用与非门设计一个举重裁判表决电路，要求：

（1）设举重比赛有 3 个裁判，一个主裁判和两个副裁判。

（2）杠铃完全举上的裁决由每一个裁判按一下自己面前的按钮来确定。

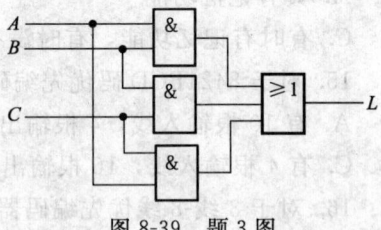

图 8-39　题 3 图

（3）只有当两个或两个以上裁判判明成功，并且其中有一个为主裁判时，表明成功的灯才亮。

5. 已知如图 8-40 所示电路及输入 A、B 的波形，试画出相应的输出波形 F。

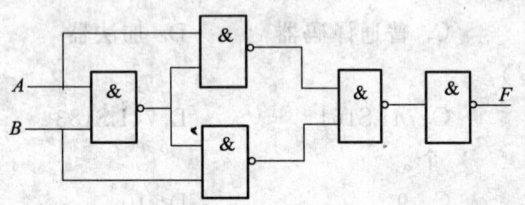 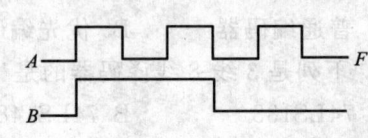

图 8-40　题 5 图

技能训练项目

项目　组合逻辑门电路的功能测试

一、实训目的

1. 掌握基本逻辑门的功能及验证方法。
2. 学习 TTL 基本门电路的实际应用。
3. 了解 CMOS 基本门电路的功能。
4. 掌握逻辑门多余输入端的处理方法。

二、实训知识要点

数字电路中,最基本的逻辑门可归结为与门、或门和非门。实际应用时,它们可以独立使用,但用的更多的是经过逻辑组合组成的复合门电路。目前广泛使用的门电路有 TTL 门电路和 CMOS 门电路。

1. TTL 门电路

TTL 门电路是数字集成电路中应用最广泛的,由于其输入端和输出端的结构形式都采用了半导体三极管,所以一般称它为晶体管-晶体管逻辑电路,或称为 TTL 电路。这种电路的电源电压为 +5V,高电平典型值为 3.6V（$\geqslant$2.4V 合格）；低电平典型值为 0.3V（$\leqslant$0.45 合格）。常见的复合门有与非门、或非门、与或非门和异或门。

有时门电路的输入端多余无用,因为对 TTL 电路来说,悬空相当于"1",所以对不同的逻辑门,其多余输入端处理方法不同。

（1）TTL 与门、与非门的多余输入端的处理

如图 8-41 为四输入端与非门,若只需用两个输入端 A 和 B,那么另两个多余输入端的处理方法是：并联使用时,增加了门的输入电容,对前级增加容性负载和增加输出电流,使

该门的抗干扰能力下降；悬空使用，逻辑上可视为"1"，但该门的输入端输入阻抗高，易受外界干扰；相比之下，多余输入端通过串接限流电阻接高电平的方法较好。

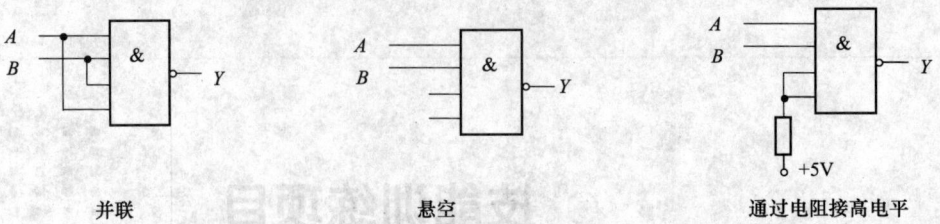

图 8-41　TTL 与门、与非门多余输入端的处理

（2）TTL 或门、或非门的多余输入端的处理

如图 8-42 为四输入端或非门，若只需用两个输入端 A 和 B，那么另两个多余输入端的处理方法是：并联、接低电平或接地。

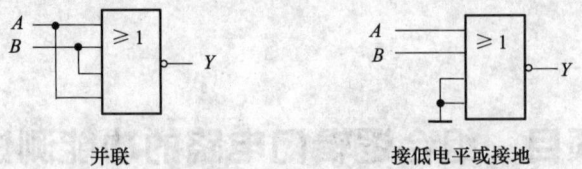

图 8-42　TTL 或门、或非门多余输入端的处理

（3）异或门的输入端处理

异或门是由基本逻辑门组合成的复合门电路。如图 8-43 为二输入端异或门，一输入端为 A，若另一输入端接低电平，则输出仍为 A；若另一输入端接高电平，则输出为 $\overline{A}$，此时的异或门称为可控反相器。

图 8-43　异或门的输入端处理

在门电路的应用中，常用到把它们"封锁"的概念。如果把与非门的任一输入端接地，则该与非门被封锁；如果把或非门的任一输入端接高电平，则该或非门被封锁。

由于 TTL 电路具有比较高的速度，比较强的抗干扰能力和足够大的输出幅度，再加上带负载能力比较强，因此在工业控制中得到了最广泛的应用，但由于 TTL 电路的功耗较大，目前还不适合作大规模集成电路。

2. CMOS 门电路

CMOS 门电路是由 NMOS 和 PMOS 管组成，初态功耗也只有毫瓦级，电源电压变化范围大 +3～+18V。它的集成度很高，易制成大规模集成电路。

由于 CMOS 电路输入阻抗很高，容易接受静电感应而造成极间击穿，形成永久性的损坏，因此，在工艺上除了在电路输入端加保护电路外，使用时应注意以下几点：

（1）器件应在导电容器内存放，器件引线可用金属导线、导电泡沫等将其一并短路。

（2）V_{DD} 接电源正极，V_{SS} 接电源负极（通常接地），不允许反接。同样在装接电路，拔插集成电路时，必须切断电源，严禁带电操作。

（3）多余输入端不允许悬空，应按逻辑要求处理接电源或地，否则将会使电路的逻辑混乱并损坏器件。

（4）器件的输入信号不允许超出电源电压范围，或者说输入端的电流不得超过10mA。

（5）CMOS电路的电源电压应先接通，再接入信号，否则会破坏输入端的结构，工作结束时，应先断输入信号再切断电源。

（6）输出端所接电容负载不能大于500pF，否则输出级功耗过大而损坏电路。

另外，CMOS门不使用的输入端，不能闲置呈悬空状态，应根据逻辑功能的不同，采用下列方法处理：

①对于CMOS与门、与非门，多余端的处理方法有两种：多余端与其他有用的输入端并联使用；将多余输入端接高电平。如图8-44所示。

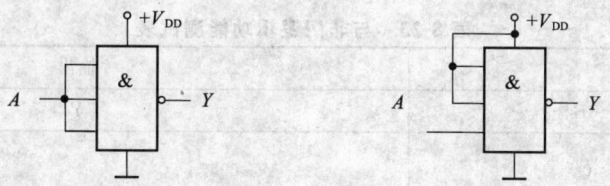

图8-44　CMOS与非门多余输入端的处理

②对于CMOS或非门，多余输入端的处理方法也有两种：多余端与其他有用的输入端并联使用；将多余输入端接地。如图8-45所示。

图8-45　CMOS或非门多余输入端的处理

三、实训内容与要求

1. TTL与非门的逻辑功能及应用

芯片的引脚号查法是面对芯片有字的正面，从缺口处的下方（左下角），逆时针从1数起。芯片要能工作，必须接电源和地。本实训所用与非门集成芯片为74LS00四-二输入与非门，其引脚排列如图8-46所示。

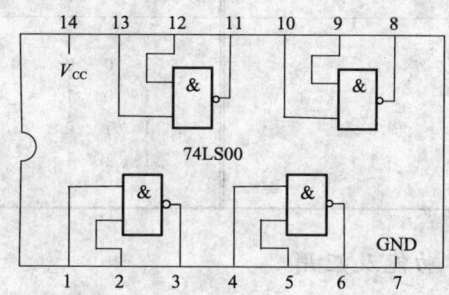

图8-46　74LS00引脚排列

(1) 测试 74LS00 四-2 输入与非门的逻辑功能

选中 74LS00 一个与非门，将其输入端 A 和 B 分别接至电平输出器插孔，由电平输出控制开关控制所需电平值，扳动开关给出四种组合输入。将输出端接至发光二极管的输入插孔，并通过发光二极管的亮和灭来观察门的输出状态。如图 8-47 所示，其逻辑函数式为：$Y=\overline{A \cdot B}$，将观测结果填入表 8-23 中。

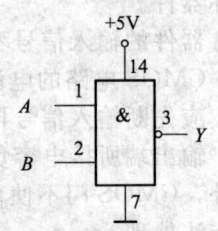

图 8-47　与非门逻辑功能测试图

表 8-23　与非门逻辑功能测试表

输入		输出
A	B	Y
0	0	
0	1	
1	0	
1	1	

(2) 用 74LS00 实现或逻辑：$Y=A+B$，写出转换过程逻辑函数式，画出标明引脚的逻辑电路图，测试其逻辑功能，将观测结果填入表 8-24 中。

表 8-24　或逻辑功能测试表

输入		输出
A	B	Y
0	0	
0	1	
1	0	
1	1	

(3) 用 74LS00 实现表 8-25 所示的逻辑函数。写出设计函数式，画出标明引脚的逻辑电路图，并验证之。

表 8-25　数据表

输入			输出	输入			输出
A	B	C	Y	A	B	C	Y
0	0	0	0	1	0	0	0
0	0	1	0	1	0	1	0
0	1	0	0	1	1	0	1
0	1	1	1	1	1	1	1

2. TTL 异或门的逻辑功能及应用

(1) 测试 74LS86 四-2 输入异或门的逻辑功能

74LS86 引脚排列如图 8-48 所示。

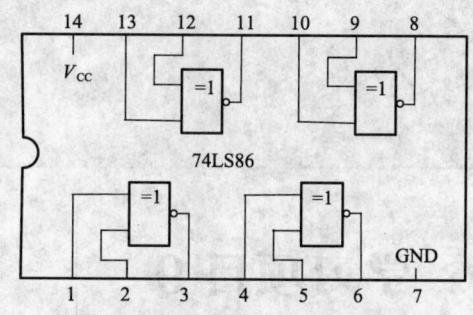
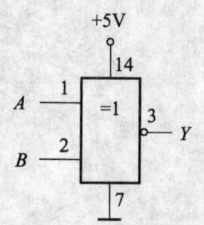

图 8-48　74LS86 引脚排列　　　　图 8-49　异或门逻辑功能测试图

接线如图 8-49 所示,用开关改变输入变量 A、B 的状态,通过发光二极管观测输出端 Y 的状态,将观测结果填入表 8-26 中。

表 8-26　异或门逻辑功能测试表

输入		输出
A	B	Y
0	0	
0	1	
1	0	
1	1	

（2）用 74LS86 设计一个四位二进制取反电路。写出设计函数式,列出功能表,画出标明引脚的逻辑电路图,并通过实训验证之。

四、实训报告要求

1. 将实训结果填入各相应表中,总结各门电路的逻辑功能。
2. 总结 TTL 门电路和 CMOS 门电路的多余输入端的处理方法。
3. 通过本次实训总结 TTL 及 CMOS 器件的特点及使用的收获和体会。

五、分析思考

1. TTL 与非门的输入端悬空可视为逻辑"1"吗?有何缺点?
2. 如果与非门的一个输入端接连续脉冲,其余端是何状态允许脉冲通过?是何状态禁止脉冲通过?
3. 欲使一个异或门实现非逻辑,电路将如何连接?为什么说异或门是可控反相器?

学习项目 9
触发器和时序逻辑电路

数字电路分为组合逻辑电路和时序逻辑电路。构成组合逻辑电路的基本单元是门电路，构成时序逻辑电路的基本单元是触发器。门电路及组合逻辑电路没有记忆功能，它的输出状态完全由当时的输入状态决定，与电路原来的状态无关。本项目所讲的触发器及时序逻辑电路具有记忆功能，它的输出状态不仅与当时的输入状态有关，而且还与电路原来的状态有关。

掌握各种触发器的功能，会分析时序逻辑电路的功能。熟悉常用的时序逻辑电路元器件，会描述各种类型计数器和寄存器及555定时器的功用，并合理的应用它。

任务 1 触发器

双稳态触发器有两个稳定的状态：0 状态和 1 状态。触发器能够存储一位二进制数码，是构成各种时序电路的基础，按逻辑功能不同，可以分为：RS 触发器、D 触发器、JK 触发器和 T 触发器等；按触发方式可以分为：电位触发方式、主从触发方式和边沿触发方式。

1.1 基本 RS 触发器

基本 RS 触发器是构成各种触发器最简单的基本单元。基本 RS 触发器由两个与非门交叉连接而成。如图 9-1(a) 基本 RS 触发器逻辑电路图，图 9-1(b) 是其逻辑符号。

图 9-1 所示的基本 RS 触发器有两个输入端，$\bar{S}$ 为置 1 输入端，$\bar{R}$ 为置 0 输入端，R、S

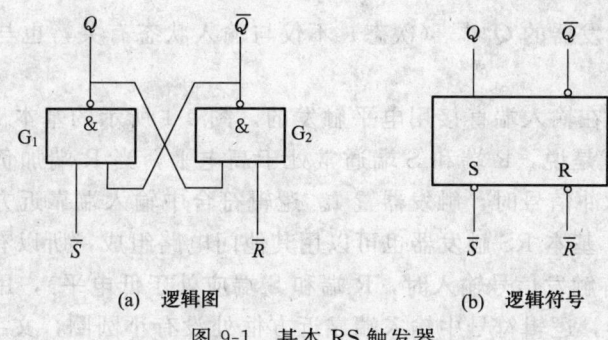

(a) 逻辑图　　　　　　　(b) 逻辑符号

图 9-1　基本 RS 触发器

上带非号表示都是低电平有效，Q、$\bar{Q}$ 为输出端，正常工作条件下，两个输出端的逻辑关系互非，所以常用一个字母表示输出状态，一般以 Q 的状态作为触发器的状态。

根据 $\bar{R}$ 和 $\bar{S}$ 两个输入端的不同组态可以得出基本 RS 触发器的逻辑功能。

① 当 $\bar{R}=0$，$\bar{S}=1$ 时，因 $\bar{R}=0$，G_2 门的输出端 $\bar{Q}=1$，G_1 门的两输入都为 1，与非门 G_1 全 1 为 0，因此 G_1 门的输出端 $Q=0$，即触发器处于 0 状态。这种情况也叫置 0 或称复位。

② 当 $\bar{R}=1$，$\bar{S}=0$ 时，因 $\bar{S}=0$，G_1 门的输出端 $Q=1$，G_2 门的两输入都为 1，因此 G_2 门的输出端 $\bar{Q}=0$，因为 G_1 门的输出端 $Q=1$，即触发器处于 1 状态。这种情况也叫置 1 或称置位。

③ 当 $\bar{R}=1$，$\bar{S}=1$ 时，若触发器原来的状态为 $Q=0$，$\bar{Q}=1$，在反馈线作用下，与非门 G_2 有 0 出 1，输出端 $\bar{Q}$ 仍为 1；与非门 G_1 全 1 为 0，输出 Q 仍为 0。若触发器原来的状态为 $Q=1$，$\bar{Q}=0$，在反馈线作用下，与非门 G_1 有 0 出 1，输出端 Q 仍为 1；与非门 G_2 全 1 为 0，输出 $\bar{Q}$ 仍为 0。

显然 G_1 门和 G_2 门的输出端被它们的原来状态锁定，故输出不变。相当于把 $\bar{S}$ 和 $\bar{R}$ 端某一时刻的电平信号存储起来了，这就是它具有的记忆功能，也称为保持功能。

④ 当 $\bar{R}=0$，$\bar{S}=0$ 时，两个与非门均是有 0 出 1，则有 $Q=\bar{Q}=1$。这种情况显然破坏了输出端子的互非性，从而造成逻辑混乱，使基本 RS 触发器不能正常工作。若输入信号 $\bar{S}=0$，$\bar{R}=0$ 之后出现 $\bar{S}=1$，$\bar{R}=1$，则输出状态不确定。因此 $\bar{S}=0$，$\bar{R}=0$ 的情况不能出现，触发器的这种输入状态称为不定态，不定态在电路中禁止发生。为使这种情况不出现，特给该触发器加一个约束条件 $\bar{S}+\bar{R}=1$。

根据以上分析，基本 RS 触发器的逻辑功能可以用表 9-1 表示。这里 Q^n 表示输入信号到来之前 Q 的状态，一般称为现态。Q^{n+1} 表示输入信号到来之后 Q 的状态，一般称为次态。

表 9-1　基本 RS 触发器逻辑功能

$\bar{R}$	$\bar{S}$	Q^n	Q^{n+1}	功能
0	1	0 或 1	0	置 0
1	0	0 或 1	1	置 1
1	1	0 或 1	Q^n	保持
0	0	0 或 1	不定	禁止

可见，基本 RS 触发器的 Q^{n+1}（次态）不仅与输入状态有关，也与触发器原来的状态 Q^n（现态）有关。

基本 RS 触发器是在输入端直接用电平触发的。图 9-1 所示的基本 RS 触发器是用低电平作为触发信号，也就是说，R 端和 S 端通常处于高电平，当 R 端加负脉冲信号时，触发器置 0；当 S 端加负脉冲信号时，触发器置 1。逻辑符合中输入端靠近方框处的小圆圈表示输入端是低电平触发。基本 RS 触发器也可以用其他门电路组成，所以有的采用高电平作为输入触发信号（即没有触发信号输入时，R 端和 S 端应处于低电平），用高电平作输入触发信号的基本 RS 触发器，逻辑符号中输入端靠近方框处没有小圆圈，文字符号 R、S 上也不带非号。

归纳基本 RS 触发器的特点是：①具有置 0、置 1、保持三种功能。②无论复位还是置位，有效信号只需作用很短时间即"一触即发"。

基本 RS 触发器的输出直接受输入信号的控制，也就是说，它的输出状态随输入信号的变化而改变。在许多场合下，要求触发器输出状态的改变与某一控制信号同步，因此又开发了钟控 RS 触发器。

1.2 钟控 RS 触发器

钟控 RS 触发器又称同步 RS 触发器。它克服了基本 RS 触发器输出直接受输入信号控制的缺点，是一种电平控制触发方式的触发器。钟控 RS 触发器的状态变化不仅取决于输入信号的变化，还受时钟脉冲 CP 的控制。这样当一个逻辑电路有多个触发器时，为使各触发器的输出状态只在规定时刻发生变化，钟控 RS 触发器的 CP 脉冲就可以控制其工作。

图 9-2(a) 是钟控 RS 触发器逻辑电路图，图 9-2(b) 是其逻辑符号。分析图 9-2(a)，其中 G_1、G_2 门构成基本 RS 触发器，其中 $\overline{S}_D$ 为直接置 1 端，$\overline{R}_D$ 为直接置 0 端，不需要经过 CP 脉冲控制就可直接置 0 或置 1。因为 R_D、S_D 上带非号，都代表低电平有效。G_3、G_4 门组成控制电路，其中 R、S 为输入端，CP 是时钟控制脉冲，是钟控（同步）RS 触发器的控制输入端。所谓同步就是触发器状态的改变与时钟脉冲同步。

当 $CP=0$ 期间，不论 R、S 处于什么状态，G_3、G_4 门的输出均为 1，门 G_1、G_2 组成的基本 RS 触发器保持原来状态不变。只有当 $CP=1$ 期间，R、S 信号才能经过 G_3、G_4 门作用与基本 RS 触发器，触发器的状态才会发生变化。

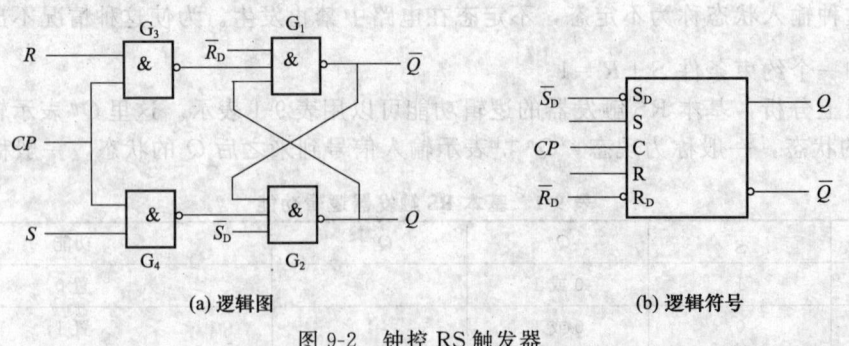

图 9-2　钟控 RS 触发器

当 $CP=1$ 期间，钟控 RS 触发器的输出状态取决于 R 和 S。具体分析如下：

①如果 $R=0$、$S=1$，则门 G_3 有 0 出 1 输出为 1，门 G_4 全 1 为 0 输出为 0；门 G_2 有 0 出 1 输出为 1，门 G_1 全 1 为 0 输出为 0；$Q=1$，触发器为 1 态，触发器实现了置 1 功能。因此，S 也叫置 1 端，高电平有效。

②如果 $R=1$、$S=0$，则门 G_4 有 0 出 1 输出为 1，门 G_3 全 1 为 0 输出为 0；门 G_1 有 0 出 1 输出为 1，门 G_2 全 1 为 0 输出为 0；$Q=0$，触发器为 0 态。触发器实现了置 0 功能。因此，R 也叫复位端，高电平有效。

③如果 $R=0$、$S=0$，则门 G_3 有 0 出 1 输出为 1，门 G_4 有 0 出 1 输出为 1；对于 G_1、G_2 组成的基本 RS 触发器来说两个输入都为 1，即保持原来状态不变。触发器起保持功能。

④如果 $R=S=1$，则门 G_3 全 1 为 0 输出为 0，门 G_4 全 1 为 0 输出为 0，对于门 G_1 和门 G_2 有 0 出 1，触发器的 Q 与 $\overline{Q}$ 端同为 1 状态，是不允许使用的不定状态。因此，这种情况是电路的禁止态。为使这种情况不出现，特给该触发器加一个约束条件 $SR=0$。

根据以上分析，钟控 RS 触发器的逻辑功能可以用表 9-2 表示。这里 Q^n 表示输入信号到来之前 Q 的状态，一般称为现态。用 Q^{n+1} 表示输入信号到来之后 Q 的状态，一般称为次态。

表 9-2　钟控 RS 触发器逻辑功能

R	S	Q^n	Q^{n+1}	功能
0	1	0 或 1	1	置 1
1	0	0 或 1	0	置 0
0	0	0 或 1	Q^n	保持
1	1	0 或 1	不定	禁止

由此可以看出，钟控（同步）RS 触发器的状态转换分别由 R、S 和 CP 控制，其中 R、S 控制状态转换的方向，即转换为何种次态，CP 控制转换的时刻，即何时发生转换。

$\overline{S}_D$ 为直接置 1 端，$\overline{R}_D$ 为直接置 0 端，它们的电平可以不受 CP 信号的控制而直接影响到触发器的输出。一般在工作之初，用它使触发器预先处于某种给定的状态，由图 9-2 可知，它们是用负脉冲置 0 或置 1 的，平常应处于高电平状态。图 9-2(b) CP 脉冲靠近方框处没有小圆圈表示高电平电位触发，即 $CP=1$ 期间触发器工作。如果 CP 脉冲靠近方框处有小圆圈，表示低电平电位触发，即 $CP=0$ 期间触发器工作。

归纳钟控 RS 触发器的特点是：①电位触发，CP 脉冲高电平或低电平触发。②具有置 0、置 1、保持三种功能。

【例 9-1】已知高电平电位触发的钟控 RS 触发器的输入信号波形如图 9-3 所示，试画出 Q 和 $\overline{Q}$ 端的电压波形。设触发器的初始状态为 $Q=0$。

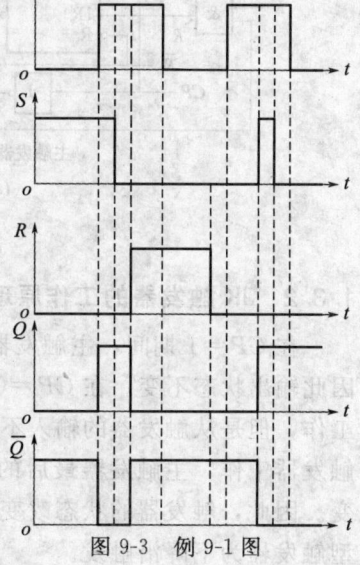

图 9-3　例 9-1 图

解：由给定的输入电压波形可见，在第一个 CP 高电平期间，先是 $S=1$、$R=0$，输出被置成 $Q=1$、$\overline{Q}=0$。随后输入变成了 $S=R=0$，因而输出状态继续保持不变，但是紧接着 $S=0$、$R=1$，将输出置成 $Q=0$、$\overline{Q}=1$，故 CP 回到低电平后不论输入 S、R 如何改变，触

发器依然保持 $Q=0$、$\bar{Q}=1$。在第二个 CP 高电平期间若 $S=R=0$，则触发器的输出状态保持不变。但由于在此期间 S 端出现了一个干扰脉冲，因而触发器被置成了 $Q=1$、$\bar{Q}=0$。

钟控 RS 触发器虽然使输入信号受到 CP 脉冲的控制，但是在 CP 脉冲的高电平期间，触发器的输出状态随输入信号的变化而变化，这将会使触发器在一个时钟脉冲周期中发生多次翻转，这种现象叫做空翻现象。空翻是一种有害的现象，它将造成触发器的动作混乱。为了防止空翻，确保数字系统的可靠工作，要求触发器在一个 CP 脉冲期间至多翻转一次，即不允许空翻现象的出现。为此，人们研制出了边沿触发方式的主从型 JK 触发器和维持阻塞型的 D 触发器等。这些触发器由于只在时钟脉冲边沿到来时发生翻转，从而有效地抑制了空翻现象。

1.3 JK 触发器

边沿触发的主从型 JK 触发器是目前功能最完善、使用较灵活和通用性较强的一种触发器。它不仅可以有效地防止空翻现象，同时也消除了输出端的不定状态。

1.3.1 JK 触发器的电路组成

图 9-4 为主从型 JK 触发器的逻辑电路和逻辑符号。它由两个钟控 RS 触发器串联组成，分别称为主触发器和从触发器，其中接受输入信号的称为主触发器，输出信号的称为从触发器。J 和 K 是信号输入端。$\bar{S}_D$ 为直接置 1 端，$\bar{R}_D$ 为直接置 0 端，触发器正常工作时，它们悬空为 1。时钟脉冲 CP 控制主触发器和从触发器的翻转，两个触发器的时钟脉冲输入端之间接有一个非门，从而使两个钟控 RS 触发器翻转时刻先后不同。当时钟脉冲到来时，先使主触发器翻转，然后再使从触发器翻转，因此称为主从型触发器。

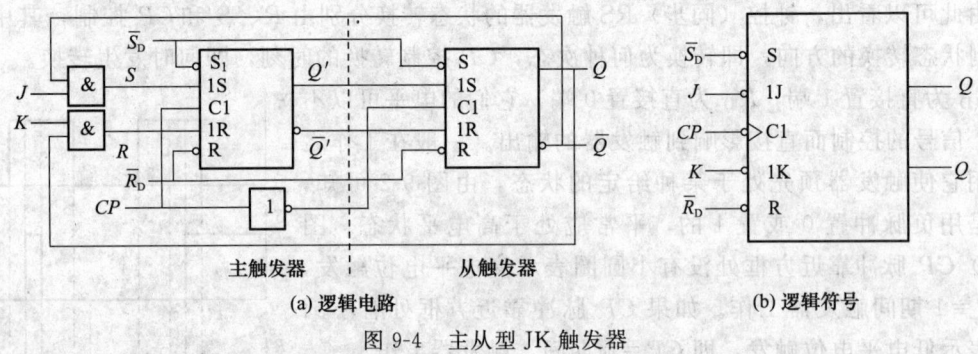

(a) 逻辑电路　　　　　　　　　　　　　　　(b) 逻辑符号

图 9-4　主从型 JK 触发器

1.3.2 JK 触发器的工作原理

在 $CP=1$ 期间，主触发器打开，输入 J、K 影响主触发器输出，而从触发器不工作，因此输出状态不变。在 $CP=0$ 期间，主触发器不工作，主触发器输出状态不变，从触发器工作，但是从触发器的输入不变，因此触发器的输出状态仍然不变，$CP=1$ 跳 0 时刻，从触发器工作，主触发器最后的输出作为了从触发器的输入，从触发器发生跳跃，跳跃后不变。因此，触发器的状态改变只发生在 CP 脉冲由高电平向低电平跳变的时刻，所以说主从型触发器为下降沿触发。

逻辑符号中 CP 端引线靠近方框处有"＞"标记时表示边沿触发，下降沿触发再加小圆圈表示，没有小圆圈则表示 CP 脉冲的上升沿触发，除此之外，两者的逻辑功能相同；$\bar{S}_D$ 和 $\bar{R}_D$ 引线端处的小圆圈仍表示低电平有效。边沿触发器能够避免电平触发器在计数时可能会发生"空翻"现象。

根据图 9-4 所示电路，在 CP 脉冲下降沿到来时，对 JK 触发器的逻辑功能分析如下。

(1) $J=0$，$K=0$ 设触发器的初始状态为 0，当 $CP=1$ 时，由于主触发器的 $R=0$，$S=0$，它的状态保持不变。当 CP 下跳时，由于从触发器的 $R=1$，$S=0$，它的输出为 0 态，即触发器保持 0 态不变。如果初始状态为 1，触发器亦保持 1 态不变。可见这种情况下 $Q^{n+1}=Q^n$。

(2) $J=0$，$K=1$ 设触发器的初始状态为 1 态。当 $CP=1$ 时，由于主触发器的 $R=1$，$S=0$，它翻转成 0 态。当 CP 下跳时，从触发器也翻转成 0 态。如果触发器的初始状态为 0 态，当 $CP=1$ 时，由于主触发器的 $R=0$，$S=0$，它保持原态不变；在 CP 从 1 下跳为 0 时，由于从触发器的 $R=1$，$S=0$，也保持 0 态。可见这种情况下 $Q^{n+1}=0$。

(3) $J=1$，$K=0$ 设触发器的初始状态为 0。当 $CP=1$ 时，由于主触发器的 $R=0$，$S=1$，它翻转成 1 态。当 CP 下跳时，由于从触发器的 $R=0$，$S=1$。也翻转成 1 态。如果触发器的初始状态为 1，当 $CP=1$ 时，由于主触发器的 $R=0$，$S=0$，它保持原态不变；在 CP 从 1 下跳为 0 时，由于从触发器的 $R=0$，$S=1$，也保持 1 态。可见这种情况下 $Q^{n+1}=1$。

(4) $J=1$，$K=1$ 设触发器的初始状态为 1，在 $CP=1$ 时，由于主触发器 $R=1$，$S=0$，主触发器状态将为 0，所以当 CP 从 1 下跳为 0 时，触发器将由 1 态翻转为 0 态。如果触发器的初始状态为 0，则不难分析出当 CP 从 1 下跳为 0 时，触发器将由 0 态翻转为 1 态。所以这种情况下 $Q^{n+1}=\overline{Q^n}$，即每来一个时钟脉冲，触发器就翻转一次，触发器具有计数功能。

根据以上分析，JK 触发器的逻辑功能如表 9-3 所示。

表 9-3　JK 触发器逻辑功能

J	K	Q^n	Q^{n+1}	功能
0	1	0 或 1	0	置 0
1	0	0 或 1	1	置 1
0	0	0 或 1	0 或 1	保持
1	1	0 或 1	1 或 0	翻转

实际应用中大多采用集成 JK 触发器。常用的集成芯片型号有下降沿触发的双 JK 触发器 74LS112、上升沿触发的双 JK 触发器 CC4027 和共用置 1、置 0 端的 74LS276 四 JK 触发器等。74LS112 双 JK 触发器每片芯片包含两个具有复位、置位端的下降沿触发的 JK 触发器，通常用于缓冲触发器、计数器和移位寄存器电路中。74LS112 双 JK 触发器的管脚排列图如图 9-5 所示。管脚功能图中字符前的数字相同时，表示为同一个 JK 触发器的端子。

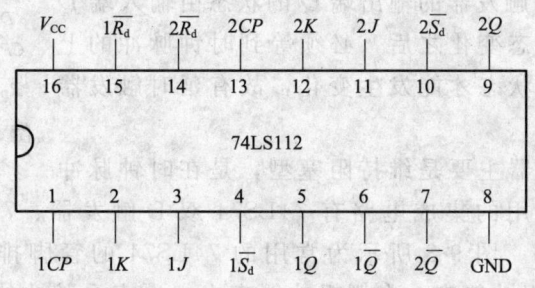

图 9-5　集成 JK 触发器

表 9-4 所示为 74LS112 双 JK 触发器逻辑功能表。在逻辑功能表中，↓表示脉冲的下降沿，×为不定状态。

表 9-4　74LS112 双 JK 触发器逻辑功能

控制端			输入端		原态	次态	触发器功能
$\overline{S}_d$	$\overline{R}_d$	CP	J	K	Q^n	Q^{n+1}	
0	1	×	×	×	×	1	置1
1	0	×	×	×	×	0	置0
0	0	×	×	×	×	不定	禁止
1	1	↓	0	0	0 或 1	0 或 1	保持
1	1	↓	0	1	0 或 1	0	置0
1	1	↓	1	0	0 或 1	1	置1
1	1	↓	1	1	0 或 1	1 或 0	翻转

归纳 JK 触发器的特点是：①边沿触发，CP 沿到来时触发，可有效地抑制空翻。②具有置 0、置 1、保持、翻转四种功能。③使用方便灵活，抗干扰能力极强，工作速度很高。

1.4　D 触发器

JK 触发器功能较完善，应用广泛。但需两个输入控制信号（J 和 K），如果在 JK 触发器的 K 端前面加上一个非门再接到 J 端，如图 9-6，使输入端只有一个，在某些场合用这种电路进行逻辑设计可使电路得到简化，将这种触发器的输入端符号改用 D 表示，称为 D 触发器。由 JK 触发器的特性表可得 D 触发器的特性表如表 9-5 所示。

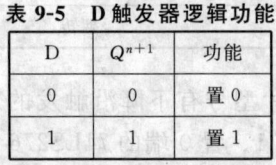

表 9-5　D 触发器逻辑功能

D	Q^{n+1}	功能
0	0	置0
1	1	置1

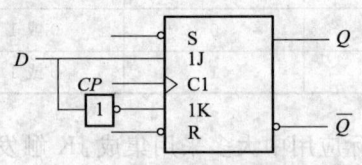

图 9-6　D 触发器构成

D 触发器的逻辑符号如图 9-7 所示。图中 CP 输入端处无小圈，表示在 CP 脉冲上升沿触发。除了直接置 0 置 1 端 $\overline{R}_D$、$\overline{S}_D$ 外，只有一个控制输入端 D。因此 D 触发器的输出端 Q 的状态由输入端 D 的状态来决定，D 的状态变化之后，必须等到时钟脉冲的上升沿到来的时刻，Q 的状态才能发生变化，故有延时触发器之称。

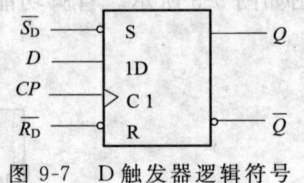

图 9-7　D 触发器逻辑符号

国内生产的 D 触发器主要是维持阻塞型，是在时钟脉冲的上升沿触发翻转。常用的集成电路有 74LS74 双 D 触发器、74LS75 四 D 触发器和 74LS176 六 D 触发器等。图 9-8 所示为常用的 74LS74 的管脚排列图。表 9-6 所示为 74LS74 双 D 触发器逻辑功能表。在逻辑功能表中，↑表示脉冲的上升沿，×为不定状态，即 0 或 1 都可以。

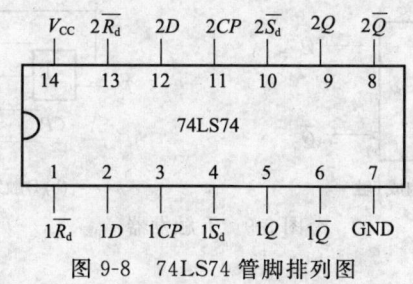

图 9-8　74LS74 管脚排列图

表 9-6　**74LS112 双 JK 触发器逻辑功能**

控制端			输入端	原态	次态	触发器功能
$\overline{S_d}$	$\overline{R_d}$	CP	D	Q^n	Q^{n+1}	
0	1	×	×	×	1	置 1
1	0	×	×	×	0	置 0
0	0	×	×	×	不定	禁止
1	1	↑	0	0 或 1	0	置 0
1	1	↑	1	0 或 1	1	置 1

归纳 D 触发器的特点是：①CP 上升沿到来时触发，可有效地抑制空翻。②具有置 0、置 1 两种功能，且输出跟随输入的变化。③使用方便灵活，抗干扰能力极强，工作速度很高。

特别提示

RS 触发器具有置 0，置 1，保持功能；JK 触发器具有置 0，置 1，保持，翻转功能；D 触发器具有置 0 和置 1 功能。

知识链接

T 触发器和 T′ 触发器

T 触发器又称受控翻转型触发器。把 JK 触发器的两输入端子 J 和 K 连在一起作为一个输入端子 T 时，即可构成一个 T 触发器。

这种触发器的特点很明显：T＝0 时，触发器由 CP 脉冲触发后，状态保持不变。T＝1 时，每来一个 CP 脉冲，触发器状态就改变一次。

T 触发器并没有独立的产品，由 JK 触发器或 D 触发器转换而来如图 9-9(a)、(b) 所示。在图 9-9(a) 中，当 T＝1 时，即 J＝K＝1，触发器具有翻转功能；当 T＝0，即 J＝K＝0，触发器具有保持功能。显然 T 触发器只具有保持和翻转两种功能。

T 触发器的逻辑功能如表 9-7 所示。T 触发器的逻辑符号如图 9-10 所示。

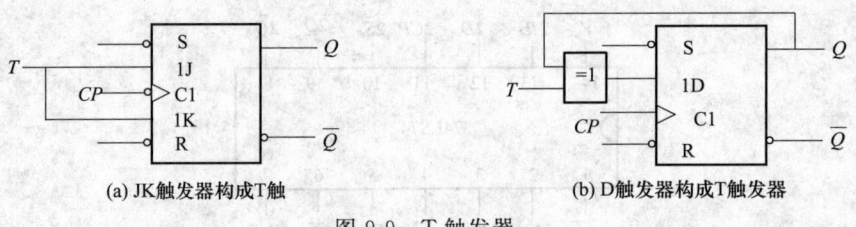

(a) JK触发器构成T触发器　　　(b) D触发器构成T触发器

图 9-9　T 触发器

表 9-7　T 触发器逻辑功能

T	Q^{n+1}	功能
0	Q^n	保持
1	$\overline{Q^n}$	翻转

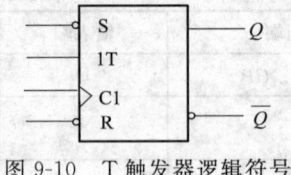

图 9-10　T 触发器逻辑符号

T′触发器又称为翻转型（计数型）触发器，其功能是在脉冲输入端每收到一个 CP 脉冲，触发器输出状态就改变一次。T′触发器也没有独立的产品，主要由 JK 触发器和 D 触发器转换而来，如图 9-11(a)、(b) 所示。在图 (a) 中，令 $J=K=1$ 或 $D=\overline{Q^n}$。因此 T′触发器仅具有翻转一种功能。

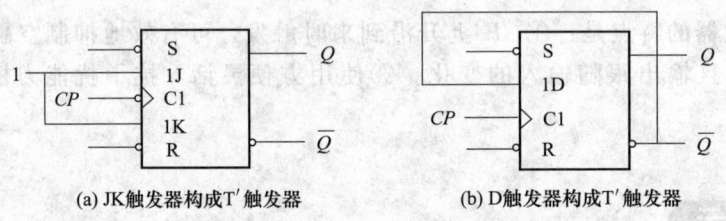

(a) JK触发器构成T′触发器　　　(b) D触发器构成T′触发器

图 9-11　T′触发器

不同类型触发器可以通过附加组合电路实现不同逻辑功能之间的转换，如上述 JK 和 D 触发器转换成 T 和 T′触发器。同样，JK 触发器和 D 触发器之间也能实现相互转换，转换后的触发器结构不变，主从型仍然是主从型，边沿型仍然是边沿型。

综上所述，触发器是时序逻辑电路的基本单元。触发器有两个稳定状态，在外界信号作用下，可以从一个稳定状态转变为另一稳态；无外界信号作用时状态保持不变。因此，触发器可以作为二进制存储单元使用。常用的有 RS、JK 和 D 触发器等。同一种功能的触发器，可以用不同的电路结构形式来实现；反过来，同一种电路结构形式，也可以构成具有不同功能的各种类型触发器。

任务 2　计数器

能够实现计数功能的电路称为计数器。它不仅用于对脉冲计数，还可用于定时、分频、数字运算等工作。它是应用最为广泛的典型时序逻辑电路，在现代数字系统和计算机中得到了广泛的应用。

计数器种类很多，按对脉冲计数值增减分为：加法计数器、减法计数器和可逆计数器。按照计数器中各触发器计数脉冲引入时刻分为：同步计数器、异步计数器。若各触发器受同一时钟脉冲控制，其状态更新是在同一时刻完成，则为同步计数；反之，则为异步计数器。按照计数器循环长度可分为：二进制计数器、八进制计数器、十进制计数器、十六进制计数器、N 进制计数器等。

2.1 异步计数器

若不是同一时钟脉冲控制计数器触发器的状态变化，则此计数器就是异步计数器。在异步计数器中充分利用了各个触发器输出状态的时钟沿。

2.1.1 异步二进制加法计数器

图 9-12 所示为由 4 个下降沿触发的 JK 触发器组成的 4 位异步二进制加法计数器的逻辑图。图中 JK 触发器中 $J=K=1$。最低位触发器 FF_0 的时钟脉冲输入端接计数脉冲 CP，其他触发器的时钟脉冲输入端接相邻低位触发器的 Q 端。当 Q_0 从 1 变 0 时，Q_1 发生变化，而只有当 Q_1 从 1 变为 0 时，Q_2 才发生变化，由此可以得出结论，异步二进制加法计数器各位触发器的翻转发生在前一位输出从 1 变 0 的时刻。

此时序逻辑电路除 CP 端子外，没有其他输入端子，因此称为莫尔型时序逻辑电路。如果时序逻辑电路除 CP 端子外还有其他输入端子就称为米莱型时序逻辑电路。由于该电路的连线简单且规律性强，只需作简单的观察与分析就可画出波形图或状态图，这种分析方法称为"观察法"。

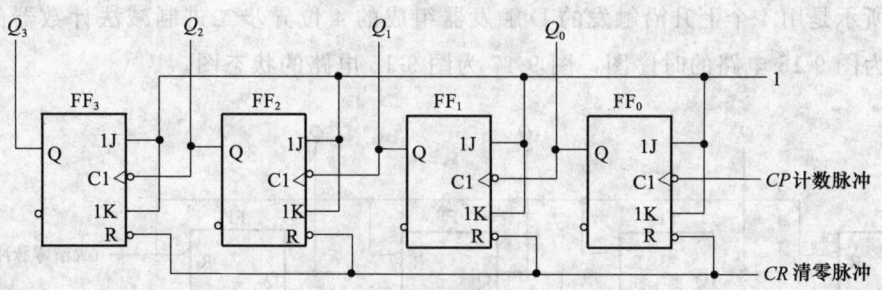

图 9-12　JK 触发器组成的 4 位异步二进制加法计数器逻辑图

用"观察法"作出该电路的时序波形图如图 9-13 所示，状态图如图 9-14 所示。由状态图可见，从初态 0000（由清零脉冲所置）开始，每输入一个计数脉冲，计数器的状态按二进制加法规律加 1，所以是二进制加法计数器（4 位）。又因为该计数器有 0000～1111 共 16 个状态，所以也称 16 进制（1 位）加法计数器或模 16（$M=16$）加法计数器。

另外，从波形图可以看出，Q_0、Q_1、Q_2、Q_3 的周期分别是计数脉冲（CP）周期的 2 倍、4 倍、8 倍、16 倍，也就是说，Q_0、Q_1、Q_2、Q_3 分别对 CP 波形进行了二分频、四分

图 9-13　图 9-12 所示电路波形图

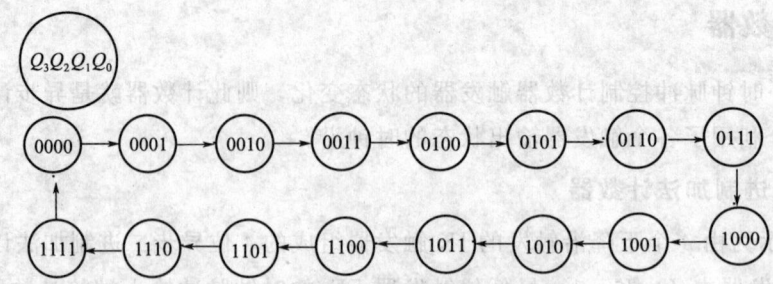

图 9-14　图 9-12 所示电路的状态图

频、八分频、十六分频，因而计数器也可作为分频器。

异步二进制计数器结构简单，改变级联触发器的个数，可以很方便地改变二进制计数器的位数，n 个触发器构成 n 位二进制计数器或模 2^n 计数器，或 2^n 分频器。

2.1.2　异步二进制减法计数器

将图 9-12 所示电路中 FF_1、FF_2、FF_3 的时钟脉冲输入端改接到相邻低位触发器的 $\overline{Q}$ 端就可构成二进制异步减法计数器，其工作原理请同学自行分析。

图 9-15 所示是用 4 个上升沿触发的 D 触发器组成的 4 位异步二进制减法计数器的逻辑图。图 9-16 为图 9-15 电路的时序图，图 9-17 为图 9-15 电路的状态图。

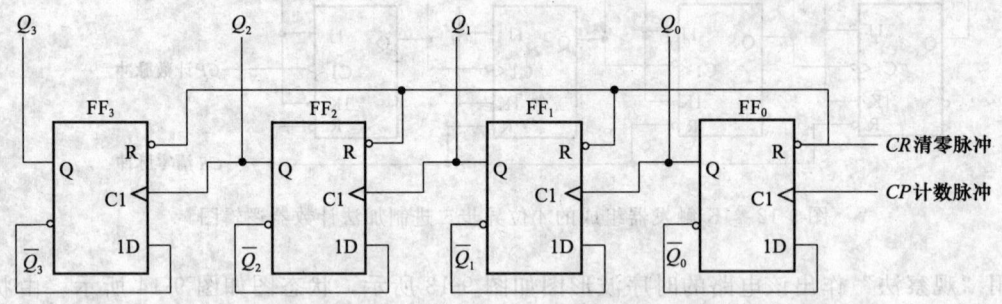

图 9-15　D 触发器组成的 4 位异步二进制减法计数器的逻辑图

从图 9-12 和图 9-15 可见，用 JK 触发器和 D 触发器都可以很方便地组成二进制异步计数器。方法是先将触发器接成 T′ 触发器，然后根据加、减计数方式及触发器为上升沿还是下降沿触发来决定各触发器之间的连接方式。

在二进制异步计数器中，高位触发器的状态翻转必须在相邻触发器产生进位信号（加计

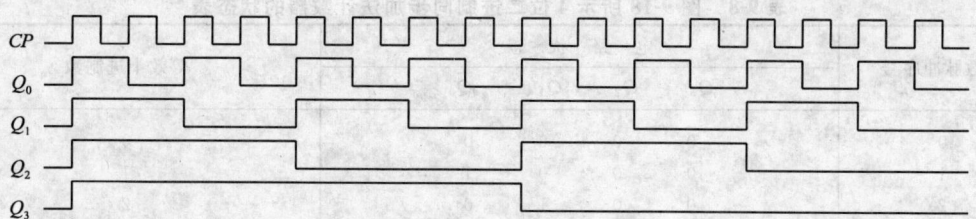

图 9-16　图 9-15 电路的时序图

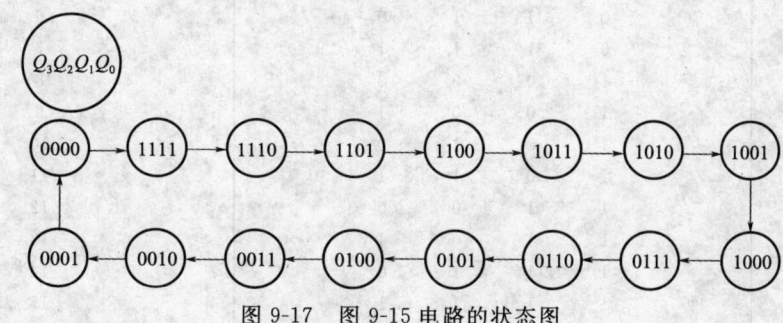

图 9-17　图 9-15 电路的状态图

数）或借位信号（减计数）之后才能实现，所以异步计数器的工作速度较低。

2.2　同步计数器

同步计数器是指所有触发器的时钟端都共用一个时钟脉冲，每一个触发器的状态都与该时钟脉冲同步的计数器。计数器的输出端在计数脉冲到来之后，同时完成状态的变换。显然，同步计数器的工作速度高于异步计数器。因此，同步计数器工作速度快，工作频率高。

2.2.1　同步二进制加法计数器

图 9-18 所示为由 4 个 JK 触发器组成的 4 位同步二进制加法计数器的逻辑图。图中各触发器的时钟脉冲输入端接同一计数脉冲 CP，显然，这是一个同步时序电路。

各触发器输入端分别为：$J_0=K_0=1$，$J_1=K_1=Q_0$，$J_2=K_2=Q_0Q_1$，$J_3=K_3=Q_0Q_1Q_2$；由于该电路的规律性较强，也只需用"观察法"就可画出状态表，如表 9-8 所示。

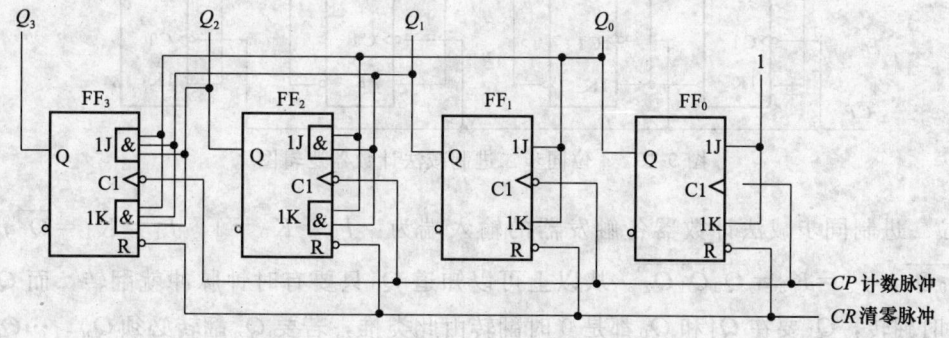

图 9-18　4 位同步二进制加法计数器逻辑图

表 9-8　图 9-18 所示 4 位二进制同步加法计数器的状态表

计数脉冲序号	电路状态				等效十进制数
	Q_3	Q_2	Q_1	Q_0	
0	0	0	0	0	0
1	0	0	0	1	1
2	0	0	1	0	2
3	0	0	1	1	3
4	0	1	0	0	4
5	0	1	0	1	5
6	0	1	1	0	6
7	0	1	1	1	7
8	1	0	0	0	8
9	1	0	0	1	9
10	1	0	1	0	10
11	1	0	1	1	11
12	1	1	0	0	12
13	1	1	0	1	13
14	1	1	1	0	14
15	1	1	1	1	15
16	0	0	0	0	0

由于同步计数器的计数脉冲 CP 同时接到各位触发器的时钟脉冲输入端，当计数脉冲到来时，应该翻转的触发器同时翻转，所以速度比异步计数器高，但电路结构比异步计数器复杂。

2.2.2　同步二进制减法计数器

图 9-19 所示为由 4 个 JK 触发器组成的 4 位同步二进制减法计数器的逻辑图。图中各触发器的时钟脉冲输入端接同一计数脉冲 CP，显然，这也是一个同步时序电路。

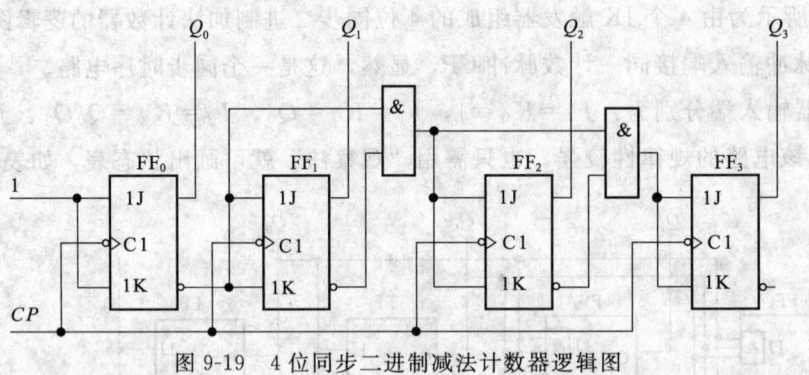

图 9-19　4 位同步二进制减法计数器逻辑图

4 位二进制同步减法计数器各触发器的输入端为：$J_0 = K_0 = 1$，$J_1 = K_1 = \overline{Q_0}$，$J_2 = K_2 = \overline{Q_0 Q_1}$，$J_3 = K_3 = \overline{Q_0 Q_1 Q_2}$。从以上可以知道 Q_0 只要有时钟脉冲就翻转，而 Q_1 要在 Q_0 为 0 时翻转，Q_2 要在 Q_1 和 Q_0 都是 0 时翻转由此类推，若要 Q_n 翻转必须 $Q_{n-1}\cdots Q_2$、Q_1 和 Q_0 都为 0。分析其翻转规律并与 4 位二进制同步加法计数器相比较，很容易看出，4 位二进制同步减法计数器各触发器的状态表如表 9-9 所示。

表 9-9 4 位二进制同步减法计数器状态表

计数脉冲序号	电路状态				等效十进制数
	Q_3	Q_2	Q_1	Q_0	
0	0	0	0	0	0
1	1	1	1	1	15
2	1	1	1	0	14
3	1	1	0	1	13
4	1	1	0	0	12
5	1	0	1	1	11
6	1	0	1	0	10
7	1	0	0	1	9
8	1	0	0	0	8
9	0	1	1	1	7
10	0	1	1	0	6
11	0	1	0	1	5
12	0	1	0	0	4
13	0	0	1	1	3
14	0	0	1	0	2
15	0	0	0	1	1
16	0	0	0	0	0

2.2.3 同步十进制加法计数器

日常生活中人们习惯于十进制的计数规则，当利用计数器进行十进制计数时，就必须构成满足十进制计数规则的电路。十进制计数器是在二进制计数器的基础上得到的，因此也称为二—十进制计数器。

用四位二进制代码代表十进制的每一位数时，至少要用四个触发器才能实现。最常用的二进制代码是 8421BCD 码。8421BCD 码取前面的"0000～1001"来表示十进制的 0～9 十个数码，后面的"1010～1111"六个数在 8421BCD 码中称为无效码。因此，采用 8421BCD 码计数至第十个时钟脉冲时，十进制计数器的输出即从"1001"跳变至"0000"，完成一次计数循环。

图 9-20 所示为由 4 个下降沿触发的 JK 触发器组成的 8421BCD 码同步十进制加法计数器的逻辑图。电路中含有"清零"端 CR，因只有 CP 输入端子，所以为莫尔型时序逻辑电路。各触发器的输入端分别为：$J_0=1$，$K_0=1$；$J_1=\overline{Q_3^n}Q_0^n$，$K_1=Q_0^n$；$J_2=Q_1^nQ_0^n$，$K_2=Q_1^nQ_0^n$；$J_3=Q_2^nQ_1^nQ_0^n$，$K_3=Q_0^n$。

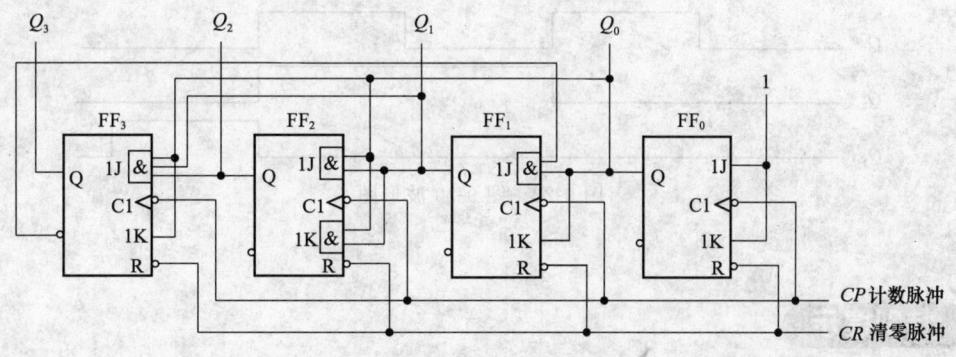

图 9-20 同步十进制加法计数器逻辑图

设初态为 $Q_3Q_2Q_1Q_0=0000$，代入以上输入端方程进行计算，得出图 9-20 同步十进制加法计数器的状态表如表 9-10 所示。

表 9-10　图 9-20 电路状态表

计数脉冲序号	现态				次态			
	Q_3^n	Q_2^n	Q_1^n	Q_0^n	Q_3^{n+1}	Q_2^{n+1}	Q_1^{n+1}	Q_0^{n+1}
1	0	0	0	0	0	0	0	1
2	0	0	0	1	0	0	1	0
3	0	0	1	0	0	0	1	1
4	0	0	1	1	0	1	0	0
5	0	1	0	0	0	1	0	1
6	0	1	0	1	0	1	1	0
7	0	1	1	0	0	1	1	1
8	0	1	1	1	1	0	0	0
9	1	0	0	0	1	0	0	1
10	1	0	0	1	0	0	0	0

根据状态转换表作出电路的状态图如图 9-21 所示，波形图如图 9-22，该电路每来十个时钟脉冲，状态从 0000 开始，经 0001、0010、0011、…、1001，又返回 0000 形成模 10 循环计数器。根据状态图、波形图可见，该电路为一个 8421BCD 码十进制加法计数器。

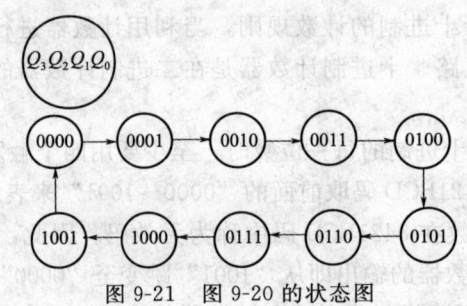

图 9-21　图 9-20 的状态图

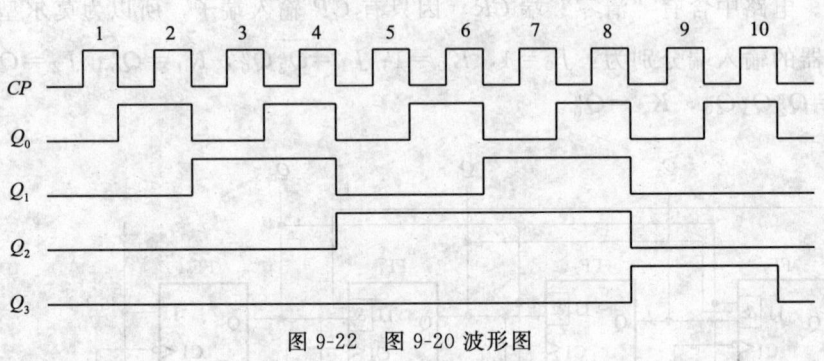

图 9-22　图 9-20 波形图

特别提示

同步计数器共用同一 CP 脉冲，异步计数器所用 CP 脉冲不一样；与异步计数器相比，同步计数器的计数速度快。

2.3 集成计数器

集成计数器具有功能较完善、通用性强、功耗低、工作速率高且可以自扩展等优点，因而得到广泛应用。目前由 TTL 和 CMOS 电路构成的 MSI 计数器都有许多品种，表 9-11 列出了几种常用 TTL 型 MSI 计数器的型号及工作特点。常用的集成芯片有 74LS161、74LS90、74LS197、74LS160、74LS92 等。我们将以 74LS161、74LS90 等为例，介绍集成计数器芯片电路的功能及正确的使用方法。

表 9-11 常用 TTL 型 MSI 计数器

类型	名称	型号	预置	清 0	工作频率/MHZ
异步计数器	二、五、十进制计数器	74LS90	异步,高	异步,高	32
		74LS290	异步,高	异步,高	32
		74LS196	异步,低	异步,低	30
	二、八、十六进制计数器	74LS293	无	异步,高	32
		74LS197	异步,低	异步,低	30
	双四位二进制计数器	74LS393	无	异步,高	35
同步计数器	十进制计数器	74LS160	同步,低	异步,低	25
		74LS162	同步,低	同步,低	25
	十进制加/减计数器	74LS190	异步,低	无	20
		74LS168	同步,低	无	25
	十进制加/减计数器（双时钟）	74LS192	异步,低	异步,高	25
	四位二进制计数器	74LS161	同步,低	异步,低	25
		74LS163	同步,低	同步,低	25
	四位二进制加/减计数器	74LS169	同步,低	无	25
		74LS191	异步,低	无	20
	四位二进制加/减计数器（双时钟）	74LS193	异步,低	异步,高	25

2.3.1 4 位二进制同步计数器 74LS161

74LS161 是 4 位二进制（模 $16 = 2^4$）同步计数器，具有计数、保持、预置、清 0 功能，其传统逻辑符号如图 9-23 所示。它由四个 JK 触发器和一些控制门组成，CP 是输入计数脉冲，R_D' 是清零端，L_D' 是预置端，EP 和 ET 是工作状态控制端，$D_0 \sim D_3$ 是并行输入数据端，CO 是进位信号输出端，$Q_0 \sim Q_3$ 是计数器状态输出端，其中 Q_3 为最高位。

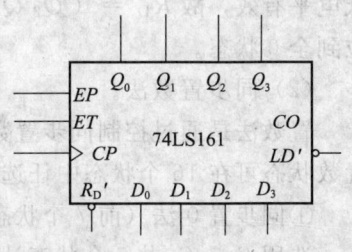

图 9-23 74LS161 逻辑符号

表 9-12 4 位同步二进制计数器 74LS161 功能表

CP	R_D'	LD'	EP	ET	工作状态
×	0	×	×	×	置零
↑	1	0	×	×	预置数
×	1	1	0	×	保持
×	1	1	×	0	保持（但 $C=0$）
↑	1	1	1	1	计数

表 9-12 是它的功能表，从表中可知：CP 为计数脉冲输入端，上升沿有效。R_D' 为异步清零端，低电平有效，只要 $R_D'=0$，立即有 $Q_3Q_2Q_1Q_0=0000$，与 CP 无关。L_D' 为同步预置端，低电平有效，当 $R_D'=1$，$L_D'=0$，在 CP 上升沿到来时，并行输入数据 $D_0 \sim D_3$ 进入计数器，使 $Q_3Q_2Q_1Q_0=D_3D_2D_1D_0$。$EP$ 和 ET 是工作状态控制端，高电平有效。当 $R_D'=L_D'=1$ 时，若 $EP \cdot ET=1$，在 CP 作用下计数器进行加法计数；当 $R_D'=L_D'=1$ 时，若 $EP \cdot ET=0$，则计数器处于保持状态。EP 和 ET 的区别是 ET 影响进位输出 CO，而 EP 不影响进位输出 CO。

【例 9-2】用 74161 实现七进制计数器。

解：74161 有异步清 0 和同步置数功能，因此可以采用异步清 0 法和同步置数法实现任意进制计数器。

（1）异步清 0 法。

异步清零就是利用芯片的复位端和门电路来获得 N 进制计数器的。计数范围是 $0 \sim 6$，计到 7 时异步清 0。画出状态表见表 9-13，逻辑图如图 9-24。

表 9-13 七进制加法计数器状态表

CP	Q_3	Q_2	Q_1	Q_0
1	0	0	0	0
2	0	0	0	1
3	0	0	1	0
4	0	0	1	1
5	0	1	0	0
6	0	1	0	1
7	0	1	1	0
8	0	1	1	1

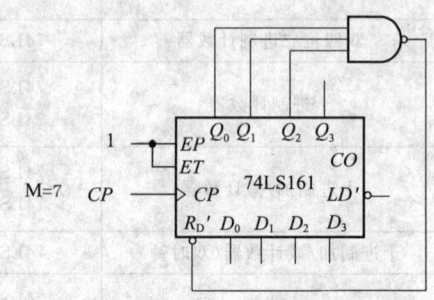

图 9-24 74LS161 实现七进制计数器

计数器输出 $Q_3Q_2Q_1Q_0$ 的有效状态为 $0000 \sim 0110$，计到 0111 时异步清 0。清 0 端是低电平有效，故 $R_D'=(Q_2Q_1Q_0)'$，即当 $Q_2Q_1Q_0$ 全为高电平时，$R_D'=0$，使计数器复位到全 0 状态。

（2）同步置数法。

置数法是通过控制同步置数端 L_D' 和预置输入端 $D_3D_2D_1D_0$ 来实现模 7 计数器。由于置数状态可在 16 个状态中任选，因此实现的方案很多，常用方法有三种：

①同步置 0 法（前 7 个状态计数）。

选用 $S_0 \sim S_6$ 共 7 个状态计数，计到 S_6 时使 $L_D'=0$，等下一个 CP 到来时置 0，即返回 S_0 状态。这种方法必须设置预置输入 $D_3D_2D_1D_0=0000$。本例中 $M=7$，故选用 $0000 \sim 0110$ 共七个状态，计到 0110 时同步置 0，$L_D'=(Q_2Q_1)'$，其状态表见表 9-14(a)，逻辑图如图 9-25(a) 所示。

②CO 置数法（后 7 个状态计数）。

选用 $S_9 \sim S_{15}$ 共 7 个状态，当计到 S_{15} 状态并产生进位信号时，利用进位信号置数，使计数器返回初态 S_9。预置输入数的设置为 $D_3D_2D_1D_0=1001$，故选用 $1001 \sim 1111$ 共七个状态，计到 1111 时，$CO=1$，可利用 CO 同步置数，所以 $L_D'=CO'$。其状态表见表 9-14(b)，逻辑图如图 9-25(b) 所示。

③中间任意7个状态计数。

随意选用 $S_i \sim S_{i+6}$ 共 7 个状态，计到 S_{i+6} 时使 $L_D'=0$，等下一个 CP 来到时返回 S_i 状态。本例选用 0010～1000 共七个状态，计到 1000 时同步置数，故 $L_D' = Q_3'$，$D_3 D_2 D_1 D_0 = 0010$，其状态表见表 9-14(c)，逻辑图如图 9-25(c) 所示。

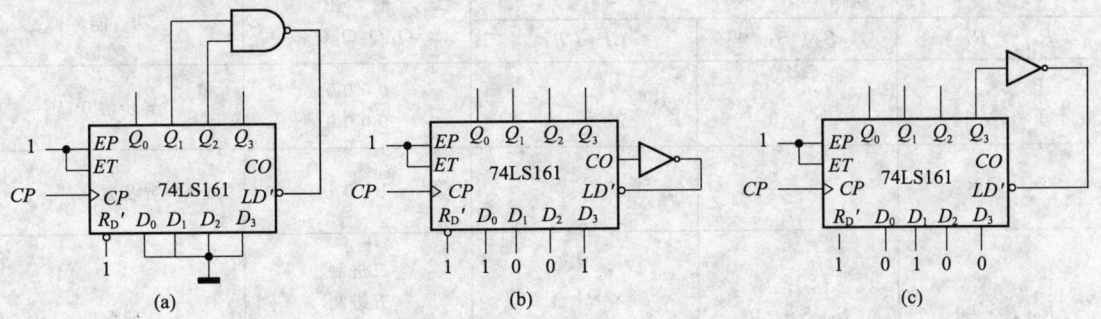

图 9-25　用 74LS161 实现七进制计数器

表 9-14　七进制加法计数器状态表（同步置数法）

CP	Q_3	Q_2	Q_1	Q_0		CP	Q_3	Q_2	Q_1	Q_0		CP	Q_3	Q_2	Q_1	Q_0
1	0	0	0	0		1	1	0	0	1		1	0	0	0	0
2	0	0	0	1		2	1	0	1	0		2	0	0	0	1
3	0	0	1	0		3	1	0	1	1		3	0	0	1	0
4	0	0	1	1		4	1	1	0	0		4	0	0	1	1
5	0	1	0	0		5	1	1	0	1		5	0	1	0	0
6	0	1	0	1		6	1	1	1	0		6	0	1	0	1
7	0	1	1	0		7	1	1	1	1		7	0	1	1	0

LD=0　　　　　LD=0　　　　　LD=0

(a)　　　　　　(b)　　　　　　(c)

2.3.2　十进制异步计数器 74LS90

74LS90 是二-五-十进制异步计数器，其逻辑符号如图 9-26(a) 所示。它包含两个独立的下降沿触发的计数器，即模 2（二进制）和模 5（五进制）计数器；异步清 0 端 R_{01}、R_{02} 和异步置 9 端 S_{91}、S_{92} 均为高电平有效，图 9-26(b) 为 74LS90 的简化结构框图。

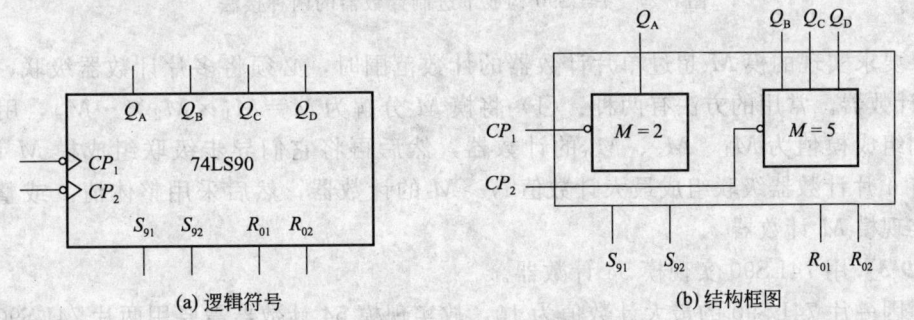

(a) 逻辑符号　　　　　　(b) 结构框图

图 9-26　74LS90 计数器

74LS90 的功能表如表 9-15 所示。从表中看出，当 $R_{01} R_{02} = 1$，$S_{91} S_{92} = 0$ 时，无论时

钟如何，输出全部清 0；而当 $S_{91}S_{92}=1$ 时，无论时钟和清 0 信号 R_{01}、R_{02} 如何，输出就置 9。这说明清 0、置 9 都是异步操作，而且置 9 是优先的，所以称 R_{01}、R_{02} 为异步清 0 端，S_{91}、S_{92} 为异步置 9 端。

表 9-15　十进制异步计数器 74LS90 的功能表

输 入				输 出	功 能
R_{01}　R_{02}	S_{91}　S_{92}	CP_1　CP_2		$Q_DQ_CQ_BQ_A$	
1　1	0　×	×　×		0 0 0 0	异步清 0
1　1	×　0	×　×		0 0 0 0	
×　×	1　1	×　×		1 0 0 1	异步置 9
$R_{01}R_{02}=0$	$S_{91}S_{92}=0$	↓　× ×　↓ ↓　Q_A Q_D　↓		二进制 五进制 8421BCD 码 5421BCD 码	计数

当满足 $R_{01}R_{02}=0$、$S_{91}S_{92}=0$ 时电路才能执行计数操作，根据 CP_1、CP_2 的各种接法可以实现不同的计数功能。当计数脉冲从 CP_1 输入，CP_2 不加信号时，Q_A 端输出 2 分频信号，即实现二进制计数。当 CP_1 不加信号，计数脉冲从 CP_2 输入时，Q_D、Q_C、Q_B 实现五进制计数。实现十进制计数有两种接法。图 9-27(a) 是 8421 BCD 码接法，先模 2 计数，后模 5 计数，由 Q_D、Q_C、Q_B、Q_A 输出 8421 BCD 码，最高位 Q_D 作进位输出。图 9-27(b) 是 5421 BCD 码接法，先模 5 计数，后模 2 计数，由 Q_A、Q_D、Q_C、Q_B 输出 5421 BCD 码，最高位 Q_A 作进位输出。

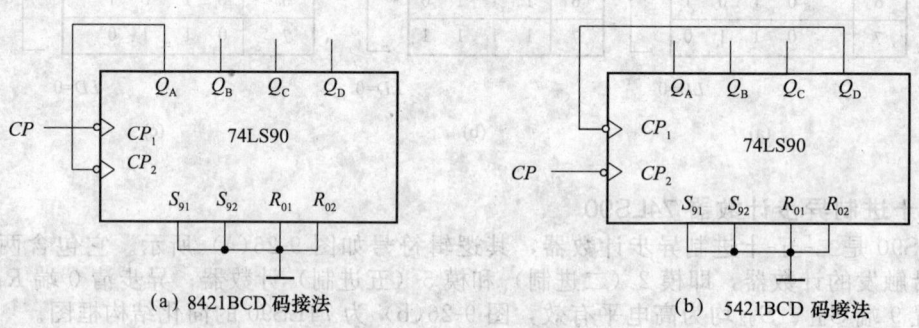

图 9-27　74LS90 构成十进制计数器的两种接法

如果要求实现的模 M 超过单片计数器的计数范围时，必须将多片计数器级联，才能实现模 M 计数器。常用的方法有两种：(1) 将模 M 分解为 $M=M_1\times M_2\times\cdots M_n$，用 n 片计数器分别组成模值为 M_1、M_2、M_n 的计数器，然后再将它们异步级联组成模 M 计数器。(2) 先将 n 片计数器级联组成最大计数值 $N>M$ 的计数器，然后采用整体清 0 或整体置数的方法实现模 M 计数器。

【例 9-3】用 74LS90 实现模 54 计数器。

解：因一片 74LS90 的最大计数值为 10，故实现模 54 计数器需要用两片 74LS90。

(1) 模分解法　可将 M 分解为 $54=6\times 9$，用两片 74LS90 分别组成 8421BCD 码模 6、模 9 计数器，然后级联组成 $M=54$ 计数器，其逻辑图如图 9-28(a) 所示。图中，模 6 计数

器的进位信号应从 Q_C 输出。

（2）整体清 0 法　先将两片 74LS90 用 8421BCD 码接法构成模 100 计数器，然后加译码反馈电路构成模 54 计数器。逻辑图如图 9-28(b) 所示。

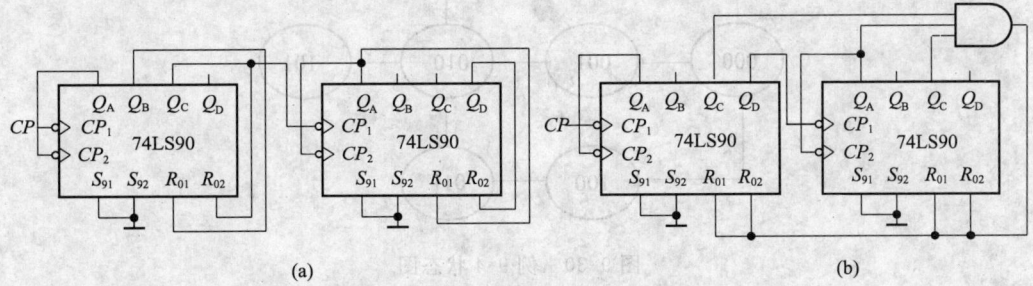

图 9-28　74LS90 构成模 100 计数器的两种接法

【例 9-4】试分析图 9-29 所示脉冲异步时序电路的功能。

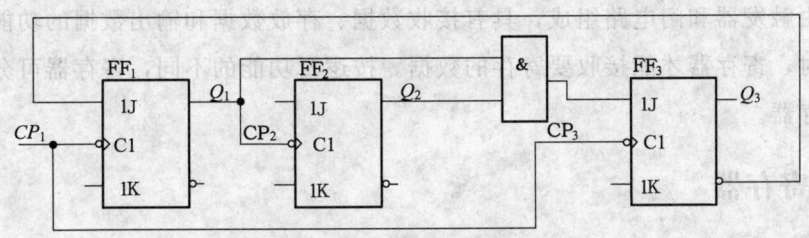

图 9-29　例 9-4 的电路

解： 确定各个触发器输入端为：$J_1=Q_3$，$K_1=1$，$CP_1=CP$；$J_2=K_2=1$，$CP_2=Q_1$；$J_3=Q_1Q_2$，$K_3=1$，$CP_3=CP$。在表 9-16 中列出了图 9-29 的状态表。

表 9-16　状态表

现态			驱动变量									次态		
Q_3	Q_2	Q_1	J_3	K_3	CP_3	J_2	K_2	CP_2	J_1	K_1	CP_1	Q_3^{n+1}	Q_2^{n+1}	Q_1^{n+1}
0	0	0	0	1	↓	1	1	—	1	1	↓	0	0	1
0	0	1	0	1	↓	1	1	↓	1	1	↓	0	1	0
0	1	0	0	1	↓	1	1	—	1	1	↓	0	1	1
0	1	1	1	1	↓	1	1	↓	1	1	↓	1	0	0
1	0	0	0	1	↓	1	1	—	0	1	↓	0	0	0
1	0	1	0	1	↓	1	1	↓	0	1	↓	0	1	0
1	1	0	0	1	↓	1	1	—	0	1	↓	0	1	0
1	1	1	1	1	↓	1	1	↓	0	1	↓	0	0	0

由以上推导有状态图如图 9-30 所示。从状态图可知该电路是自启动 5 进制加法计数器。

任务 3　寄存器

寄存器是用于存储数据，是由一组具有存储功能的触发器构成的。一个触发器可以存储

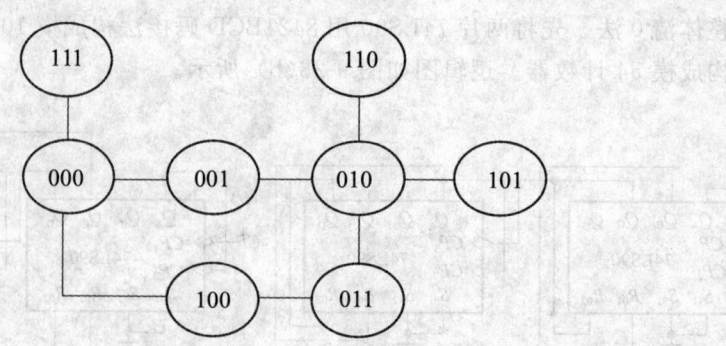

图 9-30　例 9-4 状态图

1位二进制数，要存储 n 位二进制数需要 n 个触发器。无论是电平触发的触发器还是边沿触发的触发器都可以组成寄存器。

寄存器由触发器和门电路组成，具有接收数据、存放数据和输出数据的功能。只有在得到接收指令时，寄存器才能接收要寄存的数据。按逻辑功能的不同，寄存器可分为数码寄存器和移位寄存器。

3.1　数码寄存器

数码寄存器-存储二进制数码的时序电路组件，它具有接收和寄存二进制数码的逻辑功能。前面介绍的各种集成触发器，就是一种可以存储一位二进制数的寄存器，用 n 个触发器就可以存储 n 位二进制数。

图 9-31 所示是由 D 触发器组成的 4 位集成寄存器 74LS175 的逻辑电路图，其引脚图如图 9-31(b) 所示。其中，R_D 是异步清零控制端。$D_0 \sim D_3$ 是并行数据输入端，CP 为时钟脉冲端，$Q_0 \sim Q_3$ 是并行数据输出端，$\overline{Q_0} \sim \overline{Q_3}$ 是反码数据输出端。

该电路的数码接收过程为：将需要存储的四位二进制数码送到数据输入端 $D_0 \sim D_3$，在 CP 端送一个时钟脉冲，脉冲上升沿作用后，四位数码并行地出现在四个触发器 Q 端。74LS175 的功能示于表 9-17 中。

表 9-17　74LS175 的功能表

清零	时钟	输入				输出				工作模式
R_D	CP	D_0	D_1	D_2	D_3	Q_0	Q_1	Q_2	Q_3	
0	×	×	×	×	×	0	0	0	0	异步清零
1	↑	D_0	D_1	D_2	D_3	D_0	D_1	D_2	D_3	数码寄存
1	1	×	×	×	×	保	持			数据保持
1	0	×	×	×	×	保	持			数据保持

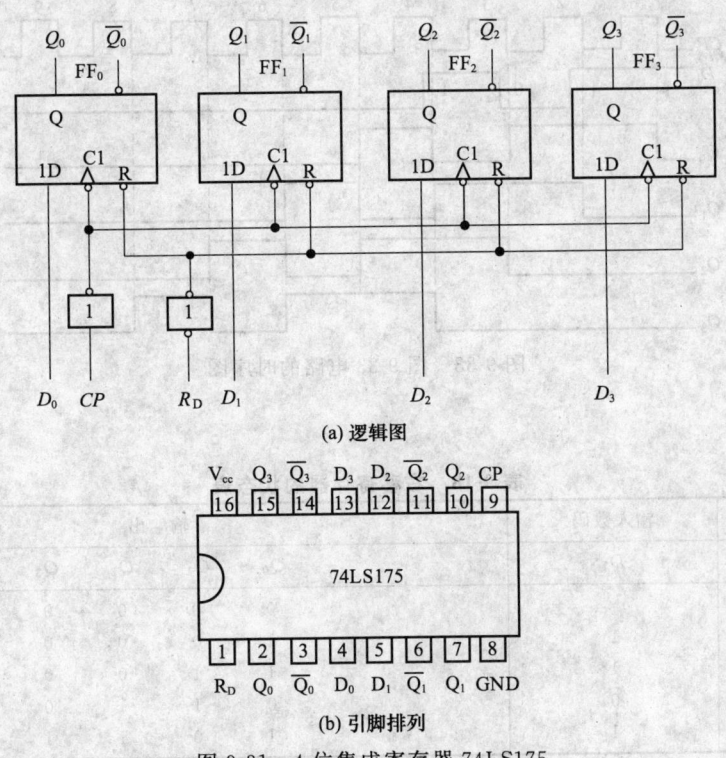

图 9-31　4 位集成寄存器 74LS175

3.2　移位寄存器

移位寄存器不但可以寄存数码,而且在移位脉冲作用下,寄存器中的数码可根据需要向左或向右移动 1 位。移位寄存器也是数字系统和计算机中应用很广泛的基本逻辑部件。

3.2.1　单向移位寄存器

(1) 4 位右移寄存器　D 触发器组成的 4 位右移寄存器如图 9-32,设移位寄存器的初始状态为 0000,串行输入数码 $D_I=1101$,从高位到低位依次输入。在 4 个移位脉冲作用后,输入的 4 位串行数码 1101 全部存入了寄存器中。电路的状态表如表 9-18 所示,时序图如图 9-33 所示。

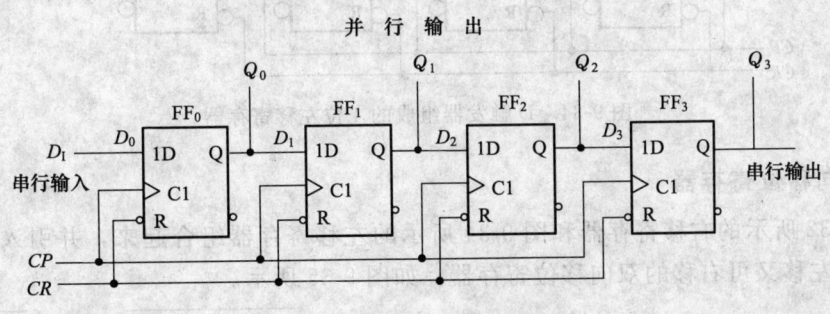

图 9-32　D 触发器组成的 4 位右移寄存器

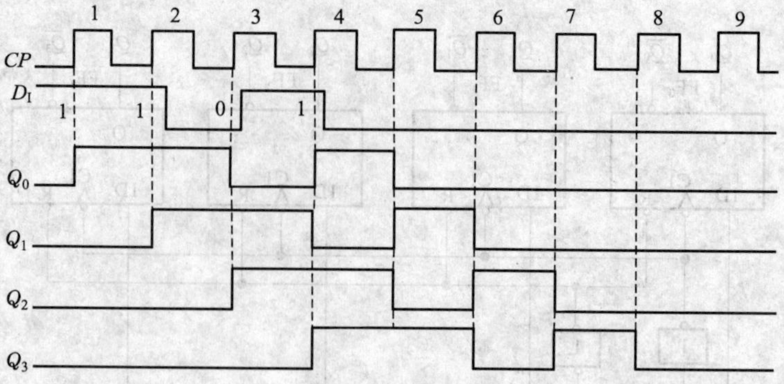

图 9-33　图 9-33 电路的时序图

表 9-18　右移寄存器的状态表

移位脉冲	输入数码	输出			
CP	D_I	Q_0	Q_1	Q_2	Q_3
0		0	0	0	0
1	1	1	0	0	0
2	1	1	1	0	0
3	0	0	1	1	0
4	1	1	0	1	1

移位寄存器中的数码可由 Q_3、Q_2、Q_1 和 Q_0 并行输出，也可从 Q_3 串行输出。串行输出时，要继续输入 4 个移位脉冲，才能将寄存器中存放的 4 位数码 1101 依次输出。图 9-33 中第 5 到第 8 个 CP 脉冲及所对应的 Q_3、Q_2、Q_1、Q_0 波形，就是将 4 位数码 1101 串行输出的过程。所以，移位寄存器具有串行输入-并行输出和串行输入-串行输出两种工作方式。

（2）左移寄存器　D 触发器组成的 4 位左移寄存器如图 9-34 所示。

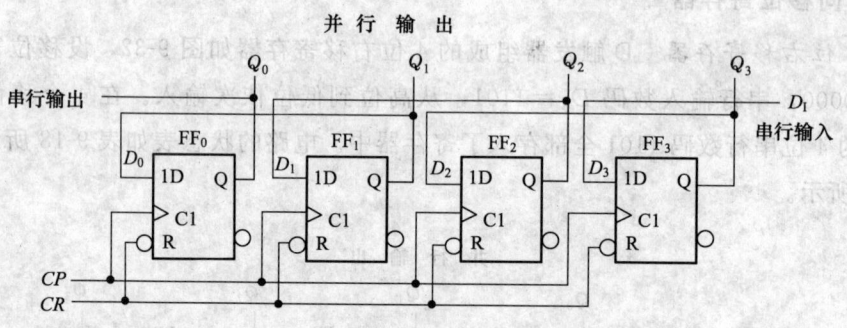

图 9-34　D 触发器组成的 4 位左移寄存器

3.2.2　双向移位寄存器

将图 9-32 所示的右移寄存器和图 9-34 所示的左移寄存器组合起来，并引入一控制端 S 便构成既可左移又可右移的双向移位寄存器，如图 9-35 所示。

由图可知该电路各个触发器的输入端为：$D_0 = \overline{\overline{S\,D_{SR}} + \overline{\overline{S}\,Q_1}}$，$D_1 = \overline{\overline{S\,Q_0} + \overline{\overline{S}\,Q_2}}$，

$D_2 = \overline{S\overline{Q_1} + \overline{S}\,\overline{Q_3}}$,$D_3 = \overline{S\overline{Q_2} + \overline{S}\,\overline{D_{SL}}}$。$D_{SR}$为右移串行输入端,$D_{SL}$为左移串行输入端。当$S=1$时,$D_0=D_{SR}$、$D_1=Q_0$、$D_2=Q_1$、$D_3=Q_2$,在$CP$脉冲作用下,实现右移操作;当$S=0$时,$D_0=Q_1$、$D_1=Q_2$、$D_2=Q_3$、$D_3=D_{SL}$,在$CP$脉冲作用下,实现左移操作。

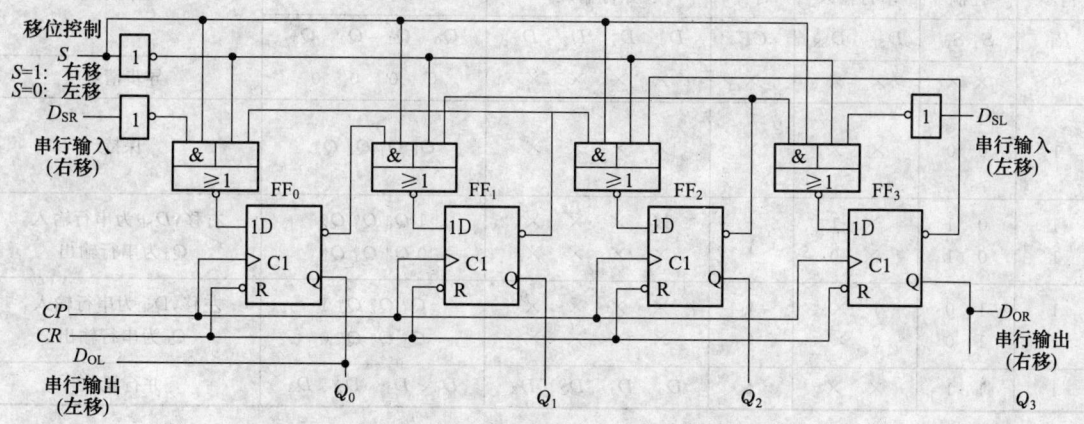

图 9-35　D 触发器组成的 4 位双向左移寄存器

3.3　集成移位寄存器 74194

74194 是由四个触发器组成的功能很强的四位移位寄存器,集成移位寄存器 74194 逻辑功能示意图和引脚图如图 9-36 所示。其功能表如表 9-19 所示。由表 9-19 可以看出 74194 具有如下功能。

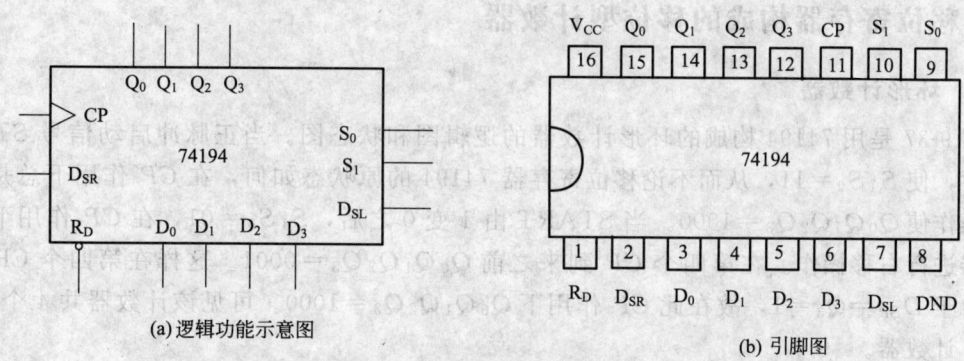

(a) 逻辑功能示意图

(b) 引脚图

图 9-36　集成移位寄存器 74194

(1) 异步清零　当 $R_D=0$ 时即刻清零,与其他输入状态及 CP 无关。

(2) S_1、S_0 是控制输入　当 $R_D=1$ 时 74194 有如下 4 种工作方式:

① 当 $S_1S_0=00$ 时,不论有无 CP 到来,各触发器状态不变,为保持工作状态。

② 当 $S_1S_0=01$ 时,在 CP 的上升沿作用下,实现右移(上移)操作,流向是 $S_R \to Q_0 \to Q_1 \to Q_2 \to Q_3$。

③ 当 $S_1S_0=10$ 时,在 CP 的上升沿作用下,实现左移(下移)操作,流向是 $S_L \to Q_3 \to Q_2 \to Q_1 \to Q_0$。

④当 $S_1S_0=11$ 时，在 CP 的上升沿作用下，实现置数操作：$D_0 \to Q_0$，$D_1 \to Q_1$，$D_2 \to Q_2$，$D_3 \to Q_3$。

表 9-19 74194 的功能表

输入									输出				工作模式
清零	控制		串行输入		时钟	并行输入							
R_D	S_1	S_0	D_{SL}	D_{SR}	CP	D_0	D_1	D_2	D_3	Q_0 Q_1 Q_2 Q_3			
0	×	×	×	×	×	×	×	×	×	0 0 0 0			异步清零
1	0	0	×	×	×	×	×	×	×	Q_0^n Q_1^n Q_2^n Q_3^n			保持
1	0	1	×	1	↑	×	×	×	×	1 Q_0^n Q_1^n Q_2^n			右移，D_{SR} 为串行输入，
1	0	1	×	0	↑	×	×	×	×	0 Q_0^n Q_1^n Q_2^n			Q_3 为串行输出
1	1	0	1	×	↑	×	×	×	×	Q_1^n Q_2^n Q_3^n 1			左移，D_{SL} 为串行输入，
1	1	0	0	×	↑	×	×	×	×	Q_1^n Q_2^n Q_3^n 0			Q_0 为串行输出
1	1	1	×	×	↑	D_0	D_1	D_2	D_3	D_0 D_1 D_2 D_3			并行置数

D_{SL} 和 D_{SR} 分别是左移和右移串行输入。D_0、D_1、D_2 和 D_3 是并行输入端。Q_0 和 Q_3 分别是左移和右移时的串行输出端，Q_0、Q_1、Q_2 和 Q_3 为并行输出端。

特别提示

寄存器是可用来存放数码、运算结果或指令的电路。按逻辑功能的不同，寄存器可分为数码寄存器和移位寄存器。

3.4 移位寄存器构成的移位型计数器

3.4.1 环形计数器

图 9-37 是用 74194 构成的环形计数器的逻辑图和状态图。当正脉冲启动信号 $START$ 到来时，使 $S_1S_0=11$，从而不论移位寄存器 74194 的原状态如何，在 CP 作用下总是执行置数操作使 $Q_0Q_1Q_2Q_3=1000$。当 START 由 1 变 0 之后，$S_1S_0=01$，在 CP 作用下移位寄存器进行右移操作。在第四个 CP 到来之前 $Q_0Q_1Q_2Q_3=0001$。这样在第四个 CP 到来时，由于 $D_{SR}=Q_3=1$，故在此 CP 作用下 $Q_0Q_1Q_2Q_3=1000$。可见该计数器共 4 个状态，为模 4 计数器。

环形计数器的电路十分简单，N 位移位寄存器可以计 N 个数，实现模 N 计数器，且状态为 1 的输出端的序号即代表收到的计数脉冲的个数，通常不需要任何译码电路。

3.4.2 扭环形计数器

为了增加有效计数状态，扩大计数器的模，将上述接成右移寄存器的 74194 的末级输出 Q_3 反相后，接到串行输入端 D_{SR}，就构成了扭环形计数器，如图 9-38(a) 所示，图（b）为其状态图。可见该电路有 8 个计数状态，为模 8 计数器。一般来说，N 位移位寄存器可以组成模 $2N$ 的扭环形计数器，只需将末级输出反相后，接到串行输入端。扭环形计数器也称为约翰逊计数器。

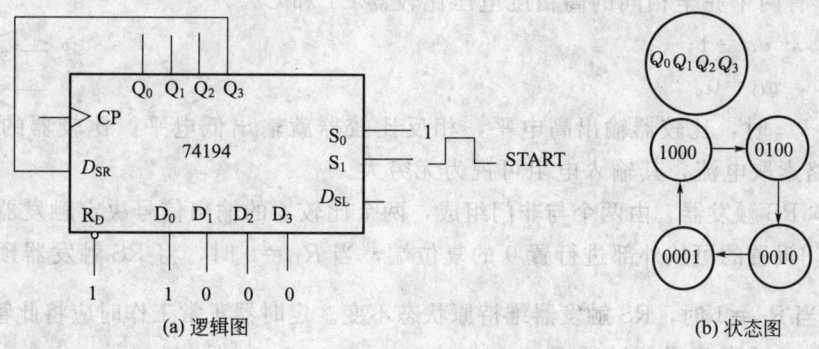

图 9-37 用 74194 构成的环形计数器

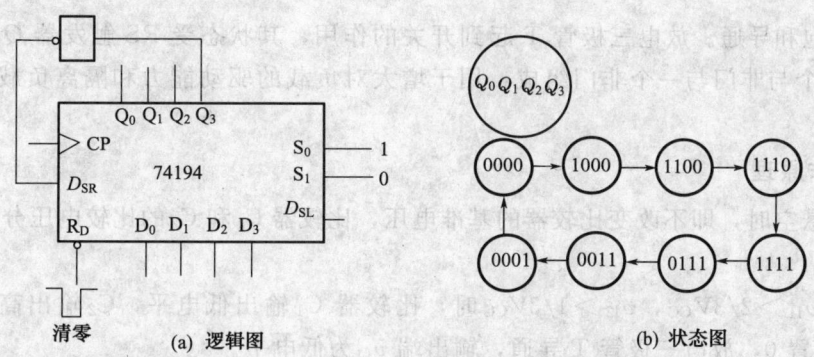

图 9-38 用 74194 构成的扭环形计数器

任务 4 555 定时器及其应用

555 定时器是一种多用途的双极型中规模集成电路。该电路使用灵活、方便，应用极为广泛。它的基本应用方式是外接少量的阻容元件就可以构成单稳、多谐和施密特触发器。因而在波形的产生与变换、测量与控制、家用电器和电子玩具等许多领域中都得到了广泛的应用。

目前生产的定时器有双极型和 CMOS 两种类型，其型号分别有 NE555（或 5G555）和 C7555 等多种。通常，双极型产品型号最后的三位数码都是 555，CMOS 产品型号的最后四位数码都是 7555，它们的结构、工作原理以及外部引脚排列基本相同。

4.1 555 定时器

4.1.1 555 定时器内部结构

555 定时器的电气原理图和电路符号如图 9-39 所示，555 定时器是由分压器，2 个比较器和基本 RS 触发器以及晶体管开关、输出缓冲器组成。

（1）分压器。是由 3 个阻值为 5kΩ 的电阻串联在一起构成的，为比较器提供参考电压。比较器 C1 的同相输入端 $U_+ = (2/3)V_{CC}$，比较器 C2 的反相输入端 $U_- = (1/3)V_{CC}$。V_{IC} 端为外加控制端，通过该端的外加电压 V_{IC} 可改变 C1、C2 的参考电压。

(2) 555 有两个完全相同的高精度电压比较器 C1 和 C2。

$v_+ > v_-$，$v_O = 1$；
$v_+ < v_-$，$v_O = 0$。

当 $V_+ > V_-$ 时，比较器输出高电平，相反比较器就输出低电平。比较器的输入端基本上不向外电路索取电流，其输入电阻可视为无穷大。

(3) 基本 RS 触发器。由两个与非门组成，两个比较器的输出信号决定触发器的输出端状态。R_D 是专门设置的可从外部进行置 0 的复位端，当 $R_D = 0$ 时，将 RS 触发器预置为 $Q = 0$，$\overline{Q} = 1$ 状态；当 $R_D = 1$ 时，RS 触发器维持原状态不变。定时器正常工作时应将此管脚置 1。

(4) 放电三极管 T 及缓冲器 G。

放电三极管 T 是一个 NPN 型的三极管。当基极为低电平时，T 管截止；当基极为高电平时，T 管饱和导通。放电三极管 T 起到开关的作用，其状态受 RS 触发器 $\overline{Q}$ 端控制。缓冲器 G 由一个与非门与一个非门组成，用于增大对负载的驱动能力和隔离负载对 555 集成电路的影响。

4.1.2 工作原理

当 5 脚悬空时，即不改变比较器的基准电压，比较器 C_1 和 C_2 的比较电压分别为 $2/3V_{CC}$ 和 $1/3V_{CC}$。

(1) 当 $v_{I1} > 2/3V_{CC}$，$v_{I2} > 1/3V_{CC}$ 时，比较器 C_1 输出低电平，C_2 输出高电平，基本 RS 触发器被置 0，放电三极管 T 导通，输出端 v_O 为低电平。

(2) 当 $v_{I1} < 2/3V_{CC}$，$v_{I2} < 1/3V_{CC}$ 时，比较器 C_1 输出高电平，C_2 输出低电平，基本 RS 触发器被置 1，放电三极管 T 截止，输出端 v_O 为高电平。

(3) 当 $v_{I1} < 2/3V_{CC}$，$v_{I2} > 1/3V_{CC}$ 时，比较器 C_1 输出高电平，C_2 也输出高电平，即基本 RS 触发器 R=1，S=1，触发器状态不变，电路亦保持原状态不变。

由于阈值输入端（v_{I1}）为高电平（$>2/3V_{CC}$）时，定时器输出低电平，因此也将该端称为高触发端（TH）。

因为触发输入端（v_{I2}）为低电平（$<1/3V_{CC}$）时，定时器输出高电平，因此也将该端称为低触发端（TL）。

如果在电压控制端（5 脚）施加一个外加电压（其值在 $0 \sim V_{CC}$ 之间），比较器的参考电压将发生变化，电路相应的阈值、触发电平也将随之变化，并进而影响电路的工作状态。

另外，R_D 为复位输入端，当 R_D 为低电平时，不管其他输入端的状态如何，输出 v_O 为低电平，即 R_D 的控制级别最高。正常工作时，一般应将其接高电平，即悬空。

4.1.3 555 定时器的功能

555 定时器电路符号如图 9-39(b) 所示，各个引脚功能如下：

1 脚：外接电源负端 V_{SS} 或接地，一般情况下接地。

8 脚：外接电源 V_{CC}，双极型时基电路 V_{CC} 的范围是 $4.5 \sim 16V$，CMOS 型时基电路 V_{CC} 的范围为 $3 \sim 18V$。一般用 5V。

3 脚：输出端 V_O。

2 脚：$\overline{TL}$ 低触发端。

6 脚：TH 高触发端。

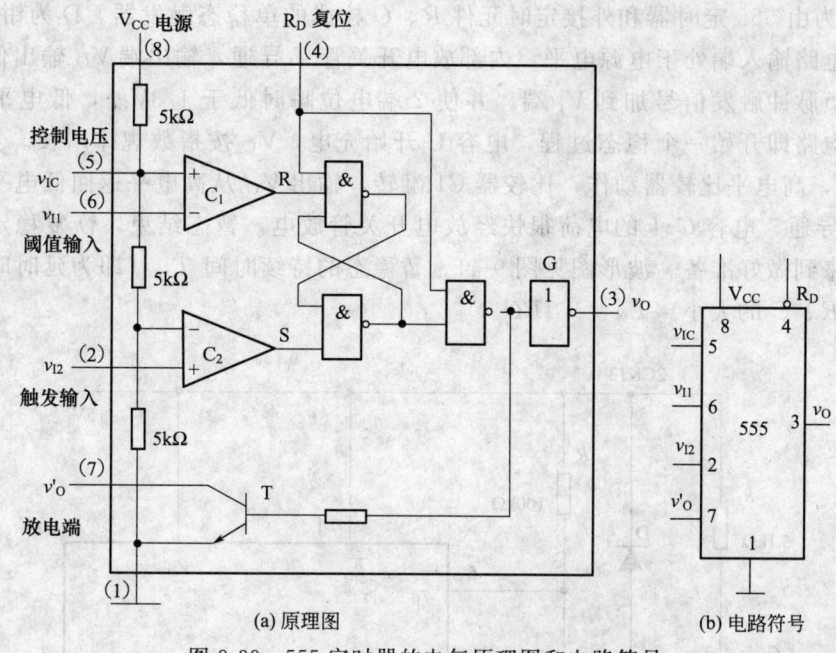

图 9-39 555 定时器的电气原理图和电路符号

4 脚：$\overline{R}_D$ 是直接清零端。当 $\overline{R}_D$ 端接低电平，则时基电路不工作，此时不论 $\overline{TL}$、TH 处于何电平，时基电路输出为"0"，该端不用时应接高电平。

5 脚：V_C 为控制电压端。若此端外接电压，则可改变内部两个比较器的基准电压，当该端不用时，应将该端串入一只 $0.01\mu F$ 电容接地，以防引入干扰。

7 脚：放电端。该端与放电管集电极相连，用做定时器时电容的放电。

在 1 脚接地，5 脚未外接电压，两个比较器 A_1、A_2 基准电压分别为 $2/3V_{CC}$，$1/3V_{CC}$ 的情况下，555 时基电路的功能表如表 9-20 所示。

表 9-20 555 定时器的功能表

清零端 $\overline{R}_D$	高触发端 TH	低触发端 $\overline{TL}$	Q^{n+1}	放电管 T	功能
0	×	×	0	导通	直接清零
1	$>\frac{2}{3}V_{CC}$	$>\frac{1}{3}V_{CC}$	0	导通	置 0
1	$<\frac{2}{3}V_{CC}$	$<\frac{1}{3}V_{CC}$	1	截止	置 1
1	$<\frac{2}{3}V_{CC}$	$<\frac{1}{3}V_{CC}$	Q^n	不变	保持

4.2 555 定时器应用实例

4.2.1 双稳态触发器

如前所述，双稳态触发器在触发信号作用下有两个稳定状态，而单稳态触发器在没有触发信号作用时，电路处于某种稳定状态，在触发信号作用下，会翻转到另一种暂稳状态，但是经过一定时间后，它将自动返回到原来的稳定状态。所以单稳态触发器和双稳态触发器的共同点是都需要触发脉冲来实现状态变化，不同之处在于单稳态触发器只有一种稳定状态。

图 9-40 为由 555 定时器和外接定时元件 R、C 构成的单稳态触发器。D 为钳位二极管，稳态时 555 电路输入端处于电源电平，内部放电开关管 T 导通，输出端 V_O 输出低电平，当有一个外部负脉冲触发信号加到 V_i 端。并使 2 端电位瞬时低于 $1/3V_{CC}$，低电平比较器动作，单稳态电路即开始一个暂态过程，电容 C 开始充电，V_C 按指数规律增长。当 V_C 充电到 $2/3V_{CC}$ 时，高电平比较器动作，比较器 C1 翻转，输出 V_O 从高电平返回低电平，放电开关管 T 重新导通，电容 C 上的电荷很快经放电开关管放电，暂态结束，恢复稳定，为下个触发脉冲的来到做好准备。波形图见图 9-41。暂稳态的持续时间 T_w（即为延时时间）决定于外接元件 R、C 的大小。$T_w = 1.1RC$。

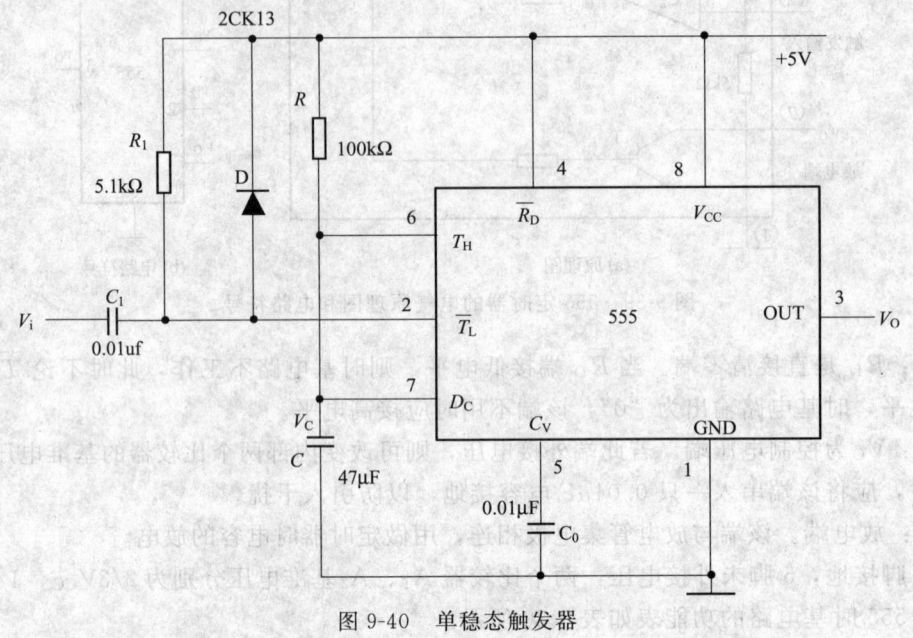

图 9-40 单稳态触发器

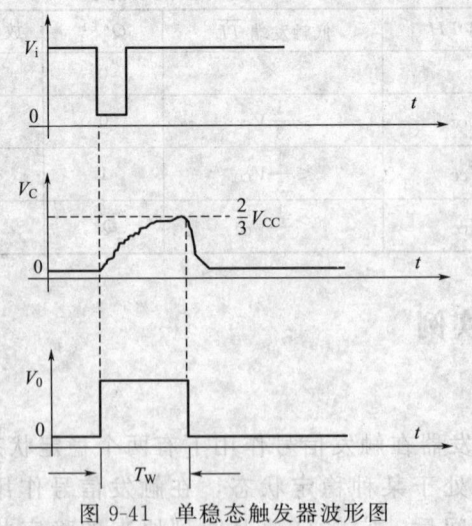

图 9-41 单稳态触发器波形图

通过改变 R、C 的大小，可使延时时间在几个微秒和几十分钟之间变化。当这种单稳态电路作为计时器时,可直接驱动小型继电器,并可采用复位端接地的方法来终止暂态,重新计时。此外需用一个续流二极管与继电器线圈并接,以防继电器线圈反相电动势损坏内部功率管。

单稳态触发器被广泛应用于脉冲的整形、定时和延时控制。如楼梯路灯的延时控制,报警时间控制等。

4.2.2 多谐振荡器

多谐振荡器又称为无稳态触发器,它没有稳定的输出状态,只有两个暂稳态。在电路处于某一暂稳态后,经过一段时间可以自行触发翻转到另一暂稳态。两个暂稳态自行相互转换而输出一系列矩形波。多谐振荡器可用作方波发生器。

图 9-42 为由 555 定时器和外接定时元件 R、C 构成的多谐振荡器及工作波形。由图可知,555 定时器的高、低触发端相连,触发电压为电容端电压 U_C。当 $U_C < \frac{1}{3}V_{DD}$ 时,$\bar{Q} = 0$,$Q = 1$,输出 U_O 为高电平;若 $\frac{1}{3}V_{DD} < U_C < \frac{2}{3}V_{DD}$ 时,电路维持原态不变,则 Q,$\bar{Q}$ 状态不变;如果 $U_C > \frac{2}{3}V_{DD}$,则 $Q = 0$,$\bar{Q} = 1$。

接通电源后,假定是高电平,电容 C 充电。充电回路是 $V_{DD}—R_1—R_2—C—$ 地,按指数规律上升,当上升到一定值时,输出翻转为低电平。当是低电平时,C 放电,放电回路为 $C—R_2—7—$ 地,按指数规律下降,当下降到一定值时,输出翻转为高电平,电容再次充电,如此周而复始,产生振荡。经分析可得改变 R_1,R_2,C 的数值,就可改变输出矩形波的频率和脉冲宽度。由 555 定时器组成的多谐振荡器受电源电压和温度变化的影响较小,最高工作频率可达 300 kHz。

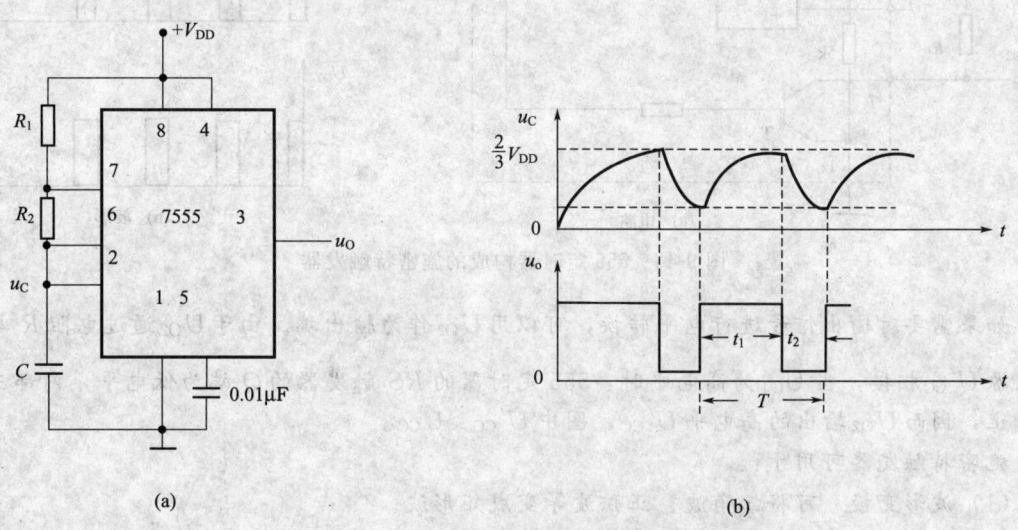

图 9-42 用 CC7555 构成的多谐振荡器及工作波形

知识链接

施密特触发器

施密特触发器有 0 和 1 两种稳定状态,是一种直接电平触发的触发器,施密特触发器可将输入缓慢变化的波形整形成为符合数字电路要求的矩形脉冲。由于其具有滞回特性,所以具有较强的干扰能力,因此,它在脉冲的整形和产生方面有着广泛的应用。

将 555 定时器的两个输入端连在一起作为输入端,即可组成施密特触发器,图 9-43 为施密特触发器的电路和波形图。为了防止高频干扰,提高比较器参考电压的稳定性,通常将 5 脚通过 $0.01\mu F$ 电容接地。如果输入电压是一个正弦波,当 U_I 从 0 逐渐增大时,若 $U_I < U_{CC}/3$ 时,U_{O1} 为高电平;若 U_I 增加到 $U_I > 2U_{CC}/3$ 时,U_{O1} 为低电平。当 U_I 从高电平逐渐下降到 $U_{CC}/3 < u_I < 2U_{CC}/3$ 时,如果 U_I 是从低于 $U_{CC}/3$ 增加到这一值,则 U_O 保持为高电平;如果 U_I 是从高于 $U_{CC}/3$ 减少到这一值,则 U_O 保持为低电平。上限触发门坎电压为 $2U_{CC}/3$,下限触发门坎电压为 $U_{CC}/3$,回差电压则为 $U_{CC}/3$。当 555 定时器的引脚 5 外接电源时,则可改变上、下限触发门坎电压,从而也改变了回差电压。

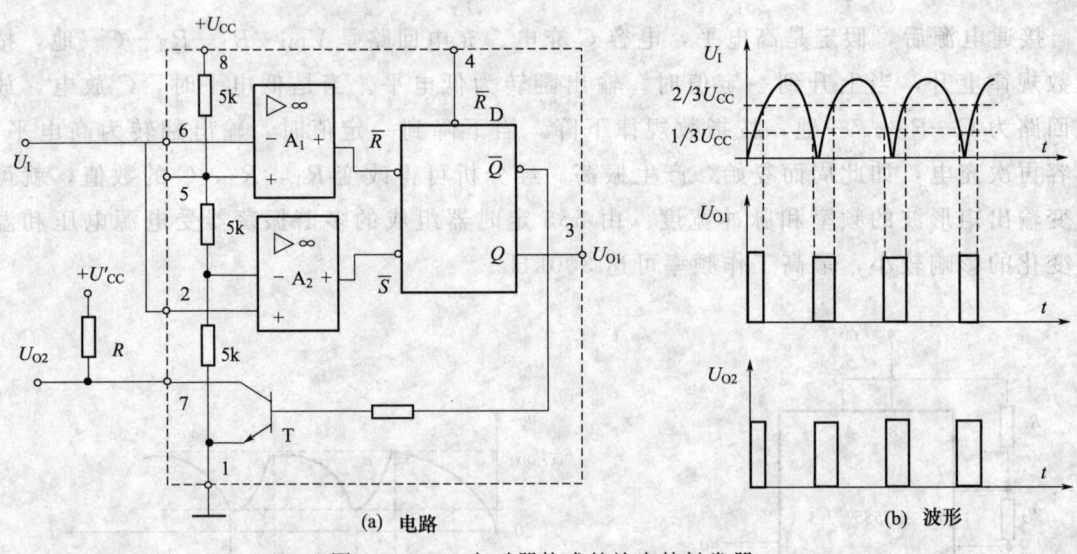

图 9-43　555 定时器构成的施密特触发器

如果需要对输出信号进行电平转换,可以用 U_{O2} 作为输出端。由于 U_{O2} 通过电阻 R 与另一电源 U'_{CC} 相接,当 U_{O1} 为高电平时,555 定时器的 RS 触发器的 Q 端为低电平,内部三极管截止,因而 U_{O2} 输出的高电平 U'_{CC},图中 $U'_{CC} > U_{CC}$。

施密特触发器可用于:

（1）**波形变换**　可将三角波、正弦波等变成矩形波。

（2）**脉冲波的整形**　数字系统中,矩形脉冲在传输中经常发生波形畸变,出现上升沿和下降沿不理想的情况,可用施密特触发器整形后,获得较理想的矩形脉冲。

（3）**脉冲鉴幅**　幅度不同、不规则的脉冲信号时加到施密特触发器的输入端时,能选择幅度大于欲设值的脉冲信号进行输出。

单稳态触发器、多谐振荡器和施密特触发器都有现成的集成器件，使用时可查阅有关手册。

任务 5 模拟量和数字量的转换

一般来说，自然界中存在的物理量大都是连续变化的物理量，如温度、时间、角度、速度、流量、压力等。由于数字电子技术的迅速发展，尤其是计算机在控制、检测以及许多其他领域中的广泛应用，用数字电路处理模拟信号的情况非常普遍。这就需要将模拟量转换为数字量，这种转换称为模数转换，用 AD 表示（Analog to Digital）；而将数字信号变换为模拟信号叫做数模转换，用 DA 表示（Digital to Analog）。带有模数和数模转换电路的测控系统大致可用图 9-44 所示的框图表示。

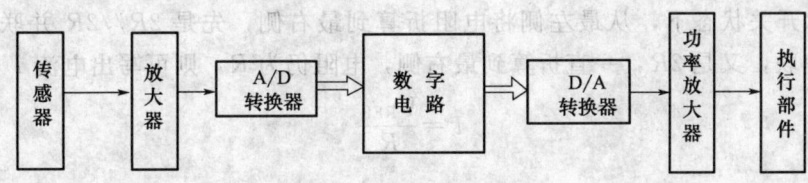

图 9-44 一般测控系统框图

图中模拟信号由传感器转换为电信号，经放大送入 AD 转换器转换为数字量，由数字电路进行处理，再由 DA 转换器还原为模拟量，去驱动执行部件。图中将模拟量转换为数字量的装置称为 AD 转换器，简写为 ADC（Analog to Digital Converter）；把实现数模转换的电路称为 DA 转换器，简写为 DAC（Digital to Analog Converter）。

为了保证数据处理结果的准确性，AD 转换器和 DA 转换器必须有足够的转换精度。同时，为了适应快速过程的控制和检测的需要，AD 转换器和 DA 转换器还必须有足够快的转换速度。因此，转换精度和转换速度乃是衡量 AD 转换器和 DA 转换器性能优劣的主要标志。

5.1 DA 转换器

DA 转换器是利用电阻网络和模拟开关，将多位二进制数 D 转换为与之成比例的模拟量的一种转换电路，因此，输入应是一个 n 位的二进制数，而输出应当是与输入的数字量成比例的模拟量 A。其转换过程是把输入的二进制数中为 1 的每一位代码，按每位权的大小，转换成相应的模拟量，然后将各位转换以后的模拟量，经求和运算放大器相加，其和便是与被转换数字量成正比的模拟量，从而实现了数模转换。一般的 DA 转换器输出 A 是正比于输入数字量 D 的模拟电压量。比例系数 K 为一个常数，单位为伏特。

5.1.1 倒 T 型电阻解码网络 DA 转换器

倒 T 型电阻解码网络 DA 转换器是目前使用最为广泛的一种形式，其电路结构如图 9-45 所示。

当输入数字信号的任何一位是"1"时，对应开关便将 2R 电阻接到运放反相输入端，而当其为"0"时，则将电阻 2R 接地。由图 9-45 可知，按照虚短、虚断的近似计算方法，求和放大器反相输入端的电位为虚地，所以无论开关合到哪一边，都相当于接到了"地"电

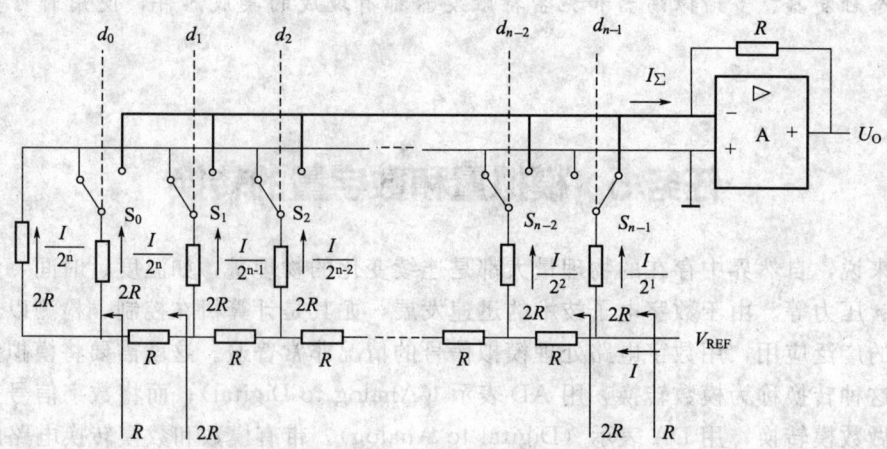

图 9-45 R-2R 倒 T 型电阻网络 DA 转换电路

位上。在图示开关状态下,从最左侧将电阻折算到最右侧,先是 $2R//2R$ 并联,电阻值为 R,再和 R 串联,又是 $2R$,一直折算到最右侧,电阻仍为 R,则可写出电流 I 的表达式为

$$I = \frac{V_{REF}}{R}$$

只要 V_{REF} 选定,电流 I 为常数。流过每个支路的电流从右向左,分别为 $\frac{I}{2^1}$、$\frac{I}{2^2}$、$\frac{I}{2^3}$、…。当输入的数字信号为"1"时,电流流向运放的反相输入端,当输入的数字信号为"0"时,电流流向地,可写出 I_Σ 的表达式

$$I_\Sigma = \frac{I}{2}d_{n-1} + \frac{I}{4}d_{n-2} + \cdots + \frac{I}{2^{n-1}}d_1 + \frac{I}{2^n}d_0$$

在求和放大器的反馈电阻等于 R 的条件下,输出模拟电压为

$$U_O = -RI_\Sigma = -R\left(\frac{I}{2}d_{n-1} + \frac{I}{4}d_{n-2} + \cdots + \frac{I}{2^{n-1}}d_1 + \frac{I}{2^n}d_0\right)$$

$$= -\frac{V_{REF}}{2^n}(d_{n-1}2^{n-1} + d_{n-2}2^{n-2} + \cdots + d_1 2^1 + d_0 2^0)$$

$$U_O = -\frac{V_{REF}}{2^n}(d_{n-1} \times 2^{n-1} + d_{n-2} \times 2^{n-2} + \cdots + d_1 \times 2^1 + d_0 \times 2^0)$$

与权电阻解码网络相比,所用的电阻阻值仅两种,串联臂为 R,并联臂为 $2R$,便于制造和扩展位数。

5.1.2 集成 DA 转换器 AD7524

AD7524 是 CMOS 单片低功耗 8 位 DA 转换器。采用倒 T 型电阻网络结构。型号中的"AD"表示美国的芯片生产公司模拟器件公司的代号。如图 9-46 所示为其典型实用电路。

图中供电压 V_{DD} 为 $+5V \sim +15V$。$D_0 \sim D_7$ 为输入数据,可输入 TTL/CMOS 电平。$\overline{CS}$ 为片选信号,$\overline{WR}$ 为写入命令,V_{REF} 为参考电源,可正、可负。I_{OUT} 是模拟电流输出,一正一负。A 为运算放大器,将电流输出转换为电压输出,输出电压的数值可通过接在 16 脚与输出端的外接反馈电阻 R_{FB} 进行调节。16 脚内部已经集成了一个电阻,所以外接的 R_{FB} 可为零,即将 16 脚与输出端短路。AD7524 的功能表见表 9-21。

当片选信号$\overline{CS}$与写入命令$\overline{WR}$为低电平时,AD7524处于写入状态,可将$D_0 \sim D_7$的数据写入寄存器并转换成模拟电压输出。当$R_{FB}=0$时,输出电压与输入数字量的关系如下:

$$U_O = \mp \frac{V_{REF}}{2^8}(D_{n-1} \times 2^{n-1} + D_{n-2} \times 2^{n-2} + \cdots\cdots + D_1 \times 2^1 + D_0 \times 2^0)$$

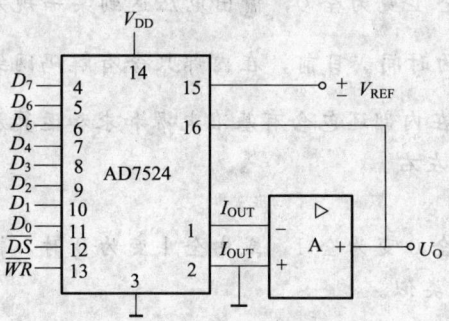

表 9-21 AD7524 功能表

$\overline{CS}$	$\overline{WR}$	功能
0	0	写入寄存器,并行输出
0	1	保持
1	0	保持
1	1	保持

图 9-46 AD7524 典型实用电路

DA 转换器的转换精度与转换时间

DA 转换器的转换精度有两种表示方法:分辨率和转换精度。

1. 分辨率

分辨率是用以说明 DA 转换器在理论上可达到的精度。用于表征 DA 转换器对输入微小量变化的敏感程度,显然输入数字量位数越多,输出电压可分离的等级越多,即分辨率越高。所以实际应用中,往往用输入数字量的位数表示 DA 转换器的分辨率。此外,DA 转换器的分辨率也定义为电路所能分辨的最小输出电压U_{LSB}与最大输出电压U_m之比来表示,即

$$分辨率 = \frac{U_{LSB}}{U_m} = \frac{-\frac{V_{REF}}{2^n}}{-\frac{V_{REF}}{2^n}(2^n-1)} = \frac{1}{2^n-1}$$

上式说明,输入数字代码的位数n越多,分辨率越小,分辨能力越高,例如,5G7520 十位 DA 转换器的分辨率为

$$\frac{1}{2^{10}-1} = \frac{1}{1023} \approx 0.000978$$

2. 转换误差

是用以说明 DA 转换器实际上能达到的转换精度。转换误差可用输出电压满度值的百分数表示,也可用 LSB 的倍数表示。例如,转换误差为$\frac{1}{2}$LSB,用以表示输出模拟电压的绝对误差等于当输入数字量的 LSB 为 1,其余各位均为 0 时输出模拟电压的二分之一。转换误差又分静态误差和动态误差。产生静态误差的原因有,基准电源V_{REF}的不稳定,运放的零点漂移,模拟开关导通时的内阻和压降以及电阻网络中阻值的偏差等。动态误差则是在转换

的动态过程中产生的附加误差，它是由于电路中的分布参数的影响，使各位的电压信号到达解码网络输出端的时间不同所致。

DA 转换器的转换速度有两种衡量方法。

3. 建立时间 t_{set}

它是在输入数字量各位由全 0 变为全 1，或由全 1 变为全 0，输出电压达到某一规定值（例如最小值取 $\frac{1}{2}$LSB 或满度值的 0.01%）所需要的时间。目前，在内部只含有解码网络和模拟开关的单片集成 DA 转换器中，$t_{set} \leqslant 0.1 \mu s$；在内部还包含有基准电源和求和运算放大器的集成 DA 转换器中，最短的建立时间在 1.5 μs 左右。

4. 转换速率 S_R

它是在大信号工作时，即输入数字量的各位由全 0 变为全 1，或由全 1 变为 0 时，输出电压 u_o 的变化率。这个参数与运算放大器的压摆率类似。

5.2 AD 转换器

AD 转换器的功能是将输入的模拟电压转换为输出的数字信号，即将模拟量转换成与其成比例的数字量。一个完整的 AD 转换过程，必须包括采样、保持、量化、编码四部分电路。在具体实施时，常把这四个步骤合并进行。例如，采样和保持是利用同一电路连续完成的。量化和编码是在转换过程中同步实现的，而且所用的时间又是保持的一部分。

按照转换过程，AD 转换器可大致分为直接型 AD 转换器和间接 AD 转换器。直接型 AD 转换器能把输入的模拟电压直接转换为输出的数字代码，而不需要经过中间变量。常用的电路有并行比较型和反馈比较型两种。间接 AD 转换器是把待转换的输入模拟电压先转换为一个中间变量，例如时间 T 或频率 F，然后再对中间变量量化编码，得出转换结果。AD 转换器的大致分类如下所示。

$$\text{AD 转换器} \begin{cases} \text{直接型} \begin{cases} \text{并行比较型} \\ \text{反馈比较型} \begin{cases} \text{计数型} \\ \text{逐次逼近型} \end{cases} \end{cases} \\ \text{间接型} \begin{cases} \text{电压-时间型（VT）型——双积分型} \\ \text{电压-频率型（VF）型} \end{cases} \end{cases}$$

5.2.1 并行比较型 AD 转换器

3 位并行比较型 AD 转换器原理电路如图 9-47 所示。它由电阻分压器、电压比较器、寄存器及编码器组成。图中的八个电阻将参考电压 V_{REF} 分成八个等级，其中七个等级的电压分别作为七个比较器 $C_1 \sim C_7$ 的参考电压，其数值分别为 $V_{REF}/15$、$3V_{REF}/15$、…$13V_{REF}/15$。输入电压为 u_I，它的大小决定各比较器的输出状态，例如，当 $0 \leqslant u_I < (V_{REF}/15)$ 时，$C_1 \sim C_7$ 的输出状态都为 0；当 $(3V_{REF}/15) < u_I < (5V_{REF}/15)$ 时，比较器 C_1 和 C_2 的输出 $C_{01} = C_{02} = 1$，其余各比较器输出状态都为 0。根据各比较器的参考电压值，可以确定输入模拟电压值与各比较器输出状态的关系。比较器的输出状态由 D 触发器存储，CP 作用后，触发器的输出状态 $Q_7 \sim Q_1$ 与对应的比较器的输出状态 $C_{07} \sim C_{01}$ 相同。经代码转换网络（优先编码器）输出数字量 $D_2 D_1 D_0$。优先编码器优先级别最高是 Q_7，最低是 Q_1。

设 u_I 变化范围是 $0 \sim V_{REF}$，输出 3 位数字量为 D_2、D_1、D_0，3 位并行比较型 AD 转换器的输入、输出关系如表 9-22 所示。通过观察此表，可确定代码转换网络输出、输入之间

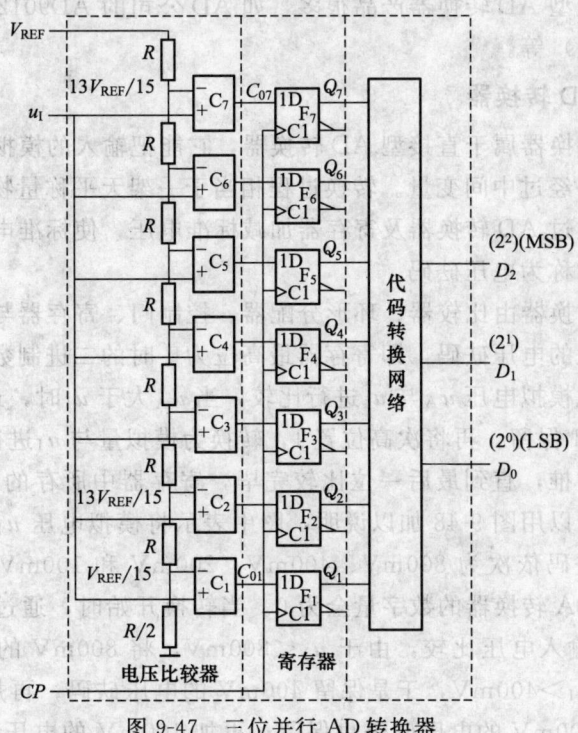

图 9-47 三位并行 AD 转换器

的逻辑关系

$$D_2 = Q_4$$
$$D_1 = Q_6 + \bar{Q}_4 Q_2$$
$$D_0 = Q_7 + \bar{Q}_6 Q_5 + \bar{Q}_4 Q_3 + \bar{Q}_2 Q_1$$

在并行 AD 转换器中，输入电压 u_1 同时加到所有比较器的输出端，从 u_1 加入经比较器、D 触发器和编码器的延迟后，可得到稳定的输出。如不考虑上述器件的延迟，可认为输出的数字量是与 u_1 输入时刻同时获得的。并行 AD 转换器的优点是转换时间短，可小到几十纳秒，但所用的元器件较多，如一个 n 位转换器，所用的比较器的个数为 2^{n-1} 个。

表 9-22 并行比较型 AD 转换器的输入输出关系

模拟量输出	比较器输出状态							数字输出		
	C_{07}	C_{06}	C_{05}	C_{04}	C_{03}	C_{02}	C_{01}	D_2	D_1	D_0
$0 \leqslant u_1 < V_{REF}/15$	0	0	0	0	0	0	0	0	0	0
$V_{REF}/15 \leqslant u_1 < 3V_{REF}/15$	0	0	0	0	0	0	1	0	0	1
$3V_{REF}/15 \leqslant u_1 < 5V_{REF}/15$	0	0	0	0	0	1	1	0	1	0
$5V_{REF}/15 \leqslant u_1 < 7V_{REF}/15$	0	0	0	0	1	1	1	0	1	1
$7V_{REF}/15 \leqslant u_1 < 9V_{REF}/15$	0	0	0	1	1	1	1	1	0	0
$9V_{REF}/15 \leqslant u_1 < 11V_{REF}/15$	0	0	1	1	1	1	1	1	0	1
$11V_{REF}/15 \leqslant u_1 < 13V_{REF}/15$	0	1	1	1	1	1	1	1	1	0
$13V_{REF}/15 \leqslant u_1 < V_{REF}$	1	1	1	1	1	1	1	1	1	1

单片集成并行比较型 AD 转换器产品很多，如 AD 公司的 AD9012（8 位）、AD9002（8 位）和 AD9020（10 位）等。

5.2.2 逐次逼近型 AD 转换器

逐次逼近型 AD 转换器属于直接型 AD 转换器，它能把输入的模拟电压直接转换为输出的数字代码，而不需要经过中间变量。转换过程相当于一架天平称量物体的过程，不过这里不是加减砝码，而是通过 AD 转换器及寄存器加减标准电压，使标准电压值与被转换电压平衡。这些标准电压通常称为电压砝码。

逐次逼近型 AD 转换器由比较器、环形分配器、控制门、寄存器与 AD 转换器构成。比较的过程首先是取最大的电压砝码，即寄存器最高位为 1 时的二进制数所对应的 DA 转换器输出的模拟电压，将此模拟电压 u_A 与 u_I 进行比较，当 u_A 大于 u_I 时，最高位置 0；反之，当 u_A 小于 u_I 时，最高位 1 保留，再将次高位置 1，转换为模拟量与 u_I 进行比较，确定次高位 1 保留还是去掉。依此类推，直到最后一位比较完毕，寄存器中所存的二进制数即为 u_I 对应的数字量。以上过程可以用图 9-48 加以说明，图中表示将模拟电压 u_I 转换为四位二进制数的过程。图中的电压砝码依次为 800mV、400mV、200mV 和 100mV，转换开始前先将寄存器清零，所以加给 DA 转换器的数字量全为 0。当转换开始时，通过 DA 转换器送出一个 800mV 的电压砝码与输入电压比较，由于 $u_I<800$mV，将 800mV 的电压砝码去掉，再加 400mV 的电压砝码，$u_I>400$mV，于是保留 400mV 的电压砝码，再加 200mV 的砝码，$u_I>400$mV+200mV，200mV 的电压砝码也保留；再加 100mV 的电压砝码，因 $u_I<400$mV+200mV+100mV，故去掉 100mV 的电压砝码。最后寄存器中获得的二进制码 0110，即为 u_I 对应的二进制数。

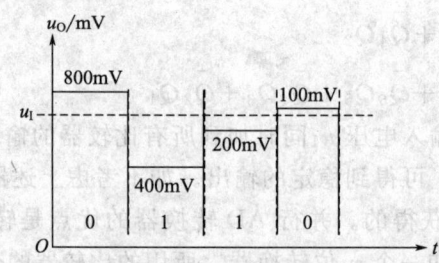

图 9-48 逐次逼近型 AD 转换器的逼近过程示意图

下面结合图 9-49 的逻辑图具体说明逐次比较的过程。这是一个输出 3 位二进制数码的逐次逼近型 AD 转换器。图中的 C 为电压比较器，当 $u_I \geqslant U_A$ 时，比较器的输出 $U_B=0$；当 $u_I<U_A$ 时 $U_B=1$。F_A、F_B 和 F_C 三个触发器组成了 3 位数码寄存器，触发器 $F_1 \sim F_5$ 构成环形分配器和门 $G_1 \sim G_9$ 一起组成控制逻辑电路。

转换开始前先将 F_A、F_B、F_C 置零，同时将 $F_1 \sim F_5$ 组成的环型移位寄存器置成 $[Q_1Q_2Q_3Q_4Q_5]=10000$ 状态。

转换控制信号 U_L 变成高电平以后，转换开始。第一个 CP 脉冲到达后，F_A 被置成"1"，而 F_B、F_C 被置成"0"。这时寄存器的状态 $[Q_AQ_BQ_C]=100$ 加到 DA 转换器的输入端上，并在 DA 转换器的输出端得到相应的模拟电压 U_A（800mV）。U_A 和 u_I 比较，其结果不外乎两种：若 $u_I \geqslant U_A$，则 $U_B=0$；若 $u_I<U_A$，则 $U_B=1$。同时，移位寄存器右移一位，使 $[Q_1Q_2Q_3Q_4Q_5]=01000$。

第二个 CP 脉冲到达时 F_B 被置成 1。若原来的 $U_B=1$（$u_i<U_A$），则 F_A 被置成"0"，此时电压砝码为 400mV；若原来的 $U_B=0$（$u_i \geqslant U_A$），则 F_A 的"1"状态保留，此时的电压砝码为 400mV 加上原来的电压砝码值。同时移位寄存器右移一位，变为 00100 状态。

第三个 CP 脉冲到达时 F_C 被置成 1。若原来的 $U_B=1$，则 F_B 被置成"0"；若原来的 $U_B=0$，则 F_B 的"1"状态保留，此时的电压砝码为 200mV 加上原来保留的电压砝码值。同时移位寄存器右移一位，变成 00010 状态。

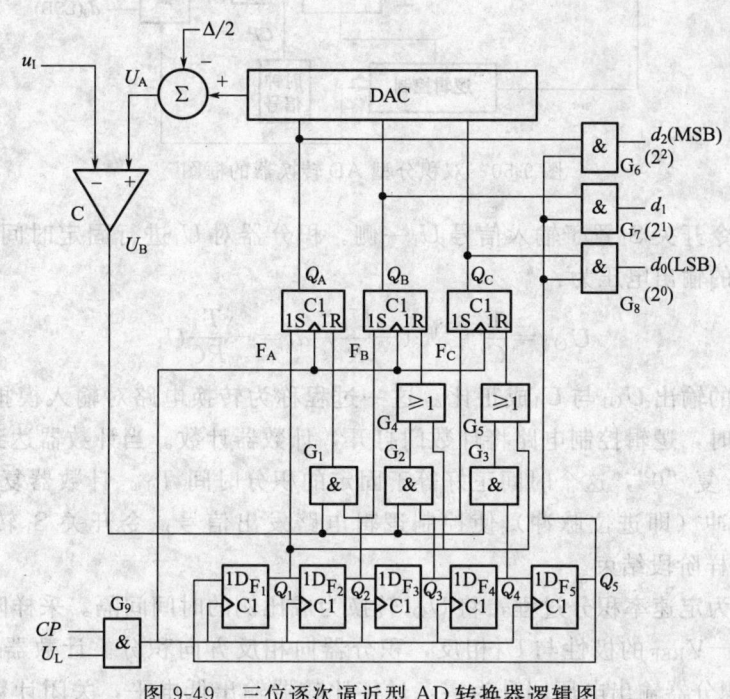

图 9-49　三位逐次逼近型 AD 转换器逻辑图

第四个 CP 脉冲到达时，同时根据这时 U_B 的状态决定 F_C 的"1"是否应当保留。这时 F_A、F_B、F_C 的状态就是所要的转换结果。同时，移位寄存器右移一位，变为 00001 状态。由于 $Q_5=1$，于是 F_A、F_B、F_C 的状态便通过门 G_6、G_7、G_8 送到了输出端。

第五个 CP 脉冲到达后，移位寄存器右移一位，使得 $[Q_1Q_2Q_3Q_4Q_5]=10000$，返回初始状态。同时，由于 $Q_5=0$，门 G_6、G_7、G_8 被封锁，转换输出信号随之消失。

所以对于图示的 AD 转换器完成一次转换的时间为 $(n+2)T_{CP}$。同时为了减小量化误差，令 DA 转换器的输出产生 $-\Delta/2$ 的偏移量。另外，图 9-49 中量化单位 Δ 的大小依 u_1 的变化范围和 AD 转换器的位数而定，一般取 $\Delta=V_{REF}/2^n$。显然，在一定的限度内，位数越多，量化误差越小，精度越高。

5.2.3 双积分型 AD 转换器

双积分型 AD 转换器属于间接型 AD 转换器，它是把待转换的输入模拟电压先转换为一个中间变量，例如时间 T；然后再对中间变量量化编码，得出转换结果，这种 AD 转换器多称为电压-时间变换型（简称 VT 型）。图 9-50 给出的是 VT 型双积分式 AD 转换器的原理图。

转换开始前，先将计数器清零，并接通 S_0 使电容 C 完全放电。转换开始，断开 S_0。整个转换过程分两阶段进行。

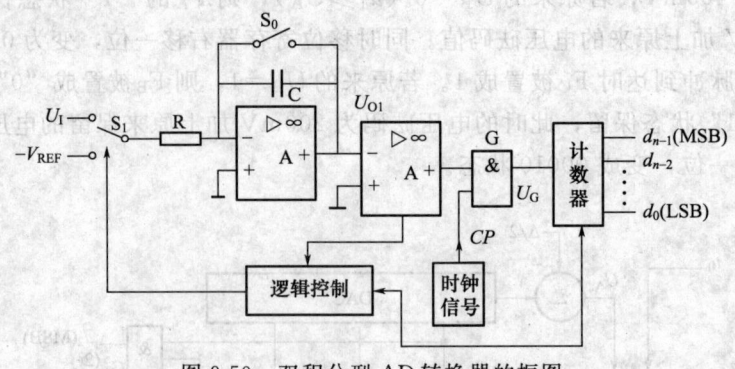

图 9-50 双积分型 AD 转换器的框图

第一阶段，令开关 S_1 置于输入信号 U_i 一侧。积分器对 U_i 进行固定时间 T_1 的积分。积分结束时积分器的输出电压为：

$$U_{O1} = \frac{1}{C}\int_0^{T_1}\left(-\frac{U_I}{R}\right)dt = -\frac{T_1}{RC}U_I$$

可见积分器的输出 U_{O1} 与 U_I 成正比。这一过程称为转换电路对输入模拟电压的采样过程。在采样开始时，逻辑控制电路将计数门打开，计数器计数。当计数器达到满量程 N 时，计数器由全"1"复"0"，这个时间正好等于固定的积分时间 T_1。计数器复"0"时，同时给出一个溢出脉冲（即进位脉冲）使控制逻辑电路发出信号，令开关 S_1 转换至参考电压 $-V_{REF}$ 一侧，采样阶段结束。

第二阶段称为定速率积分过程，将 U_{O1} 转换为成比例的时间间隔。采样阶段结束时，一方面因参考电压 $-V_{REF}$ 的极性与 U_I 相反，积分器向相反方向积分。计数器由 0 开始计数，经过 T_2 时间，积分器输出电压回升为零，过零比较器输出低电平，关闭计数门，计数器停止计数，同时通过逻辑控制电路使开关 S_1 与 u_I 相接，重复第一步。如图 9-52 所示。因此得到：

$$\frac{T_2}{RC}V_{REF} = \frac{T_1}{RC}U_I$$

即

$$T_2 = \frac{T_1}{V_{REF}}U_I$$

上式表明，反向积分时间 T_2 与输入模拟电压成正比。

在 T_2 期间计数门 G_2 打开，标准频率为 f_{CP} 的时钟通过 G_2，计数器对 U_G 计数，计数结果为 D，由于

$$T_1 = N_1 T_{CP}$$
$$T_2 = D T_{CP}$$

则计数的脉冲数为

$$D = \frac{T_1}{T_{CP} V_{REF}} U_i = \frac{N_1}{V_{REF}} U_I$$

计数器中的数值就是 AD 转换器转换后数字量，至此即完成了 VT 转换。若输入电压 $U_{I1} < U_I$，$U'_{O1} < U_{O1}$，则 $T_2' < T_2$，它们之间也都满足固定的比例关系，如图 9-51 所示。

任务6 数字电路应用实例

为了使读者对数字电路系统有一个较为完整的概念,下面给一加热器自动控制实例。本设计采用 80C52 单片机对加热器实行自动控制,系统主要包括温度测量、键盘显示、输出控制三部分,现分别介绍如下。

6.1 温度测量电路

温度测量是整个控制系统的关键,控制的可靠性取决于温度测量的精度。AD590 是一种输出电流信号的高精度温度传感器,它的测量范围从 $-50 \sim +100$℃,为了便于对信号进行放大,先利用一个电阻将所测的电流信号转化为电压信号。AD590 在制造时按照 K 氏度标定,即在 0℃时的电流为 273 μA,温度每增加 1℃,电流随之增加 1 μA,为了使温度为 0℃时输出电压为 0V,应加入一偏移量,来抵消 0℃时 AD590 的输出。在图 9-53 的电路中,DW233 是标准稳压二极管,因 $I_{RW}=I_0+I_{R3}$。在一定温度条件下 I_0 是固定的,例如 0℃时 $I_0=273$ μA。调节 RW_1 可改变其中的电流 I_{RW},使 0℃时的

$$I_{R3}=I_{RW}-I_0=273 \text{ μA} -273 \text{ μA} =0 \text{ μA}$$

于是 A_1 的输出 $U_{O1}=0$ V。若温度等于 65℃,AD590 的电流 $I_0=273+65=338$ μA,而 I_{RW} 仍然等于 273 μA,增加的 65 μA 电流由 I_{R3} 提供,于是 $I_{R3}= -65$ μA,$U_{O1}= -I_{R3} \times R_3=650$mV,对应 65℃。由此可以确定电路的温度电压转换当量为 10mV/℃。由于此时所得的电压信号幅度较小,在进行 AD 转换以前需进行放大。由图中运放 A_2 构成的同相比例放大电路来完成。

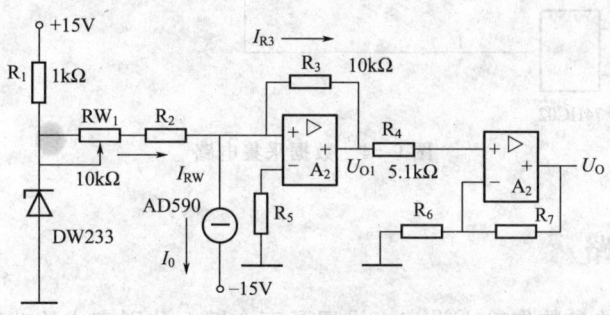

图 9-53 温度测量电路

6.2 数据采集电路

电压信号通过 A_2 放大后送入模数转换器 ADC0809 输入端,单片机采集 0809 的输出数字信号进行处理转化为温度值进行显示。

采集电路如图 9-54 所示。外部传感器将采集来的数据(图中即 in0 端)送入模数转换器

ADC0809，模数转换器将模拟数据转化为数字信息然后送到数据线上，单片机通过对地址的选择可以分别选通各个通道并读取信息。Y3 为单片机地址信号，WR 和 RD 分别是单片机的写信号和读信号。当 Y3 和 WR 同时为低电平时，与非门输出高电平，即 ADC0809 的 ALE 和 START 为高电平，控制 ADC0809 转换开始；当 Y3 和 RD 为低电平时，ADC0809 的 ENABLE 为高电平，则 ADC0809 处于读数状态。4 分频电路时钟端所接的 ALE 信号即单片机的 ALE 输出，频率为单片机输入的晶振频率的 1/6，一般单片机晶振频率为 12MHz，则 ALE 信号的频率为 2MHz，而 ADC0809 的工作频率为 10～1280kHz，若选取 500 kHz，则需将单片机的 ALE 进行 4 分频。

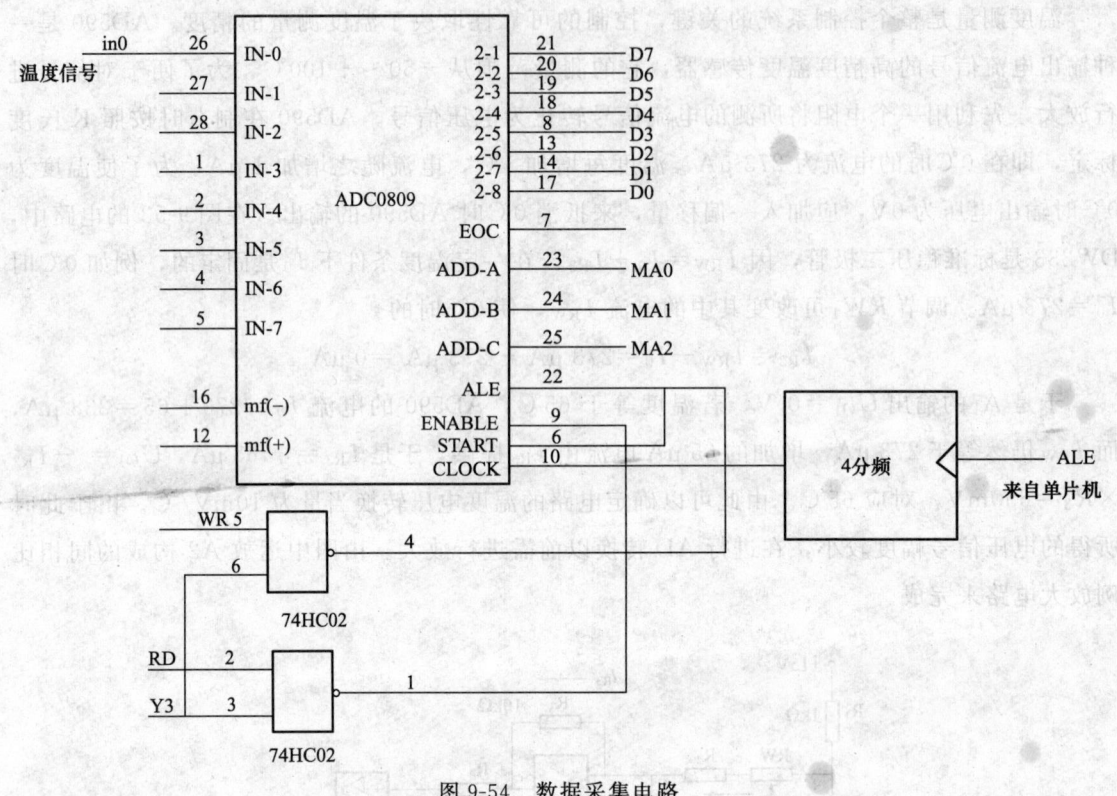

图 9-54　数据采集电路

6.3　键盘显示电路

为对系统中必要的参数作输入设定，设置了五个键，分别完成的功能是：

(1) 设置——此键按下后，可以设置系统温度的上限值。

(2) 工作——此键按下的同时，加热器开始工作，LED 每隔 200ms 显示一次加热器内的温度。

(3) 移动——在设置状态下，此键每按一次，标志显示右移一位（可循环移动）。

(4) 修改——对设置温度的当前位上的值作修改，按键一次，数据增 1。

(5) 确定——系统保存对温度上限值所做的修改。

键盘接线电路如图 9-55 所示。键盘接单片机 P1 口,并且与八输入与非门相连接,然后通过非门接入单片机的 INT0 中断口,当有按键按下时系统响应中断同时查询 P1 口状态以确定键盘值并做处理。

6.4 输出控制电路

单片机 P17 口经 74HC04 接 NPN 型三极管的基极,继电器的输出端接 220V 交流电源带动的负载。作为一种开关电路,当 P17 输出低电平加热器停止工作,输出高电平加热器正常加热。输出电路接反相器是为了在单片机复位的时候,能够保证继电器的断开状态。(因为单片机各个复位引脚都是高电平有效)

单片机每隔 200ms 对温度信号进行采集并与温度的上限进行比较,若超过上限值,则控制加热器停止工作,并且显示报警。基本电路图如图 9-56 所示。

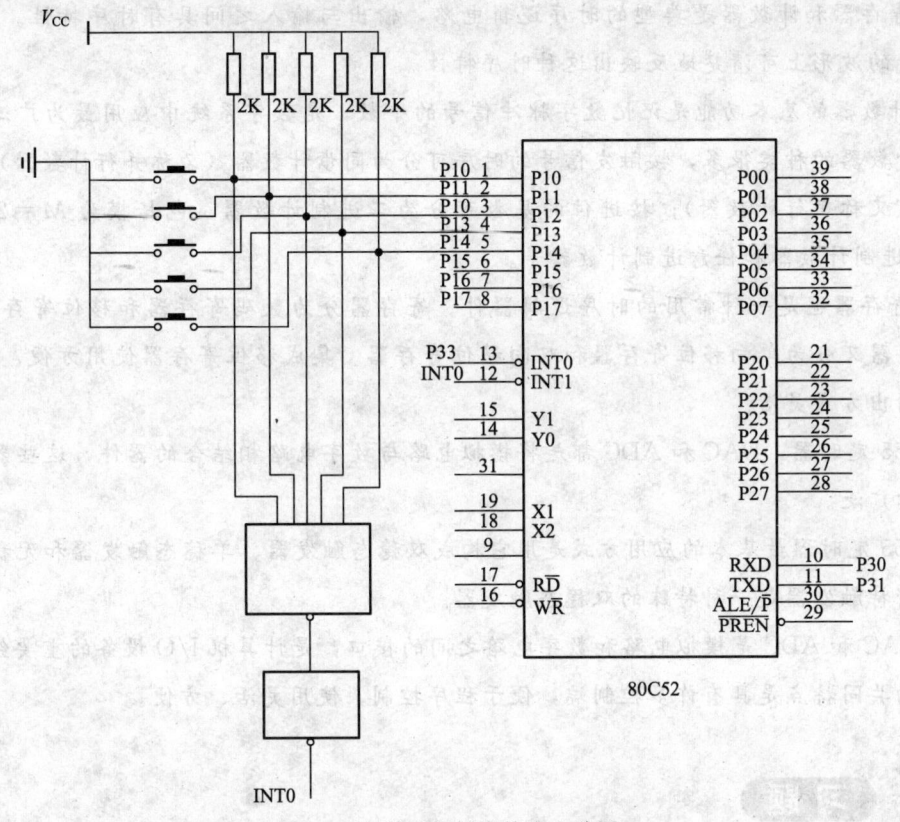

图 9-55　单片机键盘接法电路图

1. 触发器具有记忆功能,是时序逻辑电路的基础。它有 0 和 1 两个稳定输出状态,在外界信号作用下,可以从一稳定状态转换为另一稳定状态。

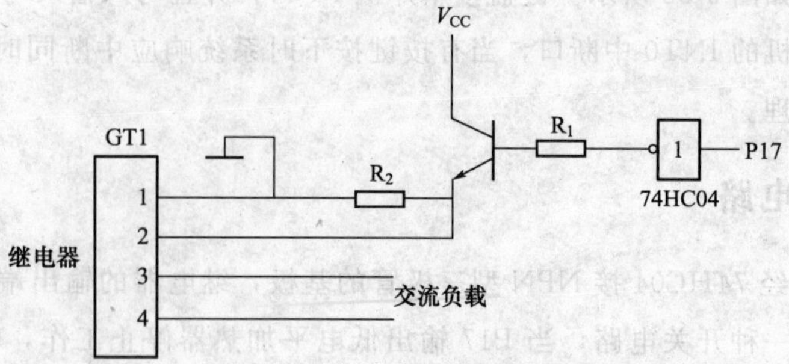

图 9-56 输出控制电路图

2. 触发器主要有 RS、JK、和 D 触发器。按触发方式不同有直接电平触发方式、电平控制触发方式、主从型触发方式和边沿触发方式。要注意掌握触发器的逻辑符号、逻辑功能和触发方式。

3. 寄存器和计数器是典型的时序逻辑电路，输出与输入之间具有时序特性。从输入、输出信号的波形上可清楚地反映出这种时序特性。

4. 计数器的基本功能是记忆数字脉冲信号的个数，是数字系统中应用最为广泛的时序电路。计数器的种类很多，按触发信号的时序可分为同步计数器（又称并行计数器）和异步计数器（又称串行计数器）；按进位的基数可分为二进制计数器（包括模为 $M=2$ 的计数器）、十进制计数器和任意进制计数器等。

5. 寄存器也是一种常用的时序逻辑器件。寄存器分为数码寄存器和移位寄存器两种，移位寄存器又分为单向移位寄存器和双向移位寄存器。集成移位寄存器使用方便、功能全、输入和输出方式灵活。

6. 555 定时器，DAC 和 ADC 都是将模拟电路与数字电路相结合的器件，这些器件的应用愈来愈广泛。

7. 555 定时器最基本的应用方式是用它构成双稳态触发器、单稳态触发器和无稳态触发器。施密特触发器是一种特殊的双稳态触发器。

8. DAC 和 ADC 是模拟电路和数字电路之间的接口，是计算机 I/O 设备的重要组件。这些器件的共同特点是具有许多控制端，便于程序控制，使用灵活、方便。

习题

9-1 填空

1. 触发器两个输出端的逻辑状态在正常情况下总是_____。
2. 基本 RS 触发器的两个输入端都接高电平时，触发器的状态为_____。
3. 仅具有"置 0"、"置 1"功能的触发器叫_____。
4. 若 D 触发器的 D 端连在 Q 端上，经 100 个脉冲作用后，其次态为 0，则现态为_____。

5. JK 触发器 J 与 K 相接作为一个输入时相当于_____触发器。

6. JK 触发器具有_____、_____、_____和_____四种功能。欲使 JK 触发器实现 $Q^{n+1}=\overline{Q^n}$ 的功能，则输入端 J 应接_____，K 应接_____。

7. 组合逻辑电路的基本单元是_____，时序逻辑电路的基本单元是_____。

8. 触发器有____个稳定状态，它可以记录____位二进制码，存储 8 位二进制信息需要____个触发器。

9. 计数器按内部各触发器的动作步调，可分为_____计数器和_____计数器。按进位体制的不同，计数器可分为_____计数器和_____计数器两类。

10. 设集成十进制（默认为 8421 码）加法计数器的初态为 $Q_4Q_3Q_2Q_1=1001$，则经过 5 个 CP 脉冲以后计数器的状态为_____。

11. 在各种寄存器中，存放 N 位二进制数码需要_____个触发器。

12. 某单稳态触发器在无外触发信号时输出为 0 态，在外加触发信号时，输出跳变为 1 态，因此其稳态为_____态，暂稳态为_____态。

13. 单稳态触发器有_____个稳定状态，多谐振荡器有_____个稳定状态。

14. 单稳态触发器在外加触发信号作用下能够由_____状态翻转到_____状态。

15. 施密特触发器常用于波形的_____与_____。

9-2 选择

1. 同步时序电路和异步时序电路比较，其差异在于后者（　　）。
   A. 没有触发器　　　　　　　　B. 没有统一的时钟脉冲控制
   C. 没有稳定状态　　　　　　　D. 输出只与内部状态有关

2. 一位 8421BCD 码计数器至少需要（　　）个触发器。
   A. 3　　　　B. 4　　　　C. 5　　　　D. 10

3. RS 型触发器不具有（　　）功能。
   A. 保持　　　B. 翻转　　　C. 置 1　　　D. 置 0

4. 触发器的空翻现象是指（　　）。
   A. 一个时钟脉冲期间，触发器没有翻转
   B. 一个时钟脉冲期间，触发器只翻转一次
   C. 一个时钟脉冲期间，触发器发生多次翻转
   D. 每来 2 个时钟脉冲，触发器才翻转一次

5. 对于 JK 触发器，若希望其状态由 0 转变为 1，则所加激励信号是（　　）。
   A. JK=0X　　　B. JK=X0　　　C. JK=X1　　　D. JK=1X

6. 按各触发器的 CP 所决定的状态转换区分，计数器可分为（　　）计数器。
   A. 加法、减法和可逆

B. 同步和异步

C. 二、十和 M 进制

7. 555 定时器组成的多谐振荡器属于（　　）电路。

A. 单稳　　　　B. 双稳　　　　C. 无稳

8. 在以下各种电路中，属于时序电路的有（　　）。

A. ROM　　　　B. 编码器　　　　C. 寄存器　　　　D. 数据选择器

9. 当边沿 JK 触发器的 $J=K=1$ 时，触发器的次态是（　　）。

A. Q^n　　　　B. $\overline{Q^n}$　　　　C. 0　　　　D. 1

10. 某 JK 触发器，每来一个时钟脉冲就翻转一次，则其 J、K 端的状态应为（　　）。

A. $J=1$，$K=0$　　B. $J=0$，$K=1$　　C. $J=0$，$K=0$　　D. $J=1$，$K=1$

11. 无论 JK 触发器原来状态如何，当输入端 $J=1$、$K=0$ 时，在时钟脉冲作用下，其输出端 Q 的状态为（　　）。

A. 0　　　　B. 1　　　　C. 保持不变　　　　D. 不能确定

12. 四位移位寄存器构成扭环形计数器是（　　）计数器。

A. 四进制　　　　B. 八进制　　　　C. 十六进制

13. 数码可以并行输入、并行输出的寄存器有（　　）。

A. 移位寄存器　　　B. 数码寄存器　　　C. 二者皆有

9-3　简析与计算

1. 如果按照电路结构分类，触发器可以分为哪几类？

2. 与非门构成的基本 RS 触发器，在什么情况下，触发器出现不定状态？

3. 时序逻辑电路与组合逻辑电路的主要区别是什么？

4. 时序逻辑电路的分析步骤大致分为哪几步？

5. 下降沿触发的 JK 触发器输入波形如图 9-57 所示，画出 JK 触发器输出 Q 端波形，初态为 1。

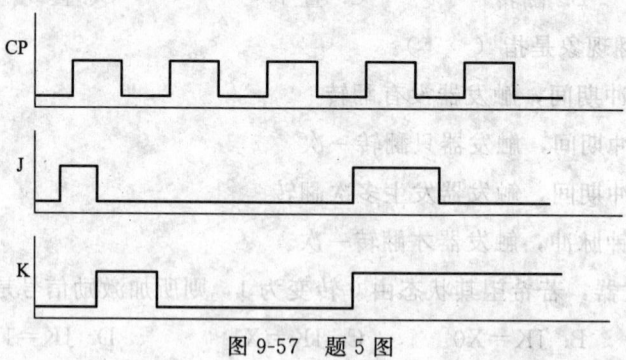

图 9-57　题 5 图

6. 计数的时序逻辑电路如图 9-58 所示，设初始状态 $Q_1Q_2Q_3=000$，通过画波形图，说明它是几进制计数器,是同步还是异步。

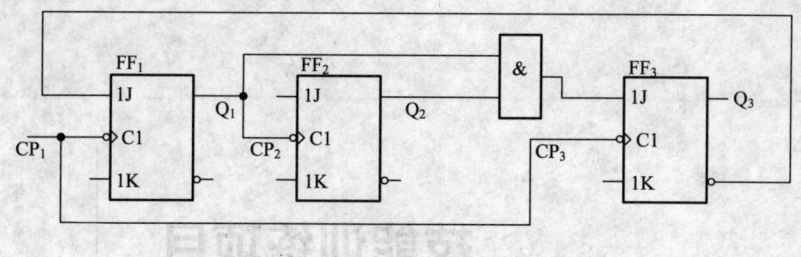

图 9-58　题 6 图

7. 与非门组成的基本 RS 触发器,当在 $\overline{R}$ 和 $\overline{S}$ 端加图 9-59 所示波形时,试绘出 Q 的波形,设触发器的初态为 0。

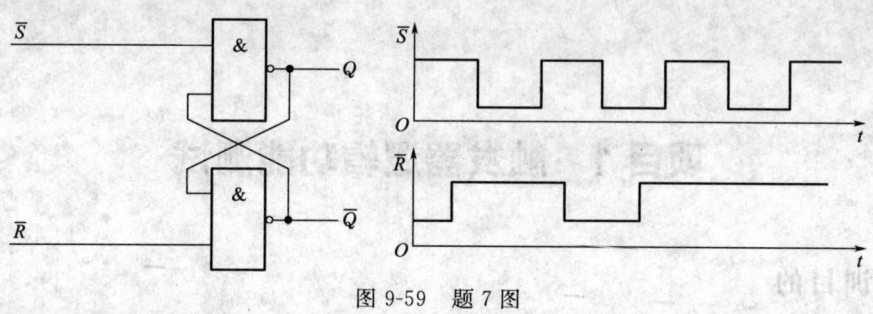

图 9-59　题 7 图

8. 如图 9-60 所示各触发器初始状态为 0,试画出各触发器在 CP 作用下 Q 端的波形。

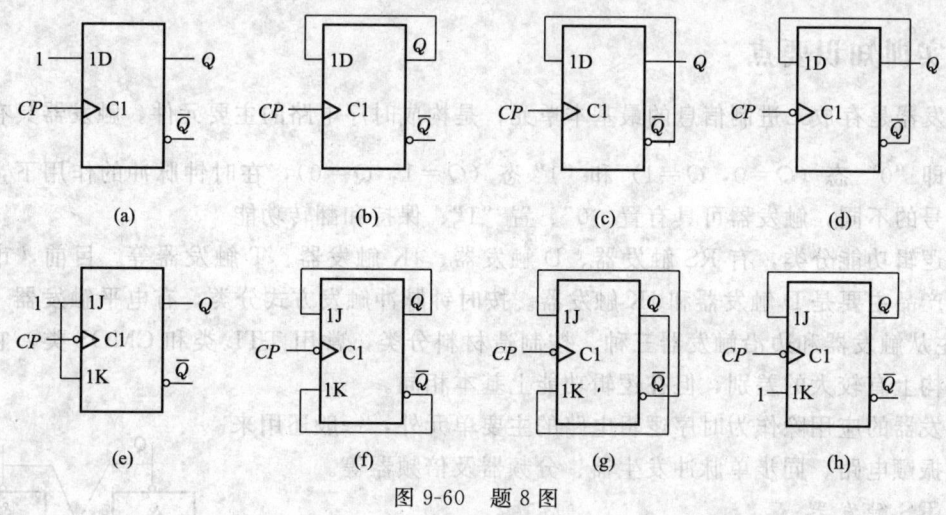

图 9-60　题 8 图

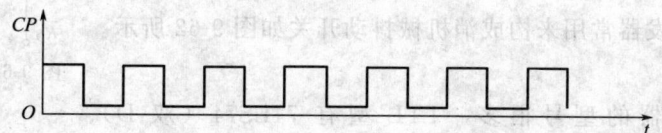

313

技能训练项目

项目1 触发器逻辑功能测试

一、实训目的

1. 掌握基本 RS 触发器的原理及应用。
2. 掌握集成 D、JK 触发器的逻辑功能及其应用。

二、实训知识要点

触发器是存放二进制信息的最基本单元,是构成时序电路的主要元件。触发器具有两个稳态:即 "0" 态 ($Q=0$, $\overline{Q}=1$) 和 "1" 态 ($Q=1$, $\overline{Q}=0$),在时钟脉冲的作用下,根据输入信号的不同,触发器可具有置 "0"、置 "1"、保持和翻转功能。

按逻辑功能分类,有 RS 触发器、D 触发器、JK 触发器、T 触发器等。目前,市场上出售的产品主要是 D 触发器和 JK 触发器。按时钟脉冲触发方式分类,有电平触发器(锁存器)、主从触发器和边沿触发器三种。按制造材料分类,常用 TTL 类和 CMOS 类,它们在电路结构上有较大的差别,但在逻辑功能上基本相同。

触发器的应用除作为时序逻辑电路的主要单元外,一般还用来作为消振颤电路、同步单脉冲发生器、分频器及倍频器等。

1. RS 触发器

用两个与非门交叉连接即可构成基本的 RS 触发器,如图 9-61 所示。基本 RS 触发器常用来构成消机械抖动开关如图 9-62 所示。

2. D 触发器

实用 D 触发器的型号很多,TTL 型有 74LS74(双 D)、

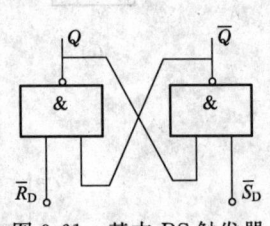

图 9-61 基本 RS 触发器

74LS174（六 D）、74LS175（四 D）、74LS377（八 D）等；CMOS 型有 CD4013（双 D）、CD4042（四 D）。本实验选用 74LS74（上升沿触发）。触发器的状态仅取决于时钟信号 CP 上升沿到来前 D 端的状态，其特性方程为：$Q^{n+1}=D$。D 触发器的应用很广，可供作数字信号的寄存、移位寄存、分频和波形发生等。

3. JK 触发器

实用 JK 触发器 TTL 型 74LS107、74LS112（双 JK 下降沿触发，带清零）、74LS109（双 JK 上升沿触发，带清零）、74LS111（双 JK，带数据锁定）等；CMOS 型有 CD4027（双 JK 上升沿触发）等。其特性方程为：$Q^{n+1}=J\overline{Q}^n+\overline{K}Q^n$

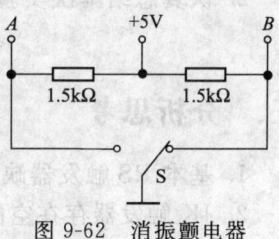

图 9-62 消振颤电器

三、实训内容与要求

1. 用基本 RS 触发器作消机械抖动开关。

（1）验证基本 RS 触发器的逻辑功能。

（2）连接图中的 $\overline{R}_D$-A 及 $\overline{S}_D$-B 线，每拨动一次开关 S，用万用表或发光二极管监测 Q 和 $\overline{Q}$ 的状态如何变化。

2. JK 触发器

JK 触发器功能测试（本实验选用 74LS112）。连接好测试电路并请根据表 901 中条件观察 JK 触发器的输出端 Q^{n+1} 的变化情况，填入表 9-23 中。

表 9-23　JK 触发器功能测试

$\overline{S}_D$	$\overline{R}_D$	$\overline{CP}$	J	K	Q^n	Q^{n+1}	$\overline{S}_D$	$\overline{R}_D$	$\overline{CP}$	J	K	Q^n	Q^{n+1}
0	1	×	×	×	1		1	1	↓	0	1	1	
1	0	×	×	×	0		1	1	↓	1	0	0	
0	0	×	×	×	—		1	1	↓	1	0	1	
1	1	↓	0	0	0		1	1	↓	1	1	0	
1	1	↓	0	0	1		1	1	↓	1	1	1	
1	1	↓	0	1	0		1	1	↓	1	1	1	

3. D 触发器逻辑功能测试

本实验选用 74LS74。连接好测试电路并请根据表 902 中条件观察 D 触发器输出端 Q 的变化情况，填入表 9-24 中。

表 9-24　D 触发器功能测试

CP	D	$\overline{R}_D$	$\overline{S}_D$	Q
×	×	0	1	
×	×	1	0	
↑	1	1	1	
↑	0	1	1	

四、实训报告要求

1. 画出各部分的实验接线图,整理实验结果,说明基本 RS 触发器、D 触发器、JK 触发器的逻辑功能。
2. 认真总结本次实验的收获和体会。

五、分析思考

1. 基本 RS 触发器缺点是什么?
2. JK 触发器存在空翻现象吗?

项目 2 计数器及其应用

一、实训项目

1. 熟悉中规模集成计数器的逻辑功能及使用方法。
2. 掌握用 74LS160/74LS161 构成任意进制计数器的方法。
3. 熟悉中规模集成计数器各输出波形及应用。
4. 学习用集成触发器构成计数器的方法。

二、实训知识要点

由于 74LS161 的计数容量为 16,即计 16 个脉冲,发生一次进位,所以可以用它构成 16 进制以内的各进制计数器,实现的方法有两种:置零法(复位法)和置数法(置位法)。

1. 用复位法获得任意进制计数器

假定已有 N 进制计数器,而需要得到一个 M 进制计数器时,只要 $M<N$,用复位法使计数器计数到 M 时置 "0",即获得 M 进制计数器。

2. 利用预置功能获 M 进制计数器

置位法与置零法不同,它是通过给计数器重复置入某个数值的跳越 $N\sim M$ 个状态,从而获得 M 进制计数器的。置数操作可以在电路的任何一个状态下进行。这种方法适用于有预置功能的计数器电路。图 9-63 为上述两种方法的原理示意图。

如:利用两片十进制计数器 74LS161 接成 35 进制计数器?

本例可以采用整体置零方式进行。首先将两片 74LS161 以同步级联的方式接成 $16\times16=256$ 进制的计数器。当计数器从全 0 状态开始计数时,计入了 35 个脉冲时,经门电路译码产生一个低电平信号立刻将两片 74LS161 同时置零,于是便得到了 35 进制计数器。电路连接图如图 9-64 所示。74LS160 与 74LS161 外引脚及逻辑功能相同。

三、实训内容及要求

1. 利用 74LS90 触发器设计四位二进制异步加法、减法计数器并测试其逻辑功能。

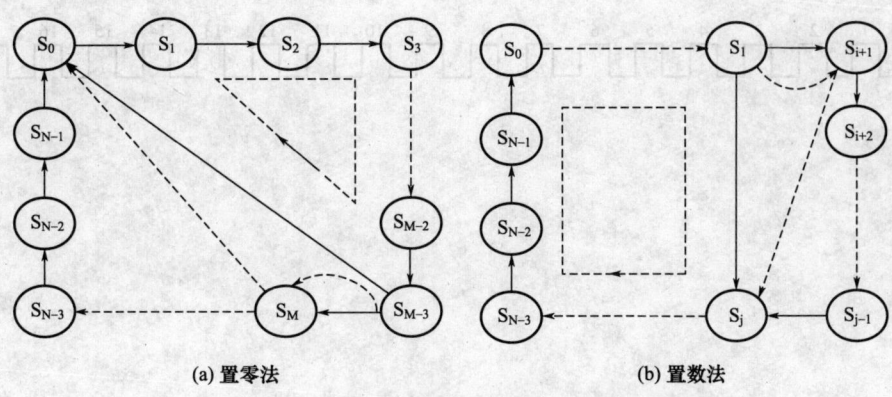

(a) 置零法　　　　　　　　　　　(b) 置数法

图 9-63　获得任意进制计数器的两种方法

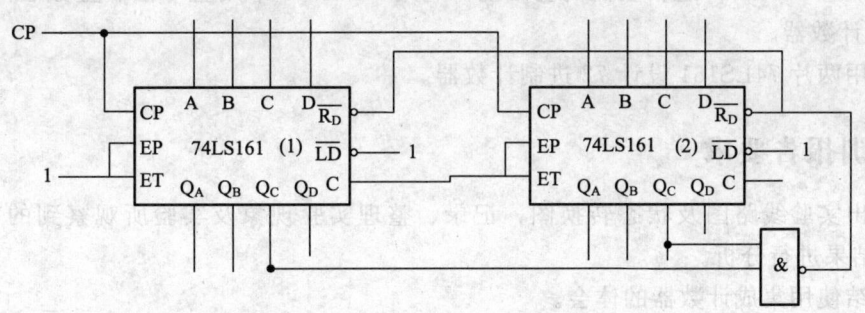

图 9-64　二片 74LS161 构成 35 进制计数器电路连接图

（1）画出电路连接图。

（2）用点脉冲 CP，观察计数状态，画出状态转换图，分别将 Q_A、Q_B、Q_C、Q_D 的波形图绘在下图中。

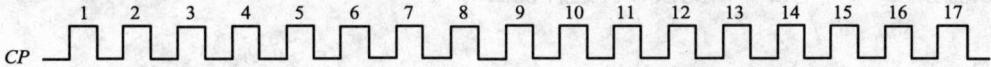

Q_A

Q_B

Q_C

Q_D

2. 测试 74LS161 或 74LS160 的逻辑功能。

（1）分别画出置零法、置数法的电路连接图，用点脉冲 CP，观察计数状态，画出状态转换图。

（2）在 CP 端加入连续脉冲信号，用示波器观察输出波形，并将 Q_A、Q_B、Q_C、Q_D 的波形图绘在下图中。

```
         1   2   3   4   5   6   7   8   9  10  11  12  13  14  15  16  17
CP    ‾|_|‾|_|‾|_|‾|_|‾|_|‾|_|‾|_|‾|_|‾|_|‾|_|‾|_|‾|_|‾|_|‾|_|‾|_|‾|_|‾|_

$Q_A$

$Q_B$

$Q_C$

$Q_D$
```

3. 在熟悉 74LS161 逻辑功能的基础上，利用 74LS161 采用置零法、置数法两种方法设计 12 进制计数器。

4. 利用两片 74LS161 设计 72 进制计数器。

四、实训报告要求

1. 画出实验线路图及状态转换图，记录、整理实验现象及实验所观察到的有关波形，并对实验结果进行分析。

2. 总结使用集成计数器的体会。

五、分析思考

1. 计数器的输出端 Q_D 为高位，Q_A 为低位对吗？

2. 74LS161 或 74LS160 等集成电路所用电源电压不得超过 +5V 或接反，其输出端不得接地或直接接 +5V 电压，以免损坏。这种说法对吗？

参考文献

[1] 刘晓岩. 电工电子技术. 北京:化学工业出版社,2011.